Kalaallit ilisimasaat

Pisuussutit uumassusillit Nunatsinnilu pinngortitap pisuussutai

Local Knowledge

Living Resources and Natural Assets in Greenland

*

H.C. Petersen

*

Nuterisut/Translation – Aaqqissuisoq/Editor
Marianne Stenbaek

Aallaqqaasiut/Introduction
Ross Virginia, Lene Kielsen Holm & Marianne Stenbaek

IPI

International Polar Institute Press
Montreal Hanover

Distributed by University Press of New England *www.upne.com*

Aningaasaliisut/Funding:

McGill University - SSHRC Institutional Grant
Greenland Home Rule Government
napa norden
www.napa.gl
SSHRC - International Research Opportunities Program
Nordic Institute in Greenland

Cover image: collection H.C. Petersen,
dyed and embroidered seal skin

Greenlandic introduction translations
and proofreading by Kelly Berthelsen

First Edition

ISBN 978-0-9821703-2-8

IPI Press
Post Office Box 212
Hanover, New Hampshire 03755 USA

McGill University, Arts Building
853 Sherbrooke Street West
Montreal, PQ H3A 2T6 Canada

Imai ✳ Contents

Qujaniutit

Qutsavigiumavavut Inuiaqatigiinnik Misissuinermut Siunnersuisoqatigiit (SSHRC) suliap matu piviusunngornissaanut tapersersuilluarnerannut, kiisalu McGillip Aningaasaliisarfia taassumalu Misissuinermut Periarfissiuinermut Allaffia, NAPA kiisalu Namminesorlutik Oqartussani KIIIN.

Professors Jette Rygaard, Ilisimatusarfik, Kalaallit Nunaat kiisalu Daniel Chartier, Université de Québec à Montréal misissuinerup assitalersorneqarnerani videotalersorneqarnerannilu ikiuupput kiisalu Professors James Ford aamma Wayne Pollard, McGill University, tapersuipput. Dr. Henning Thingip suliaq manna isumageqqullugu kajumissaarpaatigut HC Petersenip suliaasa iluatinnaateqassusiat paasilluaramiuk. Sorpassuartigut ikiuunnerat pillugu qutsavigaavut Jenna Horner, Lindsay Terry, Jennifer Campbell, Gabrielle Hayes aammalu Keegan Ryan. Tamavissi qujassutissaqarfigaassi.

Annermilli qutsavigiumavara HC Petersen, taassuma Danmarkimi Ebeltoftimi angerlarsimaffimminut tikilluaqquaatigut Kalaallillu Nunaannut asanningaarnerminik ilaaqquffiginngitsuugassaanngitsumik aveqatigaluta.

Marianne Stenbaek
English Department
McGill University

Kalaallit ilisimasaat:

Pisuussutit uumassusillit
Nunatsinnilu pinngortitap
pisuussutai

HC Petersenimik ilisarititsineq

Silap allanngorneratigut avatangiisit allanngoriartupiluulernerat maanna Issittumi misigineqalerpoq. Inuit amerlanerit uissuumissutigisartagaannik nunarsuatta issittortai kiassutsip allanngulaarninnguinut misikkarissorujussuupput allannguutit taakku sikumik aatsitsitsisarnermikkut imermilluunniit qerititsisarnermikkut avatangiisinik allannguerujussuartarnerat pissutigalugu. Ilisimatuut siulittuipput gassit silap kiatsikkiartorneranut pissutaasartut nunarsuatta silaannartaani annertusiartortillugit Issittoq sumiiffinnit allanit kiatsikkiartornerussasoq. Nunarsuup kiatsikkiartornerata avatangiisinut inunnullu uumatitaanut sunniutaanik takutitserusuttunut Issittup ullumimut "ingasanngikkaluamik kiatsinneratigut" Kalaallit Nunaat taassumalu sermersua aakkiartortoq kiisalu nanoq puttaamiiginnalersoq ilisarnaataallualersimapput. Issittoq kiatsikkiartortillugu Kalaallit Nunaanni avatangiisit inuillu siunissaat qanoq issava? Silap allanngornerata kinguneri ilisimatuunit qanoq eqqoriarneqarsinnaappat aammalu silap allanngorneranut inuit qanoq naleqqussarsinnaappat imaluunniit sunniutaanik minnerpaatitsiniarsinnaappat? HC Petersenip allaaserisamini kalaallit qangaanerusoq silap allanngortarsimanera pillugu paasinninnerannik aammalu kulturertik pigiinnarniarlugu avatangiisiminnut pisuussutaanullu qanoq naleqqussartuarsimanerannik peqqissaarluni oqaluttuarinninneratigut siunissaq paasisaqarfigineruarput.

Issittumi avatangiisit allanngornerat Qalasersuaq kaajallallugu malunniussimavoq kiisalu nunami, imermi, immamilu takussaalluni (Post et al. 2009). Kitaamiut ilisimatuuisa allannguutit tamakku misissorniarlugit aammalu suut silap kiatsikkiartornerata uumassusileqarfinni allannguutinik annertusiartortitsisarneranut pissutaasut paasiniarlugit "sakkutik" qallorpaat. Sikup annikilliartornera qaammataasamiit malinnaaffigineqarpoq. Silarsuarmiut ikummatissanik atuinerat naapertorlugu siunissami silap uumassusileqarfiillu allannguutissaat qarasaasiat atorlugit eqqoriarneqartarput. Uumassusileqarfinnik misissuisut uumasunik aalisakkanillu napaniutaasunik misissuisarput. Toqunartut kujasinnerusumi suliffissuarniit nunarsuup avannaanut ingerlanneqartartut uumassusilinnut tamakkununnga qanoq sunniuteqartarnerat toqunartunik misissuisunit misissorneqartarput. Ilisimatuut assigiinngitsorpassuarnik tunuliaqutallit amerliartuinnartut Kalaallit Nunaanni pissutsit ataqatigiinnerat imartoqisoq misissoriartortalerpaat.

Kalaallit Nunaata sermersua qanga avatangiisit qanoq issimanerannik silallu allanngoriartornerata sukkassusianik takkuissaraarput. Sermimi qillerinikkut sumiiffinni GISP-imik, GISP2-mik kiisalu NEEM-imik taaguusersukkani ingerlanneqartutigut ukiut 100.000 sinnillit ingerlaneranni ukiup ingerlanera malillugu erngup aalaakaasumik isotopillup qaleriissitersimanerinik misissueqqissaarnikkut qanga silap qanoq kiatsiginera sukumiisumik paasineqarsinnaavoq. Qillikkat tamakku atorlugit takuneqarsinnaavoq nunarsuatta silaata allanngortarnerisa annertoorujussuusinnaanerat, pilertortorujussuusinnaanerat aammalu ukiualuinnannguani pisinnaasarnerat (Steffensen et al. 2009).

Kalaallit Nunaanni avatangiisit allanngortarnerat pillugu aamma allanik paasissutissaateqarpugut, taakkulu kitaamiut ilisimatuussutsikkut misissuisarnerannik atortorissaarutaannillu aallaaveqaratik kikkunnit takusaminnik misissuillaqqissorsuarnit avatangiisiminnik ilisimannilluinnartunit (qangaaniilli ilisimasat) ataatsimut misilittakkanik tunngaveqarput, ilisimasallu taakku kinguaariikkuutaanit tammatsaalineqartarput ingerlateqqinneqartarlutillu (Huntington et al. 2004). Qangaaniit pinngortitamik ilisimasat allannguutinik ataatsimut isiginniffiunerupput kitaamiut ilisimatusarnerannut taassumalu immikkualuttukkuutaarisarnerinut ajornartorsiutaasartumik. Assersuutigalugu immap sikuata qanoq ittuussusiinik pissusiinillu assigiinngitsunik Inuit ilisimasaat kitaamiut ilisimatuuinit killimmik sikumik allanngoriartornerinillu malinnaaffiginnissimasunit piumaneqartorujussuupput (Laidler 2006). Suliassarpullu annertooq tassaavoq avatangiisit allanngornerinik paasinnittaatsit (uuttuisaatsit) tamakku assigiinngitsut paasiuminartumik ataatsimuulersissallugit (Huntington et al. 2004). HC Peterson, Kalaallit Nunaanni najugalinnit qangaaniit ilisimasanik sukumerluinnarlugit katersuinermigut ilisimasanik nutaanik pissarsivaatigut ilisimatuut allanngorfiusumilu najugallit akornanni oqallinnermut uummarissaataasussamik.

HC Petersen iluaqutissanik nalissaqanngitsunik nunaminut ilisimatuussusermullu tunniussaqarpoq inuunermini katersugarpassuarminik, misissugarpassuarminik, paasisarpassuarminik paasissutissanillu uuttorneqarsinnaasunik misissuisussanut aalajangiisartunullu tunniussaqarnermigut. Ilisimatusartut, ilinniartut, pinngortitamik sammisallit Kalaallit Nunaannut Issittumullu soqutiginnittut ilisimasat tamakku tammartussaajunnaarsinneqarnissaannik nalinginnarmillu pissarsiarineqarsinnaanngornissaannik Petersenip takorluugaqarsimaneranik iluaqutissiorneqarsimapput. Silap allanngoriartupiloorneranik Kalaallit Nunaat nalaataqaanarani aammattaaq politikkikkut kulturikkullu allanngoriartupiloornermik nalaataqarpoq, allannguutillu tamakku imminnut ataqatigiilluinnarput. Atuakkami tassani Petersenip takutippaatigut kalaallit qanga avatangiisit allanngornerinut qanoq naleqqussartarsimasut taamaaliornermikkullu tunniutiinajaassusertik neriulluartuunertillu takutikkaat. Kalaallit Nunaata siunissami pisuussutiminik pinngortitamiittunik atuineq aqutsinerlu pillugit aalajangiiniarnerani paasissutissat taakku aallaaviujumaarput pingaaruteqartut.

Ross A. Virginia
Myers Familymi Avatangiisit pillugit
Ilisimatusarnermut professori
Nunat tamalaat paaseqatigiinnissaannut
Dickey Centerimi Issittumik
Ilisimatusarfimmi pisortaq
Dartmouth College
Hanover, NH USA

Huntington, H. T. Callaghan, S. Fox and I. Krupnik (2004), Matching traditional and scientific observations to detect environmental change: A discussion on Arctic terrestrial ecosystems, Ambio Special Report 13:18-23

Laidler, G. J. (2006), Inuit and scientific perspectives on the relationship between sea ice and climate change: The ideal complement? , Climate Change 78:407-444

Post, E., M. C. Forchhammer, M. S. Brete-Harte, et al., (2009), Ecological dynamics across the Arctic with recent climate change, Science 325:1355-1358

Steffensen, J. P., Andersen, K. A., M. Bigler, et al., (2009), High-resolution Greenland ice core data show abrupt climate change happens in few years, Science 321:680-684

Pereersut ilinniarfigalugit siunissamut isigaluni

HC Petersen inuuvoq sianisooq Inuit utoqqartaasa akornanni ataqqisaasoq. Kalaallit Nunaata oqaluttuassartaa tupinnartoq nalaassimavaa, nunasiaataanerup nalaani inuiaqatigiit piniartuusuniit inuiaqatigiinnut nutaaliaasut imminnut naalakkersortuusut sulilu piniartuussusermik aalisartuussusermillu attassaqarfiusut aqqusaarsimavai.

HC Petersen Maniitsumi 1925-imi inunngorpoq. Meeraagami pinngortitaq nuannaralugu misissugaraa. Qiperuineq ilinniarpaa, aamma qaanniorneq kiisalu piniarneq aalisarnerlu ilinniarlugit. Ilikkagaqarusussusia qaarsillatsitassaanngilaq nunanilu asangaarpaa.

Nuummi Ilinniarfissuarmi ilinniartuuvoq, tamatumali saniatigut aamma ujarassiorneq nunalerinerlu namminersuullugit ilinniarsimallugit. 1962-imi siullersaalluni Sisimiuni Knud Rasmussenip Højskoliani pisortanngorpoq 1975-illu tungaanut tassani pisortaalluni. Ilinniarfik taanna immikkuullarissuuvoq skandinaviamiut inersimasunik ilinniartitsisarnerannik tunngaveqarluni, amerikami avannarlermi nunaqqatigiit ilinniarfiannut assersuunneqarsinnaalluni. Ilinniarfik ullumimut ingerlalluartuusoq kalaallit kulturiannik oqaasiinillu tammatsaaliuiffissatut siuarsaaffissatullu aaqqissugaavoq.
Kalaallit kulturiannut tunngasunik tamanik ilinniartitsiviuvoq: ilinniartitsissutigineqartarput ammerineq, sapangaaqqinerineq, qaanniorneq, qilaatersorneq tivanerlu, titartaaneq, eqqumiitsuliorneq atuakkialerinerlu. Ukiuni 13-ini pisortaanermini HC Petersen kalaallit kulturiata tammatsaaliorneqarneranut mikinngitsumik tunniussaqarpoq. Højskolep kingorna kalaallit kulturiat pinngortitallu suli misissugaqqilerpai. Taavalu sammisani taakku pillugit ilinniartitsinissaminut kiisalu atuakkiortarnissaminut allaaserisaqartarnissaminullu, kalaallisut, danskisut tuluttullu, aamma piffissaqartarujoq.

1988-imi Kalaallit Nunaanni pinngortitap pisuussutai, soorlu nammineq taama taasarini, Namminersornerullutik Oqartussaniit sulisinneqarluni misissuiffigilerpai arlalinnillu nalunaarusiorfigalugit. Taamaalinerani ukiut 50-ingajalluinnaat atorlugit Kalaallit Nunaanni avatangiisit taassumalu kulturimut inuusaatsimullu attuumassuteqarnera misissugarereersimavai paasissutissanillu katersuiffigisimallugit. Suliassiissutigineqartorlu tassaavoq kommunini 18-iusuni tamani inuit pinngortitaq kulturilu pillugit ilisimasaat katersussallugit. Suliap tamatuma annersaani kalaaleq uumasorsiooq Helle Siegstad suleqatigaa. Arnaq taanna kingusinnerusukkut Nuummi Pinngortitaleriffimmi pisortanngorpoq. HC Petersen suliaminut tunniulluarsimalluni naammassitserluni sulittuinnarpoq; nalunaarusianilu tamaasa kalaallisut danskisullu allattarlugit. Aamma nunap assingi titartakkallu amerlaqisut nammineersuutigalugit suliarai.

Suliaasa iluaqutinnaqutigilluinnagaat tassaavoq angalaarnini takusanilu tamaasa peqqissaarluinnarluni aaqqissoqqissaartarsimammagit. Kommunini tamani illoqarfiit nunaqarfiillu tamangajaasa tikittarpai. Tikinnissani siumut aaqqissortarpai piniartullu aalisartullu assigiinngitsut ataatsimeeqatigineqarnerat pissarsivigilluarumallugu borgmesterit amerlasuutigut ikiortigisarlugit. Sumiluunniit apeqqutai assigiittarput: Saarullit qaqugukkut takkuttarpat? Puisit qaqugukkut nalliuttarpat? Sukkut ingerlasarpat? Sumi erniortarpat? Ukiut ingerlanerani amerlassusii allanngoriartorpat? Siku qanoq ippa? Pinngortitaq soqutiginerusaraa, kisiannili aamma inuit pinngortitamik taassumalu inunnik kulturimillu napatitsisinnaassusia soqutigisaralugu.

Kalaallit Nunaanni avatangiisit inuunerup tunngavippiarai; inuuniarnikkut kulturikkullu pisariaqartitanik tunniussisarpoq. Avatangiisit allanngoraangata aamma kalaallit inuunerat allanngortarpoq; aamma kalaallit allanngoraangata avatangiisit allanngortaraat.

Misissuinermini Petersenip Kalaallit Nunaanni inoqarfiit tamangajalluinnaqqisaasa tikittarpai; suliaatalu inerneraa ilisimasalittut allaaserisarujussuaq nalunaarusianik 24-inik imalik. Taakkunannga 18-it kommuninut ataasiakkaanut tunngasunik imaqarput (ullumikkut kommunit ikinnerupput) kiisalu arfinillit eqikkaanerullutik. Allaaserisat taakku eqikkakkanik arfinilinnik imaqarput. Oqaloqatigiinnitsinni oqaluttuuppaanga suliami tassani ilisimasat tassaasut ukiuni 1000-ingajanni Kalaallit Nunaanni inuiaqatigiit ilisimalersimasaat. Nammineq ukiuni 40-50-ini misilittakkani katersorlugit aalisartut piniartullu apersukkami misilittagaannut ilannguppai, taakkulu misilittagaat ukiut 100-it missaannik pisoqaassuseqarput tassami angajoqqaat taakkulu angajoqqaavisa misilittagaannik imaqarmata. Aammattaaq piniartut aalisartullu ilisimasanik kinguaariikkuutaani kingornunneqartarsimasunik tunniussaqarput. Taamaammat HC-ip paasissutissat tamakku ukiut 1000 tikillugit ataatsimut misilittagaasimasunik imaqarnerarpai tassami inuit oqaloqatigisai tamangajammik oqaluttuatoqqanik, oqaluttuanik, piniarnermi ileqquusartunik aammalu siulit eqqaamasaannik ilaqutaasut nunaqqataasullu oqaluttuarisarsimasasannik imaqartarmata.

Misissuisimanerujussuani kiisalu paasissutissat katersukkani tunngavigalugit nammineq silap allanngorarnera pillugu isumaliuteqarpoq: tassa avatangiisit allanngortarnernit marluinnik aqunneqarsorai, tassa ukiut 1000-it ingerlaneranni allanngortarnermik ukiunilu 100-inik allanngortarnermik. Ukiut kingulliit 1000-it ukioq 1000-ip missaani aallartipput silalu kiatsikkiartulerluni qallunaatsiaat Kalaallit Nunaanni nunaqalernerannut tunngaviusumik killilimmillu nunalerisinnaasimanerannik nersutaateqarsinnaasimanerannillu nassataqartumik. Allanngoriartorneq taanna ukiup 1500 missaani nillernerpaalerpoq, tamannalu qallunaatsiaat tammarnerannut pissutaasoraa. Kitaamiut ilisimatuuisa piffissaq taanna "sermersuaqarneratut annikitsutut" ilisimavaat. Tamatuma kingorna kiatsikkiartulerpoq. Ukiut 1000 allanngorarnerup iluani ukiunik 100-ikkaartunik allanngorartoqarpoq, tassa assigiiaartumik eqqoriarneqarsinnaasumik kiannerulersarlunilu nillernerulersarluni, HC-ilu naapertorlugu piffissat taakku uumasut tikiuteqqittarnerannut tammakartarnerannut naalagaasimapput.

Silap nammineq allanngortarnerata sunniutigisartagai Petersenip misissorsimavai. Maluginiarsimavaattaaq allanngorarnerit taakku malillugit pinngortitaq sivisoorujussuarmik allanngoriartortarmat. Taamaattorli 1920-ikkunniilli allanngorarnerit tamakku inunnit siumut eqqoriaruminaalliartortinneqarsimapput naatsorsuutigiuminaallisimallutillu inuup pinngortitamut sunniisarnera pissutigalugu. Atortorissaarutit nutaaliaasut, soorlu aquuteralaat nipiliornerisalu uumasunik annilaartitsisarnerat aammalu erniorfiinik ingerlaartarfiinillu allanngortitsisarnerat aarlerinartoqartippaa. Tamakku nutaaliat akornusiinerat nuannarisarinngilaa qangatullu piniartuusup "nipaatsumik atortorissaaruteqarneranut" illuatungerluinnaatittarlugu. Tamanilli nuannarinnginnerpaasa tassa nalitsinni piniartuusut seqqorniaannarlutik seqqortarnerat aammalu qangatoortunik siunertaqaratik pisariaqartitsinngikkaluarlutilluunniit "nuannariinnarlugu toqutsiarnerat".

Atuakkap matuma piareersarnerani ataasiarnanga HC Petersenip naapinnissaanut periarfissaqartarsimavunga. 85-inik ukioqarpoq sulilu Kalaallit Nunaat tassanilu kulturi pingaartittorujussuuai, tamanilli pingaartinnerpaartarai avatangiisit pinngortitallu pinnissusia. Pinngortitamut immikkorluinnaq attaveqarnera allaaserisaasa takutittarpaat; tassunga ataqqinningaarpoq, tamannalu allakkamini takutittarpaa.

Allagaani tamani ukiut 80-it siorna angutaata piniarnermut, pisariaqartitaannarminilli, ilitsersuussinera nipaatsoq atuartumit tusaaneqarsinnaasarpoq. Uumasunik ataqqinninnissaminik aammalu ileqqutoqqanik, soorlu uumasup pisap imertinneqartarnissaanik, imaluunniit uumasut unnuakkut qasuersertut akornuseqqunagit unnuakkut piniartannginnissamik angummi aammalu piniartut aalisartullu allat ilitsersuutai ataqqillugit malippai. Taamaaliornikkut uumasoqatigiittut ataqatigiinneq, uumasut inuillu ataqqineqarfiat, pingaarteqatigiinnerat nappatigiinnerallu, ukiut untritillit ingerlaneranni ineriartorsimavoq. Ileqqutoqqat tamakku soraalersugalugit HC Petersenip aarleqqutigaa.

Inuit Issittormiut Siunnersuisoqatigiiffiata Inuit Issittummut Pissusissaanni nutaami pinngortitap allanngoriartorneratalu paasiniarnerani Inuit qangaanit ilisimasaasa "kitaamiutut" ilisimatuussusermut ilanngunneqarnissaat pingaartinneqarluarpoq. HC Petersenillu kalaallit qangaaniilli ilisimasaannik amerlaqisunik sukumeeqisunillu pissarsisippaatigut.

Marianne Stenbaek
Aaqqissuisoq

Hans Christian Petersenimik ilisarititsineq, nunatsinni HC-tut ilisarisimasatsinnik

H. C. Petersen 1925-mi Maniitsumi inuuvoq. Nuummi Ilinniarfissuarmi ilinniartitsisutut ilinniarsimavoq, Sisimiunilu Knud Rasmussenip Højskoleani ittuusimalluni. Suliarpassuisa ilagaat kalaallit avatangiisitik pillugit ilisimasaannik katersineq. Inuit avatangiisitik pillugit ilisimasaat inuuniarnermut pingaaruteqarluinnartuupput, tamannalu H. C.-ip paasilluinnarsimavaa. Tamanna tunngavigalugu H. C. sinerissami angalasarsimavoq apersuinikkut tamatuma pingaaruteqassusia aammalu inuit namminneq oqaluttuariaasiat tunngavigalugu paasisaqarniarluni. Nammineq paasisani pillugit radiokkut arlalippassuariarluni apersorneqartarsimavoq oqaluppalaartarsimallunilu. Radio uagut meeraanitta nalaani tassatuaasimavoq paasissutissanik piffigisartagarput. Eqqaamavara aallakaatitat tamakkua soqutigisorujussuullugit tusarnaartarsimallugit. Assersuutigalugu Kangerlussuarmi tuttut pillugit eqqartuisarnera uannut paasisaqarnarsimaqaaq, tassami nammineq inuuffinni Qaqortumi pissutsit tamakku nalugatsigit aammalu avatangiisimik allarluinnaasumik nassuiaanera assut soqutiginarmat. Avatangiisitiguinnaq allaanera soqutiginartuusimanngilaq aammali inuit tamakkunuunatigut ilisimasaasa nassuiarneqarnerat soqutiginartuusimalluni, avatangiisip tunniussassaannik ilisimasaat tamakkuninngalu atuinerat, allaanerusumillu kulturikkut atugaqarnerat taamaasilluni ersersinneqarsimalluni.
Inuit Qajaat Umiaallu pillugit oqaluttuarnera suliaqarsimaneralu aamma soqutiginarluinnartunut ilaavoq, qanoq sanaqartarnerat atortuisalu tamarmik taaguuteqarnerat. Soorlu tusarlugu puisit sorliit amii qassillu Qaannamut Umiamulluunniit ataatsimut atorneqartarnerat tusarlugu tupinnartorujussuuvoq. Taavalu siulitta kikissat atornagit angallasiortarsimanerat aamma tupinnartut ilagisimavaat.
Qularinngilara H. C. -ip oqaluttualaqqissutsimigut kikkorpassuit paasisaqartissimassagai soqutiginnilersillugillu, minnerunngitsumik ilinniartuutigisimasaasa tamanna uppernarsarsinnaagaat qularutiginngilara.
Takorloorsinnaavara inuttaata qanoq alapernaatsigisimanissaa namminerlu atuartuugallarami allatigullu qanoq apeqqaritsigisimanissaa. Oqarsinnaasorivunga H. C. taqamut iseqarluni suliaminik ingerlatsisuusimasoq. Suliamigut tamatta pissarsitippaatigut. Ukiuni

makkunani ilisimatusartut allaninngaaneersut tikittalersimapput inuiaqatigiit ilisimasaannik ilisimatusarnerminnut ilaatitsinissaminnik pingaartitsisut, namminneq ilisimatusaatiminnut iluaqusserniarlutik kisialli aamma inuiaqatigiinnut taakkulu kinguaassaannut akisussaaffimminnik peqarnerminnut takussutissaqarniarlutik.
H. C. Petersenip atuakkiamini uani: "Local Knowledge - Living Resources and Natural Assets in Greenland" tamanna sammivaa, qularutiginngilaralu inuppassuit soqutigalugu atuassagaat.
Ilisimatusarnerit nunatsinni avatangiisinut sammisuusarput, soorlu Sermersuup ilisimatusarfigineqarnera aallunneqarluartartunut ilaalluni. Tamakku tamarmik inuiaqatigiinnut soqutiginaateqarluartuupput, pingaartumik silap pissusaata allanngorneranut tunngasuugaangata, tamatumami inuiaqatigiinnut sunniutissaai soqutigineqaqimmata. Ilisimatusarnerilli inuiaqatigiit tungaanninngaanniik peqataaffigineqartut, pingaartumik kalaallit ilisimasaannik tunngaveqartut ikinnerungaarput. assaannarmik kisinneqarsinnaallutillu allaat. Suliat taamaattut eqqarsaatigileraanngakkit H. C. eqqaaqqaakkannut ilaasarpoq, taassumami avatangiisit pillugit paasiniaanermini aammalu avatangiisimut ilisimasallit misilittagaqarluartut peqataatinnerisigut suliani ingerlattarsimammagit.

Lene Kielsen Holm
ICC Greenland

Atuarnissaanut ilitsersuut

CD-mi matumani nalunaarusiat katillugit 24-t Kalaallit Nunaanni inoqarfinni pisuus sutinik uumassusilinnik iluaqutiginninneq oqaluttuarisaanermut tunngasoq pillugu paasissutissanik imallit atuarsinnaavatit. Nalunaarusiat tassaapput suliniutip "Pisuussutinik uumassusilinnik pinngortitamilu nalilinnik nalunaarsuinerup" Aage V. Jensens Fondemit tapiiffigineqarluni 1988-imi Namminersornerullutik Oqartussanit pilersinneqartup inerneri (suliniutip qanimut allaaserineqarnera pillugu takuuk CD-romimi matumani "Tunuliaqutaq"). Nalunaarusiat 1992-93-imi naammassillugit allanneqarput, taamalu piffissamit tamatumannga paasissutissanik nutaanerpaanik imaqarlutik. Tamatuma kingorna nalunaarusiat nutarterneqarsimanngillat.

Ilisimasatigut tunngaviit
Nalunaarusiat ilisimasatigut makkuninnga tunngaveqarput:

1. Kalaallit Nunaanni illoqarfinni nunaqarfinnilu pisuussutinik uumassusilinnik ilisimasalinnik apersuinerit
2. pisussutit uumassusillit kiisalu piniarneq/aalisarneq pillugit paasissutissat atuakkianit pissarsiarineqartut
3. H.C. Petersenip nammineq 1930-kkunniit 1988-ip tungaanut nalunaarsugaanit paasissutissat

1. Apersuinerit
1988-90-imi suliniummi atorfinitsinneqarsimasut marluk (H.C. Petersen aamma Helle Siegstad) Kalaallit Nunaanni illoqarfinni nunaqarfinnilu tamarluinnangajanni inuppaalussuarnik apersuipput (pingaartumik aalisartunik piniartunillu kisianni aamma allanik attuumassutilinnik ilisimasalinnik. Apersuinerit katillugit 211-t ingerlanneqarput. Apersorneqartut tamarluinnarmik makkuninnga aperineqarput:

a. Najukkami pinngortitamut tunngasut kiisalu uumasunut inunnullu tamaani inuuniarnermi atugassaritit aasut

b. Ukiup ingerlanerani najukkamik uumasut qanoq atuisarnersut
c. Inuit najukkamik tamaanilu uumasunik qanoq iluaqutiginnittarnersut
d. Piffissap ingerlanerani allannguutinik sunik piniartut maluginiagaqarsimanersut. Tamatumani pineqarput allannguutit pissusissamisoortut, kisiannili aamma allannguutit inuit sunniutaannik kiisalu pinngortitamik uumasunillu atuinermik pissuteqartut.

Apersorneqartut tamarluinnarmik kassettebåndimut immiunneqarput taakkulu kingorna digitalinngortinneqarsimallutik (Nunatta Allagaateqarfia Nuummiittoq båndit immiunneqaqqaataasa digitalinngortinneqarnerinik tamanik toqqortaateqarpoq). Tamatuma saniatigut paasissutissat ilarpaalussui nalunaarusiani takutinneqartutut nunap assinganut titartarneqarput.

Paasissutissat pissutsinut apersuinerit ingerlanneqarnerisa nalaanni atuuttunut apersorneqartullu misilittagaannut tunngasuupput.

2. Atuakkiat
Piffissami nalunaarusiat allanneqarfigisaasa nalaanni atuakkiat pissarsiarineqarsinnaasut najoqqutaralugit naasoqassutsimut uumasoqassutsimullu, pinngortitami pissutsinut, silaannaap pissusiinut, pisanut, tunisanut il.il. paasissutissanik katersisoqarpoq. Tamatumani pineqarput atuakkiat sulianut tunngasut (nalunaarusiat sulianut tunngasut pingaartumik Kalaallit Nunaanni Aalisarnermik misissuinerneersut) kiisalu atuakkiat assigiinngitsut allat (aviisini allaaserisat, atuakkat, atuagassiat, allakkiat, ullorsiutit il.il.).

3. H.C. Petersenip nalunaarsugai
H.C. Petersen Kalaallit Nunaanni naasoqassuseq uumasoqassuserlu, pinngortitami pissutsit pinngortitamillu iluaqutiginninneq pillugit paasissutissanik 1930-kkunniilli katersisimavoq. Paasissutissat tamakku nalunaarusiat 24-t taakku allanneqarnerini sulinermut ilaatinneqarput.

Nalunaarusiat
Nalunaarusiat taakku 24-t ilisimasat katersorneqarsimasut (qulaaniittut takukkit) tunngavigalugit H.C. Petersenimit allagaapput. Tamatuma kingorna nalunaarusiat misissugassanngorlugit oqaaseqarfigisassanngorlugillu nassiunneqarsimapput nalinginnaasumik apersorneqartunut, kommuneni inuussutissarsiornermut siunnersortinut kiisalu najukkani aalisartut piniartullu peqatigiiffiini sinniisunut.

Tamatuma kingorna allanneqartut kalaallisuumiit qallunaatuumut nutserneqarput, kukkunersiorneqarlutik, naggataatigullu nalunaarusiat naammassineqarlutik nalunaarusiani tamani oqaatsit marluiit sanileriissillugit atorneqarlutik.

Nalunaarusiat Namminersornerullutik Oqartussani qitiusumik allaffeqarfimmut imaluunniit ilisimatuussutsikkut suliaqartunut – biologinut, silaannaap pissusiinik ilisimasalinnut allanullu – oqaaseqarfigisassanngorlugit nassiunneqarsimanngillat.

Nalunaarusiat 1-17 Kalaallit Nunaanni kommuneni 18-ini kujataani Nanortalimmiit (nalunaarusiaq nr. 1) avannaani Avanersuup kommuneanut (nalunaarusiaq nr. 15) kiisalu Tunumi Illoqqortoormiut kommuneani (nalunaarusiaq nr. 17) beskriver dyre- og plantelivet uumasoqassuseq naasoqassuserlu pinngortitamilu pissutsit allaaserineqarnerannik imaqarput.

Nalunaarusiaq 18 Kalaallit Nunaannut tamarmut tunngasuuvoq, nalunaarusiat 19-23 uumasunut ataasiakkaanut imaluunniit uumasoqatigiiaanut (soorlu tuttut aamma arferit) tunngasuullutik. Nalunaarusiaq 24 naasoqassutsimik uumasoqassutsimillu iluaqutiginninnermut kiisalu qanga ullumikkullu piniarnermi ileqqorissaarnermut tunngasuulluni.

Nalinginnaasumik ilusilersugaaneri

Nalunaarusiat siulliit 17-it ima ilusiligaapput:

- Kommunemi pinngortitami pissutsinik naatsumik allaaserinninneq, tassunga ilanngullugit silaannaap sikullu pissusii
- Kommunemi uumasut naasullu allaaserineqarnerat
- Kommunemi uumasut imartanik nunatanillu atuinerannik allaaserinninneq
- Kommunemi inuit uumasunik kommunemilu imartanik nunatanillu piniarnermut aalisarnermullu atuinerannik allaaserinninneq
- Atuakkiat najoqqutarineqartut apersorneqartullu allattorsimaffiat

Nalunaarusiani sinneruttuni uumasut uumasoqatigiiaallu aalajangersimasut Kalaallit Nunaannut tamarmut tunngasut sammineqarput. Assersuutigalugu kommuneni ataasiakkaani najukkani tuttoqassuseq tuttunniartarnerlu pillugit paasissutissaqarpoq, nalunaarusiarlu nr. 23 Kalaallit Nunaanni tamarmi tuttoqassutsimut tunngasuulluni.

Nalunaarusiat Kalaallit Nunaata ilaani inoqarfiunngitsuni – ilaatigut Kalaallit Nunaata avannaarsuarni kiisalu Tunup avannaarsuani nunami allanngutsaaliukkami–naasoqassutsimut uumasoqassutsimullu il.il. paasissutissanik imaqanngillat.

Atuarluarisi

Piniarnermi ileqqulersuutit

Siulequt

Ukiuni Isumalluutinik uumassusilinnik pinngortitamilu eriagisariaqartunik nalunaarsuilluta angalanitsinni inuit nunamik uumasunillu atuineranni isumaat, aammalu inuit atuinermik tamatuminnga samminerat alapernaasersimavara.

- Atuineq eqqarsaatinikitinerusunik ilaqartinneqarpa?
- Atuinermi nalilersuineq malunnarpa,
  a) piniarnermi uumasut qanoq iliorfigineranni ajunngitsumik ajortumillu naliliisoqartarpa?
  b) piniarnermi namminermi piniaatsip atortulersornerata ingerlatinnerani?
  c) uumassutsimut pinngortitamullu ataqqinninneq aamma ilaava?
- Siunissamut eqqarsarneq atuinermi ilaava?

Taama alapernaasernermut pissutaasut ilagaat ilisimagakku itsaq kuisimanngitsuunerup nalaani nunamik immamik uumasunillu atuinerup apeqqutit qulaani apeqqutigineqartut ilagilluinnarai. Tassa inuit pinngortitamut sarnminertik pinngortitamilu inissisimanertik qanoq ilumoorutsigigaat takussutissartaqaqimmat, allaat taamani kulturimut kinaassutsimullu annertuumik atammat.

Ukiorpassuarni inuit nunatsinni inuusimasut misilittakkamikkut pinngortitamik atuinertik inuunermik paasinninnermut upperisarsiormillu samminerminnut pitussimavaat. Taamakku aallaavigalugit uumasunut napaniutiminnut saamminertik tunngavilersimavaat.

Allakkami maani itsaq kuisimanngitsuunerup nalaani kalaallinit apeqqutip tamatuma qanoq paasineqarnera erseqqissarneqarpoq. Aammattaaq nalitsinni pissutsit atugaasut, uagut apeqqummik tamatuminnga paasinninnerput imaluunniit paasinnginnerput tikinneqarpoq.

H.C. Petersen

Kalaallit Nunaata kujataa klimat marluk akornanniippoq, Akunnattup tempereret klimamik taasakkap issittullu arktikip killeqarfiisa missaanniipoq. Naasumigut issittumiippoq, orpiit qaanunatip julip agguaqatigiissinnerata 10 grader Celciusip angumasaani naasalersartut peqanngillat.

Silamik misisuinerup paasinarsisippaa klimat taakku akornat polarfrontimik taaneqartoq sumiissutsimini aalajaatsuunngitsoq, ukiut ingerlaneranni nikisalaartoq. Tamatuma kinguneranik nunap klimaa ilaanni pueqqornerulertarpoq ilaannilu mannguumanerulertarluni.

Pissutsit taamaannerat uumasuini inunnillu nunagineqarnerani malunnarpoq, tamaani najugaqarneranni tunngaviusunik allanngorartitsigami. Inoqarnerata oqaluttuassartaata qanoq ingerlasimanera ukiuni 4-5.000-ni pisoq malissinnaaleriartorparput. Inoqarnerata allanngorarneranut pissutaasut ujarlugit pasitsannarpoq klimap aqutsinera pissutaanerpaasoq.

Inuit pinngortitarlu

Inuit pinngortitami inuuniarnerat, pinngortitami atasinnaajumallutik qanoq inuunerminnik iluarsartuussisimaneranni, atortulersuutaanni inuunermillu isiginninneranni, nunamik atuineranni, tassa kulturimik qanoq ittumik tunngavississimanerannik, aallaaveqarpoq.

Fig. I-mi nunap inoqarsimanera klimallu ingerlasimaneranik paasisat sanileriissinneqarput. Inuit kulturinik assigiinngitsunik pigisallit taarsigiiaarlutik nunatta kimmut sineriaanut takkuttartut nalunaarsorsimapput.

Ukiuni 1950-p kingornagut atukkatsinni nunamik atuinermi misilittakkavut, siusinnerusumi atuinermik paasinninnerunissamut iluaqutaaput. Tamakku tunuleralugit nunamik atuinerup taasassartai kulturip pissarniarnerullu iluini pisut paasinarnerulerput.

Nunatta inui

Kalaallit Nunaat ukiuni inoqarnermini 4-5.000-ni amerlanertigut inooqatigiinnik eskimuunut atasunit najorneqartarsimavoq. Inuiaat tamakku napaniarmerinni kulturi atugaat tunngavimmigut assigeeqaaq, taamalu klimamit sunnerneqartarnera assigiigunarluni. Ataasiarluni kulturikkut pissaqarniarnikkullu aallaanerusunik tunngavilinnit inoqarpoq. Qallunaatsiat, vikingit, ukiuni 500-ni, 1.000-1.500, missaanni nungunnissamik tungaanut nunarput nunagisimavaat.

Inuit nunagisaminnut samminerata ilaa misigissutsinut tunngaqaaq. Kalaallit oqaluttuaanni tamanna erseqqissunik takussutissaqarpoq. Pissarsiassat kisimik naatsorsuutissaanatik aammali misigissutsit ilaasariaqarput.

Inuit Ileqqulersuutaat

Immikkut tamakku eqqartortariaqarnerat pingaartutut isigisimavara paasinarmat ileqqut tamakku atugaalersimanerat taamalu kinguaariit nunami maani „ileqquinutllilaaiersimaneri pissuteqartut kinguaariit misilittakkamikkut paasisaqarsimammata nunamik imamik piniagassanilluunniit qanoq ittumik atuineq pissarsiassaqassutsimut mikisuunngitsumik sunniisartoq. Pasisimavaat pissarsiassat ikilisarnerisa ilaat inuit qanoq iliornerisa kingunerisaraat. Piniarnermik qanoq i-ngerlatsineq atortulersornerlu pissarsiassaqassutsimut aalajangeeqataasoq.

Tamatumani immikkoortitsisoqarsimavoq ukununnga:

a. piniagassat amerlassusiatigut pissarsiassaqassusia.
b. pissarsiassaqassuseq, tamatumani uumasut amerlassusiat ikissusialluunniit kisimi apeqqutaanngitsut, kisianni aamma pissarsiornermi atortut suuneri ammalu pissarsiornermik atuineq qanoq ittumik ingerlanneqarnersoq apeqqutaasarluni.

Immikkortut taakku marluk paasisimallugit Kalaallit Nunaanni nunap immallu pissarsiorfiginerat kinguaariippassuarni ingerlatinneqarsimavoq, allaat tamakku ilaat „ileqqutut" tassa inooqatigiit „inatsisaattut," maligassatut perorsaanermi ikkunneqarsimallutik.

Tamakku paasilluarnerujumallugit kuisimanngitsuunerup nalaani silarsuarmik inuunermillu isiginninneq erseqgissassavarput.

Inuit nunamik atuinerat

Tamakku tamarmik ungataanniittoq:

Inuunermik paasinninneq
Eskimuut, pingaartumillu immikkoortuisa Inuit, inuunermik paasinninnerat ileqqorissaarnermilu maleruagaat piniarnermut nunamillu atuinermut atasut paasinninnissamut tunngaviusut aallaqqaatigineqassapput.

Siulliullugu taaneqartariaqarpoq eskimuut inooqatigiittut aaqqisimanerat, etnografimi socialorganisationimik taaneqartartoq.

Eskimuunik misissuisut akornanni tamanna annerusumik sammineqarsimanngilaq, allaat inooqatigiittut aaqqissuussaanermik pigisaqanngitsunik oqaatigineqartarlutik. Misissorluaranni socialorganisationeqartut paasinarpoq. Maannamut malugineqarsimannginneranut pissutaavoq eskimuut socialorganisationiat qaavatigut ersinngimmat. Etnografimi antropologimilu esoteriskimik aaqqissuussinermik taaneqartartunut ilaavoq. H.J. Rink kisimi(?) taamaattoqarneranik pasitsassimavoq. Allappoq: „Hans Egede allappoq kalaallit kuisimanngitsut naalakkersuisoqanngitsut, inatsiseqanngitsut, aaqqissuussanngitsut disciplinimillu pigisaqaratik. Kisianni Hans Egedep atuakkiaa Perlustration allaatigisallu allat misissoqqissaaraanni taama oqarnerup akerlerluinnaanik paasisaqartariaqarpoq." (Rink: Om Aarsagen til Grønlæendernes og lignende, af Jagt levende, Nationers materielle Tilbagegang ved Berøring med Europaeerne, 1862).

Rink pissutsit qanoq issimanerinik paasitsaassisoq eqqortumik pasitsassimavoq. Taamaattoq socialorganisatiomut isersimanngilaq. Pissutaavoq paasinninnissamut aqqut, Rinkip pulaffigisinnaasimanngimmagu, aqqutissaq taamani suli anguneqarsimanngimmat.

Systemi iserfigissagaanni aqqutaa nassaarisariaqarpoq. Tamanna maanna tikillugu annerusumik misissuiffigineqarsimanngilaq.

Systemi annertuujuvoq inooqatigiit inuunerannik tamanik attuisoq. Ilagai, piniarnermut tunngasut, pinngortitamik innarlitsaaliuineq, inuup pinngortitamut uumasunullu samminera il.il.

Silarsuarmik paasinninneq

Tarnimik upperneq

Eskimuut uumassuseq tarneqarnermik pissuteqartippaat. Uumasoq uumavoq tarnip najormani. Uumasoq marlunnik immikoortoqarpoq: Timi toqusartoq aammalu tarni toquneq ajortoq, timimik uumatitsisoq.

Kalaallit oqaluttuanni inngerutaannilu paasinninneq tamanna takuneqarsinnaasarpoq. Maani oqaluttuaq ataaseq erseqqissoq taaneqassaaq, tassalu Tunumiut oqaluttuaat Navagiaq. Knud Rasmussen, Myter og sagn fra Grønland I,1921, qup.118.

Tassani oqaluttuarineqarpoq inuk toqummat tarningata inunngoqqinnissami tungaanut uumasut aqqusaartugai makkuusut: Inuk -qimmeq -tulugaq -ivigaq -eqaluk -aataaq -natseq -inuk.

Malugisassaavoq uumassusillit taagorneqartut, inuk, nersut, puisi, aalisagaq, timmiaq ilami allaat naasoq. Uumasut immikkut taaneqanngitsut, soorlu sullernik qituttukkut il.il. aamma ilaassasut naatsorsuutigissavarput. Tassa toqusinnaasut tamarmik tarnip nikittarnerani ilaapput.

Paasinninnerat imaappoq: Timi uumasarpoq tarnimit najorneqarluni. Tarni timimit peertorlu timi toqusarpoq. Tarni timip avataaniittarpoq, kisianni timimik najugassarsiortarluni, timip suussusia apeqqutaavallaarani.

Misigisimassuseq (bevidsthed) tarnimut atavoq, uumasuli assigiinngitsut misigisimassusiat paasinnissinnaanerilu assigiinngillat. Tamanna Navagiami inuup qimmillu misigisimassusii atorlugit nassuiarneqarpoq.

Tarni misigissuseqarpoq, misikkarissuullunilu

Tarni misikkarissuuvoq. Nalilersuisinnaavoq. Ajunngitsumik ajortumilluunniit pineqarnini immikkoortittarpai, ataqqineqarumallunilu. Immikkoortitsisinnaaneq tamanna assigiinngitsutigut malugisassaavoq. Maani piniarnermut saammisortaa inuit uumasullu imminnut samminerat eqqartorneqassaaq. Tamatumanilu uumasumik toqutsineq.

Inuit piniarnermi immikkoortittarpaat: **piniarneq** illua tungaanilu **asuli toqoraaneq**.

Piniarneq tassa inuusinnaajumalluni pisariaqartitanik toqutsisariaqarneq, ajunngitsumik nalilerneqartartoq.

Asuli toqutsineq/toqoraaneq tassa piniagassanik napaniarnermi atugassarinngisanik toqutsineq. Tamanna ileqqussaanngitsutut isigineqarpoq.

Piniarnermi ileqqorissaarneq, etik, angakkuussutsip socialorganisationimi paarisassaasa ilagaat.

Taama paasinninnermut tarnimik uppernermik aallaaveqarpoq: Uumasoq toqutaq ajunngitsumik pineqartariaqarpoq, Angakkuussutsimik „aaqqissuisut" inummik paasinninnerat itisuujusimavoq.

Paasisimavaat ileqqorissaarnermut tunngasuni ilaanni isuma kisimiilluni amigartartoq. Avataanit pisut ilaanni ima sakkortutigisumik inuup isumaanut sunniisarput, ajunngitsuutitat illuartinneqartarlutik. Etik isumaannarmi pigissallugu siulersortigissallugulu inuit ilaannut annikippallaartoq. Qanoq iliuutsit, retuelle handlinger, ileqqussatut maligassatut ikkunneqarsimaneratigut etik isumamiiginnarunnaarluni inuup qanoq iliuusaaniilerpoq. Maani tamanna erseqqissarniarlugu assersuutit eqqartorneqassapput.

Ataqqinninnermik takutitsineq
inuit ileqquliussimavaat angakkunit atoqqusaasoq, uumasumik kissartumik aalimmik imarmiumik pisaqaraanni qanoq iliuusissaq.

Assersuut 1
Piniagassanik angisuunik puisimik arfermillunniit pisaqaraanni pisaq pilalersinnagu qarnagut imermik kuineqassaaq, imminneqassaaq.

Nassuiaataa
Tamatumuuna uumasup tarninga takutinniarneqarpoq inuit uumasoq asuli toqussimanngikkaat, pisariaqartitsinertilli tunngavigalugu toquttariaqarsimagaat/pisarisariaqarsimagaat.

Una uumasoq uagutsitut kissartumik aalik timaatalu pisatai uagutsitut ittut immami tarajuinnarmi uumasuusoq imiinnarmik imerusuttassammat ajunngitsumik isumaqarnermik takutinniarlugu qarnagut kuillugu imermik imertirnneqarpoq. Upperisaq isumaannarmiigunnaarluni qanoq iliornernut pitunneqarpoq, ajaappiaqalerpoq.

Tuttup tarninga

Tuttup tarningisa annersaat pingaarnersaat niaquaniippoq. Tamanna pillugu tuttup niaqua kaattarlugu aserorterneqassanngilaq. (Jakob Olsen, Akilinermiulersaarutit 1928).Tuttup niaqua kaattarlugu aserorterneqarpat tamanna tuttup tarningaanut soqqusaalliorneruvoq.

Jakob Olsen, 1922-mi Canadami Hudson Bayimi qeqertami Sallermi misigisamik ima oqaluttuarpoq:

Ukiumi ajorsarnerup nalaani inuit kaalerput. Arkæolog Therkel Mathiassen aappara. Qeqertarmiut ilaqutariit ilaanni illusisimapput. Inuit tamarmik ajorsarput kaallutillu. Angalasut uku nerisassaqarumallutik tuttut qarasaat anguniarlugit niaqui kaattamik aserortertalerpaat. Unnuat ilaanni Jakob Olsen iterami tusaavaa illusisimavimmik nuliata uini oqaluuppalukkaa:

„Ajorsigaluttuinnarlutik kiisa tuttut niaqui kaattarmik aserortertalerpaat. Qangali oqarfigisaraluarpakkit ajorsivallaannginneranni toqoqqullugit. Niaqora ajuleraluttuinnarpoq."

Uia maanna sininnerminni toqukkumallutik neriorsuimmat Jakob Olsen makilluni tusarnaarnerminik ilisimatippai, aammalu namminneq toqunneqassagunik naallakkersuisut ilaqutariit qanoq iliorfigissagaat nassuiaallugit.

Angalasut nalusaat tassa unaagami: Tuttup tarningisa pingaarnersaat niaquaniippoq. Tamanna pillugu tuttut niaqui kaattarlugit aserorteqqusaanngillat. Taamaaliorneq tarnimut innimittaalliorneruvoq kanngunartoq. Inuit tamaaliortarpata tuttup tarninga ajuallassaq inuillu uku ataqqinninngitsut qimallugit. Taavami inuit suna pissaqaatiniassavvat, neriniassavaat?

Ajjaa, ilisimassarsiortut toqutaangajalluinnarput!

Perorsaanermi
Inuunermik isiginnginnerit tamakku perorsaanermut ikkunneqarsimapput, Piniarnermi ileqqorissaarnermik paasinninnerit imaattut meeqqanut peroriartortunut ilikkartinneqartarput:

- Atorfissaqartitavut pisarisinnaavagut, toqussinnaavagut; atorfissaqartinngisavut pisarissanngilagut, toqussanngilagut.

Immikkortissavagut piniarneq aamma asuli toqoraaneq.

Assersuut 2
Umiaaraq ulikkaarluni tuttunik usilluni kuukkut sisuvoq. Inuttarai ataataq ernerilu marluk.

Aqqutaani avaqqutilerpaat tuttu kuup sinaaniittoq. Ernini aallaasersorlutik ulappusertut ataataata nangarpai: „Ukorsiiaa, umiaararput ulikkaarpoq, pisarigussiuk inissaqanngilaq. Asuli toqutsissanngilagut. Toqoraajartunngilagut, piniartugununa!"

Piniartut piniarnermik taama paasinnittunngorlugit perorsarneqartarsimapput.

Saneqqutsinerit
Ileqqoq tamanna saneqqunneqarsinnaatitaavoq. Saneqqutsinerit qaqugu pisinnaanersut naleraqarput ukuusunik:

Piniarfimmut nutaamut nalusamut pinermi atorneqartarpoq. Aamma ukiut ilaa akunnassisartumi nunalinni atorsinnaatitaavoq.

Ilivitsuusineq, tassa puisit pisat ukiakkut aserornarunnaarnerani ammaannarlugit qaleriissaliat. Taamaaliortarput ukiup ilaani piniagassat akunnattoortarfianni imalunniit sikuniap piniarnermik akornusiisarfiani nunaqartut. Ilivitsuusiat piniarsinnaajunnaarallarnermi isumalluutaasarput perlernissamit annaassisinnaasut, annaassisartullu.

Kalaallit oqaluttuaanni Singajimmik kinguaanillu oqaluttuami issuaassaagut.

Assersuut 3
Piniartorsuaq Tusilartoq Kangermi Nuup eqqaani nunalik eqqarsartarsimavoq avannaani ukiineq misilikkusullugu. Aasat ilaanni avannarparterput, Qeqertarsuullu Karrani ukiivissillutik. Ukiussaq piniarfiillu nalugamigit aataasinialerpoq. Ukiariartornerani aataarpassuit „uitsatigilertoqai. Qaleriissalli takuleraluarlugit aalaniuppiarunnaarpai ... sunaaffa ukiorsuaq piisaassallutik Sikuerutillarmanngooq kujammut aallaleramik pisarpassuani qimaleramigit qiviallaagaluarmigai iluatigiummerlugit". (Kr. Lynge: Kalaallit oqaluttuaat oqalualaavilu. III Singajimmik kinguaanillu oqaluttuaq, 1939:97/ 98).

Assersuut 4
Ilaqutariit Alaufesenimik kinguliaqutillit maanna Attumit aallaaveqartut siulii Kujataamiuusimagaluarput. 1800-kkut aallartilaartut toqunniarneqarlutik Kujataanit qimaallutik tamaanga pisimapput. Attumut pinissamik siornagut Nassuttuumi ukiisimapput. Ilaqutariit eqqaamasaanni oqaluttuarineqarpoq Nassuttuumi ukiisussanngoramik piniarfia, piniagassallu ukiumi taarseraanneri nalugamikkit sillimajumallutik aataasisimasut. Pisassaqartuaannarlutik ukioq anigorsimavaat. Aasarmat ukiivitsik qimaleramikkut aataasiarpassuatik qimaleramikkit qiviallaasimagaluaqaat, asuli toqoraasimanertik anniaatigalugu.

Inuunermik paasinninnerit isiginninnerillu taamaattut tunngavigalugit kalaallit kristumiussutsimik ajoqersorneqanngikkallaramik meerartatik piartuunermik pinngortitamillu atuinermik perorsartarsimavaat.

Uppernermi iliuutsit
Retuelle Handlinger inuunerup ilagilluinnarpai. Siulitta eqqarsartuisa isuma kisiat tunngavissatut amigarisimagaat qulaani tusarparput. Tamanna pillugu iliuutsinik inuit atugassaannik tunisimavaat, kinguaariinni angajoqqaanit meeqqanut atatinneqartunik. Ima ittumik nalaataqaruit, misigisaqaruit, imaaliussaatit. Tarnimut uppernermik aallaaveqartumik, rituelle handlinger tamakku pilersimapput.

Tamakku suuppat, qanorlu taaneqartarpat?

Tamakkiisumik taaguutaannik naluvugut, ilaannai nalunngilagut:

Allernerit: nerisassanik pinaveersaagaqarneq.
Paqinnarneq: toqusoqarsimatillugu maleruagassanik malinninneq. Nalitsinni: aliasunneq, ullut paqinnarfiit: ullut aliasuffiit.

Ileqqut taamaattut assigiinngitsut inuit malitassaat ikittuunngitsut ilisimaneqarput. Eqqarsaatikkuinnaq pinnani takussaasumilli qanoq iliornikkut atukkami pisussaaffiit malinneqarnissaat anguniagaavoq.

Assersuutit
Qulaanni pisaqarnermut atatillugit ileqqussani pisanik immitsisarneq eqqartorparput.

Assersuut 5
Alaskap avannaani Utqiarfimmiut upernaakkut arferit ingerlaaler- neranni arfanniarnissartik ilumoorullugu piareersartarpaat. Pisaq siulleq pilanneqalersinnagu umiallip nulia assukkersorsimalluni erngutsimik qisummik pisamut tassungarpiaq atugassatut sananeqarsimasumik arfeq qarnatigut kuisarpaa, immittarpaa inngerullu tassunga atugassiaq atorneqassaaq. Taamaalioreerpat atsaat pilanneq aallartissinnaanngorpoq.

Arfanniarnerup qaangiunnerani nalliuttorsiornermi erngut ikuallaanneqartarpoq, suujunnaarsinneqarluni. Aappaaguani immitsissutissaq ukiuunerani piareersarnernut ilagitillugu sananeqassaaq. Arfeq erngutsimik nutaamik imertinneqassaaq.

Arfermut ataqqinninneq
Inuit kulturiannik misissuisut Hans Egedemit Beringip Ikerasaa tikillugu allapput arfanniat assuarlutik arfanniartartut. Sooq? Tassagooq arferit eqqiluitsuusut minguitsuusut mingulik maajugimmassuk ajuallatsikkumanagit. (Knud Rasmussen: Festens gave 1929).

Arfanniarnermik kulturimi Inoqarfik tamakkerlugu, aamma Kalaallit Nunaanni, malittarisaq tamanna malinneqarsimavoq. Hans Egede Perlustrationimi (1741) eqqartorpaa.

Nannunneq
Nannunnermi nannut niaquta peerneqarluni tunissuteqarfigineqartarpoq. Angutivissap niaqua angutit piinik, soorlu sannatinik sakkunik

il.il. Arnaviaappat neqqutit ujalu tikerit assigissaallu. Tunissutit tamakku niaqqup qaanut ilisineqartarput. (Kr. Lynge: isuma tassa nannup tarninga paasitinniarlugu inunnit pisarineqarneq ajortuunngitsoq, anusinngornanngitsoq, inuit nanoq ajunngitsumik piumagaat.

Nunivammiut qajartaarnerat

Qeqertaq Nunivak Alaskami kuussuup Yukonip akuata kujatingaatsiaaniippoq. Tassanimiut Inuit immikkortuisa piniarnermi ileqqulersuutinik piniagassaqartuarnissaanut piniagassanillu ataqqinninnermik takutitsinissamik piumasaqarnerpaat ilagaat (K. Rasmussen: Fra Grønland til Stillehavet II, 1928).

Assersuut 6

Qajartaarnermi qaannalluunniit nutaamik amernerani suliaq qassimi suliarineqartarpoq, ileqqorsiat maleqqissaarneqartarlutik. Suliaq inerluni atorneqalissappat ullaaralannguaq suli qaammanngitsoq ilaqutariit katersorlutik inngerutit tassani atugassiat atorlugit qajaq sissaliaartarpaat, piniartorlu neriorsuisarpoq qaannamik tassannga pisani siulleq tamaat ajorsartunut piniarteqanngitsunullu agguarumallugu, aammalu qaannamik tassannga pisarisartagassamini uillarnerit piniarteqanngitsullu allat pajutassani salliutitaasassasut (K. Rasmussen, II, 1928).

Paasisat

Tamakku saniatigut piniarnermi nunamillu atuinermi misilittakkatigut makku paasisimavaat: inuit atuinerminni qanoq iliuusii assigiinngitsut assigiitmgitsunik nalilertariaqartut. Inuit qanoq iliornerisa ilaasa kinguneri pisassat ikiliartuutigisarpaat, pisarsiorfimmik aseruisarput, qanoq iliornerillu ilaat akornutaaneq ajorlutik, aseruissanatik. Tamakku tunngavigalugit immikkoortinneqarsimapput iliuutsit suut aseruisartut iliuutsillu suut aseruineq ajortut.

Tamakku tunngavigalugit meeqqat peroriartortut qanoq atuinnissaanik ajoqersuunneqartarput, ileqquliutinneqarlutik. Assersuutit assigiinngitsut taassavagut.

Assersuut 7
Eqalunniarneq

A. Eqaloqarfinni immamut kuunnulluunniit igitsisoqassanngilaq.

Asiusut eqaluit nuannaringilaat. Kuuit eqqaavigisartakkat eqaluerukkiartulersarput. Igitassat tamarmik nunamut assaallugit iginneqassapput.

B. Kuuit sapuserlugit imaartakkat atoreeraanni ammarneqassapput, eqaluit ornikkaminnut aqqutissaqassammata.

C. Kuummi eqaluk arnaviaq saammarsarlugu orsumik tunineqassaaq (Fr. Nielsen: Ungaaralak, 1957).

Assersuut 8

Timmissat mannii siulliliat tamarmik tukersinnaapput. Timmissat mannissaraanni mannilioqqittarput. Aamma taakku tigugaannik aamma allanik mannilioqqittarput. Malugisimavaat kingulliliat tulleriiaat kinguariatortillugit manniit tukinngitsoortut amerliartortartut.

Timmissat manniiartuaraanni manniit nutaanik taarserneqartarput tukersinnaanngitsullu amerliartorlutik. Tamanna timmissat nujunnerannik ikiliartornerannillu kinguneqassaaq. Meeqqanut perorsaanermi ima oqaasertalerneqarpoq:

Siullianik mannissarsinnaavusi kingulliliallì pinnagit. Kingullilianik mannissartuaraanni timmissat manniliorfigisartakkatik qimagalissavaat.

Piffissat piniarfissat piniarfissaanngitsullu

Juni aallartinnerata saniani aataarpassuit New Founlandimit nunatta sineriaanut tikiuttarput. Ilaat tasamani piaqqisimapput salullutik, toqukkaanni kivisarlutik. Takkupput upernaap uumasuinik pullarseriartorlutik, pingaartumik ammassattoriartorlutik.

Avannaani aasalerpoq, seqinersuaq kaavinnalerluni, anoraarulluni qatsungattusilluni. Taamaalinerani piniagassarpassuit nalliussimapput: Ataarpassuit „tikeqqammiit" nalliussimapput. Timmiarpassuit ineqarfimminnut katersuutilerput, ukiullu ilaanni saarullippassuit nalliussimallutik. Seqinersuaq kaavinnalersimavoq taarsissaarluni suna tamarmi ammarluni.

Taamaalinerai inuit 100-rpassuit Diskobugtip kujalernanut, Alanngup Imaanut katersuuttarput. Tassa avunnaasat aataarniat, ammassiallu. Piniagassarpassuit manisimapput.

Ajoqersuut 9
Meerartatik ima ajoqersuuppaat:

- Ullaaq ullorlu piniarfissaapput.
- Unnulli unnuarlu piniarfissaanngillat, uumasut inunnit akornusersorneqaratik uumasuunerminni pisariaqartitaminnut atorsinnaaniassammatigit.

Inersimasut nakkutigivaat inuusuttuaqqat piniarnermik nuannarisaleruttorsimasut aamma „ajoqersuut" tamanna malissagaat. Taamaattumik unnukkut unnuamilu piniartoqarneq ajorpoq. Unnuit kulturimut tunngaasunik, soorlu unammiulaarnernik pinnguaqatigiinnernlllu immerneqartarput.

Assersuut 10
Kujataaniu ima oqaluttuarpoq:
Eqqaamavara taamani aasami unnukkut unnuamilu piniartalermata aataga assut kamattoq, taamaattussanngimmatagooq. Unnukkut unnuamilu piniagassat akornusersorneqartussaanngimmata!

Siunertaq

Uumasunik illersuutit piniarnermut tunngatillugit atugaasut meeqqanik perorsaanermi, „oqaaseqatigiittut ilinniagassatut" meeqqaanut ilikkartinneqartarput, aammalu eqqortinneqarnissaat inersimasunit nakkutigineqartarluni.

Maani eqqartorneqartut tamakku ilagiinnarpaat, piniarnermut uumasunik ilersuinermut nunamilli innarlitsaaliuinermut tunngasut tamakku ilagaat.

Inuit paasisimavaat pinngortitap ingerlarna sunnerneqarsinnaasoq. Amerlanertigut inuup pinngortitamik sunniissarneri iluaqutaanatik ajoqutaasartut. Inunnut piniartuusunut pitsaanerpaavoq pinngortitap pissusiinut inuk iluarsartuutissappat, naleqqussassappat. Inuup pinngortitamik sunniinneri amerlanertigut pissarsiassat annikillinerannik kinguneqartarput. Taamaattumik pinngortitamik atuinermi allanngortinnaveersaarnissaa tunngaviulersimavoq. Pinngortitap pissusiinut naleqqussarneq Inunnut pissarsinarnerpaamik kinguneqartarpoq.

Piniarnermi ileqqorisat tamarmik malitaat

Sumi piniarsinnaaneq

Piniarfiit nunaqarfii, aasiviit, nunap timaani siammarsimasarput. Tamakku eqqaanni nuna aasivimmut uunga atasoq ukuamiut piniarfigaat. Allat uani aasivillit una piniarfigaat. Qangali ileqquuvoq aasiviup piniarfia sumut killeqartoq ilisimaneqartarluni. Fig. 2-mi assersuut Maniitsup timaanit pisoq takuneqarsinnaavoq.

Aasiviup tulliup inuisa aamma tamanna ataqqisarpaat. Killingit titarnertut qaangerneqartussaanngitsutut isigineqanngillat, Najoqqutassiaapput. Piniarnermi piniakkamik malersuilluni piniarfik sanilerisaq iserfigineqarsinnaasarpoq. Aammalu „killingit" missaanni aavartut naapissiinnaasarput.

Kisianni ileqquunngilaq sanilerisap aavarfianut pulalluni aavarneq. Taamaattoqarsinnaatitaavoq, kisianni piumasarineqarluni aasivimmit pineqartumit aallarluni. Piniarfiit ilagaat nunap ilai aasiviit marluk pingasulluunniit ataatsimut atortagaat, kalerreeqqanngikkaluarluni iserfigineqarsinnaasut. Tamakku aasivinnit ungasinnerusumiittarput.

Aaamma sinerissami

Sinerissamiipput ukiiviit, nunaqarfiit ukiiviusartut. Tamakku inissittarneri marlunnik najoqqutaqarput.

A. Piniagassaqassusia.
B. Piniarfinnut atorneqartunut akornusiinnginnissaq.

Ukiiviimmut atapput „qammaviit" tassa piniarfiit puisinniarfiit. Ukiiviit akuttussusiat qaannat ullormut piniarfigisartagaannik aalajangigaagajuppoq. Ima paasisassaalluni: Piniarfik una ukiivimmut uunga atavoq, una uunga.

Assersuut 11

Aamma tamaani qaamaviit nunaqarfinnut atasut ataqqineqartarput. Nalinginnaq nunaqarfiup qammavii avataaneersunit orninneqartanngillat. Taamaaliorniartoq ukiivimmukartariaqarpoq tassanngaanillu aallarluni, tamaanimiunik ilaqarluni unnersuunneqarluniluunniit.

Tamanna ileqqutut pitsaasutut „eqqortutut" isigineqarpoq.

Piniarnermi ileqqut

Maani eqqartorneqartussat ileqquupput qangali atugaasut 1900-kkut affaanni siullermi suli atorneqartut. Ileqqulersuutit tamakku qanoq pisoqaatiginersut kinguaariinnit aavartartunit attanneqarsimapput.

Aavaqatigiit

Aavaqatigiit inuit arlaqarunik ilaat ataaseq siulersortaasarpoq. Taanna aavarfigisamik sungiussisimasuugajuppoq, utoqaanersaanngikkaluartoq. Taanna ilaasa malittarpaat. Siulersortaasarpoq, ingerlanermi aamma piniarnermi.

Tuttumik takugaanni sukkut orninnissaa piniaatsip suup atorneqarnissaa siulersuisup aalajangerajuttarpaa, ilaanni angutit allat oqaloqatigeqqaarlugit.

Tuttu ataasiinnaagaluarpat peqataasut tamarmik issuttarpaat, „ataa-tsikkooriartarpaat." Tuttu pisarineqarpat igittut tamarmik agguaqataassapput. Agguaanermi malittarisat aalajangersimapput angajulliussuseq najoqqutaralugu pisartut.

Neqaa taama agguarneqartarpoq, amiali taamaaliorneqajuitsuuvoq. Angajulliup pigajuppaa. Allamik pisaqarunik tulliata il.il.

Sooq taamaappa?

Pissutsit, „ileqqut," ataqqineqarlutik malinneqartarput. Ileqqut pilersimaneranni atorneqarnerinilu siunertarineqarpoq inooqatigiit akornanni aseruuttoqarsinnaaneranik akornusiiniarneq.

Malittarisaqanngippat inuit assortuunnissaannut pissutissat ikittuunngisut aseruuttoqarnissaanut aqqutissaapput. Ukiumi inuit aallarsinnaanngineranni illuliorsinaannginerannilu aseruuttoornerit ajorluinnassapput. Taamaattoqarsinnaanera pinngitsoorniarlugu „ileqqut" tamarmik akuerisaat oqaloqatigiissutigisariaqanngitsut atortuulersinneqarsimapput. Tamakku atortuupput piniarnermi, nunamik atuinermi, pisanik agguaanermi, inuunermilu atukkanik saneqqunneqarsinnaangitsunik eqqorneqarnermi.

Inuit uumasunut sammnerat „qaavatigut" isigalugu pissusivia ersinngilaq. Ilaa ileqqulersuutinut Inuit atugaannut, ilaalu upperisaannut pitussimasutut upput. Qaavatigut inatsiseqanngitsutut upput. Taamannak europamiunit nalilerneqarput. Inatsisitik taasarpaat, "ileqqugut". "Ileqqarput malillugu", "ileqquvut malillugit" nalitsinni paasisassaavoq, inatsisivut malillugit.

Kisianni itinerusumik paasiniaraanni paasinarpoq systemi europamiut atugaannik aallaasoq atorlugu aaqqissuussineqarsimasoq.

Uumasut imarmiut nunamiullu
Inuit eskimuut uumasut nunamiut imarmiullu immikkoortittorujussuuvaat, imminnut avissaartisimasussatut isigalugit. Ileqqulersuutit tamaanga atasut ilaat sukangasuujupput allat ullutsinnut malunniutillit. Kalaallit Kitaamiut akornanni ukiut 300-t kingulliit inuunermik isigiinninneq kristumiussutsimit aammalu nalinginnaasumik europamiut isiginnittaasiannit aningaasarsiornerannillu sunnigaasimaqisumi Inuit tamatumani pissusilersuutaat ilaatigut aanngajutsissimapput, ilaatigullu puigugaasimallutik.

Ammassalimmiut tuttut iluarisarinngilaat. Nujuitsunik tuttulerneqaramik ikittuunngitsut qujarutinngeqaat, allaat nungutinneqarnissaat siunnersuutigalugu. Uumasunik nunamiunik imarmiunillu immikkoortitsineq Inuit immikkoortuisa ilaanni erseqqittaqisoq ammassalimmik takuarput. Immikkoortitsinerni Canadami immap sikuani tuttut amiinik mersortoqarnissaa inerteqqutaavoq.

Kalaallit Nunaat nutaaq

Pissutsit qulaani eqqartorneqartut kristumiussutsip ajoqersuutigineqarnerata siornagut inuunermik isiginninnermut, piniarnermut, nunamik atuinermut inooqatigiinnermullu tunngaviupput.

Kristumiussutsip eqqunneqarneratigut, aammalu danskit inuiattut aqqissuunneqarnerata sunniiartorneratigut taamanikkullu inuiannik europamiut ileqquinik atuinngitsut „kultureqanngitsunik" isigineqarnerisa kingunerinik, ileqqorsiat kinguaariippassuit issittuni inuunermik misilittagaannik tunngaveqartumik ileqquliussimasaat ataqqineerullutik aserorput. Aningaasarsiornikkut pissutsit ukiut ingerlaneranni atugaajartortut aamma inuit paasinninnerannik, ilaatigullu paasinerluinerannik, ilaqartut aserortereqataapput.

Assersuut 12
1700-kkunni tuttuneruttornerani niuertut ilaat amersiumalluinnartup qoorortuut amerlasuunngorlugit tikisippai piniartunullu agguaallugit tuttutamik amiinik akilerumaarmatigit, aamma tamatumuuna amerlanerusunik tuttut amersinissani siunertaralugu. Uumasunik toqoraarujussuarneq iluanaarnartunngorpoq.

Piniarnermi ileqqulersuutinut qulaani taaneqartunut aportoortoqarpoq, uumasunik illersuinermi pissusitoqqat aserorneqarnerinik kinguneqartumik. Niuertut amersiumaqisut kalaallit inappaat pisarisinnaasatik tamaasa pisareqqullugit, pisaqarluartut allaat immikkut ajunngitsorsiassalerlugit. Tamatumuunakkut „atorfissaqartinngisatit pisarissanngilatit" isumaaruppoq. Ajoqersuisummi oqarput Inuit kisimik tarneqartut.

Assersuut 13
Savalimmiormiut 1920-kkut ingerlaneranni Kitaani aalisalerput. Sinerissami kalaallit piniarfiini aalisalerput. Nuna taama angitigisoq privatimik pigisaqartoqanngitsoq, suna tamarmi kikkunnut tamanut ammavoq. Taama isumaqarput, soorlu aamma europamiut Amerikami indianerit nunaanni isumaliorsimasut.

Savalimmiormiut unnerluaffigaannga aalisartortatik taamanikkut kalaallinit ajortumik iliorfigineqartarsimasut massalu „namminneq qanoq ilioratik."

Paasinngisaat tassa nunamik/immamik atuinermi ileqqunik unioqqutitsinertik. Avataanit takkullutik kalaallit piniarfiinut/aalisarfiinut isiinnarnertik aalisalerlutillu.

Assersuut 14
Seqqorumanersuaq
1950-p qaangerneratigut inuit angalaarlualerneratigut aammalu aningaasatigut tunuleqarlualerneratigut sineriassuatsinni angalaartarninni takusarpara eqqaasarumassuseq qanoq atsigisoq. Suna

aalaallattoq tamarmi seqqorneqartarpoq. Piniarnerunngilaq, eqqaasarneruvoq. Tassami timmiaappat ikilerneqaraluarpat utersigineqartanngilaq nanginneqassanani orninneqassananiluunniit. Seqqorneq nammineq nuannaarutinngorsimavoq, isummamik annerusumik ilaqanngitsoq. Uumassutsimik ataqqinnissuseqanngitsoq.

Ajoqersuutit uumassutsimillu paasinninnerit sanileriissinngitsoorsinnaanngilakka:

- Itsaq: atorfissaqartitatit pisarisinnaavatit atorfissaqartinngisannik toqutsissanngilatit
- Maanna: Nuannaarniutigiinnarlugu qanorsuaq toqoraajumaguik piumasaannik.

Soormi kalaallit upperisatoqqatik illersornerusimanngilaat?

Isumaliortaaseq una inuianni piniartuusuni europamiunit tikinneqartuni amerlanerpaani pigineqarsimagunarpoq:

Inuit tamakku taama atortumikkut pitsaatigisut, taama pisuutigisut guutiat pissaasimassaqqaaq.

Europamiut amerlanertigut inuunermik ajoqersuut nassarlugu tikittarput, taanna ilumoortutuatut takutittarlugu allat tamaasa „nalusuussutsimut" atasuunerarlugit.

Ukiuni 1900-kkut naajartorneranni qujanartumik isumaliortaaseq tamanna qimakkiartorneqartoq malunnarpoq. Seqqorumanersuaq qasukkariartorpoq, uumasorlu „piniagassaannartut" isigineqarunnaariartorluni.

Illoqarfitta ilaani uumasut nujuartat issunneqaratik inuit eqqaanniissinnaalerput, allammi tatsini illoqarfiup iluani piaqqisalerlutik. Nunani allani pissutsinit isigalugu tamanna tupinnartoqanngilaq. Kalaallilli ileqqorilersimasaanni tamanna nutaajuvoq.

Assersuut 15
Kalaaleq inuusuttoq 1900-kut qeqaanni Danmarkimut pivoq. Kalaallit illuannit anigami Øregårsparkikkooriartorpoq.

Kinguninngua arpaannaq kalaallit illuannut iserpoq anerneerutivilluni: Kanani tasinnguami qeerlutoorsuit! Aallaasissarsiortoq.

Taama isumaliornerup inuit angallarissinerata kingornagut nunatsinni uumasoqarfissuit ilaat ajortumeersimavaat!

Nunamik atuineq uumasunillu sammineq meeqqanik perorsaanermi puigorneqartariaqanngillat.

Kalaallit Nunaanni
saarullitt

Siulequt

Manna nunatta saarulleqarneranik nalunaarusiaq rnarlunnut atorfissaqarpoq.

Siullermik: Kommunikkuutaartumik nalunaarusiani saarullinnut tunngasut uterfigineqartuartariaqarput. Uteqattaarivallaarneq pinngitsoorumallugu pisariaqartinneqarpoq nunatta saarulleqarnera immikkut eqqartorneqassasoq. Taamaalilluni kommunekkuutaartuni nalunaarusiani immikkut allagaq taanna unnersuunneqaannartassaaq.

Aappassaanik: Nunatta saarulleqarnerata pissusia, tamatumalu pinngortitami tunngaviisa takusinnaalernissaat angorusunnarpoq. Pinngortitamik uumasuinillu atuinermik napaniuteqartugut pissutsit napaniarnitta tunngavii paasilluarnerugutsigit, taava pilersaarusiornermi aammalu pinngortitamik uumasuinillu illersuinermik suliaq arnermi pitsaanerusumik angusaqarnissaq angusinnaalissallugu naatsorsuutigissavarput.

Nunatta saarulleqarnerata nassuiarneqarnera nalunaarummi maani atuarneqarsinnaasoq ilaatigut uppemarsaatinik arnigaateqarpoq.

Ukiuni 300-ni kingullerni immatta saarullinittarnernut aammalu saarulleeruttarnerinut atasunik paasisat najoqqutaralugit oqaatigissaapput, teorilu misilittakkanut naleqqulluni. Oqaatigisat ilaasa uppernarsarniarnerat sivisusussaavoq, taamalu piffisaap killilikkap iluani misissuiffiginissaanut periarfissaqarani.

Nalunaarummi eqqartukkat ilaat ilisimatuut misissuineranni suli tikinneqarsimagunanngillat, ilami biologit inuusunnerusut maanni eqqartukkat akueriuminaatsikkaat paasisarpara.

Nuuk, august 1993
H.C. Petersen

Saarulliit

Kalaallit Nunaata imartaasa ilaanni saarulliit ukiut ingerlanerini amerlisarlutillu ikilisarput. Kalaallit Nunaanni ukiuni 200-300-ni kingullerni saarulleqartuaannarpoq, ukiut ilaanni amerlerujussuartartunik ilaannilu nunguusavittartunik. Takkuttarnerat qimaguttarnerallu, tassa nunatta saarulleqarneranut suut pissutaanersut sunilu saarulleqartarnera erseqqissarniarlugit maana allaatigineqassapput.

Allagaq manna biologit paasisaat pingaarnerutinnagit, kisianni aamma mininnagit, aalisartulli misilitta gaasigut oqaluttuarisaanermilu paasisat tunngaviginerullugit allagaavoq.

Saarulliit biologiat

Saarullik *(Gadus morhua)* aalisagaavoq immani akunnattunik kiassusilinni uumasuusoq. Imaq 10°C-nik kissarneruleraangat aammalu kiaap 2°C inuleraangagit qimagunnialersarpoq. Taamaalilluni saarulliit immat akunnattunik kiassusillit imartaannut atasuupput, Atlantikup Manerassuullu avannaasa tungaanni siammarsimallutik.

Kissassutsit qulaani taaneqartut maanna 1900-kkut naalerneranni apeqquserneqartariaqarput Diskobugtip avannaani ukioq naallugu saarulleqarfiani kissassusii gradit qassiunersut suli nalugatsigit.

Saarullik itissutsini 0-600 m uumasuuvoq (B. Muus: 1981: 67). Aamma ikerinnarmiissinnaavoq. Tamanna ukiup kaajallakkiartornerani malunnartarpoq. Aasami „qaffersarput" ukiumilu „itinnittarlutik." Allatut oqaatigalugu: Nunatta ukiuunerani Atlantikup imaa kissarnerusoq itinerusumiittoq, najortarpaat, aasamilu issittup imaa aasap kissatsitaa neriniarfigisarlugu.

Nunap assingini fig. 2-mi, ukiuni 200-ni kingullerni Kalaallit Nunaanni siaruarnerpaagamik, 1930-60, aammalu ikinnerpaagamik, 1900-p missaani, siaruarsimaneri takutinneqarput.

Kinguaassiornerat

Saarullik aalisagaavoq sukkasuumik kinguaassiortartoq, alliartortartorlu. Saarulliup ataatsip suaasa amerlassusii saarulliup angissusianik pissuteqarput. Saarullinni akunnattuni milliuunit affaanit 5 milliuuninut amerlassuseqarnerarpaat, saarullerujussuarni 8 mill. angusinnaallugit (B. Muus, 1981).

Saarulliit nunatsinni suffisarfii marlunnut avissinnaavagut:

a. Kiatsinnerpaaffiata nalaani ikkannersuarni kangerluillu ilaanni suffisartut. Taakku annerusumik ukiut 100-kkuutaartut affaanni siullermi ikkannersuarni suffisarput, taavalu
b. nillertinnerpaaffiata nalaani kangerlunni suffisartut. Tamakku nunatsinnit qimagunneq ajorput.

Kangerlunni suffisartut

Kangerlutta ilaat saarulliit suffivigisarpaat. Ukiut 100-kkuutaartut immikkoortuanni sinerissap saarulleeruffiini kangerluit aalajangersimasut saarullinnit najorneqartut ilisimavagut, pissutsilli atuuttut saarulleqarnerinut pissutaasut suli erseqqissumik ilisimasaqarfiginagit. Piffissami 1920-50 Kapisilinni april-majimi suffisartut paasivaat (B. Muus, 1981). Taamatut Ikertuup qinnguani Sarfannguit iluanni 1920-p kingornagumit erniortoqarpoq, tamakku marts/aprilimi suffisar- sorineqarput (Mogens Kleist, Sisimiut). Imaassorinarpoq suffisarfiit taakku 1920 sioqqulluuguli suffisarfiusut ukiup taaneqartup missaanni aatsaat biologinit paasineqartut.

Kangerlutta ilaat ukiuni 200-t sinneqartuni kingullerni saarullinnit najorneqartuartut ilisimavagut. Kangerluit taakku saarulleqarnerup immikkoortuisa pingajuanni suffiviusarput.

Ima paasisassaagunarpoq, Kitaata saarulleerunnerani kangerluit saarulleqarfiulersut tassaasut erniorfiit, piaqqat qimassanagit peroriartorfii, aammalu namminneq kinguaassiorsinnaaleraangamik suffiivigisagaat. Taama isumaqarnermut pissutaavoq ukiut 40-t missaanni, 1880-1920-p tungaanut kangerluit tamakku saarulleqartuarnerat, aammalu saarulleeraqartuarnerat. Tassa kangerlunni suffiat marlunngorlugit avissavagut:

a. Kiatsinnerpaaffiata nalaani suffiat, aamma
b. nillertinnerpaafiata nalaani suffiat.

Ikkannersuit suffiviusarneri
Ukiuni 1900-kkunni ikkannersuarni suffisarnerannik ilisimasat. 1925-mi Davis Strædep kangilernani Fyllas Bankip avammut siveriarnerani 120 m-tut ititigisumi marts-aprilimi saarulliit suffisut siumorneqarput (Ad. Jensen og P.M. Hansen, 1930).

Kingorna ikkannersuit avammut siveriarnerini all. 61-64°N (Arsuup avataanit Nuup avataanut) immami 200-450 m-mi 4°C-nik kissassusilimmi annertuumik suffisartut paasineqarpoq (B. Muus, 1981). Tunumi erniorfii 60-65°N, Nunap Isuata avataanit (Walløbanken). Ammassallup avataa (Dohrnbanken) tikingajallugu siassimapput, fig. 3. ikkannersuit.

Ikkannersuarni saarulliit suffisarneri ukiut 100-kkuutaartut ingerlaneri tamakkerlugit ingerlaannartumik pisarunanngillat. Saarulliit suffisartut qulaani taaneqartut ukiuni 200-300-ni kingullerni malittarisinnaasagut piffissap aalajangersimasup iluinnaani pisarsorinarput, tassa ukiut 100-kkuutaartut affaanni siullerni. 1900-kkunni Kitaani ikkannersuit suffiviusarnerat taamaallaat 1920-kkut qeqqannit 1960-70-p missaanut pivoq.

Islandimi suffiat
Saarulleeqqat Kalallit Nunaata imartaaniittut ilaannaat tamaanngaaneersuupput. Ilaat suffisarfinni Islandip imartaaniittuni suffiaapput (E. Borch). Tamakku suaallutik piaraallutilluunniit sarfamit imartatsinnut pissunneqartarput. Taamaattoqarnera ilisimavarput (E. Borch), maannali annerusumik oqaaseqarfigineq saperlugu. Taamatut ukiut 100-kkuutaartut ingerlanerini imartatsinni saarullippassuit ilaat procentit qassit nunatsinni qassillu Islandip suffisarfiinit pilersimanersut ilisimanngilagut.

Suaat
Saarulliit suaat orsoqaramik puttasarput immallu qaani qaammat missiliorlugu tukerniartarlutik, immap kissassusia seqinerlu apeqqutaasarlutik.

Immat saarulliit piaqqiorfiisa kissassusii
Suaat pinngornissaat immap kissassusianik pissuteqarpoq. 1920-30-kunni saarulliit erniorfiini assiiginngitsuni 50 m-nik itissusilinnik

kissassutsit +1,73°C aamma -0,27°C akornanniittut uuttorneqarput. Qatsinnerusumi kissarneroqaaq. 10 m-tut ititigisumi +1,45-2,75°C-nik kissartigaaq. Immap qaavani piaqqat peroriartorfigisaanni +2,33-5-,60°C-nik kissassusillit uuttorneqarput. Nunatta imminik nutartertunik saarulleqarnera immap kissassusianik pissuteqarpoq.

Saarulleeqat
Piaqqat tukeqqaat 4 mm-t missaannik takissuseqartarput, septemberimi 3-5 cm-nik takitigilersimasarlutik. Taamaaligaangamik immap qaamiuujunnaarlutik itinerusumut naqqata eqqaanut nuuttarput. Piaqqat arlaannitsat, ataatsimik ukiullit, 10-15 cm-nik takissusillit ukiut 100-kkuutaartut kiatseruttornerini, tassa ukiut tamakku affaasa siulliit ingerlanerini, aasaqqaasiani sinerissatsinni sissanik sinersilersarput. 1900-kkunni, ca. 1925-55, Kujataanit Uumannap Sullua angullugu tamakku takusassaapput. „Sinerissap ilaanni tamani saarulleerarpassuaqarpoq" (B. Muus, 1981).

H.J. Rink 1857-mi allappoq: „Pingaartumik saarullinnik sualinnik misissuisoqaraluarpoq, qaqutiguinnarli sualinnik ataasiakkaannguanik siumuisoqartarluni, aammalu kangerlunni saarulliit angisuut ataasiakkaat ukiup qanoq ilineratigulluunniit; aamma ukiuunera tamaat, siumorneqartarput. Eqqumiippoq saarulleerarpassuit amerlaqisut upernarnerani takkuttartut, aamma Qaqortumi, isumaqarnarluni qanittumi piaqqiaasimassasut." 1800-kkunni Rink kisimi tamakku- ninnga taasaqarpoq. 1700-kkunnit tusagaqanngilagut.

Nunatsinni saarulleeqqat, Islandip nunattaluunniit imartaani suffiarineqarsimasut, perorsinnaassusiat klimap ingerlarnata sumut killinneranik pissuteqartarpoq. Kitaata sioraa avannamut ingerlasumik sarfaqarmat, suaat piaqqallu tamaaniittut sarfamut akiuussinnaanngitsut avannamut kimmullu sarfamut nillertumut ingerlanneqartarput, ilimanarluni tamaani qiusassasut. Aniguisunik Canadap saarulleqarfiinut ilannguttoqartarnersoq ilisimanngilarput. Taamaalilluni saarulleeqqat tukernerini aasami siullermi klimap pissusii aammalu ukiut 100-kkuutaartut ingerlanerini immap kissassusiinut tunngasut perorsinnaanerannut aalajangiisuussapput. Imaassorinarpoq ukiut ilaanni erniusut tamarmik perunngitsoorsinnaasartut; qiusartut!

Alliartortarnerat

Kalaallit Nunaanni alliartortut alliartornerat Norgemi, Islandimi New Founlandimilu alliartortunit arriinnerusarput (tabel 1). Aamma nunatta iluani assigiinngissuteqartoq paasivaat (P.M. Hansen & F. Herman, 1953). Kujasinnerusumiittut avannarpasinnerusumiittunit avataaniittullu kangerlunniittunit sukkanerusumik alliartortarput (fig. 4). Tamatumani misissuinerit paasinarsisippaat saarulliit alliartortarnerannut atugarisaat marluk sunniuteqaqisut, tassa immap kiassusia aammalu nerisassaqassusiat.

Tabel 1. Saarullitt erniorfimminni assigiinngitsuni angissusiisa agguaqatigiinnerat, 1950-p siornagut uuttukkat, cm.

Ukiui	**4**	**5**	**6**	**7**	**8**	**9**	**10**	**11**
Savalimmiut avannaanni		77	83	88	95			
Vestmannaøerne, Island			75	83	89	94	97	100
Lofotenimi			75	80	84	86	88	
Kal. Nunaata kitaani		64	70	74	78	83	6	89

(Havet og fiskeriene, 1947:147)

Aamma immatta immikkoortuini assigiinngitsuni alliartortarnerat assigiinngitsoq paasinarpoq. Assiliaq ataaniittoq Poul M. Hansen Frede Hermann: Fisken og havet ved Grønland, 1953: 50-mit tigusaasoq pisat agguaqatigiissinnerivaat.

Saarulliit immatsinni 1947-mi tukertut tallimanik ukioqalersut, 1952-mi angissusii misissuiffigineqarsimapput. Taakku angissusiisa agguaqatigiissinnerat 53 cm-p missaaniippoq. Peqataasa Islandimi 1947-mi tukertut taamanikkut takissusiisa agguaqatigiissinnerat 81 cm-p missaanniippoq (P.M. Hansen & F. Herman, 1953). Immatsinni saarulliit amerlerujussuarnerminni alliartornerisa kigaannerulernerat ilaatigut nerisassaasuanerannik pissuteqarsinnaavoq.

Kinguaassiorsinnaalersarnerat

1900-kkut affaanni siullermi Kitaani saarulliit qassinik ukioqarlutik kinguaasiorsinnaalersarnerat Nuup Aasiaallu akornanni msissorneqarsimavoq. Ikannersuarni suffisut misissuiffigineqartarsimapput. Siullermik 1917 pinngortut 9-11-nik ukioqalerlutik kinguaassiulerput.

1934-mi pinngortut amerlanersaat 7-nik ukioqalerlutik kinguaassiulerput (B. Muus, 1981). Nordsømi pingasunik ukioqalerlutik kinguaassiulersinnaasarput. Saarulliup peroriartornerani timaatalu inerinnerani immap uumaffigisaata kissassusia/ pueqqussusia nerisassaqassusialu annertuumik sunniuteqqartoq paasinarpoq.

Saarulliit nerisaat
Saarulliit tamatortuupput. Nunatsinni ammassat nerisarilluagaasa ilagaat, aalisagaaqqat assigiinngitsut aamma qussaannat, qulligissat imarmiut, kingukkut, nuarluit, qaleruallit (qaleruaat saannerusut); allaammi saarulliit angisuut saarulleerartortarput.

Pissutsit qulaani eqqartorneqartut amerlanersaat 1950-p siomagut pisuupput. Immap klimallu saarulliit uumaffigisaasa 1960-p kingornagut allanngornerat pissutsinut qulaani taaneqartunut qanoq sunniuteqarnersoq erseqqissumik akisinnaanngilara.

Saarulleqarnitta allanngorarneranut pissutaasut
Siullermik immap kissassusia apeqqutaasut pingaarnersaraat, aappassaanillu inunnit piniarneqarnerat.

Kingulleq taanna immikkut soqutiginarpoq. Ilisimasavut najoqqutaralugit 1920-kkuni aalisarnerup ingerlalemeranit aalisarnermi piniutit atortulersuutillu allanngoriartorsimaqaat. Aallaqqaataani aalisakkat kiiumanngitsut pisaaneq ajoraluartut 1950-p kingornagut tamanna apeqqutaajunnaarpoq. Immap „støvsugerneqalerneratigut" pisat amerleriarujussuarput. Pisarisariaqanngitsorpassuit, aalisakkat mikivallaat aalisakkallu piniagaanngitsut, pisaasalerlutik.

Tassa Kalaallit Nunaata saarulleqassusianut siornatigut klima kisimi apeqqutaagaluartoq 1900-kkut aaffaanni kingullermit inuit sunniutaattaaq naatsorsuutigineqartariaqalerpoq.

Ukiut ingerlaneranni Kalaallit Nunaata saaruleqarnera

Kalaallit Nunaanni saarulleqarnera allanngorartuartumik ingerlavoq. Ingerlaneq tamanna „malittarisaqartutut," imaluunniit taama pinnani ingerlanersoq paaserusunnarpoq.

Tamanna akissutissarsiumallugu pinngortitami pissutsit inuillu misilittakkaminnik nalunaarutaat paasissutaasinnaasut misissussavagut.

Paasissutissat pigisavut assigiinngitsut pisinnaavagut; nalitsinni nammineq misilittakkavut, eqqaamasalersaarutit, misissuinernit manna tikillugu ingerlasimasunit nalunaarutit, kiisalu saarulleqartarsimaneranut takussutissat nunami nassaarisinnaasagut atussavavut.

Ukiut 1700-kkut siornagut

Qallunaatsiat nunaqarfikuini igitani saarulliit saarni siumugassat ilagigaat arkæologit oqartarput.

Diskobugtimi nunaqarfitoqqani ukiuni 700-ni kingullerni atugaasimasuni attakut misissorlugit ukiut oqaluttuassartaat malinneqarsinnaapput. Nunaqarfitoqqap Nivaap eqqaaniittup Nuup, Saqqarliup kangimut isuaniittup 1922/23-mi inueruttup attarfiini KGH-p nioqqutissai qalliusut qaleriiaani ammut malinneq ajornanngillat, tamaani niuertoqarfiliorneq 1700-kkut qeqqanni pisoq ersilluni. Qaleriiaat danskit nioqqutaannik akoqaratik arfannianik pisunik imallit ammut nanginneraat. Suli atsinnerusumi europamiut nioqqutaannik takusassaaruttoq qaleriiaat suli ammut ingerlaqqittut takusimavakka. Attat tamaasa isigalugit malugisassaapput saarullerujussuit saarni akunneqartarlutik ikiariissaartut. Attat arkæologinik misissuiffigineqarsimanngikkaluartut saarulliit nalliuttarlutillu peeruttarsimasut takuneqarsinnaapput (nammineq takusat).

Oqaluttuunneqarpunga attat taama ittut aamma Nuusami, Nuussuup Sullorsuarmut sineriaani, takuneqarsinnaasut (Pavia Nielsen, Qaarsut/Uummannaq).

Kalaallit oqaluttuaanni saarulliit taaneqartarput, soorlu Illuikkamik oqqaluttuami (Kr. Lynge, II, 1939: 27).

David Danell danskit kunngiata angalatitaa 26. juli 1653 Nuup Kangerluata paatigutigoorpoq, tamaanngaaniillu avalalluni. Ikaanneq (Fyllas Banke) naammattooramikku aalisarlutik læstip aappaa avillugu (4.000 kg?) saarullipput tarajuutaarukkamilli taamaatiinnarlutik (J. Mathiesen, 1846).

1700-kkunni
Hans Egedep ullorsiutaani (Relation,1738) 1720-30-kunni Nuup eqqaata saarulleqarnera paasinarpoq. 1723: „aamma saarullittaqaat, (qup. 99). 1725: „saarulliit nunaqarfitta avatinnguani pisarisarpavut" (qup. 174). Ullorsiutit ilaanni allanissaaq saarulliit eqqaaneqartarput. Aammataaq Perlustrationimi (1741) nunap uumasui taagoramigit saarulliit ilannguppai (qup. 50).

Otto Fabricius: Fauna Groenlandica, 1780: 145 Kitaata saarulleqarfii uku taasimavai: Tunulliarfik, Kuannersooq Paamiut eqqaanni, Qeqertarsuatsiaat, Narsarmiut Maniitsup eqqaani, Amerloq Nassuttoorlu. Fabricius nunatsinniippoq (Paamiuni) 1768-73.

Poul Egede: Paamiut eqqaanni „Nordre Bredimi" ikkannerni saarulleqarpoq. Allappoq: „Aalisartut pingaartumik Bostonimiut tamaanga takkuttarput" (Efterretninger om Grønland, 1788: 257).

Eigil Thorhallesenip nalunaarusiani 1773-75-kkuuni suliarai (naqitaq: E. Thorhallesen: Beskrivelse over Missionerne i Grønlands Søndre Disktrikt, 1914) makku saarulleqartut oqaatigalugit: Paamiut avanna tungaanni Kangerluarsuk, immikkut aalisarneqanngitsunik, taamatut aamma Kuannersooq (qup. 13). Qup. 32: Nuummi nukappiaqqat aalisartut saarullittarput. Qup. 39: Kitsissut alannguatigut pulariaa aalisagareqisoq taavaa, saarulliit immikkut oqaatigalugit. 40-41: Kanassut Saarlorlu saarulleqarput. Ameralimmi Eqaluit Ilorliit sualummik, saarulleqarput (qup. 51). Akunnaat Qeqertarsuatsiaat kitinnguanniittut aasaq naallugu saarulleqarluartarput (qup, 68). Napasumi saarulleqarpoq (qup. 81).

1700-kkunni saarulleqarnerata oqaatiginera
1720-kkunni Hans Egedekkut Kangerup eqqaani, kingornalu Nuummi nunaqartut, nalunaarutaat malillugit Nuup eqqaa saarulleqarpoq. Aasanerani ilaanni saarulleqarluartarsimasoq paasinarpoq. Kisitsisinik taasaqanngimmat uuttuutissaqanngilagut.

Poul Egedep nalunaarutaa ukiulerneqanngitsoq malillugu Paamiut eqqaanni saarulleqarsimavoq. Aalisartut bostonimiut tamaanga aalisariartarput. Ima peqartigisimava Bostonimiut New Foundland pinnagu tamaanga takkuttarlutik?

Thorhallesen 1773-75-mi sinerissami angalaartoq Paamiut eqqaannit Maniitsup eqqaanut saarulleqartoq allappoq.

Otto Fabricius 1700-kkut affaanni kingullermi kangerlunnik saarullilinnik taaguisimavoq.

1800-kunni Kitaani saarulliit

Ujarassiuup K.L. Giesecke 1806-13 nunatsinniittup makku saarulleqarfittut ullorsiutimini (Johnstrupip naqititaani, 1878) taavai:

Juni 1808 maanna Kangaatsiap kommunia aqqusaaramiuk arlaleriarluni saarullinnik eqqartuivoq (qup. 98-101). Aamma Maniitsumi Napasumilu saarulleqarluarnerarpaa.

September 1809 Qeqertarsuatsiaat eqqaat assut saarulleqartoq allappoq (qup. 153).

12. august 1810: Itillip Ummannaarsussuullu akornanniusimagunartoq akunneq inorlugu aalisaramik saarullinnik 50-t sinnerlugit amusinerarpoq.

Maniitsumi niuertussaq W.M. Olrik 1810-p siuninnguatigut aasami saarullittarlutik allappoq. Aasami 1810 ullut ilaanni aalisarami 93-nik saarullilluni unnersiorpoq (Kjøbenhavner Tidende 1831: 854). „1810-p 1823-llumissaanni saarullilerujussuusoq ilisimaneqarpoq" (Grønlands natur, 1981: 272).

Kujataani nunap naalagaata Holbøllip, 1827-mi atorfeqalersup Nuummilu najugaqartup qullersarisaminut nalunaarummini siullermi, 1828-mi, saarulleqassusia taakkulu nioqqutissassatut piukkunnassusii taavai. Nunani allani saarullinnik taama amerlatigisunik takusimanani allappoq (MoG, 145: 198).

KGH-mi atorfeqarsimasoq J.Mathiessen 1852-mi atuakkiamini allappoq Paamiuni umiatsiaq sisamanik iputilik nukappiaqqat pingasut sisamalluunniit atorlugu ullormut marloriarlugu pingasoriarluguluunnit ulikkaarlugu saarullittartut takusarini. Namminertaaq ullut ilaanni ataatsimik qarsorsalimmik aalisaateqarluni akunnerit marluk ingerlaneranni saarulliit 98-t amunerarpai. J. Mathiesen Paamiuniittarpoq 1827-28, 1829-30 aamma 1832-33.

„Kalaallit Nunaata kimmut sineriaani ikkannerit New Foundlandip ikkannerisut najorniartarpai. Isumaqarnarpoq ukiuni kingullerni Newfoundlandimiut aalisartut saarullinniat Kalaallit Nunaata sineriaani pisuussutit tamakku paasiartuleraat. Immaqalu tamakku pisuusimapput ukiuni kingullerni, aalisartitsisut atorsinnaasut iluaqutsiullugit niuertoqarfitsinnit kiisami saarullinniartoqalerneranut" (J. Mathiessen, 1852: 117).

1845-mi Holbøll Sisimiuni piffissami 3.-31.(?) juli, ulluni 28-ni angutit tallimat sulisoralugit aalisartitsisimavoq. Saarulliit pisat 10.000-t sanianniipput (J.Mathiesen 1846: 54). Tassa ullut 25-t naatsorsuutigalugit ullormut saarulliit 400-t pisarisarsimavaat, ullormut angutip ataatsip 80 stk. Ilanngullugu taaneqassaaq J. Mathiessen allammat aasaq tamanna sila aalisarfiluttoq, niggertuaannangajalluni aammalu saarulliit qaammatinik marlunnik kingusinaarlutik takkullutik.

H.J. Rink, 1848 nunatsinnut tikittoq, 1852: 140-42, allappoq suli Avannaa saarulleqartoq, ilaatigut peqarluartarluni. Avannaani saarulliit aasap qaangiukkiartulerneratigut takkuttarput Ilulissat Sermiliat avannamut killigisarlugu. 1820-nngooq missaani Kitaa peqaqaaq, aalisarneqangitsunik. 1850/51 sukkassuumik ikiliartulerput.

Taamanikkut tingui KGH-p pisiarisarsimavai, timitaalli pinnagit. Aasianni/Qasigiannguani nappartat 65-t saarulliit tinguinik immerneqarsimasut timitaasa 40.000 stk. missiliorsimassavaat. Aalisartunngooq aalatsiartup nal. ak. ataatsip ingerlanerani saarulliit 60-80-t amusarpai, taama Rink allappoq (1852: 142).

Rink, 1857: 216: „Saarullik Kalaallit Nunaata sineriaani suffisarunanngilaq, ukiulli ilaatigut takkusimasarnera nerisassarsiornerannik pissuteqartoq."

KGH-p saarullinniarnermik misiliisitsinera
Maanni najoqqutarineqassaaq H. Rink: Om Monopolhandelen paa Grønland. 1852. 1847-51 KGH Kitaani saarullinniarnermik misileraa-

titsivoq danskeq Thomsenimik atilik, niuertoq Islandimiu, pisortaatillugu. Misiligaanerit Qeqertarsuatsiaat Sisimiullu akornanni pisut ingerlanneqarput, ilaatigut ikkannersuarni, aammalu kangerlunni. Umiatsiamik angallateqarput. Aalisaat aammalu qassussuit kangerluni aalisakkanik ungusissutitik sakkugaat.

Tabel 2. Pisat imaapput, stk.

22. juni - 2. juli avataani saarullittat	2.300
3. juli - 2. september, kangerlunni	30.106
+ Sisimiormiut pisaat, 2. julimit 1848-mi pisat katinneri	9.268
1848-mi pisat katinneri	**44.553**

Ukiuunerani upernaakkullu misiliisarnerit pissarsiviunngillat. 1848, 22.juni aatsaat saarulliit Sisimiunut takkupput.

1848-mi aasaq silakuluppoq. Thomsen 4. juni Danmarkimit tikikkami erniinnaq aalisalerpoq. Juli aallartilaartoq saarulliit kangerlummut takkupput. Silarluk akornutigalugu 10. juli aatsaat aalisalerput, 20. septemberip tungaanut ingerlasumik. Aalisagaqarluaraluartoq, silap ullut 30-innaat aalisarfiutippai. Pisat ca. 14.000 stk. saniatigut kalaallit pisaasa amerlassusii nalunaarsimangitsut oqaatigineqarput.

1850: Sikuerniariartoq Qeqertarsuatsiaanut ingerlapput. Saarulliisaqaaq. Sikorsuit takkupput, aalisarunnarsillugit, 22.maj sikut ippikarlugit avalakkamik avataani ikkannersuarni aalisaraluaramik saarullik ataaseq kisiat pisaraat. Tiffaqqikkamik kangerlummi 80-eraarput.

10. juni Sisimiunukarlutik tamaani tuluit aalisartut naapippaat, arlaat saarullinnik 24-raarsimasut arlatik ataaseraartut. Junip naalivinnerani aatsaat sarulliit ikannersuarni takkupput. Tammaqattaarmata avataani kangerlunnilu misiliisarput. Maniitsup eqqaaliaraluaramik iluanaanngillat.

Tabel 3.

1850-mi pisat	12.450 stk.
Kalaallit pisaat	12.200 stk.

Piisappaallaarnera pissutigalugu tuluit aalisartut suli aasaq naanngitsoq angerlaannarput.

1851: Umiatsiaat marluk atorlugit avataani kangerlunnilu nuuttarlutik misiligaagaluarput. Aasaq tamanna pisat 2.000-t missaannaaniipput.

Tuluit aalisarnerat
Suli Rink: Om Monopolhandelen paa Grønland, 1852 najoqqutarivarput, tabel 4:

1845 umiarsuit marluk, siulleq	ca. 15.000 stk.
Arlaat	30.000 stk.
Katillugit	ca. 45.000 stk.

1848-mi aalisartut amusilluarnerpaasimapput. Junimit septemberip aallartilaarneranut umiarsuit qassiusimanersut 85.000-t missaanni saarullissimapput. Umiarsuinngooq ilaata Kangaamiut eqqaanni sapaatit akunnerisa 3-4-t ingerlaneranni saarulliit 30.000-t sinnerlugit pisarisimavai.

KGH-p saarullinniarnermik misiliititsinera 1800-kkut saarulleqarnerata immikkortuata 1-p naanerani 2-llu ingerlalernerani pivoq, tamannalu pillugu iluatsigani. 1850-kkut atulerneranni saarulliit ikileriaqisut malunnarsivoq.

Suli peerutivinngikkaluarpoq. 1863-mi juli qaammataagaa Kangaamiuni niuertoruseq ulluni marlunni aalisarami 1.200-nik saarullissimavoq (Atuagagdliutit 1863: 338).

1866-mit 81-mut amerikamiut aalisartut Davis Strædemi julimi augustusimilu ikkannersuarni aalisartarsimasut saarullilaartarsimapput ikinnermit tarajussallugilluunniit akilersinnaanngitsunik. Saarulliit piffissaq taasaq tamaat ilaannaaniluunniit pisarineqarsimanersut nalunaarneqanngilaq (Ad. S. Jensen & P.M. Hansen, 1930: 9).

1870-80-kkut kingornagut kangerluit aalajangersimasut kisimik saarulleqalersimapput. Atuagagdliutini 1901/02 Nuup eqqaani Saarlormiu C. Poulsen Nuup eqqaata saarullii pillugit allappoq: „Saarulliit ukiakkut arlaanni peqaruluttaraluaqaat, maannaakkulli amerlasuunik peqassaarallarpoq, immaqalu kingorna peqarluartalerumaarnerpoq, nalliuttartuugamik."

Grønlands Styrelsemi, „Direktoratets Meddelelser" ikiortigalugit 1800-kkut naajartorneranni kitaata kujasissuani saarulleqarnera malissinnaavarput.

1882/83. „Aasami 1883-mi saarullinniarneq peqqaluttorfiuvoq."

1883/84. „Ukiuunerani suluppaagarniarneq saarullinniarnerlu niuertoqarfinni kujallerni pingasuni iluanaarutaalluarpoq."

1884/85. „Aasaq kingulleq saarullinniarneq iluatsinngilaq." Aasani tullerni pissarsilluartarsimapput.

1890/91. „Aasaanerani saarullinnianeq pissarsissutaalluaqaaq."

Aasani tullerni pisat „angusaqarluarnernik" „iluanaarutaasunik" nalilerneqartarsimapput.

1901/02: Aalisarnerliorsimapput pisaqarpiaratik, Aasani tullerni saarullittariarlutik 1904/05-mi saarulliit aalisakkat pisat taagorneranni ilanngussimanngillat.

Tassa aasani amerlanerni, 1880-1905, saarullilimmiut saarullittarsimapput, aasat ikinnerusut pisaqassanatik. Taaneqareersutut piffissap taassuma iluani aasat pingasukkuutaartut ataqatigiit Qeqertarsuatsiaat eqqaanni saarulliit takutinngitsoorfii ilisimavavut: 1884-86 aamma 1903-05 (Beretn. og Kundg. 1909: 23).

1800-kkunni saarulleqarnerata ataatsimut oqaatiginera
1800-kkut atuunneranni Kitaata ilaata ukiuni qulikkuutaartuni, 1810-20-kkut kisiisa pinnagit, sarulleqarneranut nalunaarutinik pigisaqarpugut.

Giesecke 1808, aamma J.M. Olrik 1810 saarullinnik unnersiorput. 1810-20-kkunneersunik nalunaarutinik toqqaannartunik pigisaqanngilagut. Rink allappoq (1852) oqaluttuunneqarluni 1820-p saniani saarullippassuaqartorooq. Holbøllip 1820-kkut qeqqanni Nuummut pigami saarullippassuaqartoq nalunaarutigaa. 1830-p missaanit saarulleqarluarnera Paamiut eqqaannit Aasiaat eqqaat angullugu isorartussuseqartoq 1840-kkut qeqqat angullugu atuussimavoq. Aalisartitseqatigiit Kallikkut 1830-kkut ingerlalersut Napasumi piniarsinnaanerminnik qinnuteqaramik saarullinnik aalisarnissaq immikkut taasimavaat (P.P. Sveistrup & Sune Dalgaard: Den danske Styre i Grønland, 1825-1850).

Tamakku ima paasisassaasorinarput 1810-p missaanilli Kitaata imaa, Qaqortup eqqaaniit Diskobugtip tungaanut atasoq saarulleqarluarsimasoq, immaqa ilaatigut pilerujussuartut oqaatigineqarsinnaalluni. Tamanna 1840-kkut qeqqata tungaanut atasimavoq. Saarulliit 1900-kkunnisut aasaanerani kalaallit angusinnaasaaniittarsimagunarput, ukioraangat sumut pinerpoq itinnittartut.

Poul M. Hansen allakkaluarpoq (1930) piffisap tamatuma (1820-50), ingerlaneranni ukiut arlaqartut ingerlanerini saarulleeruttarsimasoq. Imaassorinarpoq paasissutissanik peqannginnini taama allannerminut pissutigigaa. Taamanikkut ukiumi inuit ajorsartarsimanerat taama isumaqarnermut pissutaasut ilagigunarpaat. Carl Berglund 1820-p missaani inuusoq allappoq saarullilerujussuusoq inuille ukiumi ajorsartarnertik namminneq pisuussutigigaat, piliassat nalaanni saarulliit tinguiinnarlugit timitaat eqqartaramikkit. (Atuagagdliutit 1873: 20).

1840-kkut naalersut saarulliit akuttulerput, ilaanni piisassisalerluni, sulili avataa saaruliffissaavoq, ikiliartortunik. 1870/80-kkut atuutilersut kangerluit aalajangersimasut kisimik saarulleqalerput. Apersuillunga paasivakka kangerluit uku:

> Paamiut eqqaanni Amitsuarsuk, Tasiusaq, Qeqertarsuatsiaat timaanni, Ammassivik, Atammiup Iluani, Qeqertalik Ikertoorlu Sisimiut eqqaanni, Ataneq, Kangaatsiap kommuniani.

Saarulliit tamakku 1800-kkunni Kitaata saarulliisa amiakkoraat, 1920-ngulernerani saarulliit takkunnissaata tungaanut kangerlumminni uumasut, piaqqiorlutik aalisarneqartarlutillu.

1900-kkut saarulleqarnerat

1900-kkut atuutilermata Kitaani ikkannersuarni saarullinnik misiliissoqartarpoq. Siullermik savalimmiormiu Napoleon Andreassen aasami 1906-mi Qeqertarsuatsiaat avataannit Ilulissat angullugit aalisarnermik misiliinissaminut akuerineqarluni Kitaani ikkannersuarni misiliissaraluarami saarulleqanngitsut paasivai. Sisimiut kangerluini Ikertuup qinnguani Qeqertalimmilu saarulliit, katillugit, 1.921-t pisarai.

1908-mi ilisimatooq Adolf Jensen suliassinneqarpoq Kitaata aalisagaqassusianik misissuinissaminik. „Tjalfe"-ekspedition taamaalilluni pilersitaavoq.

Junip aallaqqaataata saniani Davis Strædemi misissuilerput. Ikkannersuarni saarulleqanngilaq. Qeqertarsuatsiaat eqqaanni kangerlummi ikerasannilu saarulippassuit siumorpaat. Augustip naalernerani paasivaat Qeqertarsuatsiaat avannaanni kujataannilu illuttut 20 km-tut ungasitsigisoq angullugu sineriak kangerluillu saarulleqartut, avataalli peqaratik. Umiatsiat misiliisitat marluk ulluni 12-ni sivikitsumik aalisartarlutik, tamarmik marlunnik aalisartoqarlutik, 3.000 stk-t missaannik saarullissimapput (Beretn. og Kundg, 1909: 22).

Tamaani Qeqertarsuatsiaat iluanni Tasiusaq qiteralugu 1800-kkunit saarulleqartuarpoq, taamaallaat ukiuni pingasukkuutaartuni 1884-85-86-mi aammalu 1903-05-milu saarulleqanngitsoortarpoq (Beretn. og Kundg. 1909: 23). Kangerluit allat saarullillit tusarfiginngilagut.

1979-mi Niels Frederiksen (1909-87) Iginniarfimmiu, Kangaatsiap kommuniani, naapippara. Oqaluttuuppaanga meeraanerminiilli kangerlutsik Ataneq saarulleqartuartoq, aammalu siulini taamanna oqaluttuartartut. Tassa 1800-kkut saarulliisa amiakkui tamaanniittuarsimapput 1930-p saniani Islandimit tikiuttut angullugit.

Saarulliit takkunneri

Sinerissami saarulliit

1915-p missaani saarulliit amerlanngitsut sinerissap kujataanut takkuttalerput, 1917-mit Nuup eqqaani malunnarsilluarlutik. Saarullippassuit tamakku Islandimi pinngortut sinerissatsigut avannamut ingerlaarput. Aasaanerani aalisarfinni kalaallit piniarfiini takkusimasarput, ukiuleraangat tammartarlutik. Tulliani upernaraangat takkuteqqittarput suli avannamut ingerlaarlutik. Niuertoqarfinnut annguttarnerat malillugu, ukiunik marlussunnik kingusinneruinnartumik KGH-p pisiariortulersarpai. Taama avannarpariartornerat tamanna malinneqarsinnaavoq. 1929-mi august naalersoq Uummannap Sulluanut anngupput (Kruse, Niaqornat, Avangnamioq 1941: 59).

Tabel 5. 1900-kkut saarullii ukiuni makkunani tunisaalerput

Qaqortumi	1918
Paamiuni	1919
Nuummi	
Maniitsumi	1922
Aasianni	1930
Ilulissani	1930
Uummannami	1932

Oqaatigineqareersutut kangerluit ilaat 1920-ngulernerani saarulliit Islandimit takkuttut sioqqullugit KGH-mut tunisassanik saarullinniarfiulereerput. Taama pisoqarpoq Alluitsumi 1910, Qeqertarsuatsiaani 1911, Sarfannguani 1912, Atammimmilu 1915. Soorlo oqaatigine-qareersoq saarulliit tamakku 1800-kkut saarulliisa nunatsinnit qimagutinngitsoortut kangerlunni uninngasut kinguaaraat.

1900-kkut affaanni kingullermi saarullinnik tunisassiorfiit avannarlersaat Sdr. Upernivimmiippoq 1950-kunni ammarneqartoq. 1970-kkunni saarulliit Kitaani akunnassimmata Sdr. Upernivik sinerissami saarulliffiunerpaat ilagaat.

Ikkannersuarni saarulliit

Saarullit sinerissamut takkunnermik nalaani aamma ikkannnersuarnut anngupput. „Tjalfe"-ekspeditionip kingornagut ikkannersuarni sarullinnik misiliisaraluartut siumuineq ajorput. KGH-p umiarsuarnik nakkutilliisuata Thorsenip 1921-mi aasaanerani ikkannersuarmi Fyllas Bankimi saarulliit takkussimasut paasivai. 1922-mi sakkutuut sinerissamik nakkutilliissutaasa Fyllas Bankimi julimi saarullit siumorpai. Ikannersuarni avannarliusuni saarulleqatsiartoq paasineqarpoq. 1925-mi aalisakkanik misissuutip „Dana"-p Fyllas Bankimi aammalu Lille Hellefiske Bankip kujalernani saarulleqarluartoq paasivaa. Ikkannerit kujasinnerusumiittut ikinnerusunik saarulleqarput (Ad. S. Jensen & P.M. Hansen, 1930: 13).

1925-mi aasami Savalimmiormiut Fyllas Bankimi aalisalerput, tamatumalu kingorna aasat tamaasa saarullinnialerlutik.

Tabel 6. Pisat saarulleqassusianut takussutissaapput, tons (Ad. S. Jensen & P.M. Hansen, 1930)

1925	142,7
1926	960,0
1927	1.119,6
1928	523,0

1925-p missaani Diskobugtimut annguppput. 1930-mi Diskobugtimi tunisaalerput.

Tamanna ikkannersuit aqqutigalugit sinerialluunniit aqqutigalugu pinersoq oqaatigineq saperparput. 1930-kkunni ikkannersuit Fyllas Bankip avannaaniittut saarulleqalerput Store Hellefiske Banke allaallu Disko Banke ilanngullutik.

Saarulliit sinerissami ukiumut takkusimasarnerat
Ukiuni tamakkunani 1960-p missaa tikillugu sinerissami saarulliit ukiup kaajallakkiartorneranut takkusimasarnerat ukiut tamaasa allanngussanani ingerlavoq:

1. Upernaakkut maj-juni aalisarneq kangerlunni aallartittarpoq
2. Julip ingerlalernerani saarulliit kangerlutsigut silammut aallartarput
3. Augustimi qeqertanut annguttarput
4. Ukiariartorneranut qeqertat avalliit eqqaat avataannilu ikkannerit, ikkannersuit timaanniittut, aalisarfigineqartarput
5. Ukiuunerani kalaallit aalisartuisa inugaanneeriarlutik tulliani upernarnerani kangerluit qinnguini takkuteqqittarput

Taamanikkut saarulliit sinerissami ukiumut ingerlaartarnerat ima aalajangersimatigaaq, aalisartut aasami tullermi qaammat suna saarulliit sumiissasut siumut ilisimareertarlugit.

Avataani ikkannersuarni qanoq innersoq oqaatigisinaanngilara, taamatut sinerissami saarulliit ikannersuillu saarullii qanoq imminnut atatiginersut oqaatigineq saperltugu. Ilisimavarput kangerluit saarulliisa aasap naajartornerani sinerissap karra tikittaraat. Ilimanarpoq ikkannersuit saarullii taamaalinerani atassuteqarfigilersaraat.

Taamanikkut kalaallit aalisartui angallatimikkut piniutimikkullu kangerlunnut sinerissamullu pitussimapput ikkannersuarni saarullinniaqataasinnaanatik.

Aalisarneq piniutillu

Taamanikkut aalisarnermi sakkut tassapput aalisaat ataasialik, marloqqat, oqummersalluunnit quleriiaat, ningittakkallu takisoorsuuneq ajortut. Angallatini qajaq, umiaasaaqqat inuit namminneq sanaavi umiatsiallu iputtarissat atornerpaajupput. 1930-p missaanit aalisartut ilaat ikittut pujortuleeraqalerput. 1945-p kingornagut aatsaat pujortuleerartaartulerneq aallartilluarpoq.

Tabel 7. Kitaani umiatsiat pigineqartut aalisarnerup ingerlalernerani amerliartulertorput

Ukioq	1900	1920	1930	1935	1939
Kujataani	110	144	652	802	
Avannaani	4	211	503	667	
Pujortuleeqqat	0	0	12	41	72

Grønlands Statistik, suliaq 1942-45; Beretn. og Kundgørelser.

Aalisarfiit

Taamanikkut aalisakkat immap qaavani aammalu itissutsini assiginngitsuni aalisarneqartarput.

Aalisartut itissutsit aalajangersimasut aalisarfigigajuppaat. Isannerit 4 .-6 -8. aalisarfigineqarajupput, aalisaqatigiit itissuseq ataasinnaq atortarlugu. Taamaallaat ikkannerni ikkattuni natersiortarput. Taamanikkut saarulliit ikerinnarsiorajupput. Maniitsup eqqaani eqqaamasakka malillugit 1930-kkut naajartortut upernaakkut junimi saarulliit kangerlunni immap qaavanut qanittumiittarput, allaat unnuami immap qaavani „nuitsatilersarlutik," qimerluguterpassuit kangerluup imaata annersaa ulikkaartarlugu. Ammassat nalaanni qaarsilaarnermik kiiniarajunngillat.

Aasarnerusumi ikkannerit aalisarfigilersarpavut. Aalisartut ilaasa kangerluit minnerusut sarfaqanngitsut paavi ningittakkanik ikkartitsisivigalugit ammassanik nutaanik neqitsersortuarlugit uteqattaarlutik atuaqattaartarpaat angallammik ulikkaarnissaa tungaanut.

Aasap sinnerani saarulliit silavariartorneri malillugit ikkannerit aalisarfiit aalisaammik piniarfigineqartarput.

Aalisarfiit sinerissamiittut aasaanerinnaani saarulleqartarput, ukioraangat saarulleeruttarlutik. Nalliusimaneranni ilaanni saarulleqartaqaaq. Ukiumi kangerluit aalajangersimasut kisimik saarulleqartarput. Nuup Kangerluani Kapisillit imaat Sisimiullu iluanni Ikertuup qinngua ukiumiluunniit peqartuartarput. Allat erseqqissumik ilisimanngilakka, oqaluttuuneqarpungali Qaqortup Kangerliumarnani kangerluit ilaat ukioq naallugu saarulliniarfiusartut. Kangerlutta ilaannaat aalisarfigineqartarput, ilaallu aalisarfigineqassanatik.

1900-kkut saarulleqarluarnerata nalaani taama pisoqarpoq. Immikkoortoq tamanna 1960-p missaani qaangiukkiartulerpoq.

Saarulleerukkiartornera
1960-p kingornagut saarulliit sinerissami ukiumut najuuttarnerat allanngulerpoq; naatsorsoruminaalliartorpoq. Tunisassiorfinnit statistiki ilaatigut takutitsivoq, tak. tabel. 8.

Allanngulernerup ilisarnaatigai saarulliit takkusimasarnerata 1920-kkunit 50-p qaangerneranut atortup siumut naatsorsoreerneqarsinnaagajuttup qaangiunnera. Saarulliit malittariuminaatsumik takkuttalerput takkutinngitsoortalerlutilluunniit. Tamanna sinerissami aammalu avataani ikkannersuarni pivoq piffissap ingerlanerani naatsorsoruminaalliartorluni. 1970-kkut atuutilersut sinerissap annersaani saarulliit milleqaat ilaannilu tammarlutik. Ukiuni tamakkunani Sdr. Uperniviup eqqaa attorneqannginnerpaat, taamalu saarulliffiunerpaat, ilagaat.

Imaassorinarpoq saarulliisassinera sinerissami kujallermi malunnarnerusoq. 1980-kkunni atulerpoq, avataa saarulleerulluni saarulliit qeqertat akornini kangerlunnilu annerusumik pisassaalerlutik.

Maannakkut 1990-kut atulerneranni kangerluit aalajangersimasut annerusumik saarulleqalerput, soorlumi 1800-kkut aammalu 1700-kkut naalerneranni aamma taama pisoqarsimasoq.

Kangerluit nalitsinni saarulleqartut 1800-kkut naalernerannut naleqqiullugit ilaatigut allaassuteqarput. Kangerluit taamanikkut saarulleqartut ilaat aamma nalitsinni saarulleqarput, soorlu Sisimiut kangerlui. 1900-kkut naajartorneranni malunnarpoq kangerluit avannarpasissut 1800-kkuuni saarulleqaangitsut manna saarulleqartut.

1800-kkut naajartorneranni Kangaatsiap kommuniani Ataneq saarulleqarfiit avannarlersaattut ilisimavarput. 1900-kkulli naalerneranni Torsukattak Nuussuup kujammut mannguaniittoq, Uummannap Kangerluata ilaa, Uperniviullu kommuniani Sullua, tamatumalu avannaani ikerasaat Sdr. Uperniviup Kangersuatsiallu akornanniittut, ukiumiluunniit saarulleerunneq ajorput.

Kangerluit saarullii taakku uninngasut amerlassusii killeqarput. 1990-kkut aallartilaartut Atanerup (Kangaatsiap kommune) saarullii aasani tulleriinni bundgarnersortunit aalisarneqarujussuaramik ikittuararar-suanngorput, „nunupput."

1960-p kingornagut Kitaani saarulliit

1960-p kingornagut Kitaani saarulliit takkusimasarnerat allanngoriartulerpoq. 1920-60-mi ukiumut takkusimasarnerata ilusaa aalajangersimasoq, 1960-p kingornagut aserorpoq. Saarulliit takkusimasarnerat naatsorsoruminaallivoq. Aalisartut misigisaat imaapput:

- 1960-P kingornagut saarulliit ikiliartulerput. 1970-kkut atuutilermata malunnavissumik peerukkiartulerput milliartorlutillu. Allaat sinerissap ilaa saarulleeruppoq, pingaartumik 1980-kkut atuutilerneranni.

- 1985-p kingornagut saarulliit kangerlunni aalajangersimasuniittut amerliartulaalerput alliartorlutillu.

Kalaallit Nunaata saarulleqartarnerata ilusaa taamaappa?

Ukiut 300-ngajaat kingulliit, 1800-kkut 1900-kkullu uuttuiffigalugit Kalaallit Nunaata saarulleqartarnera ima oqaatigisariaqarpoq, tak. fig. 5:

1900-kkunnit nalunaarsuutit annertuut pigivagut, saarulleqarnera ukiumit ukiumut malissinnaallugu, taamalu saarulleqarnerata ingerlanera erseqqissumik malittaralugu.

1800-kkunni Kitaata saarulleqarnera ukiut tamakkiallugit malissinnaanngikkaluarlugu, taamaattoq ukiut amerlanersaanni pingaarnerusutigut qanoq pisoqartoq ilisimavarput. 1860-p missaanit ukiukkuutaartumik saarulleqarnera malissinnaalerparput.

1700-kkunni ilisimasagut killeqaqaat, tamakkiisumik oqaatiginissaat mianernarlutik. Litteraturi pigisarput annikippoq.

Kitaata saarulleqarnera 1900-kkut iluanni pisoq, 1800-kkunni aammalu 1700-kkuni pisunik ilisimasatsinnik ilallugu „saarulleqarneq ataaseq" pingasunik immikkoortoqqarpoq, ukuusunik:

Immikkoortoq 1:
Kitaa saarullinippoq. Saarulliit Islandimit Kalaallit Nunaannut tikiupput. Immikkoortup ingerlanerani Kitaata sineriaa ikkannersuillu Nunap Isuata eqqaanit Diskobugti angullugu saarulleqalerpoq aasaanerani kangerlunni, sinerissani ikkannersuarnilu aalisarneqartartunik.

1800-kkut atuunneranni immikkoortumi tassani ukiut ataasiakkaartut kaajallakkiartornerini saarulliit ingerlaartarnerisa qanoq assigiiaartigineri erseqqissumik oqaatigineq saperpavut. 1900-kkunni ingerlaartarnerat malittarisinnaavarput. Majimi junimilu aalisarneq kangerluit iluini aallartittarpoq. Juli ingerlaleraangat saarulliit silammut aallartarput. Augustusip ingerlanerani qeqertat avalliit tikittarpaat. Ukiariartornerani qeqertaqarfiup avataani ikkannerit aalisarfiulersarput. Oktoberimi sinerissami saarullinniarneq qaangiuttarpoq, aappaagunut qulaanni oqaatigineqartutut aamma ingerlassalluni. Pisarneri aalajangersimammata aalisartut qaqugu sumilu aalisarnissartik siumut naatsorsuutigereersinnaasarpaat.

Saarulleerarpassuit ataatsimik ukiullit 10-15 em-nik takissusillit sinerissatsinni aasap qaammataani sinersilersarput. 1900-kkunni Paamiut eqqaannit Diskobugti angullugu, 1920-kkunnit 1950-kkut ilanngullugit, Saarulleeqqat taaneqartunit annerulerlutillu sissamit qimaguttarput.

Ikkannersuit, taamanikkut kalaallit aalisarfigineq ajugaasa, saarulleqartarnerat aamma „malittarisaqartutut" ittumik ingerlagunarpoq.

Piffissap tamatuma iluani upernaat tamaasa ikkannersuit ilaanni saarulliit suffisarput.

Immikkoortoq 1 taanna 1900-kkuni pisoq 1920-p missaanit 1960 tikillugu atuuppoq.

Immikkoortoq 2:
Immikkortoq taanna aallartittarpoq saarulliit takkusimasarnerata aalajangersimanera „aseroraangat." Saarulliit sumi qaqugulu takkusimanissaat naatsorsorneq ajornarsiartorpoq, ilaanni sinerissap ilaani takkutinngitsoortalerlutik, allaniluunniit ilimaginngisani najuuttalerlutik. Ikkannersuarni saarulliit pisat ikiliartorput, erniortuerukkiartorlunilu. Saarulliit Islandimut ingerlaalerput.

Kiisa ikannersuit saarulleeruppput. Sinerissami Qeqertat akornini kangerlunnilu suli peqarpoq.

Immikkoortoq 3:
Naggataatigut kangerluit aalajangersimasut kisimik ukioq naallugu najuuttunik najukkaminnilu suffisartunik saarulleqalerput, fig. 6-8. Immikkoortoq taanna qanngiukkuni Immikkoortoq 1-mut utertussaavoq.

1900-kkunni immikkoortut taakku ima ipput
?-ca.1915, 1800-kkut saarulleqarnerisa immikkortuisa pingajuata naggataa. Ca. 1915-1960: Kalaallit Nunaata 1900-kkunni saarulleqaarnerata immikkortuisa siulliat atuuppoq. Saarullippassuit Islandimut takkupput ukiumullu aalajangersumik rytmeqarlutik Kalaallit Nunaanniilerlutik.

Ca. 1960-85. Kalaallit Nunaata 1900-kkunni saarulleqarnerata immikkoortuisa appaat, saarulliit Islandimut ingerlaarnerat atuuppoq.

Ca. 1985 -? Kalaallit Nunaata saarulleqarnerata immikkoortuisa pingajuat atuutilerpoq, kangerlunni aalajangersimasuni saarulliit kinguaassiulerput.

„Cyklus-100"

Ukiuni 300-ngajanni kingullerni ukiut 100-kkuutaartut ingerlanerini saarulliit Kalaallit Nunaata Kitaani pingasoriarlutik amerlasoorssuullutik takkuttarsimapput. Takkusimasarnerat ataaseq ukiut 100-t missaannik sivisussuseqartoq qulaani eqqartorneqartutut immikkoortunik pingasunik imaqarpoq.

Immikkoortoq 1 ukiuni hundredeni pingasuni
Immikkoortup 1-p 1700-kkunni atuunnerani Hans Egede ajoqersuiartorluni tikiuppoq. Bostonimiut saarullinniat Paamiut avataanni ikkannersuarni aasami aalisartartut Poul Egede allappoq. Immikkoortoq 1 qanga qaangiussimanersoq naluarput. 1800-kkut atuunnerini. immikkoortoq siulleq ukiut 1800-t aallartinnerata saniani ingerlalersimavoq, 1850-p missaani naalluni. 1900-kkunni immikkoortoq taanna 1920-nngulernerani aallartittoq 1960-p missaanut atavoq.

Immikkoortoq 2 ukiuni hundredeni pingasuni
Immikkoortoq 2 malissagutsigu 1700-kkunni qanga aallartissimanersoq naluarput. 1800-kkunni 1850-p saniani aallartippoq 1870-80-kunni naalluni. 1900-kkunni 1960-p misissaani aallartikkami 1985-p missaani naavoq.

Immikkoortoq 3 ukiuni hundredeni pingasuni
Immikoortoq 3: 1700-kkunni Otto Fabricius nunatsinniinnerata nalaani, 1768-73, atuutilereersimavoq. 1800-kkunni 1880-p missaanit 1915 angullugu atuuppoq. 1900-kkunni 1985-p missaani immikkoortoq 3 atulersoq ukiut 2000-kkut ingerlangaatsialerneranni naajumaarpoq, fig. 6-8.

Klimap aqutsinera
Ukiuni nalunaarsuiffigisatsinni saarulleqarlualernera ukiut 100-kkuutaartut atuunnerini nalliuttartoq qaangiuttarpoq tulliinilu utertarluni. Saarulleqarnerata nalliunnera, peerukkiartornera, naggataatigullu taamaallaat kangerlunni pisassaqalernera ukiut 100-t missaasa ingerlanerini utertarpoq. Tamanna taavarput „Cyklus-100." Takissusiata ukiut 100-t missiliorpai, tannerulaarsinnaalluni. Paasissutissat maanna pigisagut amigarput cyklusip takissusiata erseqqissumik oqaatiginissaannut. Taamatut cyklusip takissusii tamatigut assigiit-

tarnersut taamaannginnersulluunniit suli akineq ajornarput.

Cyklus-100 uumasuni allani

Cyklus-100 saarullinniinnaq malugisassaanngilaq, uumasuttaaq artit allat ilaasa ingerlaartarnerisa nikerarnerini takuneqarsinnaavoq. Taamaappoq qilalukkat qaqortat Kitaata sineriaanik atuineranni, natsiit amerlisarlutillu ikilisarnerini, niisarnat takkuttalersarlutillu takkutissaartarnerini. Uumasut allat arlallit nikerartut tamatumani ilaagunartut misissuiffigineri naammassinngimmata maani taaneqanngillat.

Saarullunnut tunngatillugu ima oqaatigiumavara: Cyklus-100-p iluani klimap ingerlanerani kiatsinnerata saarulliit qaaqqusarpai, nillertinneranilu peersittarlugit. Fig. 10 hydrografit uuttortagaannik takutitsivoq.

1900-kkut saarulleqarnerannik oqaatiginneqqinneq

1920-p siorna

1900-kkunni Kitaata saarullininnera 1915-20-kunni nalliuppoq. Soqutiginarpoq tamatuma siornagut pissutsit qanoq issimaneri misissussallugit.

Ukiut 1900-nik kisitsisillit aallartimmata Kitaa saarulleqanngiusavippoq. Kangerluit ilaat ataasiakkaat qimagunneq ajortunik, kinguaassiortunik, saarulleqarput. Tamakku qulaani taaneqareerput. Saarulliit tamakku tassaapput 1800-kkunni saaruleqarnerata immikkortuisa pingajuata saarullii. Tamakku saniatigut immap ilai annikitsut ukiup ilaatigut saarulleqartarsimapput.

1979-mi Niels Frederiksen (1909-87), Iginniarfimmiu (Kangaatsiap kommuniani) uannut oqarpoq 1930-kkunni saarulliit takunnerat sioqqullugu kangerlutsik Ataneq saarulleqartuaannartoq aammalu siulini oqartartut taamaattuartoq, tassa 1800-kkut saarulleqarnerisa immikkoortut pingajuata saarulliisa avannarlersaat. Saarulliit taamanikkut Atanermiittut angissutsinik assigiinngitsunik katitigaapput angisuunik (1 meter sinnilinnik) piaqqiortunik ilaqarlutik.

Saarulliit tamakku 1900-kkut saarullii suli takkutinngitsut KGH-mut tunisaalerput, tabel 8.

Qeqertarsuatsiaani	1911
Sarfannguani & Qeqertalimmi	1912
Atammiup Ammassiviani	1915

Ca. 1920-60 ukiumut saarulleqartarnerata ilusaa

1. Upernaakkut aalisarneq aallartittarpoq majip naanerani/junip aallartinnerani kangerluit iluini.
2. Juli ingerlaleraanga saarullit avammut aallartarput.
3. Augustip aallartinnerani qeqertat avalliit eqqaat peqalersarpoq ikkannerit qeqertat avalliit eqqaanniitut aalisarfiulerlutik. Ukiariartorneranut-oktoberip naaneranut-taamaattarput.
4. Ukiuunerani aasami aalisarfiit peqartanngillat. Upernaakkut ukiumut pisarneq uteqqittarpoq.

Statistikkip ikiorsinnaavaatigut

1900-kkut saarulleqarnerata allanngorarneranut takussutissat ilagisinnaavaat sinerissap saarulleqarfiusup isorartussusia tamakkerlugu nunaqarfiit tunisassiorfiusut aalajangersimasut qinerutsigit.

Qinertariaqaraluarput tunisassiorfiit avataanit tulaassuiffigineqaratik taamaallaat kommunip iluata saarulliinik nioqqutissiortut. Piffissap qinerneqartup aallaqqaataani tamanna atorneqarsinnaagaluarpoq. Kingusinnerusumi illoqarfinni angisuunik fabrikilinni saarulliit kommunip avataani pisat nioqqutissianut ilaalerput. Illoqarfinni allani mikisunik nioqqutissiorfillini kommunip nammineq aalisarfiinit pisut kisimik nioqqutissiorfiini suliarineqartut naatsorsuutigissavagut.

Maani nioqqutissiorfiit sinerissami saarullilimmiittut, nioqqutissiornerat sinerissatta saarulleqarneranik aammalu pisarineqarsinnaasut annertussusiinik takussutissatut atorsinnaasut, quppernermi tullermi takuneqarsinnaasut, qinerpavut.

Taakkunani saarulliit nioqqutissiorfinnut (KGH) tunisat, ukiuni tallimakkuutaartuni 1951-mit aallarnersunit, tassa saarulleqarluarnerata nalaanit pisunit, aallartipput, 1985-mut killeqarlutik. Ukiuni 35-mi Kitaata saarulleqassusiata allanngorneranut takussutitut atorsinnaapput.

Taakku saniatigut kurve 1976-87-mi saarulliit nioqqutissiat ingerlanerannik ersersitsisoq fig. 12-mi takuneqarsinnaavoq.

Kitaata saarullinittarneranut saarulleeruttarneranullu pissutaasorinartut

Qulaaniittut saarulleqarnitsinnik takutitsipput. Saarullik immani akunnattuni uumasuusoq Kitaata sineriaanut tikiuttarlunilu qimaguttarpoq. Ukiut 100-kkuutaartut pingasut kingulliit ingerlaneranni pingasoriarluni utertartoq malipparput. Kitaata imaata kissarnerata cyklusip ingerlanerani allanngorarnera malillugu saarulliit takkuttarlutillu peeruttarput.

Cyklus-100-p kaajallakkiartornerani killiffiit marluk nalugissavavut, tassaasut **kiatsinnerpaaffia** aammalu **nillertinnerpaaffia**. Killiffiit taakku akornat ukiut 50-t missaannik akuttussuseqarpoq. Taamaalilluni cyklus ilivitsoq ukiut 100-t missaanniilluni, sinneqalaarunarlutik.

Pinngortitap pissusiata tamatuma paasiniarnera maanna suli amigaateqaraluaqisoq apeqqummut eqqartukkatsinnut atanera pillugu maani ilanngunneqarpoq, tamatuma immatta saarulleqartarnera paasinarnerulersimmagu.

Upernartarnera nikerartoq

Paasinarpoq cyklusip ingerlanerani upernaap aallartittarnera aalajangersimasumik pissusilimmik siumut kingumullu nikerartoq. Kiatsikkiartornerani upernaap nalliuttarnera siuariartortarpoq, kiatsinnerpaaffiani ultimo mart-sprimo april pisalersarluni. Taamaalilluni saarulliit suffinerisa nalaanni imaq piaartumik kissakkiartulersarpoq. Tamanna suappassuit pinnguutigisassavaat.

Saarulleerarpassuit sinerissanik sinersilersarput. Saarulleeqqat sinerissatsinnik sinersisalernerat immatta aalajaatsunik saarulleqalerneranut takussutissaavoq. Taamaattoqaleraangat imarput tamaani perortunik saarulleqalersimasarpoq.

Ukiuni 100-kkuutaartuni kingullerni pingasuni pissutsit tamatumunnga atassut misissorpakka.

Hans Egedep ullorsiutaani (1721-36) atuarneqarsinnaapput aprilip ingerlanerani kalaallit illutik ukiivitik qimallugit piniariarfimminnut aallaartulersartut. Taamaalinerani upernalereertarsimanerpoq?

1800-kkunnit erseqqissunik nalunaarutinik pigisaqarpugut. 1820-30-kkunni martsip naanerani aprilip aallartinnerani upernalersartoq Carl Berglundip allagaasigut paasinarpoq (Atugagdliutit 1874). 1900-kkunni 1920-50-kkunni april qaammatitut upernartarfittut isigineqarpoq.

Klimamik uuttortaanermit takutitaat ataaniittoq soqutiginarpoq. Uuttukkat upernalersarnerata nalaanit pisuupput. Ukiut uuttuiviit kiassusiisa agguaqatigiissinneri, ukiut ataqatigiit immikkoortut pingasuupput:

1. Ukiut 44-t 1800-kkut issinnerpaaffianit kiatsikkiartornerani pisut, 1876-1920. Ukiuni ikinnerusuni takussutissiornissannut atortussakka amigaataammata ukiut 44-t atuinnarpakka.
2. Ukiut qulit kiatseruttorfiata nalaaniittut.
3. Ukiut qulit maanna atukkavut

Tabel 9.

	Ukiut	April	Maj	
1876-1920	44	-3.9	0,7	Kiatsikkiartorfia
1932-1941	10	2,0	2,3	Kiatseruttorfia
1981-1990	10	-5,1	-1,6	Nillerteruttulernera

Qulaaniittut 1932-41-kkunni upernajaartarneranik aamma 1981-90-kkunni upernarnialuusaartarneranik misilittakkanut naleqquteqaat; taamatut aamma uumasut artit assigiinngitsut nikisarnerinut.

Cycklus-100-p pueqqorkikkiartornerani upernaap nalliuttarnera kinguariartortarpoq, pueqqortinnerpaaffiani kiatsinnerpaaffinut naleqqiullugu qaammammit ataasimit qaammatit marluk angullugit kinguarsinnaalluni. Saarulliit suaasa tukerfissaanni piaqqallu alliartornerisa aallartiffianni pueqqup perortussarpassuit toquttarsimassavai. Kitaata saarulliisa kinguaassiornerat unittarpoq, ilami allaat saarulliit nunarput qimagalersarlugu.

Kingumut pisimasut alakkarterpagut:
1700-kkunni erseqqissunik nalunaarutinik pigisaqanngilagut.

1800-kkunni erseqqiippoq. 1800-kkut affaanni siullermi upernajaartarpoq. 1840-p kingornagut upernaakkut kiatsittarnerata, upernartarnerata nalliuttarnera kinguariartorpoq. 1800-kkut naajartorneranni junip naalernerani aatsaat kiatsikkajuppoq, kangerluillu sikuunertunerit junip naanerani sikuertarlutik.

Maannakkut 1900-kkut naalerneranni aamma taama pisoqarpoq.

Upernartarnera, kiatsittarnera, Cyklus-100-p nillertinnerpaaffiani kiatsinnerpaaffianut naleqqiullugu qaammatit aappaata avinnera missiliorlugu kinguartarpoq.

Ukiut 100-kkuutaartut ingerlaneranni saarulliit Kitaata imaanut tikiuttarlutillu qimaguttarnerat uteqattaartutut isikkoqarpoq. Ukiuni 300-ni kingullerni nalunaarutinik tunngaveqarluta pisut malitavut taamaassorinarput. Siusinnerusumi qanoq issimaneranut paasissutissat ilaat attakuni nassaassaapput, arkæeologimi sulineq aqqutigalugu paasinarsiumaartut.

Maannamut takusinnaasakka najoqqutaralugit 1900-kkut upernajaartarnerata, kiatseruttornerata, nalaani ukiuunerani silap issinganik uuttortaanerit pueqqortinnerata nalaanit allaaneruallaarsorinanngillat, ukiuni tamakkunani ukiuunerani ilaanni issiittaqimmat. Kiattaa immap sarfaanut atanerusorinarpoq.

Apeqquterpaaluppassuupput akiniagassat misissuinernik assigiinngitsunik pisariaqartitsisut. Tamakku ilagaat Cyklus-100 ukiuni 100-kkuutaartuni qaangiussortuni takeqatigiittuaannarnersoq taamaannginnersorluunniit. Aamma imaassorinarpoq ukiuni 100-kkuutaartuni kissattarnerani kissassutsit allanngorartut. Suliassat tamakku ilisimatuunit misissuisunik ingerlateqqittariaqarput.

Nukiit klimacyklus-100-p uteqattaarneranik ingerlasarneranillu aqutsisut maannamut suli oqaatigineq ajornarput, klimamik misissuisut tamakku suli angusimanngimmatigit. Misissugassat annertuut tamatumuma paasinissaanut tunngasut suliassaapput.

Kalaallit Nunaanni pinngortitami uumaatsumi pissutsit ukiut ingerlaneranni allanngorartut aamma uumasut artit assiiginngitsut takkusimasarnerisa, peeruttarnerisa amerlisarlutillu ikilisarnerisa ingerlarngat Cyklus-100-mit annertuumik sunnerneqarsimasoq paasinarpoq. Tamakku ilagaat Kujataani 1900-kut affaanni siullermi, taamani u-pernajaarnerusarallarmat taamalu aasat tannerugallarmata, nunap naasui naatitallu inerittartut maanna ukiut 50-t kingornatigut ilaat inerinneq ajulermata. Cyklus-100 aamma nunap naasoqassusianut sunniisartoq erseqqippoq. Sialuup / nittaallap annertussusia agguataarsimaneralu aamma cyklusip iluani immikkut soqutiginaraluartoq misissornissaanut suli periarfissarsinngilanga.

Ataatsimut oqaatiginera

Saarullik immanut „kissartunut" atasuuvoq nillissuseq/kissassuseq aalajangersimasoq najuunnissaminut pissutigisadugu. Taanna inuleraangat sinneqaleraangalluunniit qimaguttarpoq.

Kalaallit Nunaata imartaani saarulliit atuinerat immikkut soqutiginartuuvoq. Saarulliit imartatsinnik atuisinnaanerat klimap pissusiinit aqutaavoq.

Ukiut 300-t missaanniittut kingulliit atuunneranni nunatta saarulleqarneranik misissukkat tunngavigalugit paasinarpoq Kitaata saarulleqarnerata ukiuni 300-ni kingullerni ingerlasimanera pingasoriarluni „utertarsimasoq," ingerlaneq ataaseq ukiut 100-t missaannik sivisutigisarluni. Tamanna pissutaavoq taaguummik „Cyklus-100"-mik atuinermut.

Uteqattaarnerit tamakku ima pisimapput:
Kalaallit Nunaata Kitaata imartaa ukiuni 300-ni taakkunani saarulleqartuarsimavoq, assigiiginnangitsumilli. Peqarnerulersarluni ilaannilu peqannginnerulersarluni. Kangerluit ilaat ukiut 300-t nalunaarsuiffigisatta atuunnerini saarulleqartuaannarput. Allat piffissat ilaannaanni saarulleqartarput.

Avataani ikkannersuit saarullinittarnerat piffissap misissuiffigisatta iluani pisartoq annerusumik ukiut 100-kkuutaartut affaanni siullermi pisarpoq, qiteqqunnerannilu qaangiukkiartulersarluni, kingullermilu qaangiuttarluni. Tassa uteqattaarpoq. Imaassorinarpoq saarulleqarfiup immikkoortuata pingajuata ingerlanerani allaat kitaa sivikitsumik saarullinissinnaasoq, Kalaallit Nunaata imartaata aalaakkaasumik saarulleqalerneranik paasisassaanngitsumik, naalaatsornikkulli sarfap kissartup sivikitsumik nalliukkallarnerata kinguneranik.

Kalaallit Nunaata imartaa ikkannersuilu saarulleqaleqqissappata kurve fig. 9-p assinga takkuttariaqarpoq.

Ukiuni 300-ni kingullerni Kalaallit Nunaata Kitaata ilaa saarulleqartuaannarpoq. Saarulleqarnera marlunngorlugu avittariaqarparput:

a. Kalaallit Nunaata saarullii qimagunneq ajortut cyklus-100-p immikkoortuisa pingajuanni erseqqinnerpaasartut kangerlunni aalajangersimasuniittarput allanut nikippiassanatik kangerluk eqqaalu najortarlugit, tassami kinguaassiorlutik.
b. Saarulleqarfiup immikkortuani siullermi immap kissanneratigut saarullippassuit Islandimit nunatsinnut isaalersarput nunarput saarullippaasuaqalersillugu. Nunatta saarullii taakkununnga akuliuttarunarput. Maanna erseqqissumik tamanna akisinnaanngilara.
c. Immikkoortut aappaanni immap nillertinneratigut saarulliit nunatsinnit qimagussulersarput, Islandimut ingerlallutik. Saarulliilli ilaat kangerlunnut aalajangersimasunut immikkoortut pingajuanni saarulleqartussanut pisarput. Tamanna qanoq ililluni pisarnersoq oqaatigisinnaanngilara.

Nunatta saarulleqarfiata Atlantikup avannaani saarulleqarfinnut allanut atanera

Nunatta saarulleqarfia Atlantikup avannaani saarulleqarfiit ilagaat, immikkoortuisa ilagaat. Islandip New Foundlandillu saarulleqarfiisa akornanniippoq. New Founlandip/Labradorip saarulleqarfianut atassuteqarsorinanngilaq. Kisianni Islandip saarulleqarfianut atassuteqarpoq; allaat oqarsinnaalluta atassuteqarluarpoq.

Ikaannersuit saarulleqarnerata nalaani erniortoqalersillugu suaat piaqqallu tamaani erniarineqartut sarfamit sinerissatta imaanit aallarunneqartut Labradorillu Sarfaanut annguttut New Foundlandip/ Labradorip saarulleqarfiannut annguttarnerinik misissuisoqarsimaneranik ilisimasaqanngilanga.

Islandip saarulleqarfianut atassuteqarput. Irmingerip Sarfaa ikaartarfiuvoq. Ikkartarfikkut tassuuna suaat, piaqqat saarulliillu inersimasut

Islandimit nunatta imartaanut ingerlasarput. Illua tungaanut, tassa nunatsinnit Islandimut saarulliit inersimasut aamma ingerlasarput. Ilisimaneqarpoq 1900-kkut affaanni kingullermi Kitaata saarullii aqqut taanna atorlugu Islandip imartaanut nutsertut. Piaqqat mikisut oqaatigisinnaanngilakka, suaallu sarfaq majorassinnaanngilaat.

Saarulliit nunatta imartaani nalunaaqutsikkat Islandimi pisarineqartut najoqqutaralugit paasinarpoq ingerlaartarneri ukiut ingerlanerini aamma allanngorartut. Ukiuni ikkannersuit saarulleqarluarfiini immartatsinni nalunaaqutsikkat Islandimi pisarineqarsimasut ukiut 20-t iluanni pisut takuneqarsinnaapput.

Nunatsinni nalunaaqutsikkamik ataasiakkaanik Islandip avataani, Savalimmiuni allaammi Barentshavimi pisaqartoqarsimavoq.

1900-kkut naalerneranni immap pueqqortinnerata immatsinni saarullinnik peersitsisup aamma Islandimip New Foundlandillu imartaanni saarulliit malersorunarpai. Immani taakkunani nunatsinni 1960-p kingornagut pisunut eqqaanartunik pisoqarpoq, saarulliit ikiliinnanngillat aammali millipput.

Atuakkat najoqqutarineqartut

Atuagagdliutit

Avangnâmioq

Beretninger og Kundgørelser (Grønlands Styrelse)

Borch, Erik: A Monography On The Physical Oceanography Of The Greenland Waters, ua.

Direktoretets meddelelse (Grønlands Styrelse)

J.A.S v.Deurs allallu: Havet og Fiskerierne II, 1947

Fabricius, Otto: Fauna Groenlandica, 1780

Fabricius, Otto: Fauna Groenlandica, 1929

Friis, Peter allallu: Arbejdsrapport om Fiskeriets udvikling i Sydgrønland, ua.

Giesecke, K.L.: Mineralogiske Rejse 1878, v. F. Johnstrup

„Grønland" (tidsskrift)

Grønland Kalaallit Nunaat (Statistik)

Grønlands Fiskeriundersøgelse, Rapporter

Grønlands Fiskeriog

Miljø Undersøgelser, Rapporter

Ad. Jensen og Paul M. Hansen: Undersøgelser over den grønlandske torsk, 1930

Jensen, Aage J.C. allallu: Havet og Fiskerierne II, 1947

Hansen, Paul M. & Frede Hermann: Fisken og havet ved Grønland, 1953.

Kjøbenhavner Tidende, 1831

Mathiessen, J.: Den grønlandske Handel, 1846

Mathiessen, J. : Om Grønland, 1852

Meddelelser om Grønland (MoG)

Muus, Bent allallu: Grønlands fauna, 1981

Naturens Verden

Nørrevang, Arne: Grønlands natur, 1981

Piniartut pisaannik titartaivit (Fangstlisten)

Publikationer fra Det danske Meteorologiske Institut

Rink, H.J.: Grønland geographisk og statistisk beskrevet a. Nordgrønland, 1852 b. Sydgrønland, 1857

Rink, H.J.: Om Monopolhandlen paa Grønland, 1952

Statistiske oplysninger

Thorhallesen, Egil: Beskrivelse over Missionerne i Grønlands søndre Distrikt, 1914

Vejrforholdene over de grønlandske kystområder, 1951

Kalaallit Nunaanni tuttut

Siulequt

Kalaallit Nunaata tuttui tuttoqarneralu immikkut eqqartussallugit pisariaqarpoq. Tuttu pissarsiornermi isumalluutit ilagiinnanngilaat, aammali nunap atorneqarnerani kalaallillu kulturianni annertuumik sunniuteqartuummat pissutsit assigiinngitsut tamakkununnga atasut immikkut erseqqissartariaqarput.

Uanga nammineq 1930-kkut naalerneranni Maniitsup Isortuata timaani aavartunut ilaasaleqqaarpunga. Taamanikkut ilaqutariit aalajangersimasut kisimik aasaanerani nunap timaani tuttunniat aasiviinut tiffartarput, augustusi nunap timaani atortarlugu. Taamanikkut ileqqut nutaanerusut ilaatigut atulersimagaluartut, taamaattoq qangaanit ileqqorsiat, agguaasarnerit, neqit ammillu suliarineri, piliat il.il. suli malinneqarput. Tamakkununnga aamma ilaapput piniaatsit, nunamik atuineq ileqqulersuutillu kulturimut atasut.

Kingornagut sinerissatsinni tuttoqarfiit paasiniaavigisimavakka. Illaanni inuit tamaani aavartartut oqaloqatiginerisigut, ilaannilu nammineerlunga ilisimasortalerlunga nunat angallavigisarlugit misilittakkanillu katersuivigisarlugit.

Taamaaliornikkut Kalaallit Nunaata tuttoqarneranut tunngasut ilisimasaqarfigilerpakaa.

H.C. Petersen

Tuttut

Kalaallit Nunaata tuttui

Kalaallit Nunaata tuttua Amerikap avannaani tuttup *(Rangifer tarandus)* immikkoortuisa ilagigaat biologit oqartarput. Kalaallit Nunaanni tuttut assigiinngilaartut pingasut nalitsinni ilisimavagut: Kitaata tuttua, qangarsuarli tamaani uumasuusoq. Aamma tuttu nujuitsoq Norgep avanaanni uumasuusoq, 1950-kkut aallartilaarneranni Nuup Kangerluanut nunnigussaq. Maanna tuttut taakku Kitaani akulerillutik inuupput. Taava Avanersuarmi tuttu, Ellesmere Landimi tuttu mikisoq Peary Renimik taasaq, Avanersuup kommunianut pisartoq ilisimaneqarpoq. Siusinnerusumi Tunup avannaani tuttoqarsimavoq, kujammut Scoresbysundip kangerlussuanit avannamut suna tikillugu uumasuusimasoq. Tuttu taanna Kitaata tuttuanit allaanerusimavoq, nassuiarsinnaanngisannik.

Tuttu Kalaallit nunaata uumasuisa nunamiuttat annerit ilagaat. Umimmak nanorlu tuttumit annerupput. Tuttu inuit neqissaqarniarnerannut piinnarani aammali kulturimi pingaaruteqarluartuuvoq. Takuneqarsinnaavoq Kitaata inuisa siullerpaat piniagaasa ilagisimagaat, aammalu inuit nunamik atuinerannut mikisuunngitsumik sunniuteqartoq, kiisalu tuttup namminneq nunamik atuinera nunatta naasoqarnerani pingaavissuuvoq.

Biologianut atasut

Maani allaatigeqqissaarneqassanngillat, immikkulli taasassat aavartartut malugisartagaat annerusumik eqqartorneqassallutik.

Tuttu 20-t missaanni ukioqalersinnaasoq uumasunik ilisimatuut oqaatigisarpaat. Tuttut oktoberimi nuliulersarput, angutitaat tiggannilerlutik kamaattalersarlutillu. Arnat, kulavaat, qaammatit 7 1/2 naartusarput. Majimi piaqqat, norraat, amerlanerpaat nunap timaani erniarineqartarput.

Tuttut **piaqqisarfii** siamasikkaluartut taamaattoq nunap ilai aavartartunit piaqqisarfittut oqaatigineqartartut makkuupput. Nunap assingani fig. 14-mi tamakku sumiissusii tamakkiisuunngikkaluartumik takutinneqarput.

Nassui

Tuttut arnavissat angutivissallu nassoqarput. Ukiut tamaasa december, januar, februar, nassutik katattarpaat. Kulavaat naartusut kingusinnerusumi katatsisarput. Upernaakkut nassuit nutaat naalersarput. Tuttup nassuisa angissusii utoqqaassusiannik pissuteqarput. Piaqqat nassui ataatsimik avalequteqarsinnaasartut mikisunnguussarput. Tuttup ukioqqortusiartornera malillugu alliartortarput avalequtinikkiartorlutillu. Chr. Vibe allappoq (1967) panneq inerilluarsimaleraangat, arfineq pingasut missaannik ukioqalerluni, nassuisa avalequtaat katillutik 30-40-uusartut.

Nassuit naajartornerminni amermik saattunik qituttunnguanik meqqulimmik atimigut taqalimmik pooqarput, aap nassunnik alliartortitsisup aqqutaanik. Nassuit alliartortillutik nuui qituttunnguusarput, **aagissat.** Augustusip naanerata missaani aap nassunnut ingerlaarnera unittapoq. Nassuit qerattartarput ameraallu katagalerluni. Tuttut nassumik ameraasa pilertornerusumik peernissaat soqutigigaat paasinarpoq. Ameraajartarput nassutik orpikkanut ujaqqanulluunnit agiullugit. Ameraaqqaat aappilarujuttarput.

Angutivissat arnavissallu nassuisa ineriartorneri assigiinngillat. Arnavissat, kulavaat, nassui angisoorsuanngorneq ajorput. Inersimalerneranni alliartorunnaartarput. Angutit utoqqaliartornerinut nassui alliartortuarput, avalequtitaartorlutik. Immikkut taaneqassaaq sioqutaat, angutivissat inersimasut niaquata qulinnguaniittoq, siumut sammisoq alliartortarpoq „inuai" ersarissiartorlutik amerliartorlutillu. Tallimanik inuallit pannersuartut naammatsilluni inerissimasutut isigineqartarput. Tuttut nassutik „ilusilersortarpaat." Niui naffakut, „najungallaat" nassui illugiit iluseqatigiivinneq ajorput. Niuata naffakup akianiittoq illuminit allaanerusumik iluseqartarpoq.

Tuttut assigiinngitsut nassui qasilluunniit sanileriiaaraanni tamarmik assigiinngitsunik iluseqartut takusassaapput. Immaqa nassutik „kinaassutsiminni ilisarnaatigaat." Kulavaat ilaat nassoqameq ajorput, imaluunniit ukiuunerani nassutik katanngitsoortarlugit. Pingaartumik norraatsut taamaattartut maluginiartarpaat.

Meqqui

Tuttut meqqui immikkut oqaatigisassaapput. Upernaqqaasianni

„meqqorloqartarput," torsusuunik ukiorsiorsiutinik. Kiatsikkaangat katagalersarpaat. Upernarumaarnertugaangat augustusip aallartinnerani suli meqqorlulinnik pisaqartoqartarpoq, amerlanerilli aasap taamaalinerani meqqortaareersimasarput.

Meqqortaavi naatsut saggaasut kajortut kusanartuupput, itsarlu atisanut kusanartunut atorumaneqartarlutik. Atisalli oqortussat septemberimi amminik sanasarpaat. Taamaalinerani meqqui torsutsittarput qaamanerulerlutik; manui qaamanerusarput meqquilu tannerullutik. Itsaq pannerit ukiakkut pisat amii illermi qaassatut atorumasarpaat. Tuttut timaasa meqqui sulloqarput napiasut. Niuisa meqqui sulloqanngillat katajaatsuullutillu. Tamakku kamiit timitaattut atorneqartarput. Itsaq tuttut amii atisanut atorneqarluartarput, ammit qituttunnguummata oqortuullutillu.

Isigaani qinersiit

Tuttu kukiffammi akornagut qinerseqarpoq. Taanna aavartartutoqqat taasarpaat „isigaani qingaanik." Tamatumunnga pissutaavoq tuttuisannerani takusartakkat. Tuttuisassigaangat tuttut nujuartorujussuanngortarput, pasitsassarissorujussuanngorlutik. Nalitsinni tuttorpassuaqalernerani tuttut inunnut nujuannginnerujussuanngorput. Inuit aqqutikuat atuaraluaraangamikku soqutigisarnagu.

Tuttuisakkallarmat tuttut takusarpavut tumigut aqqusaarlugit tutigaangamikkit qummut pissittartut, erniinnarlu qimaallutik aallartarlutik. Takusartakkat taamaattut pissutaapput kinguaariit tuttusiortut kukiffaat akornanni qinersit naamassutitut isigimmatigit.

Tuttu anorilu

Tuttut meqqutik ukiumi oqorsaatigivaat. Ukiumi sakkortuumik anorlerluni persertillugu persoq meqquisa akorninut isaasinnaavoq, tuttu oqqummut sammivallaarpat. Tamanna tuttumut navianarpoq. Taamaattumik sila taamaatillugu assumut sammiumanerusarpoq. Tamatuma kinguneranik ukiuunerani anorip sammiviginerusartagaata tungaanut nuussimagajupput.

Tuttup rnalugissutiminit naamasinnaanini tatiginerpaavaa tuttu pasitsaataqarluni kalerrikkuni qimaalerlunilu tamatigut anori najoqqutaralugu pasitsaassani oqqungersortarpaa.

Arlaleriarlunga malugisarpara augustusimi tuttut nunap timaanit avammut aallalernerminni isersarneraangat ingerlaarluarnerusartut. 1978-mi augustusip 8-anni Aasivissuarni Sisimiut timaanniittuni isersarnaannguarpoq. Ulloq taanna ualeq tamaat unnulluni qatsornerata tungaanut tuttut eqimattakkuutaat katillugit 100-t arlallissuit kimmut ingerlaartut Aasivissuit nunaqarfiat aqqusaartortuarpaat. Aqaguani ullunilu tullerni isersarnerunnaarsimammat ingerlaartueruppoq. Assumut ingerlaneq tuttumut toqqissisimanarnerujussuuvoq.

Tuttut ileqquini allannguutit

1900-kkut affaanni siullermi tuttuisannerani tuttut nujuartorujussupput. Kalerrillutik qimaaleraangamik unikkallarneq ajorput. Qasunermik oqaat nivingaannarlutik qimaasut patiilu aavialittuinnanngorsimasut ilaanni siumorneqartarput. 1900-kkut affanni ki-ngullermi tuttut amerlasoorsuanngoramik nujuannginnerulerput. Kalerillutik qimaaleraangamik tarrillutillu unissimasaraat. Tuttut pi-niaqqusaanngiffiini inuit navianartorsivigineq ajukkatik soqutigerujussuartanngilaat, qanillivallaarnaveersaaginnartarlugit.

Akerai

Kalaallit Nunaata Kitaani qallunaatsiaat nalaanni amaqqut Kitaani nungummata tuttup inuk akeratuaraa. 1950-kkunni tuttut Norgemit salinneqaratik eqqussat aqqutigalugit sullermit marluk tikiunneqartut tuttunut atugarliortitseqaat. Amianiittartoq *(Oedemagena tarandi)* allalu qarnatalu kangiani, svælgbremse *(Cephenomyia trompe)*.

Kangerlussuarmi aavartartut ilaata oqaluttuuppaannga tuttut nujuitsut Itinneranut nunnigunneqarneranit ukiut marluinnaat qaangiuttut (1954?) Tasersiap Kangerlussuatsiamut itinnerani tuttu nalunaaqutalik kumalik pisarineqartoq.

Amerlassusiisa allanngorarnerat

Ukiuni 3-400-ni kingullerni Kalaallit Nunaata Kitaata tuttuinik ilisimasavut malillugit ukiut 100-kkuutaartut ingerlanerini tuttut amerlisarlutillu ikilisarput. Siusinnerusumi qanoq issimanersoq erseqqissumik ilisimanngilarput, Tuttut amerlassusiisa allanngorarnerat ilaatigut klimamik pissuteqarsorinarpoq. Kinguaariit eqqaamasaat arkæologimilu takuneqarsinnaasut najoqqutarlugit tuttut amerlisarnerat ikilisarnerallu ukiuni 100-ni arlalinni malissinnaasarput ukiut ingerlaneranni taamaattuarsimasoq paasinarpoq.

1900-kkunni Kitaata tuttui

Ukiut 1900-kkut aallartimmata Kitaata tuttoqarfia Paamiut kommunianni Sermiligaarsummit Qimusseriarsuarmut atavoq. Sinerissap ilaani assigiinngitsuni tuttoqarfiit tuttoqassusii assigiinngillat. Ilaa tuttoqarluarpoq, nunatunersaa, ilaalu tuttoqaraluarluni piisattuulluni, soorlu Diskobugtip timaa. Nunatussuseq apeqqutaavoq.

1800-kkut naalerneranni 1900-kkullu aallartilaarneranni Uperniviup kommuniani nunatat annerusut tamarmik tuttoqartut eqqaamaneqarput, aamma Qimusseriarsuarmi, Tuttulissuaq.

1900-kkut ingerlaneranni tuttut ikiliartuinnarput. Aallaqqaataani ukioq tamaat piniarneqarsinnaapput. Ikiliartuinarnerat pissutigalugu 1924-mit qaammatini marluinnarni, august september, misiligutaasumik piniagaalerput. 1927-mi tamanna atortunngortitaavoq. Aamma taamanikkut saarulliit takkuttut tuttunniartartut ilaat ikittuunngitsut kitaanut pituppaat. Taamaakkaluartoq tuttut ikiliartortuarput.

1940-kkut naalersut Kitaata tuttuisa ikiliartornerat unippoq, amerliartulerlutillu.

Kalaallit Nunaata tuttoqarfii

Kitaata tuttoqarfia

Kitaata tuttoqarfia immikkortuilu maani erseqqissarneqassapput. Ukiuni 300-ngajanni ilisimasagut najoqqutaralugit Kitaata tuttoqarfia Nunap Isuata eqqaanit Qimusseriarsuaq tikillugu atavoq. Avanersuaq immikkut tuttoqarfiuvoq, Qimusseriarsuarmit Humboldtip Sermersua angullugu tuttoqartoq. Washington Landip nunallu avannaaniittut tuttut saarninik nassarfissaaneri Morten Meldgårdip taavai (M. Meldgaard, 1986).

1900-kkut atuutilerneranni Kitaata tuttoqarfia Paamiut kommunianni Sermiligaarsummit Uperniviup kommuniani Eqalugaarsuit Nunaat ilanngullugu isorartutigivoq.

Tuttoqarfik tamanna arlalinnut immikkoortitersimavoq. Nunap pissusii killiliisut tamatumani tunngaviupput. Tamakku iluini tuttut amerlassusiisa nikerarneri immikkoortukkuutaarlutik pipput.

Kalaallit Nunaanni tuttut uumasuunerminni ukiukkuutaartumik ingerlaartarnerata sammivia kimmut-kangimut pisarpoq, kujammut avannamut pinerunani. Tuttoqarfiit immikkoortui kujataanit avannamut siassimasut tuttuisa amerlassusii tuttut ukiumut ingerlaartarnerannut atanngillat. Tuttut nikerarneri immikkoortut tuttoqassusiinut (kujammut-avannamut sammisut) allannguutaasartut ukiuni 100-kkuutaartuni tuttut nunamik aseruisarnerannut atapput. Immikkoortut tuttui imminni ingerlapput. Ukiuni 300-ni kingullerni immikkoortut makkuupput, fig. 15 aamma 3.

1. Kujataata tuttoqarfia

Kujataata tuttoqarfia 1700-1800-t naaneranni tuttueruttoq. Immikkortui: a. Iluata tuttoqarfia 1800-kkut naaneranni tuttueruttoq, b. Vatnahverfip tuttoqarfia, 1800-kkut affaanni siullermi tuttueruttoq, c. Tunulliarfiup Timaata tuttoqarfia, 1700-kkut naajartorneranni tuttueruttoq, d. Saqqamiut Nunaata tuttoqarfia 1700-kkunniusimassasoq tuttueruttoq.

2. Paamiut eqqaata tuttoqarfia

Maanna Kitaata tuttoqarfiata kujammut killeqarfigisaa. Immikkoortui pingasuusimagaluarput, ukuusut: a. Arsuup Timaata tuttoqarfia, tuttuerunnera eqqaamaneqanngitsoq. Immaqa 1700-p aallartinnerata missaani? b. Neriap Timaa, Sermiligaarsummut kujammut killilik, nalitsinni Kitaata tuttoqarfiata kujammut killeqarfigisaanik. c. Sioqqap Saqqaa.

3. Qeqertarsuatsiat timaat

Immikkoortui: a. Sioqqap Alanngua, b. Qeqertarsuatsiat Timaat, Sermillup sermiata tungaanut.

4. Amerallip Nunaa

a. Sermillup Sermianit Ameralimmut, Kangersuneq Nuup iluaniittoq tikillugu.

5. Maniitsup -Nuup tuttoqarfiat
Immikkoortui: a. Kangersunermit Saqqap Sermianut, b. Saqqap Sermianit Majoqqaap saqqaanut.

6. Angujaartorfiup Nunaa

7. Sisimiut timaat
Immikkoortui: a. Sisimiut timaat, b. Nassuttuup tuttoqarfia, c. Eqalummiut Nunaannit Usulluup Sermianut.

8. Akunnequt
Tuttoqarfik Kujammut Usulluup Sermianit Ilulissat Nunaannut atasoq, arlalinnut aggorsimasoq ukuusunut: a. Qarlutuup tuttoqarfia, b. Naternaq. Ilulissat Sermiliata tungaanut, c. Ilulissat Nunaat Torsukattaap tungaanut, 1890-p missaani tuttuisa qimataat.

9. Qeqertarsuaq
1800-kkut qeqqanni tuttueruttoq.

10. Nuussuup tuttoqarfia

11. Sigguup/Uperniviup tuttoqarfiat
Immikkortui: a. Qinniviup Nunaata tuttoqarfia, b. Eqalugaarsuit Nunaata tuttoqarfia.

12. Uperniviup timaata tuttoqarfia

13. Avanersuup tuttoqarfia
Immikkoortui: a. Uummannap Tuttoqarfia, 1800-kkuni tuttueruttoq, b. Kangerluarsuup tuttoqarfia, c. Nuussuit (Inglefieldip) tuttoqarfiat.

Tunup tuttoqarfii:
14. Ammassalliup tuttoqarfia
Immaqa 1700-kkuni tuttueruttoq.

15. Tunup avannaata tuttoqarfia
1800-kkut naaneranni tuttueruttoq, immikkoortui nalusavut.

Avannaarsuata tuttoqarfii:
16. Avannaarsuani tuttoqarfiit
1800-kkut naalerneranni ilisimasassarsiortunit, tikinneqartaleranik tuttuerutereersimapput. Siusinnerusumi tuttoqarsimanerinut takussutissartaqarput. Tamatuma tuttoqarsimassusia, immikkoortui qassiusimanersut, sunilu killeqarsimanersut, qanga tuttuerussimanersut tamakkununngalu pissutaasut maanna ilisimasaqarfiginngilagut.

Oqaluttuarisaanermi

Maani Kitaata tuttoqarfia annertunerusumik eqqartussavarput, oqaluttuarisaanermi pisimasut allattukkatigut uppernarsaatillit najoq-qutaralugit.

Hans Egedekkut 1721-mi Nuup eqqaanut pimmata Nuup eqqa atuttulerujussuanngorsimavoq. Hans Egedep nunatsinniinnera tamaat, 1721-36, allaammi tamanna sinnerlugu, tuttorpassuaqarpoq.

Nalunaarsuutit:
- Hans Egede: Perlustration, 1741.
- Niels Egede: MoG, 120: 260, 1939.
- Poul Egede: Efterretninger om Grønland, 1788.
- Lars Dalager: Grønlandske relationer, 1915.
- Otto Fabricius: Fauna groenlandica, 1780 & 1929.
- Jens Mathiessen: Om Grønland, 1852.

Qulaaniittut najoqqutaralugit 1700-kkunni tuttoqassusia malittarisinnaavarput.

1720-p atuutilernerani tuttoqaqaaq tuttut amerliartornerat suli unissimagunarani. 1700-kkut qiteqqutilerneranni unissimassaaq, taavalu 1750-kunni sukkasuumik ikiliartorlutik ingerlasimallutik. Niels Egedep Sisimiuinit nalunaarutaa, 1770-mi angajuminut Poul Egedemut allagaanit pisoq, malillugu tamaani tuttut 1750-kkunnili ikilereersimapput, allappoq: „Taama tuttuisassinerujussua maanna ukiuni 13-ni atuutereerpoq." Ukioq 1757 tuttuisannerup ukiuatut siullertut eqqarsaatigisimavaa.

Kalaallit nalunaarutaat malissagutsigit, Aapakukkut 1787/88-mimi

Kangerlussuarmi Eqalummiut aaffaanni tuttuilatsisimapput, ullut ilaanni qassiusimanersuni tuttunik takusimanatik.

Otto Fabriciusip allagaa najoqqutaralugu (1780) 1700-kkut affaanni kingullermi: „Qanga amerlasoorsuullutik nunavimmi qaqqat akornini suni tamani uumasuusimapput maannali qaqutigoortunngulersimavoq, qaqqanilu ungallerni taamaallaat qinigassaalerluni. Qeqertarsuaq Disko aamma taamanikkut tuttoqarpoq" (1929).

Misilittakkavut najoqqutaralugit 1900-kkut tuttunikkiartornerata i-ngerlanera Kitaata tuttoqarfiisa immikkoortuini assigiinngitsuni ataatsikkut pinnani kinguleriiaarlutik pisunik ukiut 30-t ingerlaneranni tuttunikkiartorpoq. 1700-kkunni 1800-kkunnilu aamma taamaassimanersoq naluarput. 1800-kkunni pisut ingerlanerat suli erseqqissumik ilisimanngilarput. Nuna tamakkerlugu ataatsimut ilisimagaluarlugu, tuttoqarfiit immikkoortukkuutaarlutik tuttunikkiartornerat suli naluarput. 1700-kkunni ilisimasavut aamma killeqarput.

Tuttoqarfiit tuttuisa ataqattgiinneri
Kitaata tuttoqarfiisa akornanni tuttut imminnut qanoq atassuteqartigineri erseqqissumik misissuiffigineqanngillat. Uanga inunnik oqaloqateqartarnikkut tamanna paasisassarsiorfigivara.

Siullermik Kitaata tuttoqarfia marlunngorluni avissimavoq. Kujallermut avannarlermullu. Aviffiat tassa Tasersiap Sermia, fig. 16.

Tuttut taassuma avannaaniittut kujataaniittullu atassutaat annertugunanngillat. Sermersuaq 1.000 m-t sinnerlugit qatsitsigivoq nunataqanngingajattoq. Kimmut isua Kangerlussuatsiap qinngoraa, ukiut ilaannaanni sikusartoq taamalu ukiut tamaasa aqqutitut atorsinnaanani. Majoqqaap saqqaa nunap nikinneraa innaarsukujuk qaqiuminaatsoq. Aqqutaa tassa nunatat timerliit kujataanit avannamukartut Majoqqaq ukiumi qeritillugu ikaarsinnaavaat. Aasami pavuuna sermip killingatigut aqquteqarpoq. Taakkunuuna Qallit Nunaannut pisarput. Tassanngaanit nunataq Isorlequtaq tikikkuminartuuvoq. Tassanga Sermip naqinneratigut Amitsuluup Killersuullu saqqaanni taseq tikikkuminarpoq ukiup annersaa sikoqartartoq. Taanna atorunikku Tasersiap alannguata Nunatai tikisavaat, marlunnillu ingerlaqqiffissaqarlutik. Tasersiaq ikaarsinnaavaat, sikukkut aasamilu na-lullutik. Tasersiap saqqaa innakuluuvoq, Qoornuisali kangeriit, killiup kangilliullu ikikitsut, qulaat majuarfigineq ajornaratik. Amerlanerit Tasersiap alannguani nunatat atuarlugit Kangerlussuatsiap qinnguata qulaa angusarpaat, tassanngalu Angujaartorfiup Nunaanut isertarlutik. Taaneqareersoq 1954-mi tuttu kumalik tamaani malugisaq siulleq tassa tamaani pisaasimavoq.

Ukiuni sikuulluarfinni Kangerlussuatsiap qinnguata naqinnera aqqutaasarsimassaaq, annerusumik ilisimanngisarput. Taanna avannamukartut atussagunikku, Majoqqaq ikaarlugu Kigutaarnat Nunaatigut Sisorartup Nunaanut ikaarluni Iluliallip Tasersuata qinnguatigut avannamut Kangerlussuatsiap qinnguanut Kujallermut itivittariaqarpoq. Oqaatigineqareersutut kangerluup qinngua ukiut ilaannaanni sikusarpoq. Taamaattumik aqqutaa timerleq atorneqarnerusimassaaq.

Tassa tuttoqarfimmit kujallermit avannerlermut aqqutit. Tassuuna ingerlaartartut amerlagunngillat. 1950-kkunni Angujaartorfiup Nunaa tuttut tattuleramikkut qimagalerlugulu kujammut pinnatik, avannamulli, Sisimiut timaannut ikaararput. Tamatuma aqqutip atorneqarnerata annikissusia takutippaa. Allatut oqaatigalugu: Tasersiap Sermiata kujataani avannaanilu tuttut imminnut ataassutaat annikitsuinnaapput.

Tuttoqarfik kujalleq

Maniitsumi Majoqaap Nunaanit kujammut malittarissavarput.

1900-kkunni tuttoqarfik kujalleq Tasersiap Sermianit Paamiut kommunianni Sermiligaarsummut atavoq. Fig. 17.

Immikkoortui ukuupput

Majoqqaap saqqaanit Nuup Kangerluanut, tassa nunap immikkortui uku: Isortup Nunaa, Akiata Nunaa (Dronning Ingrids Land) aammalu Kangersornup Timaa. Kujammut killinga tassa Kangersornup qinnguata sermia: Kangiata Nunaata Sermia.

Nunap taassuma ilaa akornutissaqanngitsumik tuttut ingerlaarfigisinnaavaat. Taamaattoqartarunarporlu. Ukiumut ingerlaartarnerat oqaatigineqareersutut kangimut kimmut-timmut avammut pinerusarpoq.

Ingerlaarneranni akornutit taasassat ukupput: Majoqqaq koorujussuuvoq siorarsuit marraallu ammut ingerlaarfiat ilaa marrinnartoq iioraasoq. Tamanna tuttut aamma nalunngikkaat paasinarpoq. Tamanna pillugu aasami imaaliinnarlugu nalinginnaaq ikaartoraanngilaat.

Kuussuaq **Isuitsoq** tuttut ingerlaarnerinut akornutaanngitsoq takusarparput. Tamaanngaanit Nuup Kangerluata tungaanut aqqutaa akornutissaqanngilaq.

Saqqap Sermia, Nuup Maniitsullu kommuniisa killeqarfigisaat qanoq akimmerarfiutiginersoq naluara. Taassuma kujataani nuna, **Ujarassuit Nunaat**, kujammut sermimik isoqarpoq, **Kangillinnguit Sermiat**. Taassuma kujaleraa nunataq **Ivisaartooq** aamma kujammut sermeqartoq, **Narsap Sermia**. Kujataaniippoq, **Nunatarsuaq** uiguata **Akullersuaq.** Taava taassuma sermiata kujaleraa nunatat kujallersaat, **Nunataarsuk.** Paasinarpoq Nunatat taakku kujaleriiaat akornanni sermit tuttunut akornutaanngikkaluarlutik taamaattoq sermitaat killiliisimasut. Nuup Kangerluamiut 1800-kkunnit eqqaamasat najoqqutaralugit Nunatarsuarmi tuttut allanit allaanerit uumasuupput, minnerusut, meqquilu taarnerusut, allanut nuuttarnernik malunnaratik tamaaniittut (E. Hansen, Kapisilimmiu).

Tuttoqarfik tulleq Kangiata Nunaata Sermianit kujammut Sermillip timaani sermimut atavoq, Amerallip tuttoqarfianik taasarput. Sermillip timaata Sermia sermeq qatsissuuvoq, maniitsoq. Saqqaata alannguatalu tungaa Isortuarsuup Tasiata alanngua nuna portoqaaq, 1.000-1.800 m, qaqqartooq sermitoorlu, saqqaanilu aamma taamaattoq ippertunnginnerusorli. Tamanna erseqqivissumik tuttunut akimmerarfiuvoq, Amerallip tuttoqarfianik Qeqertarsuatsiaalu tuttoqarfiinik avissaartitsisoq.

Amerallip tuttoqarfiata Qeqertarsuatsiaallu tuttoqarfiata akornanni tuttut ikaartarfiat sumerpiamiinnersoq erseqqissumik ilisimanngilara. Tamakkuninnga ilisimanittut maanna ikilisimaqimmata, ilisimannittumik siumuinnginnama. Ilimanarpoq punkt 980-p nalaatigut pisassasoq, tamanna maninnerummat.

Tuttoqarfik tulleq tassa Qeqertarsuatsiat tuttoqarfiat, Sermillip sermianit Sioqqap Sermianut atasoq, marlunnik immikkoortulik, Qeqertarsuatsiaat Timaat taavalu Sioqqap Alanngua.

Sioraq aamma tuttoqarfinnik avitsisuuvoq.

Paamiut tuttoqarfiat
Kitaata tuttoqarfiata 1900-kkunni kujallersaraa, Sioqqap saqqaanit Sermiligaarsummut atasoq kangerlunnit arlalinnik aggugaq.

Qeqertarsuatsiaat tuttoqarfiannit Paamiut tuttoqarfiannut ikaartorfia fig. 4-mi takutinneqarpoq. Sioqqap alannguata nunataanit sermip nunataanut, taakkulu aqqusaarlugit, Kangaarsuup Nunaanut. Tamaanngaaniit Kangaarsuup Tasersua timaallugu ingerlasarsimapput.

Tuttoqassusia
Ukiut ingerlaneranni tuttoqassusianut takussutissat assigiinngitsut pigivagut. Ilaat toqqaannartumik paasissutissaapput ilaat toqqaannangitsut, suliarisariaqarlutik.

Niuernermi nalunaarsuutit pigisavut ilaatigut atorneqarsinnaapput. Tuttut amii inuit niuernermut tunisagaat tassapput ammit ilaqutariittut atortariaqakkamik saniatigut pisat. 1800-kkut qeqqanni Rinkip misissuisimanera (1857: 175) tunngavigisinnaavarput. Rink allappoq ilaqutariit ataatsit ukiumut tuttut amii qulaaluat (9) atortaraat atisanut assigiinngitsunut aammalu illermi siniffimminni qaatut, siniffik puutut kiisalu Avannaani qamutinut ingoraralugit.

1850-p nalaani nunap inui 9.500 missaanniipput, ilaqutariit 1.750-t. Tuttut amii 15.750-t atortariaqarsimassavaat. Taakku tassaassapput amerlanerpaamik atugassat. Niuernermut tunisat taakku saniatigut pissarsiatut isigissavagut.

Piffissap 1800-1860-p ingerlanerani nunap tuttoqassusia malissinnaavarput. Ukiut tamaasa statistikkinik pigisaqanngikkaluarluta, taamaattoq peqassusianut takussutissat naammattut pigivagut, soorlu Maniitsumit:

1810 Niuertussaq W.M.Olrik, Maniitsup Isortuani: Tuttunik takusassaqaqaaq.
1825 1.546 stk, KGH-p ammit pisiai.

1840 2.678 stk., KGH-p pisiai (Atuagagdliutit, 1880).
1850 3.547 stk., KGH-p pisiai (Atuagagdliutit, 1880).
1822-31 J. Mathiesen (1852: 121) statistikinik takutitaqarpoq: ukiuni qulini, agguaqatigiissillugu tuttut amii tunisat ukiumut 4.990 stk-usarput.
1836-41 Ukiuni tallimani tunisat agguaqatigiissinnerat 13.950-uvoq.
1845-milu 16.000 stk-ulluni, „Kalaallit tuttut amiinik atugaqaqim mata naatsorsuutigisinnaavarput tuttut pisat ukiumut 16.000-25.000-t missaanniissimassasut," naggasiivoq.

Rinkip statistikkia malillugu (1857: 367) ukiuni tallimani, 1845-49, sinerissap ilaani tuttoqarfinni assigiinngitsuni ukiumut tunisat agguaqatigiissinneri ima amerlassusilersimapput, tabel 1.

Qulaani taaneqartut tamakkiisumik pisat piffissami pineqartumi ukiumut 25.000-t missaanniissapput.

Tabel 1. Paamiut. Qaqutiguinnaq tunisisoqartarpoq (piisaqaaq).

	Stk.
Qeqertarsuatsiaq	18
Nuuk	1.079
Maniitsoq	3.655
Sisimiut	5.455
Aasiaat (+Kangaatsiaq)	3.360
Qasigiannguit	300
Ilulissat	100
Upernavik	942

Rinkip naatsorsuineri (1857:175) malillugit ammit 11.500 t ukiumut KGH-mut tunineqartut pisanik tamakkiisunik 16.000-nik tuttutaqassapput. Aammalu oqaatigineqareersutut ilaqutariit ataatsit ukiumut tuttut amii qulingiluat (9 stk) namminneq atortaraat allappoq.

Kisitsisit takutitaat:
1800-kkut aallartimmatali Kitaata tuttoqarfia piisappallaarsimanngilaq. Maniitsumi 1825-mi KGH-mut tunisat 1.546-t pisanik 2.500-nik tunileqassapput. (formel: X + (Yx9) = pisat brutto. X = 5. tunisat; Y = inuit amerl.; multiplikator tassa tuttut amii ilaqutariit ataatsit ukiumut atortagaat; devidende = ilaqutariit ataatsit inuttaat). Formeli Rinkip

kisitsisai (1857: 175) tunngavigalugit sanaajuvoq.

Tuttut ikiliartornerat

1800-kkut ingerlaneranni Kitaata tuttui amerliartorsimapput, 1840-45-p missaani amerlanerpaalersimallutik (Rink 1857: 173),

Tabel 2. Ikiliartornerat aamma malittarisinnaavarput, tuttut amii KGH-mut tunisat takussutigalugit (Rink 1857: 362).

	1853	**1854**	**1855**	**1856**
Avannaani, stk.	2.135	3.053	2.390	986
Kujataani, stk.	7.628	5.373	4.299	2.743
Katillugit, stk.	**9.763**	**8.426**	**6.689**	**3.729**

Maniitsumi KGH-up pisiai malippagut:

1850	3.547
1860	470
1870	0
1880	0

Atuagagdliutit aaqqissuisuat 1880/81: 191-mi allappoq:

„Nuup eqqaa siulliulluni tuttuerutilermat taavunga (Kangerlussuarmut) pisuuliartalerput... massakkullu suli kangaamiormiut pingaarlutik aasat tamaasa pulasoqartarput. Kisianni amerlanngitsuinnarnik pisaqartarmata amiinik niuertarfimmut tunisisoqassaarpoq, namminneq atortussariinnaleramikkit."

Tabel 3. Grønlands Styrelse „Statistiske Oplysninger" 1942-45, malillugu 1850-1900-mi tuttut amii Kitaata tuttoqarfiani KGH-mut tunisat ukiunut qulikkuutaartunut aggorlugit ima isikkoqarput.

	1851-60	**1861-70**	**1871-80**	**1881-90**	**1891-1900**
Paamiut					
Nuuk	177				
Maniitsoq	1.452	54	1	2	7
Sisimiut	1.443	26	3	8	21
Aasiaat	1.444	5	1		
Qasigiannguit	92				
Ilulissat	2			1	

Kisitsisit (tabel 3) tamakku takussutigissallugit naammapput 1800-kkut atuunnerini Kalaallit Nunaata Kitaani tuttut amerlinerannut ikilinerannullu.

1700-kkunni tuttut

1700-kkut atuunnerini nunatta tuttoqassusianut paasissutissanik pigisaqarpugut.

Hans Egedekkut 1721-mi takkummata Kitaata ilaa tuttoqarluarpoq, amerliartoruttulersimasunik. Hans Egedep atuakkiaani 1741, allassimavoq: „Nunap ilaani eqimattassuakkuutaarlutik angalaartarput. Avannarpariartorluni ikiliartorput, taamaallaallu 3 å 4 gr. Diskop avannaanni amerleqqillutik." Paassissutissat sumit pisimaneri nalunaarneqanngillat.

Niuertup Lars Dalager-ip 1750-p missaani tuttut ima allaatigai:

Kalallit majip aallartinneranit oktoberip naaneranut allamik suliaqarneq ajorput, taamaallaat qaqqani tuttunniarnermik. Taamaalillutik tuttut ikisilluinnarpaat. Maannalumi nunap ilaani siornatigut pissagarluarfiusaraluartumi aasaq naallugu angalagaluarluni tuttumik ataatsimilluunniit takusassaaruppoq (1915: 80).

Niels Egede 1770-mi Sisimiunit allappoq: "Nunap ilaani tamani tuttuisaqaaq. Kalaaleq qanga 40-50-nik tuttuttaraluartoq maanna taamaallaat ataatsimik marlunnilluunniit pisaqartalerpoq. Taama piisannersua maanna ukiuni 13-ni atareerpoq" (MoG. 120: 260).

Tassa: 1720-kkunni amerlereersimapput, 1750-llu missaani sukkasuumik ikiliartorsimallutik.

Qeqertarsuup tuttui

Qeqertarsuaq aavarfitoqarsuuvoq. Eqqaamasat malillugit aasami tiffarluni tuttunniarfigineqartarsimavoq. Qeqertarsuarmi apersuillunga paasisinaavara angutit arnallu 1950-kkunni utoqqassanngortut, tassa 1800-kkut naajartorneranni inuusimasut ilitsorimmata tiffartoqassaareersimasoq. Tamakkuli angajoqqaavi ogaluttuartarsimapput meeraanerminni tiffarlutik tuttunniartartut kinguliit angumerisimagitik (Johan Olsenip in. 189?-1989). 1988-mi oqaluttuuppaanga, 1930-kkut ingerlaneranni Qeqertarsuup Kangerluata timaani qooqqumi aasiviusarsimasoq tuperfiusarsimasoq saanikoqarluartorlu siumorsimagini.

Qeqertarsuup nunaviup tuttoqarfianut atassutaa Qullissat kitaanniippoq, Kussinersuarmit akimut Nuusamut. Tassuuna tuttut ikaartarsimasut eqqaamaneqarpoq. Qeqertarsuup tuttuerutereernerata kingornagut tumisissartut amerlanersaat nunami tamaani takuneqartarput.

Uanga Marrarni Qeqertarssuup illoqarfiata Aamaruutissalu akornanni aassami 1958 tuttuaqqap tumai aasaq tamanna tumiliat sioqqatigut ingerlasimasut siumorpakka.

1968-mi Qeqertarsuaq tuttunik nujuitsunik Itinneranit pisunik tuttulerneqarpoq, Qeqertarsuup karratigut Kangersuukkut nunnigussanik. Tuttut nujuitsut taakku pisarnermissut siammaratik ataatsimuuginnarput, amerliartoratillu. Manna amerlanngitsut Kangerluup timaani amiakkuupput.

Tunup tuttui

Tunup tuttoqarfii ilisimasagut marluusimapput:

1. Ammassallip eqqaata tuttoqarfia
2. Tunup Avannaata tuttoqarfia.

Ammassallip tuttoqarfia

Ammassallip eqqaata tuttoqarsimera annikitsuinnarmik ilisimavarput. Tuttoqarsimaneranut paasissutissat pingasut pigivagut:

a. Tuttut saarni (nassui) nunami nassaassat.
b. Tuttunniat atortulersuutaat.
c. Tunumiut eqqaamasaat.

Ammassalimmiut aammalu qallunaat Kitaamiullu 1800-kkut naalerneranni Ammassallup eqqaanut nunasisut tuttut nassuinik katatamik pisoqarujussuartut isikkoqanngitsunik Ammassallup nunataani nassaanik eqqartuisarput.

Nassaat tamakku najoqqutaralugit takuneqarsinnaavoq tuttut tamaaniittut Kitaata tuttui assigisimagaat (Morten Meldgaard, 1986). Immaqa tamanna takussutissaavoq Ammassallip eqqaata tuttuisa Kitaaneerssuusimanerannut?

Tamakku nassaassat kujammut avannamullu killingi sumiinnersut paasinngilagut.

Kulusup qeqertaani tuttunniat talui ipput, atorneqarsimaneri oqaluttuatigut eqqaamaneqarlutik (MoG. 61, 1921: 584).

Tunumiut oqaluttuaanni eqqaamasaannilu arlalinni nunap tuttoqarsimanera eqqaamaneqarpoq. Sermiligaap avannaani sinerissami Ikertivarmik atilimmiippoq kangerluaraq Tuttulik.

Ammassallup Sermiliata saqqaaniippoq qaqqaq Nagtivit, tuttup nassui pineqarsimagunarlutik.

Qangarsuarli tuttoqartuarsimanersoq paasisutissanik mannamut pigisaqanngilagut.

Tuttup nassua Timmiarmiut eqqaanni nassaaq tamaani tuttoqarsimaneranut uppernarsaatissaanerpa? (M. Meldgaard, 1986: 43).

Palasip Karl Skoup 1950-p missaanni Ammassalimmi palasiusup oqaluttuuppaanga 1949-mi tuttu anginngitsoq aasaq taanna toqusimassorisaasoq Sermilikkut saatsersoq siumorneqarsimasoq. Tamanna marlunnik paasisassaavoq; Nunatani Sermillup timaaniittuni taama- nikkut suli tuttoqalaarsimasinnaavoq, imaluunniit tuttu taanna qangali sermimi ajunaarsimasinnaavoq erniinnaq qerrussimasoq 1949-milu sermip iigarneratigut immamut nakkarsimasoq. Silulisut takunnittullu nutaajusorisimavaat.

Tunup avannaata tuttui

Tunup Avannaani ilisimasassarsiortut 1800-kkut naalernerat tikillugu Scoresbysundip Kangerlussuata avannaani tuttunik takusarlutillu pisaqartarput.

Paasinarpoq tuttut tamaaniissimasut Kitaata aamma Ammassallup tuttuinit allaasut (M. Meldgaard, 1986).

Tuttut tamakku siumorneqartarsimapput Scoresbysundip Kangerlussuata Iluanit Gåsefjordemit avannamut Dove Bugt tikillugu (M. Meldgaard, 1986: 38).

Tuttut nungunnerat
Ukiuni 1800-mit 1900-mu ikaarsarnerata saniani ukiorlorujussuartarnerani nunarujussuup tamatuma tuttui nunguppput. Pisimasoq erseqqinnerusumik malissinnaanngilarput.

1930-kkunni takusaq
1930-kkut qeqqanni ilisimasassarsiortut marluk Stauning Alpit eqqaanni qinngutsillutik aappaata Iluliarmiup Kitaani aavartartup tuttu nassulik tusanartoq aputitap nalaagut ingerlasoq takusimavaa. Aappaata upperiumanngilaa Tunup tuttui nungoreersut ilisimaneqarmata (Jonas Brøndlundip uannut oqaluttuaa, august 1985).

Ilimagineqarsinnaavoq 1800/1900-kkunnut nikinnerani nunap ilaani amiakkoqatsiarsimasut ikinnermilli amerleriarnissaminnut periarfissaqarsimanngitsut.

Kitaani tuttut 1980-p kingornagut

1900-kkut qeqqanni Kitaani tuttut amerlinerat nunap ilaannaani pivoq. Amerlinerat Paamiut kommuniannit Nassuttuup qinnguanut atavoq.

Arfersiorfiup qinnguata kujalliup sermia 1960-kkunni ikaarlugu ingerlaartut ilaasa Kussinersuaq Arfersiorfiup qinnguaniittoq anguaat, ingerlaqqigatilli (Kangaatsiarmiut). Qarlutuup Nunaa tuttuninngilaq, aammalu Naternaq Qasigiannguillu timaat. Qeqertarsuaq Nuussuarmit ikaartunik tuttuneqqinngilaq.

Nuussuaq
Nuussuaq 1950-p siornagut nunaqarfiit makku inuisa aavarfigisarpaat: Nuussuup sineriaata kujammut kimmut avannamullu sineriaani nunallit, kiisalu qeqertani Nuussuup qanittuiniittuni.

1900-kkunni Nuussuarmi tuttut pisaasartut ikiliartuinnarput. Ukiuni tallimani agguaqatigiissinneri.

Tabel 4. Ukiuni tallimani agguaqatigiissinneri. Piniartut pisannik titartaaviit malillugit, stk.

1913/14-1916/17 (ukiut 4)	38
1955/56-1958/59	26
1978-82	5

Sorsunersuup 1939-45 kingornagut tuttut pisat ikileqaat. Ujarassiuut Nuussuup timaani aasaanerani sulisartut takusartagaat ikittuinnaapput (A. Rosenkrantz, 1957, uannut oqaasia). Taamatut aavartut aamma taama oqarput. Taakkulu ujarassiuut pisuutittarpaat, pingaartunik nunasiutinik biileqarmata.

Kisianni tassa 1900-kkut qeqqata qaangernerani tuttut amerliartornerat Kitaani pisoq Nassuttuup avannaani malunniutinngilaq, Tassa Nassuttuumit Qimusseriarsuarmut, Naternap, Qeqertarsuup, Nuussuup. Sigguup Nunaata Eqalugaarsuillu Nunaata tuttoqarfiini tuttut ikiliartuinnarput.

Sigguup aammalu Eqalugaarsuit Nunaata tuttoqarfiat
Sigguup Qeqertaasaa tuttoqarfiit ilagaat. Maannamut ilisimasavut tunngavigalugit nunat tamatuma tuttui Sigguup Nunaata kujasinnerusuani Uummannarmiut Qinniviup Nunaanik taagugaanniinnerupput. Fig. 18-mi 1950-p siornagut tamaani aavartarfiit, tuttusiortarfiit, nalunaarsimapput.

Nuna tamanna Uummannap Sulluanit Uperniviup kangerluata Ikerup qinnguanut atasoq, 150 km-t missaanni takitigisoq atasuinnaagaluarpoq. Nunap pissusia najoqqutaralugu sanimoortunik pingasunngorlugu aggortariaqarpoq. Aggornera kujalleq, Qinniviup Nunaa, portusuunngilaq, qaqqai moriitsut sanerai sivingaartut, angallaviginerinut akornutaanngitsut. Tassa tuttoqarfia kujalleq.

Avinnera qiterleq portusuuvoq qaqqai 1.700 mt angullugit portutigisut ilaat inngigissut, qaavi akornilu sermilissuit. Tamanna nunamik avitsisuuvoq. Nuna nammineq uumasunit atorneqanngingajappoq, taamaattorli aamma immikkoortut kujalliup avannarliullu atassutigaat. Kangerluup Umiiarfiup qeqertaasap kitaaniittup alanngua nunagissuugami qaqqat kitaagut avannamut-kujammut aqquteqarpoq akornuteqanngitsumik. Kujammut uigoraa qoororsuaq Nerutusoq Qinniviup Nunaanut atasoq. Qooroq taanna tuttut avannamut - kujammullu aqqutigaat.

Immikkoortoq avannarleq Eqalugaarsuit Nunaat, annersaa 1.000 m-t inorlugit portutigisunik qaqqalik, 1900-kkut qeqqanni Kitaata tuttoqarfigaa avannarleq.

Nunap tamatuma tuttoqarnera 1900-kkunni malissinnaavarput. 1800-kkunni Kitaata tuttunerujussuarnerani aamma tamaani tuttoqarluarsimagunarpoq. MoG. 145 malillugu 1840-mi tuttut amii niuernermut tunisat 454-pput, 1845-milu 890-llutik, 1850-mi 149-nnanngorsimallutik. Kisitsisit najoqqutaralugit taamanikkut Kitaata nunatunersaata tuttunerujussuarnera tamaanissaaq malunniussimasorinarpoq.

1800-kkut naalerneranni 1900-kkuulu aallartinneranni taavani nunattat annerusut, Qimusseriarsuaq ilanngullugu, tuttoqarluarsimapput.

Piniartut pisaannik titartaavinni nalunaarsuutit takussutissatut piukkunnarput. Avannanni piniartut tuttutaat 1912/13-mit takuneqarsinnaalerput.

Tabel 5. Uperniviup eqqaani pisat.

1912/13	197	1928/29	17
1913/14	151	1929/30	28
1914/15	140	1930/31	25
1915/16	53	1931/32	16
1916/17	87	1932/33	7

Sigguup tuttoqarfia kujalleq

Fig. 19-p takutippaa sumiittoq. 1900-kkut affaanni siullermi Uummannap Sulluani nunaqarfiit uku inui Qinniviup Nunaanut tuttunniartarput: Illorsuit, Upernivik, Karrat, Nuliarfik. Nuugaatsiarmiut Ukkusissat Kangerluata qinnguatigut Eqalugaarsuit Nunaanni aavartartut oqaatigisarpaat. Illorsuarni taama Kristian Nielsen nassuiaavoq, 1983.

Tamaani pisat nalunaarsorneqarnerat amigarpallaarmat una kisiat ilanngupparput. Ukioq 1916/17: 52.

Tuttoqarfik Avannarleq
Eqalugaarsuit Nunaat Uperniviup eqqaamiuisa aammalu Uummannap Sulluani Nuugaatsiarmiut Ukkusissat Kangerluatigoorlutik ornittagaraat.

Uummannap eqqaamiuisa aavartarfii tuttoqarfinnut pingasunut atapput: Nuussuaq, (Nuussuup qanitaamiut), Qinniviup Nunaa, (Illorsuarmiut qanitaaniittullu), Nuugaatsiarmiut, Nuliarfimmiut, Eqalugaarsuit Nunaanni. Maani Uummannap eqqaamiui marlunngorgit avippagut: Nuussuarmi aavartartut aammalu Qinniviup Nunaani/Eqalugaarsuit Nunaanni aavartartut.

Tabel 6. Qinniviup Nunaani aamma Eqalugaarsuit Nunaanni Ummannap Upernivullu Kommuniini tuttutat ukiut tallimakkuutaarlugit pisanut agguqatigiissinneri.

	Uummannaq	Upernavik
1911/12-1915/16		139
1916/17-1920/21		68
1921/22-1925/26	18	38
1926/27-1930/31	11	34
1931/32-1935/36		11
1936/37-1940/41		11
1954/55-1959/60	1	3
1960/61-1964/65	0	3

Takuneqarsinnaasutut 1900-kkut ingerlaneranni Eqalugaarsuit Nunaata tuttui ikiliartoqaat allaat 1950-p kingornagut suerulluni, ukiuni kingullerne 30-ni tumisiassaarulluni. Taamattooq 1980-kkut naalivinneranni qimusseq alakkarterisoq tuttup ataatsip tumaanik tamaani apummi takusimavoq.

Kujallermi, Qinniviup Nunaani, tuttuerutivinngilaq. Tuttut ikileqaat. Annerusumik Sigguuttaata timaa najoraat paasinarpoq. Tamannagooq tumiliorfigineqarnerusarpoq, takkuffiusarlunilu, timmisartuniit alapernaasersimasut taama oqartarput.

Immikkut taaneqassaaq nuna tamanna, Qinniviup Nunaa, Kitaata amaroqarfigimmagu. Amaqqut tamaaniinneri 1830-kkunnit malissinnaasagut tuttoqarneranut annertuumik akornutaasimasorinanngillat.

1991-mi aasami tamaani kangerluup Arfertuarsuup alannguatigut umimmaat piaqqat 31-t nunnigunneqarput.

Naatsumik oqaatiginera
Kitaata tuttoqarfia avannarleq ukiut 1900-kkut aallartimmata tuttoqar-luarsimavoq. Taamanernit tamatuma tuttui ikiliartortuarsimapput, kiisa 1960-70-p missaani Eqalugaarsuit Nunaat tuttuerulluni. Qinniviup Nunaani tuttut nunguinngillat. 1900-kkut qeqqanni Kitaani Nassuttuumit Paamiut kommuniannut atasumik tuttut amerliartornerujussuat tamaani malunniutinngilaq. Suna tuttut ikiliartornerannut pissutiviunersoq erseqqissumik oqaatigisissallugu ajornakusoorpoq. Aallaasip atugaallualernera, tuttut nunamik mangiarpallaarnerat, aavartartut amerlinerat, inuilluunniit nunamik atuinerulernerat pisuusimasinnaapput. Aamma pinngortitaq nammineq uagut paasinngisatsinnik pisuusimasinnaavoq.

Avanersuup Tuttoqarfia
Avanersuup tuttoqarfia nalitsinni Kangerluarsorujuup, Olriksfjordep, timaani Nuussuarnilu Inglefieldlandimiippoq.

1800-kkut naaneranni 1900-kku aallartinneranni tuttoqarfia Qimusseriarsuarmit Humboldtip Sermersua angullugu siammarsimavoq. Hall Land taamani tuttoqarsimanersoq naluarput.

Avanersuup sermeqanngitsortaa nunatunngilaq. Nunatunersaa Kangerlussuup Inglefieldfjordip eqqaaniippoq.

Qimusseriarsuup tuttui
1800-kkut naalerneranni Kitaata avannaa tuttoqarluartoq ilisimavarput. Taamani Uperniviup avannaani nuussuit annerusut tuttoqarput. Ukiut tamakku tamaani tuttunut pitsaasuusimassapput. Taamanikkut Tuttulissuaq, timaanilu nunattat, Nussuaq (Kap Walker) tuttoqarput.

Pingorsuit Nunaat aamma taamani tuttoqatsiarsimavoq. 1907-mi Knud Rasmussen avanersuarmiullu angutit arfinillit qimussersutik ulluni 16-ni Kangerluarsorujuup timaanut aavarput. Tuttut 36-t pisaraat. Knud Rasmussen allappoq ukiaq tamanna Uummannarmiut (Dundas) tuttutaasa 100-t missilioraat (Avanngarnisalersaarutit, 1909).

Tamatuma kingornagut pisat nalunaarsorneqarnerannik ilisimasaqanngilagut. Nalunaarutit najoqqutaralugit tuttui ikittuinnaasimagunarput.

Nuussuit, Inglefieldland, nunatunerit ilagaat, tamaani nuna 60 km-nik atitutigaluni. Avanersuup tuttoqarfiani peqarnerusartut ilagaat.

Kangerlussuup Inglefieldfjordep avannamut nunataanit Nuussuit tungaannut sermia ippertunngimmat tuttut itivittaraat ilisimaneqarpoq.

Tuttui suuppat?

Avanersuup kommuniani tuttut Kitaata tuttuginerai imaluunniit Ellesmere Landip tuttuginerai, Pearyp-tuttui, erseqqissumik oqaatigisinnaanngilara. Ilisimaneqarpoq tuttut tamakku mikisut Akilinermit Avanersuarmut ikaartartut. Ilisimaneqartutut kingullermik 1980-kkut naanerata missaani taama pisoqarpoq.

Tuttut nunamik atuinerat

Avanersuaq nunatunngimmat tuttut ukiup kaajallakkiartornerani ingerlaartarmerannik annertuunik taasassaqanngilaq. Nunatunnginnera aamma tuttut pisariuminarpallaarnerannik kinguneqarpoq.

1978-mi Avanersuarmi Qeqertani Qulutanguaq Jerimiassen aavartartuusoq oqaloqatigivara. Taamanikkut Avanersuup tuttuini Kangerluarsorujuup Olriks Fjordep mannguaniittut Nuussuanut nikittartut ikittunnguanngorsimasut amiakkuupput. Inglefieldimiittut aamma ikittuaraannanguusut oqaatigai.

1988-ni Avanersuup tuttui amerlisimapput. Pissutaavoq 1970-kkut naalersut Itinneranit tuttunik nujuitsunik Avanersuarmut nuussisoqarmat Kangerluarsorujukkut nunnigussanik. Avanersuup tuttuisa Amiakkui Itinneranillu nunnigussat kinguaassiorluarsimagunarput.

Kangerluarsorujuup timaa tuttoqarlualersimavoq. Aamma Nuussuit timaanni tuttut amerliartortut Qulutanguaq Jermiassenip oqaatigai. Pisat Qaanaami 1988-mi takusakka tuttuupput kusanartut.

Ukiut tuttoqarfiit tuttuisaffiillu
Kalaallit Nunaata tuttui ukiut ingerlaneranni ikilisarlutillu amerlisarput. Tuttut ikilisarnerat amerlisarnerallu piffissamut ikkussorutsigu soqutiginartunik ersertoqarpoq.

Apeqqut tamanna siunissami neqissaqarniarnermut atatillugu soqutiginarpoq. Qanoq pisoqaraangat tuttut amerlerujussuartartut, qanorlu pisoqaraangat ikililluinnartartut paasilluassallugu pitsaassagaluarpoq.

1900-kkunni Kitaani tuttut amerliartomerat ikiliartomerallu ataatsikkut pinnani nunap immikkoortui najoqqutaralugit ingerlavoq. Ukiuni 1800-kkunni 1700-kkunnilu aamma taamaassimanersoq naluarput.

Tamanna pillugu maani uuttuinissatsinni Kitaata ilaa killilik qinertariaqarparput ukiunilu 300-ni tuttut tamaani amerlisarnerat ikilisarnerallu malillugu. Sisimiut tuttoqarfiat qinerparput, naleqqiussivissatullu Paamiut tuttoqarfia toqqarlugu.

Tabel 7-mi piffissat tamakku takuneqarsinnaapput.

Sisimiut timaata tuttui
Sisimiut timaat tassavoq nuna Kangerlussuarmit avannamut Nassuttuumut atasoq. Tamanna Kitaata nunatunersaraa, sinerissamit sermimut km-t 200-t missaanniittut. Nuna Isortup Kuussuanit avitaavoq. Ukiumi kuuk tuttut ingerlaneranut akornutaanngikkaluartoq aasaraangat avissaarutinngortarpoq. Kuussuaq marrinnartoqaqigami imaaliinnarlugu ikaagassaanngilaq.

Nunap timaani aasivii ikortarfiit misissorlugit paasinarpoq tiffartarfitoqarsuusoq.

Allattukkani nalunaarutit siullersaat Sisimiuneerpoq, Niels Egede, 1770: „kalaalleq qanga ukiumut 40-50-nik tuttuttaraluartoq maanna 1-2-innarnik pisaqartalerpoq. Taama piisannersua maanna ukiuni 13-

ni atoreerpoq" (MoG 120: 260). Ilisimavarput ukiut tamakku nalaat Kitaata ilaanni aallanissaaq 1700-kut affaanni siullermi tuttorpassuit sukasuumik ikiliartulersimasut.

1700-kkut naajartorneranni KGH-mut tuttut amiinik tunisisoqassaarpoq.

1800-kkut aallartimmata sinerissap ilaani allani tuttut amerlilereersimapput. Maniitsumi niuertussaq M. Olrik malillugu 1808-mi tuttunilereersimavoq. Maniitsumi 1825-mi tuttut amii KGH-mut tunisat 1.546 stk. (Rigsarktivet). Tuttut ammii KGH-mut tunisat amerlanerpaartaat 24.197 stk. 1839-mi avalatsitaapput. Naatsorsuutigineqarpoq ukioq taanna tuttut 40.000-t missaat pisaasimasut.

1844-mi Sisimiunit nalunnaarummik pigisaqarpugut umiarsuakkut siullikkut tuttut amii ukiuunerani pisat junip aallartinnerani Danmarkimut nassiupput. Tuttut amii aasaanerani tunisat oktoberip qeqqani nassiutat 6.000-t missanniipput. Taamanikkut Sisimiut palaseqarfiata inui 688-upput. Palasip C.E. Janssenip ullorsiutai tusarfigaavut.

Tabel 7. „Statistiske Oplysninger" 1942-45 malillugu ukiuni assigiinngitsuni Sisimiuni Paamiunilu KGH-mut tuttut amiisa tunisat agguaqatigiissinneri aamma Piniartut pisaanni tuttutat imaapput.

	Tunisat			Pisat	
	Sisimiut	Paamiut		Sisimiut	Paamiut
1825	1.445	54	1908	351	174
1830	3.480	75	1909	266	533
1835	6.250	144	1910	270	513
1840	5.770	201	1911	169	199
1845	9.484	26	1912	104	390
1850	4.049	0			
1850-60	1.443	0	1942	14	100
1860-70	26	0	1943	196	52
1870-80	3	0	1944	159	94
1880-90	8	0	1945	77	92
1890-1900	21	0	1946	105	54

1850-kkut atulermata ikiliartornerat malunnarsereersimavoq. 1860-p missaani Sisimiuni tuttut amiinik KGH-mut tunisoqassaarsimavoq. Qerrortusormiu Alibannguaq Atuagagdliutini 1864-mi Aasivissuarnut aavariarnilersaarpoq. Tuttoqarsimavoq. Isortup tungaanut aavaramik nassarsinnaasatik naammatsillugit pisaqarnerminnik unnersiorpoq. nammaat utertarlugit angerlarnerarput.

Kisitsisit qulaaniittut maleqqiukkutsigit ersersitaat ima paasisassaagunarpoq: Kitaata tuttoqarfiini tuttut amerliartortarnerat ikiliartortarnerallu tamani piffissani naligiinni assigiinnik ingerlasarsimanngitsoq. Kitaata tuttuisa 1900-kkut qeqqanni amerliartornerata ingerlanera „nutaajusimanngilaq."

Sisimiormiut ilaat qangali Kangerlussuarmi Angujaartorfiup Nunaanut aavartarmata pisat ilaat tamaani pisaasimassasut ilimagissavarput.

Niuertoq Rasmus Muller 1890-kkunni Sisimiunit Ikertuup qinnguani Itinnikkut timmut aavarnilersaarpoq. Taamanikkut tuttut amerliartulersimapput.

Naatsumik utiineq
Ukiuni 300-ngajanni Kitaata tuttoqarneranik ilisimasavut imaapput:

- 1700-kku aaffaanni siullermi tuttorpassuaqarpoq.
- 1700-kkut qeqqanni sukkasuumik ikiliartulerput.
- 1700-kkut affaanni kingullermi tuttut ikileqaat, tuttuisassilluni.
- 1800-kkut aallartimmata tuttut amerliartorput.
- 1840-p missaani amerleruttorput.
- 1850-kkut atuutilersut ikiliartornerat sukkatsikkaluttuinnartoq aallartilluni.
- 1800-kkut aaffaanni kingullermi 1870-90 ikileruttorput.
- 1800-kkut naalerneranni amerliartoqqilaalerput.
- 1900-kkut aallartimmata tuttut amerlanerulaalerput.
- 1920-lli missaanit ikiliartoqqilerlutik.
- 1940-kkut aallartimmata ikililluinnarsimapput.
- 1950-ngulernerani Kangerlussuarmi Angujaartorfiup Nunaani amerliartulerput.
- 1970-p tungaannut amerleruttorlutik.
- 1980-p kingornagut ikiliartulerput.

Ikiliartornerat sukkasuumik ingerlagajuppoq, ukiut 10-20-t missaanniittarluni.

Tuttut eqqussat
1952-mi tuttut nujuitsut Norgep avanaannit pisut 216-nit Nuup eqqaani Itinneranut nunaligunneqarput.

Tuttut nuunneqarnertik sapinngilaat. Ajuusaarnartumilli pisoqarpoq. Tuttut Norgemeersut „kumaat" rensdyrbremsit tikiunneqarput nujuartanullu siaruaallutik. Tamanna nunatta tuttuisa atugarliuutigeqaat.

Tuttut nujuitsut sukkasuumik sinerissami siaruarput. Oqaatigineqareersutut Itinneranut pissunneqarnerannit ukiut marluk qaangiuttut Kangerlussuarmi Tasersiap kitaa tungaani tuttu nalunaaqutalik pisarineqarpoq.

Tuttut nujuitsut takkutinngikkallarmata tuttut ukalerissat qaqutigooqaat, takusimasat qaqutigullu pisarineqarsimasut eqqaamaneqartarlutik. Tuttut nujuitsut takkunnerata kingornagut ukalerissat qaqutigoortuujunnaarput.

Tuttut tamakku sinerissap ilaanut assigiinngitsunut siammartitaapput Qaqortup Kangerliumarnanit Avanersuarmut, allaammi Ammassallip Kangerluanut.

Paasinarpoq tuttut tamakku nunnigunneqarfimminnut nujuartatut siaruaratik ataatsimoorniaannartartut. Tamatuma kinguneranik tuttut nuutat tamakku siammaratik nunnigunneqarfimmik eqqaanniiginnartarput.

Tuttut amerlisarlutillu ikilisarnerat
Ukiuni 300-nngulersuni pisut malissinnaasatta takutippaat nunatta Kitaani tuttut amerlisarlutillu ikilisartut. Kinguaariit eqqaamasaat malillugit qangali taamaattuaannarsimagunarpoq.

Tuttut amerlisarlutillu ikilisarnerat maani eqqartorneqartoq Kitaani Nunap Isuata eqqaanit Qeqertarsuup Tunuata kujataaniittunut atavoq. Kitaata sinnerani Diskobugtip avannaanit Avanersuullu tuttoqarfianut, kiisalu Tunup avannaata tuttoqarfianut tunngatinneqanngilaq. Pissutsit nunap immikkoortuini taaneqartuni allatut ingerlanasorinartut ilisimasaqarfiginerat annikitsuinnaavoq.

Norgemiut biologit Svalbartimik Norgillu avannaanik ilisimannittut ilaanni oqaloqatigivakka, aamma tamaani tuttut Kalaallit Nunaanniitut amerlerujussuartarlutillu ikilisarnersut paasiniarlugit. Akipput amerlassusiisa allanngorarnerat annikitsunnguusoq malugisinnaallugu, kisianni Kalaallit Nunaata tuttoqassusiata allanngorarneratut ittumik takusassaqanngitsoq.

Canadap avannaani aamma allanngorarnerat nunatsinnisut sualutsiginngilaq.

Tuttut amerlassusiata allanngorarnerujussua Kalaallit Nunaannut tunngavoq. Pissutaa nunatsinniippoq klimatsinnilu.

Nunatsinni uumasut ilaasa amerlisarlutillu ikilisarnerat, ilami amerlasoorujussuanngortarlutillu peeruttarnerat takornartaanngilaq. Saarulliit eqqaasassat sallersaraat, aamma ukiut 100-kkuutaartut i-ngerlaneranni nalliuttarlutillu peeruttartut. Natsiit aamma silap kiatsittarnera najoqqutaralugu taama allanngorartut paasinarput. Qilalukkat qaqortat Kujataanut takkuttalersarlutillu takkutissaartarput, il. il.

Ukiut suut nalaanni artit assigiinngitsut tamakku nikisarnersut piffissamut ikkussorutsigit takussavartut tuttut amerlassusiisa allanngorarnerat saarullinnut naleqqiullugu naligiinngitsut. 1700-kkunni 1800-kkullililu naligiiusarneri nalaatsornerusimapput. 1900-kkunni naligiinngitsut erseqqippoq, Fig. 21.

Biologit tuttunik misissuisut oqaatigisaat malillugu tuttut nuna nerillugu nungukkaangamikku ikiliartuinnalersartut nunalu naaqqikkangat amerlerujussuartartut (H. Strandgaard) nassuiaatissap ilaannarigunarpaa. Sooq nunap naajartornera malillugu assigiissumik amerliartunngillat?

Klimap ukiuni 100-kkuuttaartuni allanngorarnera silattaaq isugutaneranik, aasap takissusianik allanngorartitsisoq (Cyklus-100) qanoq atsigisumik sunniuteqarnersoq paasiniassallugu suli angunngilara.

Tuttut nuna nerillugu „nungutsisarnerat" sunik nerisarnerannut tunngassaaq. Tuttut sutortarpat? Tuttoqarfinni tuttut nerisut isiginnaartaannarpakka, sumi mangiarneri aalajangiullugit, qimagukkaangatalu neriffiat ornillugu sutortarsimaneri maluginiartarlugit. Annerusumik orsuaasat mangiarnerusarsimagaat malugisarpakka. Aamma takusarpakka naasut allat nerisaraat. Nunattani aammalu qaqqani qatsissuni orsuaasaqanngitsuni aamma tuutoqarpoq.1960-kkunni tuttorpassuit Sisimiut illoqarfiata eqqaani ukiisartut orpikkaattaaq qalipaat naatsiiassaallu aamma nerisarpaat, aallaammi iipilit ilisakka qerisut mangiarsimavaat. Ilumut tassa tuttut nunarput aasamiluunniit taama nungutsigisarpaat nerisassarullutik?

Ukiuni 100-kkuuttaartuni Cyklus-100-p ingerlanerani malittarigaanni takusariaqarpoq kiatsinnerpaaffiata nalaani (ukiut 100-kkuutaartut qiteqqukkiartorneranni), kiak naasut naajartortarfiat aprilimi aallartereertartoq septemberillu aallartinneranut atasarluni. Sisimiut kommuniannit kujammut uuttuiffigalugu qaammatinngorutsigu qaammatit sisamat sinneqarput. Ullunngorutsigu ullut 120-130-uupput. Nillertinnerpaaffiani, ukiut 100-kkuuttaartut naalerneranni, kiak naasut naajartortarfiat junimi, ilaanni qaammatip naalernerani, aatsaat aallartittarpoq. Ukiuni tamakkunani naajartortarfiup sivisussusia qaammatit marluk pingasulluunniit sivisutigisinnaavoq. Ullunngorutsigu ullut 60-90.

Tamannaannaanngilaq. Imaannguatsiarpoq sialuup aasaanerani agguarsimanera cyklusip kiatsinnerpaaffianut naleqquillugu allannguuteqarsimasoq. Ukiuni maanna atukkatsinni sila kiatsinnialoorluni kiatsikkaangat paneq takkuttarpoq naasut ilarpassui alliartornissaannut, ukiinissaannut upernaqqinnissaanilu aallarteriarnissaannut nukissaarullugit.

Tamanna uumasunut naasortortunut pinngitsoorani sunniuteqassaaq. Tamanna tuttutta amerlisarlutillu ikilisarnerannut nassuiaatissat ilagissavaat. Tamatuma paasiniarnerunera suli angunnginnakku maanna annerusumik oqaatigineq saperpara.

Apeqqutit arlallit paaserusunnarput

Tuttut amerlerujussuartarnerannut aammalu ikililluinnartarnerannut nunamik nerillutik aseruisarnerat kisimi pisuuva? Sooq nunap naajartornera ilutigalugu 1900-kkut affaanni siullermi arriitsumik amerliartunngillat? Sooq 1950-p missaani qaartoornertut illutik Angujaartorfiup Nunaani kingornagullu Sisimiut timaanni amerlerujussuarpat? Sooq sineriak tamakkerlugu ataatsikkut amerliartuleratik kinguleriiaartumik kujammut ingerlasumik amerliartorpat?

Apeqquterpaaluupput tuttut amerlisarnerannut ikilisarnerannullu tunngasut akissutissarsisassat tuttoqarnitta allanngorarpallaarnerata assigiiaarnerulersinneqarsinnaaneranut atasumik eqqarsarnerup soqutiginartunngortitai. Assigiiaarnerusunngortissinaassagutsigu neqissaqarniarnitsinnut aammalu inuummarissarnermut tunngatillugu assut pitsassagaluarpoq. Periarfissaqarpugut tuttut amerlassusiat aqussinnaalissallugu?

Misissugassat biologit kinguaariillu misilittagaasa ikiortigiissinneqarnerisigut anguneqarsinnaanissaat ilimagineqarsitnnaavoq. Apeqqutip akinissaanut piffissaq atugassara piginnginnakku tamaanga kipiinnarpara.

Tuttut umimmaallu
1965-mi umimmaat Tunumeersut Kangerlussuarmi Angujaartorfiup Nunaanut nunnigunneqarput. Misiliinissaq aavartartunit akerlerineqaqaaq. Naatsorsuutigineqarpoq nunap tuttoqarneranut umimmaat akornutassasut.

1989-mi Kangaamiormiu Lars Goliathsen (1911-93) ukiorpassuarni Angujaartorfiup Nunaani tuttunniartartoq tuttunillu misilittagaqaqisoq Kangerlussuarmi umimmannik oqaloqatigivara. Misianngilaq umimmaat tamaanga nunnigunniarneqalermata assut akerliusimalluni, tuttunut akornutaanissaat naatsorsuutigigamigit. Kisianni ukiut 20-t sinnerlugit takusarnerini imminnut akornusersuunnerinik malugisaqarsimamnginnerarpoq. Angutittaaq allat kangerlussuarsiortartut taama oqartartut tusarsimavakka.

Uanga 1988-mi aprilip ulluisa kingullerpaat ilaanni Kangerlussuarmi Ammalortup Nunaani tuttut umimmaallu akuleriillutik nerrittut eqimattat arlallit takuakka. Biologit oqartarput nersutit taakku nerisaat assigiinngitsuusut. Neriffikuisa misisortarnerini taamaattoq paasinarpoq.

1980-90-kkunni Tasersiup avannaani tuttut ikiliartorneranni umimmaat amerliartuinnarput. Tuttut ikiliartornerata ukiuni siusinnerusuni pisarsimanini malippaa. Umimmaat tamatumani peqataanngillat.

Atuakkat najoqqutarineqartut

Atuagagdliutit
Avangnamioq
Beretninger og Kundgørelser
Direktoratets Meddelelser
Egede, Hans: Perlustration, 1741
Egede, Hans: Relation, 1738
Egede, Niels: Beskrivelse over Grønland. MoG. 120
Fabricius, Otto: Fauna groenlandica, 1929
'Folk' 1969/70 (G. Nellemann)
Geografisk Tidsskrift, 1893-94 (Carl Ryberg)
Grønlands statistik
Grønnow, B. allallu: Aasivissuit (MoG, 19)
Janssen, C.E. En grønlænderpræst optegnelser, u.a.
Jonsson, Finnur:
Lynge, Sigvard: Oqalualarutit tamalat, 1980
Mathiesen, J.: Om Grønland, 1852
Meddelelser om Grønland
Meldgaard, Morten: The Greenland caribou zoogeography, taxonomy, and population dynamic (Meddelelser om Grønland. Bioscience 20,1986)
Muus, Bent, allallu: Grønlands fauna, 1981
Muller, Rasmus: Vildet og jagten i Grønland, 1906
Naturens Verden
Nørrevang, Arne, allallut: Grønlands natur, 1981
Olrik, W.M.: Om Grønland. (Kjøbenhavner Tidende, 1830)
Petersen, H.C.: Kalatdlit Nunata tugtuinik misigssukat. u.a. (duppl.)
Piniartut pissainik titartaivit
Rink, H.J.: Grønland, geografisk og statistisk beskrivet 1-2, 1852 & 1857
Statistiske Oplysninger, 1942-45 (Beretn. og Kundg.)
Strandgard, Helmuth:
Vibe, Christian: Arctic Animals in Relation to Climatic Fluctuations, 1967
Thorhallesen, Egil: Beskrivelse over Missionerne i Grønlands Søndre Distrikt. 1914
Tidsskriftet "Grønland"

Kalaallit Nunaanni arferit

Siulequt

Allagaq una kommunikkuutaartunik nalunaarutinut tapissatut suliaavoq, tamatumuuna arferit Kalaallit Nunaatta imartaanik atuinerat itinerusumik paasinarsarumallugu. Kommunikkuutaartunik nalunaarusiani pissutsit uumaasunut klimamulluunniit atasut uteqattaarumanagit nalunaarutit tamakku tapertassatut suliarineqarput.

H.C. Petersen

Arferit

„Immikkut nalunaarut" manna Kalaallit Nunaanni arfernik imaqartussaavoq. Amerlassusiinik, arferit immatsinnik atuinerannik, piniarneqamerannik, nalitsinnilu arferit uumasutut, artitut, pinngortitami ataniartussatut pingaarutaannik, aammalu kalaallit pissaqarnikkut isumalluutaasa ilaattut. Kiisalu aamma naalakkersuinikkut akisussaaffinnut ataneri allakkap attussavai.

Arferit inuuniamikkut maani pingaarutillit salliutillugit eqqartomeqassapput.

1. Qilalukkat qaqortat.
2. Qilalukkat qernertat.
3. Arferit mikisut alla.
4. Arferit angisuut.
5. Arferit imartatsinnik atuinerat.
6. Nunani allamiut imartatsinni arfanniarnerat.

Qilalukkat qaqortat *(Delphinapterus leucas)*

Ikersuup Davisip aammalu Baffinip Imartoraminersuata qilalugai
Kalaallit Nunaata kitaani qilalukkat ukiup kaajallakkiartornerani avannamut kujammullu uteqattaarput. Qilalukkat tamakku qanoq aalajaatsigisumik najortakkaminniittarnersut naluagut. Kalaallit Nunaata Kitaata imartaaniittartut aammalu Canadap imartaaniittarnersut, Ikersuaq Davis ikaaqattaameraat, kimmut kangimullu nikeqattaarnersut, imaluuniit taamaannginnersoq oqaatigisinnaanngilagut.

Canadap qilalugai
Kalaallit piniartut qilalugalimmiut **„nunatta qilalugaanik"** aamma **„Canadap qilalugaanik"** oqaluttarput, immikkoortittarpaat. Kalaallit Nunaata qilalugai qaqortuinnaapput, taama oqartarput.

Canadap qilalugai - kigutikkaat
Piniartut Canadap qilalugaanik taasakkatik nunatta qilalugaanit marlunnik immikkooruteqartippaat:

Canadap qilalugai: Arlatik angeqatigaat. Immikoorutaat ukuunerarpaat: Sarpiisa kingumut sinaat qernertunik titarnermik sinaakkuteqarput, cm-t marluk missaannik silissusilinnik. Taanna ersitsumik immikkoorutaavoq.

Aappassaanik immikkoorutaavoq kigutaat tannerugamik kingumullu orlingallutik, nunatta qilalugaasa kigutaat napasut. Tamanna pillugu Uummannami taagorpaat: **„kigutikkaat"** (Otto Ottosen, Illorsuit, 1990). Qilalukkat taakku nunatta qilalugaanut naleqqiullugit nujuittaqaat, soorlu inunnik naapitsigajussimanngitsut. Avanersuarmi oktoberip aallartinnerata missaani, sikunialernissaa sioqqutitsiarlugu, Kangerlussuup (Inglefield Fjord) paani takkuttarput, erniinnarli qimaguttarlutik (Iggiannguaq Odaq, KNR 27.4.90). Kitaani ilaanni aamma takkuttarput, ukiulli tamakkianagit. Ilaanni qilalukkanut allanut ilaallutik, ilaannilu taakuinnaallutik ataatsimoortarlutik. Diskobugte angullugu takkuttarneri malugineqartarput, ilaanni allaat sassani akuusarlutik. Kalaallit Nunaanniinngimmata piniartut Canadameersuussangatippaat tamannalu pillugu Canadap qilalugaanik taasarlugit.

Qilalukkat taamaattut Canadap avannaani pisaasarput, soorlu kuussuup MacKenziep akuani. Canadamiut ilisimatuui piniartuilu oqaloqatigalugit paasiniartariaqarput.

Kitaata qilalugai

Qilalukkat qaqortat Kalaallit Nunaata imartaani uumasuusut marlunngorlutik avissimapput, **Kitaata qilalugai** aammalu **Tunup qilalugai.** Qanoq atsigisumik taakku imminnut akuliuttarnersut imaluunniit immikkoorlutik uumasuunersut naluagut. Maani Kitaata qilalugai eqqartorneqassapput. Tunup qilalugaasa inuuniarmikkut pingaarutaat annertuujunngimmat annerusumik eqqartorneqassanngillat, aamma ilisimasagut killeqarmata.

Qilalukkat nerisaat

Qilalukkat qaqortat nerisaat tassaaneruppput aalisakkat assigiinngitsut, pingaartumik taaneqartariaqarlutik:

Qalerallit, eqalukkat, tupissutit, saarullikkut eqqarlii amikullu.

Kitaata qilalugaasa qaqortat ukiumut ingerlaartarneri

Kitaata qilalugai ukiup kaajallakkiartorneranut aalajangersumik ingerlaartarfeqarput, rytmia ukiut nalunaarsuiffigisinnaasatta, 200-t, iluanni allanngoralaarluni ingerlasumik. Qilalukkat taakku ingerlaartarfii ukiumi aasamilu najortagaasa akornanniipput. Ukiumi kitaata imaata ilaa ammasoq, ukiup sikuata kujataaniittoq, nerisassaqarnera tunngavigalugu najortarpaat. Imaq tamanna najortagaat Diskobugtip Sisimiullu imartaannut ataneruvoq. Ingerlaartarnerisa ukiumilu najortagaasa allanngorarneri klimap allanngorarneranit Cyklus 100-mit aqunneqartut ilagaat. Kiatsinnerpaaffiup nalaani ukiumi najortagaat avannarpasinneruvoq, soorlu qulaani taaneqartoq. Pueqqortinnerpaaffianilu Nunap Isuata eqqaa allaat angusalersarpaat.

Aasisarfiat

Kitaata qilalugaasa qaqortat aasami najortarpaat imartoramineq **Kane Bassin**, Avanersuup kommuniata avannaa tungaaniittoq, Nares Strædep imartoramernisa ilaat. Imaagunarpoq Canadap kangilernata Kalaallit Nunaatalu kimmut sineriaata imartaasa qilalugaat, tassa Ikersuup Davisip Avannaatalu Imaata qilalugaat qaqortat, aasap qaammataani tamaani katersuuttartut. Imartoramernup taassuma Avannaata Imaata Ikersuullu Davisip qilalugaanit aasaanerani katersuuffiusarnera erseqqinnerusumik paasisaqarfigerusunnarpoq, illersornissaa pisariaqalissappat pingaarutaa paasisimareerumallugu.

Aasalernerani uumasut ikittuunngitsut tamaanga ingerlaartarput qilalukkat qaqortat qernertallu, aarfit, puisit assigiinngitsut timmissallu. Tamakku tunngavigalugit isumaqarnarpoq imartoramineq taanna inuussutissaqarsimaqisoq. Sinerissatsinni immat/nunat immikkut pingaarutillit illersugassallu ilagigunarpaat.

Nalitsinni Avanersuarmiut piniarfianni qilalukkat qaqortat pingaartuunngillat. Kane Basinimut ingerlaarnerminni Avanersuup kommunia aqqusaartarpaat. Imartoramineq sikuersimagaangat ingerlaannarlutik ornittarpaat, suli sikoqarsimagaangat Avanersuup imartaani allani utaqqigallartarlutik, fig. 22.

Siornatigut Avanersuarmi Uummannap Kangerlua (Wolstenholme Fjord) pulasarsimagaluarpaat qaleralittorniarfigalugu. Qaleraleerummat pulassaarsimavaat (Peter Jensen, 1978). Kangerluit, Iterlassuaq

(MacCormick Fjord) Siorapaluullu Kangerlua aasami qaqortanik qilalugaqartaraluarput, maanna peeruttut. Takkutissaarnerannut inuit malersuinerat pisuunasoraat. 1970-kkunni aquuteralannik qooror- tuunillu malersorlugit, kujataamiutoorlutik, misiliigaluarput. „Qilalukkat ersitsangaaramik takkutissaarput," Siorapalummiut taama oqaluttuarput. 1988-mi kingumut Siorapaluup kangerluanut takkuteqqipput.

Ukiisarfiat

Qilalukkat Kitaata avataani ukiisarput, Avannaani kangerluit sikoqartarmata sinerissap avataa sikoqanngitsoq najortarlugu. Kangerluit ilaat qaleralillit ukiumilu ammasartut ukiuunerani qilalugaqartarput, soorlu **Sarfaq**, Arfersiorfiup paavaniittoq. Ukiumi najortakkatik aatsaat qimakkajuppaat aasisarfimminnut Kane Bassinimut aallarnialeraangamik, qaammatini maj-juni.

Imaq qilalukkat qaqortat ukiisarfiat ukiut 100-kkuutaartut kingulliit marluk ingerlaneranni kujavartarlunilu avannarpartartoq paasinarpoq. Klimap sunniineranit aqunneqarpoq. Tamanna kingusinnerusumi uterfigineqassaq. Aammattaaq piffissaq qilalukkat aasisarfimminnut ukiisarfimminnullu aallartarfiata nalaa ukiut ingerlaneranni allanngorartoq paasinarpoq.

1900-kkut affaanni kingullermi qilalukkat Diskogtimit avannamut aallartarnerat hundredekkut affaannut siulermut naleqqiullugu kinguartoq piniartut maluginiarpaat. 1900-kkut atuutilersut Qasigiannguit eqqaanni qilalukkat kingulliit 20. juni avannamut aallartartut piniartut oqartarput. Kinguarneranut pissutaasoq suli paasinarsinngilaq.

Avannamukartut aqqutaat

Kalaallit Nunaata Kitaata qilalugaasa aqqutaat Avannaata Imaata kangia tungaatigoorpoq. Imaq tamanna tamarmi sikuutillugu sikup aseroriartulersarnera aalajangersimasumik ingerlasarpoq, aalajangersumik qupisarfeqarluni uumasut atuartagaannik.

Quppaq uumasut aqqussuat

Avannaata Imaata sikua upernalernerani aalajangersimakannersumik pissusilimmik aseroriartortarpoq. Imaroqqaartartut ilagaat Qeqertarsuup-Nuussuup karrat. Marsimi aprilimi Sullorsuup Qeqertarsuatsiaavata avataagut avannaagut siku quppanikkiartulersarpoq. Quppap taassuma avannamut talliartornera aalajangersimasumik sumiiffeqarluni sinerissap sammivia malikannerlugu avannamut ingerlasarpoq.

Quppaq taanna tassaavoq uumasorpassuit upernalernerani avannamukartartut atuartagaat. Nunap assingani fig. 23-mi nalitsinni qupiartortarnera ullullu suut missaatigut sumut killittarnera malinneqarsinnaavoq. Uumasut aqqummik tassannga atuisartut tassaapput, aarfit, qilalukkat qaqortat, qilalukkat qernertat, puisit, mitit, appat, appaliarsuit allallu.

Quppaq taanna ilaannakuusumik ilisimasaqarfigivarput. Qupiartortarnerata sukkassusia, sumiissusia, uumasunit atorneqarneqarnerata annertussusia, artit suut atuisartut qanorlu ilinikkut ingerlaartartut erseqqinnerusumik paaserusunnarput.

Savissivimmiut upernaakkut qilalukkanik avannamukartumik ikittuinnarnik sikup sinaani takusarput. Tamatumunnga pissutaavoq quppaq Kullorsuup avataani Qaarusullup sioraanit nunap sammivia maligunnaarlugu avammut sangusarmat, tamaanngalu Smith Sundip polyniaanut, Nordvandet, Puikkaasorsuarmut, ammajuartumut uumasut atuartagaannik ataneqalersarluni. Amerlanersaat tassuunaqquttarput.

Nalunngilagut tamatigorluinnangajak aappaliarsuit 5. maj eqqorlugu Savissivimmut annguttartut. Timmissat taakku quppamik atuisartut ilagaat.

Qilalukkat Nordvandet, Puikkaasorsuaq, atorlugu julimi Avanersuup imaanut annguttarput. Sikoqassusia malillugu utaqqeqqaarlutik imalunniit utaqqinatik aasisarfimminnut Kane Bassinimut ingerlasarput. Avanersuarmiut taama oqartarput.

Kujammukartarnerat

Qilalukkat aasap naajartulernerani kujammut aallartarput. Nunap assingani fig. 24-mi avannamukartarnerat kujammukartarnerallu malinneqarpoq, ullut suut missaanni sumut killittartut takuneqarsinnaalluni. Ingerlaartarnerat taanna aamma klimap allanngorarnerata sunnertaraa paasinarpoq. Aamattaaq fig. 24-mi piffissat 1800-kkut naajartorneranni 1900-kkullu affaanni siullermi ingerlaarnerminni nalliuttarfii takuneqarsinnaapput.

Kujammukarnerminni Kalaallit Nunaata sineriaa sinertarpaat. 1900-kkut atuutilerneranni septemberip aallartinnerani siulliit Savissivik aqqusaartarpaat. Qimusseriarsuaq ikaariarlugu Uperniviup kom- muniani nunat akornat sineriallu atuarlugit taamani kujarnrnukartarput. September Uummannap Sulluamiut Diskobugtillu avannaa tu-ngaamiut „qilalukkat qaammataat"-nik taamanikkut taasarpaat.

Maanna 1970-90-kkunni qaammammik ataatsimik aappaaluunniit avillugu nalliuttarnerat kinguarpoq. Maanna Savissivimmiut 4. oktober qaqortat siuliit takkuttarfiattut naatsorsuuppaat. Kujammut ingerlaneranni piffissaq kisimi allannguuteqanngilaq aammali aqqut atuartagaat arlalitsigut allannguuteqarpoq.

Allannguutit marlunnik pissuteqarput:
a. Pinngortitap pissusiinik
b. Inuit atuinerannik.

a. Ukiut 1900-kkut ingerlaneranni klimap allanngorneranik pissuteqartumik sinerissap ilaani sermersuaq allannguuteqarpoq. Sinerissatta annersaani tunuangaatsiarpoq. Pingaartumik Uperniviup avannaani sermip sinerissamut sinaaqarfiani tamanna malunnarpoq. Ukiut 1900-kkut aallartimmata nuuit sermimit nuisasut sermip sinaa aalluni tunuarmat qeqertanngorput. Ikerasaat nutaat takkupput. Tamakku sinerissami sarfaq allanngortippaat, uumasut imarmiut sumiittaarnerinut sunniuttumik. Ta makku pissutaagunarput uumasut aqqutinnaavisa allanngornerisa ilaannut. Allanngornerup ilaa klimap Atlantikup avannaani tamakkiisumik allannguuteqarneranit ukiut 100-t missaannik akuttussusilimmit pissuteqarpoq.

b. Aamma inuit sunniinerat annertoqaaq. Paasinarpoq uumasut inuit teknikkiannut tamakkulu tipaannut nipiliornerinullu sungiussiartortartut, tamakku imminnut navianartutut misigiffiginnngikkunikkik. Arferittaaq, aamma qilalukkat, taamaattut paasinarpoq. Nunatsinni arferit inunnik naapitsisarnerat anusinngornartunik ilaqarajuppoq.

1900-kkut aallartimmata qajaq kisimi piniutaavoq. Taamani qilalukkat qaqortat kujammukaartut sineriak atuarlugu qeqertat akornagut kujavartertarput. Aqqutaani neriniarfeqartarput najorallartakkaminnik, soorlu Tasiusap eqqaa. Taava kujavarterlutik kommunimi qeqertarsuit Uperniviup timaaniittut ilaasa avaqqukkaat allat akunneqqullugilluunniit timaattarpaat. Tamaanngaaniit kujammut ingerlaqqillutik sineriak atuarlugu Uummannap Sulluanut pulasarput sulilu kujavarterlutik Qeqertarsuup Tunua kujataalu angusarlugit.

Piffissat nikisartut

Taama ingerlaartarnerini piffissat ukiut ingerlanerini nikittartut paasinarpoq. 1832: „Oktoberip naalernerani ataatsimoortut amerlaqalutik Uummannap Kangerluanut takkuttarput, nunat sinerlugit ingerlasarlutik" (Funck, 1840: 71). 1800-kkut affaanni kingullermi, 1900-kkullu affaanni siullermi septemberip qeqqani Uummannap Sulluanut Qeqertarsuullu Tunuanut annguttalerput, oktoberip aallartilaarneranni Nuup Kangerluanut (Atuagagdliutit, 1901/02: 18).

Oqaatigineqareersutut piffissat qilalukkat nalliuttarfii 1900-kkut naajartorneranni qaammammik ataatsimit aappaa avillugumut kinguartut qulaani takuneqarsinnaapput, Diskobugtip kujataanut, Kitaata kujaterpiaanut ingerlaqqittarnerat klimap allanngoranerata ingerlaneranut attuumassuteqarpoq.

Kujataaniittarnerat

Sinerissap ilaa Sisimiut kujataaniittoq aammattaaq qilalukkat ukiut ilaanni angusalersarpaat. Tamaanga takkuttarnerat allanngorarpoq klimap allanngorarneranik pissuteqarluni. Ilaanni takkuttalersarput ilaannilu takkutissaartarlutik. Takkusimanerminni kangerluit qaleraleqarfiit pulasarpat Sisimiut kujataanniittut ukuusut, fig. 25:

Ikertooq, Sisimiut. Kangerlussuatsiaq, Kangaamiut iluanni. Nuup Kangerlua, Nerutusoq, Paamiut, Ikersuaq, Narsaq, Kangerluk Alluitsoq, Nanortallup Serlimia.

Tamakkununnga pulasarneri aalisakkanik naamasinnaassusiannit pissuteqarunarput, tassa qalerallit naamasarsimassavaat. Qilalukkat ataasiakkaat ukiup qanoq ilineratigut sumi arlaanni naaperiataagassaasarput. Qilalukkalli ingerlaaqatigiit takkuttarnerat piffissamik klimallu allanngorarneranik malitaqartarpoq.

Paasissutissat assigiinngitsut atorlugit Kitaani kujavartarnerat malissinnaavarput. Paasissutissat pisoqaanerit Otto Fabricius: Fauna Groenlandica, 1780, kujavartertarnerinik imaqanngillat. J. Mathiesen (1851: 104): Kolonien Ny-Sukkertoppen havde i året 1845 en fangst af 110 hvidfisk (qassutinik pisat).

Rink (1857: 210): „De indfinder sig i flokke i enkelte år i temmelig stor mængde ved de to nordligste kolonier (Sisimiut og Maniitsoq). De fanges visse år ved Godthåb. Men mest i garn for handelens regning ved Sukkertoppen, fra januar eller februar, til ud på foråret."

Carl Ryberg (1894: 93): „.. spiller kun en mindre vigtig rolle i Sydgrønland og giver kun noget nævneværdigt udbytte ide tre nordlige distrikter" (Sisimiut, Maniitsoq, Nuuk).

„Atuagagdliutit" 1901/02: 18: „Qilalukkat oktoberimi tikittarput (Nuup Kangerluanut) tamatigut amerlasuujuaannarlutik, juni tikillugu."

1900-kkut atuutilerneranni Nuup Kangerluanut takkuttarnerat 1920-kkut qeqqat (immap kissannera) angullugu pisarpoq. Taava takkutissaarput. Immap nillerteqqinnerani 1980-kkut qeqqanni kingumut Nuup Kangerluanut pulasaleqqipput, amerlasarunaratilli.

Kujaterpiaanut takkuttarnerat aamma malissinnaavarput. Atuagagdliutini 1864 Kangerluk Alluitsoq allaatigineqarmat piniagassaalu taa-gorneqarlutik qilalukkat eqqaaneqanngillat. Aviisimi tassani 1932/33 qup. 91-92 kangerluk taanna sanilialu Uunartup Kangerlua eqqartorneqarmata ima allassimavoq: „1870-kkut atuutilermata qilalugalissuusimagaluartoq soqutigivallaarsimanngilaat qanoq ilillugit piniassallugit nalugamikkik. Oqaluttuarisarpaat qilalugaq pisaasoq siulleq 1879-mi. Ukiorlu taanna aallarnerfigalugu malersortalersimavaat, pisarisaannarlugillu." Atuagagdliutit 1880/81 malillugit ukiuunerani 1878/79 alluitsormiut uunartormiullu qilalukkanik qaqortanik qulaaluaraarput (9).

Pisimasut imaapput: 1800-kkut affaanni kiatsinnerani saarulleqarneranilu qilalukkat qaqortortaninneq ajorput. 1800-kkut naajartorneranni pueqqortikkiartornerani 1870-kkut atuutilersut takkuttalerput. Takkuttaleqqaarmata qanoq ilillugit piniassallugit naluaat.

Qilalukkat Qaqortup Kangerliumarnanut takkuttarnerannut pissutasoq paasinarpoq.

Ukiut 100-kkuutaartut pueqqortinnerata nassataanik immap nillertikkiarluni ukiuunerani Ikersuup Davisip sikuusaleriartornera pissutaavoq. Nalitsinni 1900-kkut naajartorneranni aamma taama pisoqarpoq.

Ukiut tamakkianngikkaluarlugit ukiut 1900-kkut atuutilernerat angullugu takkutillaattaarput. Imaq kissalermat Ikersuarlu Davis ukiuunerani ammanerusalermat takkutissaarput.

Ingerlaartarnerisa allanngornerat
Qilalukkat qaqortat qernertallu Kalaallit Nunaata sineriaatigut ingerlaartarnerat, kujammukartarnerat avannamukartarnerallu, malittarisinnaavarput. Tamatumani nunaqarfiit uuttuiffissatut aalajangikkavut qinerutsigit allannguutinik takusassaqarpugut, fig. 24.

Palasi Funch qilalukkat Uummannap Sulluanut 1830-kkuni oktoberip naalernerani takkuttarnerannik issuaavigineqarpoq. 1800-kkut naalerneranni aammalu 1900-kkut aallartinneranni qaammat september Uummannap Sulluamiut Saqqallu inuisa taasarpaat „Qilalukkat qaammataat." Maanna 1900-kkut naajartorneranni sumiiffinni taaneqartuni ukiakkut qilalukkat nalliuttarnerat 1800-kkut naaler-nerannut naleqqiullugu ilaatigut qaammat ataaseq aappaaluunnit avillugu kinguarpoq.

Qilalukkat ingerlaartarneranni piffissap nikinnera sunik pissuteqarnersoq oqaatigineq ajornarpoq. Suku, Lund Drosvad Kangersuatsiami 1943 allappoq: „1900-kkut aallartinneranni Kangersuatsiami ukiakkut qilalugaq siulleq 15. septemberip missaanni pisarineqassasoq naatsorsuutigisarsimavaat. Takkuttarnerat kinguariartulersimavoq. 1926-mi qilalugarnialeratta ullut qulit missaannik kinguareersimavoq. Maannalu (1940-p qaangilaarnerani) takkuttut siulliit 5.-10. oktoberip missaani ilimagisariaqarput." (Grønlandsposten,1943: 15). 1980-90 oktoberip aallartinnerani Kangersuatsiaq nallertarpaat (Sam. Knudsen).

Piffissat allanngornerat tamanna arlalinnik erseqqissagassaqarpoq maanna iluamik paasinanngitsumik. Kane Basinimit kujammut aallaraangamik aqqutaata ilaani nunaqarfiit ilaanni qaammat sinnerlugu nalliussimasarput, allanilu sivikinnerusumik. Pissutaasoq unaagunarpoq sinerissap ilaa neriniarfissaqarnerusoq ilaasa najorallartarlugu. Ukiakkut kujammukarnerminni Uperniviup avannaani Tasiusap Aappilattullu eqqaanni neriniarlutik uninngagallartartut eqqaamaneqarpoq. Aquuteralannik angalaartoqalermat tamaani takkutissaarput.

Soorlu taaneqareersoq Savissivimmi 1980-kkut naalerneranni qaqortat siulliit 4. oktober missaani takkuttarput, taavalu qaammatip sinnerani aqqusaartortuartarlutik. Tassa qaammat missiliorlugu aqqusaartortarput.

Piniarneqarnerat

Kalaallit Nunaata Kitaata inoqarnera tamaat qilalukkat qaqortat piniagaasimapput. Maani eqqaamasat nalunaarutillu tunngavigalugit piniagaanerat eqqartorneqassaaq.

Kitaamiut qangaanilli qilalukkat piniagaraat, qaannamik aammalu sassaatillugit pisarisarlugit. Avanersuarmi aasami aqqusaarneranni piniartarsimassavaat. Piniartuunerup nalaani pisat amerlagunanngeqaat. Rink (1852: 101): „Kalaallit Nunaat tamakkerlugu ukiumut pisaasartut (qilalukkat qaqortat qernertallu) 100-t arlaqarput, 1.000-lliinorlugit."

Kangaamiuni 1890-1922-mi qilalugarajunnersat ilaat (Peter Rosing) qaannamik qilalugarniartoq piniartuunermini ukiuni 32-ni 124-nik qaqortanik qilalugarsimavoq (Piniartut pisaat). Qaannamik piniartut ikittuinnaat taama qilalugartigisarput.

Niuerneq 1830-p missaani qassusersorluni piniarnermik ingerlassilerpoq, (MoG 145: 155/56) aamma qilalugarniarnermik. Maniitsumi KGH-p qassutai 1845-mi 110-nik pisaqarsimapput (J. Mathiesen 1851: 104).

Tabel 1. Ukioq ilivitsoq 1861/62 Aasiaat Appallu niuertoqarfiini qilalugartat taamanikkut qanoq ilinikkut qanorlu amerlatigisut pisaasarnerinut takussutissaapput.

1861	**Aasiaat**	**Appat**	**1862**	**Aasiaat**	**Appat**
22.-28.09	1		2.-08.03	1	
6.-12.10		1	9.-17.03	1	
13.-19.10		7	30.-05.04	1	
20.-26.10		8	4.-10.05	1	
27.-02.11	1	7	11.-17.05	1	
3.-09.11	1	1	18.-24.05		14
10.-16.11		3	25.-31.05	2	11
17.-23.11		2	1.-07.06	1	21
24.-30.11		1	8.-14.06		10
1.-07.12	1		15.-21.06		5
29.-04.01		1	22.-30.06	3	

Aasianni eqqaanilu pisat:15,-Appani: 92 (Kalaallit Nunaata Allagaasivia)

Carl Ryberg, Geografisk Tidsskrift 1894: „Kujataani qilalugarniarneq annikitsuinnarmik pingaaruteqarpoq, pingaartumik Maniitsumi pissarsissutaasartoq. Pisat ikiliartorsorinarput, annermik Maniitsumi." Pisat ukiunut ataasiakkaanut agguaqatigiissinneri: Ukiuni 9-ni pisat ukiunut ataasiakkaanut agguaqatigiissinneri, 1874/ 75-82/83 = 329 (ukiut 9-it), 1883/84-90/91 = 232 (ukiut 8-t).

Sinerissami pisaqarfiunerpaat ilagaat Nuup Akiani ikerasak Qaquk. Qilalukkat ulinngasumi pulasut tininnerani tasinngortamiileraangata toqorarneqaneqartarput. 1870-1926 Qaqummi pisat takussavagut. Paasinarpoq ukiut tamakkianagit qilalukkanik Qaqummut pulasoqartartoq. Qilalukkat Nuup Kangerluani ukiisut upernakkut anilernerminni, majip qeqqanit junip qeqqanut, Qaqummut pulasarput. Paasissutissat maani pigisagut ilaannakuusut annerusumik Atuagagdliutinit aammalu Piniartut pisaannik titartaavinnit pisuupput.

Tabel 2. Paasissutissat maani pigisagut ilaannakuusut annerusumik Atuagagdliutinit aammalu Piniartut pisaannik titartaavinnit pisuupput. Qaqummi qilalugartat.

1870	37	(Atuagagdliutit 1885/86: 177)
1884	11	(Atuagagdliutit 1885/86: 177)
1885	85	(Atuagagdliutit 1885/86: 177)
1895	211	(1895/96: 178-91)
1908	ca. 400	(1908/09: 199)
1909	109	

1910	161
1911	98
1912	300
1913	?
1914	530
1915	over 600
1918	?
1920	?
1921	ca. 200
1922	380
1926	(Ikittunnguit) Pulasut kingullit

1926-p kingornagut manna tikillugu qilalukkanik Qaqummut isertoqaqqinngilaq. 1920-kkut ingerlaneranni qilalukkat qaqortat kujasinnerusumut pisartut ikiliartuinnarput.

Qassutinik piniarneq

Qassussuit atorlugit qilalugarniarneq 1900-kkut atuunneranni marloriarluni annertuunik ingerlanneqarsimavoq. Maniitsup eqqaani Appamiuni aammalu Uperniviup eqqaani Kangersuatsiami.

Appamiuni qilalugartat

Grønlandsposten 1945, nr. 2-mi Fiskemester Nielsenimik oqaloqateqarneq tunngavigalugu:

1904-mi Kangaamiuni Kujataata naalagaa O. Bendixen misiliivoq, qassutit ataatsit qilalugaq ataaseq. Aallaqqaataani sumiiffiit pingasut misilinneqarput. Appamiut pitsaanersaasut paasivaat. Qilalukkat ukiakkut oktoberimi avannaaniit takkuttarput. Ingerlaartut pujortuleeqqamik ungoorlugit Appamiut saanni ikerasammut pulatittarpaat. Ikerasaap isuata illua sukaqqasunik qassusertarpaat, illua sukattakkanik; qilalukkat pulagaangata mattuttarlugit. Taava qoorortuumik toqorarneqartarput.

Tabel 3. Takussutissat piniartut pisaannik nalunaarsuivinnit pivagut.

Kujataani:

Ukioq	Qaqortoq	Paamiut	Nuuk	Maniitsoq	Sisimiut	Katinnerat
1920/21	0	3	278	136	49	566
1921/22	0	1	213	85	27	326
1922/23	0	5	464	118	32	619

1923/24	0	0	5	83	17	105
1924/25	2	0	3	1.311	110	1.426
1925/26	1	0	5	1.537	96	1.640
1926/27	3	3	26	32	68	132
1927/28	1	1	1	22	50	75
1928/29	0	2	5	18	?	
1929/30	0	1	1	6	7	15

Avannaani:

Ukioq	**Aasiaat**	**Qasigian nguit**	**Ilulissat +Appat**	**Qeqertar suaq**	**Uumman naq**	**Upernavik**	**Katin.**
1920	195	100	84	56	42	328	1.113
1921	120	52	49	45	38	173	638
1922	103	57	38	24	25	152	599
1923	202	39	31	27	35	175	710
1924	133	57	34	18	23	248	671
1925	91	76	52	73	28	176	611
1926	81	56	33	24	14	188	505
1927	112	43	13	40	22	145	601
1928	54	31	18	39	11	144	494
1929	76	58	29	118	26	107	865

Qulaaniittut katinneri:6.807-upput +1.064 qassutinik pisat.

Tabel 4. Kingusinnerusumi, 1950-60.

Ukioq	**Kujataani**	**Avannaani**	**Tunumi**	**Katinnerat**
1954/55	23	1.851	0	1.874
1955/56	12	288	5	305
1956/57	34	390	1	425
1957/58	95	408	0	503
1958/59	36	189	3	228
1959/60	42	267	3	312

Tamaani qilalugarniarneq 1942-mi unitsinneqarpoq. Ukiuni taakkunani 38-ni qilalukkat pisat 25.000-t sinneqarput, tassa agguaqatigiissillugu ukiumut 685-t missaanniillutik. Pisaqarnerpaagamik ukiumut 1.500-raarput, ukiuni arlaqartuni 1.000-t sinnertarpaat.

Kangersuatsiami pisat

Paasissutissat Andreas Lund-Drosvadip Grønlandspostenimi 1943, nr, 2-ni allagai najoqqutarineqarput.

1926-mi KGH Kangersuatsiami qilalugarniarnermik ingerlataqalerpoq Andreas Lund-Drosvad, Suku, pisortaralugu. Lund-Drosvad Maniitsumi (Appamiuni) Fiskemester Nielsenimit qassussuarnik qilalugarniarnermik ilinniarsimavoq.

Ukiakkut qilalukkat kujammukarneranni piniartarpaat qassussuit sukaqqasut sukattakkallu piniutigalugit. Qilalukkat Kangersuatsiap eqqaatigooriartortut pujortuleeqqanik marlunnik ungoorlugit qassutinut ingerlatittarpaat, pulagaangatalu sukassullugit ungusarlugit. Taava qoorortuumik toqorartarpaat.

Ukiuni 15-ni, 1926-41, qilalugartat 4.236-upput, agguaqatigiisillugu ukiumut 264-t. Ullormut pisat amerlanerpaat 539-pput. (Ukiua nalunaarsirnanngilaq). Ilaanni qilalukkat ingerlaaqatigiit ataatsit 1.000-t sinneqarluassasut takusarpaat.

1900-kkut aallartinnerata missaannit qilalukkat kujammukartut Kangersuatsiakkut aqqusaartut siulliit 15. septembrip missaani takkuttarput. Qilalugarniarnerup aallartinnerani 25. septemberip missaanut kinguarsimapput (Drosvad, 1942: 15). Ukiut kisitsitaqanngitsut: pisat nalunaarneqanngitsut. Qanga ungusilluni qilalugarniartarneq unitsitaasimanersoq paasinanngilaq.

Tabel 5. Pisaasartut amerlassusiat nikerapoq.

1926	143	1936	48	1946	56
1927	153	1937	22	1947	54
1928	766	1938	128	1948	122
1929	699	1939	252	1949	0
1930	311	1940	293	1950	24
1931	268	1941	59	1951	?
1932	610	1942	?	1952	?
1933	90	1943	?	1953	?
1934	280	1944	?	1954	?
1935	114	1945	?	1955	?

Uparuaanerit

1930-kkut aallartinneranni aviisimi „Avangnamioq" -mi Kangersuatsiami qilalugarniartoqalernera qilalukkat Uummannap Sulluanut takkuttarneranut malunniunnerarlugu maalaartunik allattoqartalerpoq, allannguutinik taaguisunik. Tamatumunnga atatillugu eqqaaneqassaaq piffissaq qilalukkat takkuttarfiat ukiut tamakku missarpiaanni kinguariartormat, Kangersuatsiami qilalugarniarnermik pissuteqanngitsumik. Allanngoriartorneq tamanna Kangersuatsiami qassusersorluni qilalugarniarneq aallarnersinnaguli malunnarsereerpoq. Tamatumani qilalukkat kalerrisimanerulersimanerannik allatulluunniit maluginiakkat pineqanngillat.

Ukiuni 1800-kkunni pisat

Kujataani pisat

Ukiuni 15-ni 1874/75 -1889/90 sinerissami Kujataani pisat tamakk: 9.911; ukiumut agguaqatigiissinnerat: 661.

Qassusersorluni qilalugarniarneq

1800-kkuni qassutinik qilalugarniarneq sinerissap ilaani assigiinngitsuni ingerlanneqarpoq. J. Mathiesen Maniitsumi pisanik taasaqarpoq (tak. qullaaniittoq). Fiskemester Nielsenip Maniitsumi 1910-p missaanit 1942-p tunngaanut piniarnerata saniatigut Kangersuatsiami Andreas Lund-Drosvad-ip qilalugarniarnera piniarnerni annersaapput. Tamani tamaani inuit namminersortut aammalu kommunit ilaat qassussuarnik qilalugarniartarput, ilaatigut pisanik titartaavinni takuneqarsinnaasunik. 1950-ikkut atuutilerneranni Uummannap Sulluamiut ukiakkut suli qassusersorlutik qilalugarniartarput. Illoqqortoormiuni 1984/85 qassuserluni qilalugarniarneq misilinneqarpoq. Pisaasartut amerlasoorujussuunngillat. Kommunit ilaannaat qassusersortarput, aammalu inuit qassussuallit kommunit ilaannaanni siumugassaapput.

Tabel 6. Ukiuni 15-kkuutaartuni Kujataani Avannaanilu pisat nalunaarsorneri.

Ukioq	Uk. amerl.	Kujataani	Uk. amerl.	Avannaani	Uk. agg.
1862/63-1877/78	15			8.141	543
1874/75-1889/90	15	9.911	661		
1905-1920/21	16	3.464	226	11.442	763
1925-1940	16	5.039	336	10.156	667
1955/56-1970	15	991	66	9.009	600

Tabel 7. Statistik

Ukioq	**Qaqortoq**	**Paamiut**	**Nuuk**	**Maniitsoq**	**Sisimut**
1874/75		9	108	163	96
1875/76		2	197	273	94
1876/77	3	11	336	386	169

Tabel 8. Piniartut pisaannik titartaaviit malillugit Maniitsup kommuniani qassussuarnik pisat, 1910-13, imaapput, stk.

	1910/11	**1912/13**
Kangaamiuni kommunip qassutai		43
Fiskemester Nielsen, Kangaamiut	11	
Jens Lybert (Jenseralak) Maniitsoq	1	38
Karl Lyberth (KGH-mi formandi)	1	1
Piniartut pisaat	16	20
Kommunimi pisat katinneri	29	102

Sassat

Qangaanilli sassilluni qilalugarniarneq atugaavoq. Sassanik pisarpaat arferit puisilluunniit imaq annertoorujussuaq sikoriasaartillugu sikumik mattutitillutik imaannarmut anillaffissaarullutik ammalataminni uninngaannalersut. Taama sikoriasaartillugu Avannaani qilalukkat sassaagajupput.

Tamakku inunnik naammattoorneqarlutik ajornanngitsumik piniarneqartarput. Naammattoorneqanngitsut ilaatigut ipillutik toqorartarsimassapput.

Sumi qaqugulu sassaqarnissaa sikuniassusiata qilalukkallu sumiissusiata aalajangertarpaat. Qilalukkat neriniarfiisa eqqaat sassaqarajuppoq. Kalaallit Nunaata imartaani Uummannap Sullua, Sullorsuaq, Diskobugtilu sassaqarajunnerupput.

1980-kkunni sassisut ilaasa qilalukkat pisarineqarsimasut amerlassusiat nalusarpaat. 1988-mi Qeqertarsuarmi aprilip aallartinnerani sassisut pisaasa apeqqutiginerini akissutisiakka assigiinngeqaat. „Immaqa 150-t missaanni," allallu „Immaqa 300-t sinnerlugit."

1700-kkunnit nalunaarutinik pigisaqanngilagut.

1900-kkut affaanni kingullermi

1950-p kingornagut qilalukkat Avanersuarmit kujammut ingerlasarneranni arlalitsigut allannguutinik pisoqarpoq maani erseqqissarneqartussanik.

1968-69-luunniit pinerpoq Kangersuatsiarmiut ukiakkut qilalukkat nalliunneranni kangerliumarnit ilaannut ungullugit piniartalerpaat, pisaqartarlutillu.

1970-p kingornagut taama piniartaaseq avannarpariartorpoq, nunaqarfinnissaaq allani atugaalerluni. Aallaqqaataani Uperniviup eqqaamiuinnaasaraluartut ukiut ingerlaneranni pujortuleerarsuit kujasinnerusumeersut aamma ilaaqquttalerput. Qilalukkat kujammukartut nalliunnissaat utaqqigaluarlugit erinitsaallugit parsiartalerpaat. 1980-kkunni Kullorsuarmi utaqqiunnaarlugit Qimusseriarsuup tungaanut parsiaasalerput. 1989-mi parsiaasut Tuttulissuarmi sikut akimmiffigalugit ingerlaqqinngitsut oqaatigaat. Piniaaseq nunap killinganisut ungoorinerujunnaarluni imaannarmi piniarninngorpoq.

1989-mi 1990-milu Upernivimmi, Tasiusami Kullorsuarmilu taama nassuiaanneqarpunga. Piniarnermi tassani pisat qassiuneri nalunaarsorneqanngillat. Tassa qilalukkat Kitaani pisarineqartartut nalunaarsornerat amigarpallaarpoq. Avatitsinnit tamakku soqutigineqaqimmata erseqqissunik takussutissanik pigisaqarnerput piniarnerisa akornusersorneqalinnginnissaannut tunngavissat ilagissavaat.

Statistik tatiginarluinnangikkaluartoq pigineqarpoq.

Tabel 9. Ukiuni tallimakkuutaartuni pisat agguaqatigiissinneri (Nuna tamakkerlugu pisat).

1955-60	352
1965-70	529
1975-80	792

Pisat amerlinerat angallatit amerliartornerannik, inuit angallarissinerannik, taamalu qilalugarniartartut amerlanerulernerannik pissuteqartittariaqarpoq.

Aqqutit allanngorput
Nunap ass. fig. 25-mi aqqutertik takutitaq atorunnaarpaat. Ukiakkut kujammukarnerminni inoqarfik tikiliinnarlugu, tassa Kullorsuup avannaanili, avalattarput sineriallu avaqqullugut kujammukartalerlutik, Uummannap Sulluagut aatsaat pulasarlutik. Tamanna inuit malersuinerannik aammalu nunamik immamillu atuinerannik pissuteqarpoq.

Klimap allanngornerata kinguneri ukiuni 100-ni kingullerni pisut qilalukkat qaqortat Kitaata imartaanik atuineranni takusassaapput. Klimap allanngorarnerata ingerlanera malippaat. 1870-kkut atulersut Qaqortup Kangerliumarnanut takkuttalerput. Aallaqqaataani kujataamiut qanoq ilillugit piniassallugit naluaat. 1880-p missaani ilikkarpaat.

Immap kissakkiartulernerata 1900-kkut aallartinneranni pisup kinguneranik kujammut takkuttarnerat unitsitaavoq. Nuummi qilalugartat uuttuutigalugit kinguariartornerat malinneq ajornanngilaq. 1940-p missaani Appamiunit pisassaarutilerpoq. Arfersiorfiup Sarfaanut takkuttartut 1940-kkunni ikileqaat, allaat takkutissaarlutik. Tassa kissaruttornerup nalaani ukiumi Diskobugte kujammut qaangingaartanngilaat.

Tamanna ima paasisassaavoq: Uumasut ataasiakkaat najortakkamik avataanni sukkut naapinneqarsinnaasarput. Kisianni uumasut ingerlaaqatigiit najortakkaamik ilaat ilaanni tikissaartarpaat. Tamanna maani klimamik pissuteqartarpoq. Ingerlaartarfimmik ilaa atorunnaartarpaat, imaluunniit uterfigisarlugu.

Cyklus-100-p iluani
Qilalukkat qaqortat kujaterpiaanut, Qaqortup Kangerliumarnanut, takkuttarnerat takkutissartarnerallu ukiuni 150-ni kingullerni Cyklus-100-mit pissuteqatoq paasinarpoq. Taamaappat siusinnerusumi aamma taamaattarsimasoq naatsorsuutigissavarput.

Qilalukkat kujaterpiaanut takkuttalersarput Cyklus-100-p nillertinnerani. Takkuttarnerannut pissutaatittariaqartut marluusut arlaat sorleq pissutaanerpoq. Qilalukkat qaqortat kujaterpiaanut takkuttalersarput ukiut 100-kkuutaartut nillertinnerata nalaani. Taamaaligaangat Kalaallit Nunaata Kitaasa avataani imaq nillerneruliinnartanngilaq aammali sikuunerusarlersarpoq. Isumaqarnarpoq immap nillernerulernera piinarani kisianni sikuunerussalernera kujavartalernerannut pissuterpiaasoq.

Qilalukkat kujavassaariartortarput Cyklus-100-p kiatsikkiartornerani, sikuusarnerata milliartornerani. Ikersuup Davisip ukiup sikuanik sikusarnera qilalukkat qanoq kujavartigisalersarnerannik aqutsisuunasorinarpoq. 1900-kkut aallartillaarneranni kissakkiartornerani Qaqortup Kangerliumarnanut takkutissaaramik 1900-kut qeqqaanni Diskobugtep eqqaani ukiisalerlutik 1900-kkut pueqqortikkiartorneranni kujavariartorlutik ukiuunerani 1991/92-mi kingumut Nunap Isuata eq-qaani imaq anguaat.

Pisanik nalunaarsuineq pitsaanerusartaqarpoq

Ukiuni kingullerni pisanik nalunaarsuineq tatiginarunnaarmat piniartut pisaannik titartaaviit atornissaat mianernarsipput. Statistikip qulaaniittup takutitai 1955-60 aamma 1975-80 najoqqutaralugit piffissami kingullermi pisat marloriaatinngorsimasut ilumut taamaappat, imaluunniit suli amerlaneruppat? Taamaammat toqqaserlunnarpoq. Rink nalunaarsugai najoqqutaralugit 1850-kkunni qilalukkat qaqortat ukiumut pisaasartut 1.000-t inoraat allappoq. Imaassorinarpoq Kitaani Avanersuarmilu qilalukkat qaqortat ukiumut pisaasartut 1.000-t inorallartillugit Kitaata imartaani qilalukkanut tamanna ikiliartuutaanngitsoq. Nalitsinni pisat nalunaarsorneqarnerat inoriaqimmat ilumut pisaasartut 1.000-t inorneraat naluarput. Tamaattumik eqqornerutsinik statistikeqarnissaq piariaqarpoq.

Uumasunik piniakkanik illersuinissaq, aammalu avatitsinnit piniarnikkut alaatsinaanneqarnerput pissutigalugu pisanik nalunaarsuineq tatiginartoq pisariaqarparput. Nalitsinni inuit ima atortoritsigileratta piniakkat suusulluunniit inatsisiliornikkut illersorneqanngitsut atorneqarnerilu malinnaavigineqarluanngitsut navianartorsiorput, aamma qilalukkat.

Pisanik nalunaarsuinerup pisortat tungaannit pitsaanerusumik aaqqissuusivigineqartarnera pisariaqarpoq.

Apeqquterpaaluit

Qilalukkat qaqortat piniarnerinut, taamalu Kalaallit Nunaamiuusugut pissaqarniarnitsinni iluaqutigisinnaanerinut aammalu uumasutut pinngortitap artinik pisuussutaasa ilaattut illersornissaannut tunngasutigut pissutsit taakkua uumasuunerannut imartatsinnillu atuinerannut atasut arlalissuit suli paaserusunnarput. Apeqqutit soorlu Kane Basinip ilumut katersuuttarfiunersoq, qilalukkallu tamaanngartartut sumit aggertarnersut, qanoq inuussutissaqartinersoq, Ikersuarmi Davisimi qilalukkat Canadap imartaani Kalaallillu Nunaata imartaani qanoq akulerutsigisarnersut, qilalukkat uumasutut pissusiini apeqqutit assigiinngitsut, uumasutut timaasa atornerinut aammalu ilaqutariittut inuunerannut tunngasut, Kalaallit Nunaanni pisanik nalunaarsuinerup pitsanngorsartariaqarnera, piniarnermi ileqqorissaarnermut tunnga-sut allallu apeqquterpaaluit paasinerunissaat pingaartuuvoq. Paasissutissat tamakku tunngavigalugit piniarneqarnerat illersorne-qartariaqarnerallu inatsisiliornikkut tunngavissinneqartariaqarpoq. Tamanna uagut qilalukkat qaqortat uumasuuffigisaanni nunaqartugut, tamakkuninngalu nunaqqateqartugut pisussaaffigaarput.

Qilalukkat qernertat *(Monodon monoceros)*

Qilalukkat qernertat uumasuunerat nunatsinnillu atuinerat qaqortanit allaanerupput.

Kalaallit Nunaata imartaani qilalukkat qernertat arlariipput:
a. Kitaata avataaniittut, aammalu
b. kangilliit Nunatta kangianiittut.

Kitaata qilalugai qernertat
Qilalukkat qernertat issittormiuupput. Imaq najortagaat avannarpasissumiippoq. Uumasut taakku ukiumi kujavangaarneq ajorput. Kujavartarnerannut immap sikusarnera pissutaanerugunarpoq.

Kitaani qilalukkat qernertat Smith Sundip polyniaa, Puikkaasorsuaq, najortarpaat, ukiumi Baffin Bugt tamakkerluni sikugaluaraanngat taanna ammajuaannartarmat. Suut tamaani nerisarinerusaraat naluakka. Ilisimaneqarpoq eqalukkat nerisarinerusaraat.

Sikuunera malillugu ukiuunerani kujavartarput. Maamma takkuttarneri malittarissavagut.

Ukiup kaajallakkiartorneranut ingerlaartarneri
Aasaanerani najortagaat pingaarnerit pingasupput:
a. Imartoraminersuaq Kane Basin
b. Avanersuup kommuniani, Kangerlussuarrmi
c. Qimusseriarsuarmi.

Kane Basinimik atuinerat annerusumik paasissutissarsiffiginngilara.

Avanersuarmi ukiup sikua katariaraangat Kangerlussuarmut Inglefieldemut pulasarput tamaani aasisarlutik. Kangerluit allat kommunimiittut uku aamma najortarpaat, fig. 26:

Kangerluarsuk (Bowdoin Fjord).
Iterlassuaq (MacCormick Fjord).
Siorpaluup Kangerlua (Robertson Fjord).

Tamaani eqalukkat nerisaasa pingaarnersaraat. Oqaatigineqarpoq aasami 1987-mi eqalukkat Kangerlussuarmit qimagummata qernertat tamarmik qimaguttut-aammalu timmissat piaqqiuleruttortut piaraat perlerartut (Nukagpianguaq Jerimiasen, Qeqertat, 1988).

Ukialernerani sikuleraangat qernertat kangerlunnit anisarput avataanut nuuttarsimagunarlutik. Ilisimaneqarpoq qernertat ilaat sikuernerani Kane Bassinimut ingerlasartut.

Qimusseriarsuaq aamma qernertat aasivigisarpaat. Sikuernerani tamaaniilersarput uteqattaarlutik. Ukiuni makkunani (1980-90-kkunni) imaq uteqattaarfigaat Nallortumit Savissiviup kanginnguaniittumit Kiataasap (Amdrup Ø)/ Nunatarsuup (Hovgård Kystland) Kullorsuup avannannguaniittup akornat. Kullorsuaq inoqanngikkallarmat (1920-p missaa tikillugu) Nuussuaq 74 gr. kujammut killittarfigalugu uteqattaartarput, fig. 26. Tamaani aamma eqalukkat nerisarisaasa pingaarnersaraat.

Kujasinnerusumut ingerlasarneri malinneqarsinnaapput. Avannaata sikulernerani kujammut aallartarput. Uperniviup kommunia siusinnerusumi aqqusaartaraluarlugu maanna avaqquttalerpaat, aquuteralannik eqqissimananngippaallaarnera pissutigigunarlugu.

Kujavartertarnerat marlunnik pissuteqarsorinarpoqt, a. Immap najortagaata sikujartortarneranik aammalu b. nerisassaminnik malersuinerannik. 1982-mi ukiakkut oktoberip naalernerani qernertat eqalukkanik („Avanersuup eqalugaanik") malersuillutik Illorsuit saavannut takkupput, sapaatillu akunnerata missaani najuullutik, arlalinnik pisaqarfigineqarlutik (Illorsuarmiut uannut eqqartugaat juli 1983).

Uummannap Sulluani

Palasi Funch 1832-kkuni pissutsinik allappoq qilalukkat qaqortat novemberimi peerukkaangata qernertat takkuttartut (1840:71). Maanna (1980-kkunni) qaqortat takkuttalerput novemberip aallartinnerata missaani, qernertallu kingusinnerulaartumi, sikulernerata siuninnguanut. Paasinarpoq qernertat amerlanerit Uummannap Sullua kujammut qaangertanngikkaat. 1900-kkut naajartorneranni Nuussup kujataani ilaanniinnakkut takuttarput. Uummannap Sulluanit anigaangamik amerlanerit Avannaata imaanut avalattarsimagunarput, Smith Sundip Puikkaasorsuanut ukiiartorlutik.

Diskobugtimi

Qernertat tamaani qaqortatut nalinginnaatiginngillat. Takkuttarpulli. Pisarineqartartut amerlanngillat. „Avangnamioq" 1946-mi Isak Abelsen Aasiammiu allappoq: „Qanga qilalukkat qernertat oktoberip naalernerani tikittaraluarput-massakkulli sikutinnagu takkunneq ajulerput" Annerusumik qernertat sassaatillugit tamaanni pisarineqartarput.

Diskobugtip kujataani qernertat qaqutigoortuupput. Tamaani qilalugartat qaqortaanissaat naatsorsuutigisariaqarpoq.

Piniarneqarnerat

Piniartut pisaannik titartaavinni qilalukkat qaqortat qernertallu immikkoortinneqarnerat 1950-p kingornagut aatsaat pilerpoq. Siusinnerusumi pisani sorliit qassiunersut sumiinnersullu takuneq ajornarpoq.

Qernertat piniarneqarnerat Diskobugtimit Kane Basinimut atavoq.

Tunumi

Ammassallup eqqaanut tikiuttarput, Scoresbysundillu qilalugai qernertaannaapput. Upernaakkut sikuilernerani (juni) qernertat Scoresbysundip kangerlussuata kujammut sineriaa atuarlugu pulasarput. Kangerlussuup qinnguani kangerlunnut tamanut pulaarartarsimapput (Born, 1985: 122). Pingaartumik Syd Kap-ip eqqaa, ilualu, Nordvestfjorden, najortarlugit. Ukiassalerluni sikunialeraangat anialersarput. Anianerminni kangerluup avannamut sineriaa sinernerusarpaat, (Jonas Brøndlund, 1985) tamaanilu Illoqqortoormiut septemberip naalernerani aqqusaaraangassuk piniarneqartarlutik.

Piniariaatsit -piniutit

Kitaani qernertat Avanersuup kommuniani suli qaannamik piniarneqartarput. Unaamik naalillugit avatartalereersinnagit qoorortuumik aallaaqqusaanngillat. Qimusseriarsuarmi aamma qaannamik taamaallaat piniaqqusaapput, naaleqqaagassaallutillu.

Uperniviup kommunianit Kitaata sinnerani umiatsiaanik motorilinnik malersorneqarlutik qoorortuunillu eqqaanneqarlutik piniarneqalerput. Scoresbysundimi aamma piniaaseq taanna atorneqarpoq. Ukiuni 20-ni kingullerni ukiakkut oktoberimi kujammukarnerini Qimusseriarsuaq angungajallugu angallatinit naaperiarneqarlutik malersorneqarlutik qoorortuunik piniarneqartarput.

Qassutinittaaq piniarneqartarput. Qangaanilli Uummannami, 1984-millu Scoresbysundimi qassusersortoqartarpoq. Sassaatillugit aamma piniarneqartarput, pingaartumik Uperniviup kommunianit Diskobugtimut.

Pisat

Qilalukkat qernertat pisat nalunaarsornerinik qaqortatut pitsaatigisunik pigisaqaanngilagut.

Tabel 10. 1974-82-mi Avanersuarmi pisat allattorsimaffiat qanoq tatiginartiginersoq apeqqusertariaqartoq malillugu pisat imaapput, stk.

1974	8	1979	120
1975	1	1980	130
1976	9	1981	118
1977	16	1982	164
1978	118	1983	

Avanersuarmi

Knud Rasmussenip nalunaarutai (1920) najoqqutaralugit pisat amerlasoorsuusimanngillat. Agguaqatigiissitamik qernertat ukiumut pisaasartut piniartumut ataatsimut 5-8 stk-upput. Angutit piniartut 50-t missaannik amerlassuseqarsimapput. Taava qilalugartat 300-350-t missaanniissimassapput. Taakkunani Qimusseriarsuarmi piniartut tallimat agguaqatigiissillugu ilaat ataaseq 15-20-nik qilalugatarsimasut pisaat ilaapput.

Avanersuarmi qilalugarniarnermi malittarisat, piniartut namminneq siunnersuutigalugit kommuniminnut aalajangersartitaat sukangasuujupput, malinneqarpulli. Taakkunani qilalugaq naaleqqaartinnagu aallaaqquneqanngilaq. Taamaalilluni ikilikkanik annaasaqartoqarneq ajorpoq. Aalajangersakkat ilaat sumi piniartoqarnissaanut sumilu piniartoqannginnissanut sammipput.

Kitaata avannaani

Kitaata avannaa tungaani qilalukkat qernertat najortagaanni qilalugartat naatsorsorneqarnerannut taakussutissagut qaqortat kisitsisitaattut pitsaatiginngillat. Uppernassusii oqaatigiuminaapput. Kisitsit pineqarsinnaasut annikitsuinnaasut imaapput:

Ukiuni tallimani 1862/63-1866/67 Avannaani Aasianniit Upernivik ilanngullugu qernertat pisat 21-usut nalunaarsimapput (Nunatta Toqqorsivia, Fangstlister).

Tabel 11. Grønlands Departementip/Ministeriet for Grønlandip nalunaarsuagi malillugit, Avannaani 1939-47.

1939/40	65
1940/41	69
1941/42	6
1942/43	227
1943/44	140
1944/45	229
1945/46	53
1946/47	52

Tabel 12. Avannaani (Avan) Ammassalimmilu (Amm) qernertat pisat.

Ukioq	**Avan.**	**Amm.**	**Ukioq**	**Avan.**	**Amm.**	**Ukioq**	**Avan.**	**Amm.**
1954/55	45	7	1960/61	328	4	1967	131	20
1955/56	195	9	1961/62	68	3	1968	454	30
1956/57	318	3	1962/63	24	21	1969	174	17
1957/58	74	2	1963/64	42	0	1970	313	30
1958/59	72	2	1965	43	0	1971	146	11
1959/60	56	2	1966	105	42	1972	84	10

Tabel 13. Avanersuarmi (Ava) Scorebysundimilu (Sco) pisat.

	Ava*	**Sco**
1974	8	6
1975	1	2
1976	9	16
1977	16	4
1978	110	2
1979	120	10
1980	130	10

**Avanersuarmi nalunaarsuinerit, ilaatigut uppernanngitsutut isikkoqartut.*

Tabel 14. Statistiki soqutiginarpoq.

	1950-p siorna			1950-p kingorna	
	Qaqortat	Qernertat		Qaqortat	Qernertat
1937/38	?	23	1971	3	10
1938/39	?	13	1972	25	20
1939/40	80	10	1973	33	35
1940/41	139	4	1974	15	39
1941/42	133	7	1975	19	11
1942/43	144	7	1976	12	27
1943/44	63	1	1977	49	113
1944/45	27	0	1978	44	183
1945/46	13	0	1979	22	132
1946/47	63	3	1980	64	114

Uummannap Sulluani qilalukkat allannguutaat

1960-p kingornagut qilalukkat qaqortat qernertallu Uummannap Sulluani pisaasartut malunnartumik allannguuteqarput, tabel 14.

Suna pissutaava 1900-kut aaffaanni kingullermi qilalukkat qernertat pisaasut qaqortanit amerlanerulernerannut?

Kitaani qilalugarniarnermi oqaatigisassat
Ukiuni kingullerni inuit angallatigissiartornerat, angallarissigaluttuinnarnerat atortorissiartornerallu pinngitsoorani qilalugarniarnermut malunniuppoq.

Qilalugarniarneq pilernunninngoriartornerarlugu oqaatigineqartarpoq, allaat pisanik atuineq uparuarneqarluni. Isumaqarnarpoq erseqqissunik peqqussusiornissaq tamatumani pisariaqalivissimasoq. Tamatumani imaani angallatinik piniarneq, qassutinillu qilalugarniarneq, aammalu sassineq immikkoortillugit eqqarsaatigisariaqarput.

Uumasut qilalukkat qernertat uumasutut pissusii
Paasissutissat allat qilalukkat qernertat uumasuunerannut atasut, soorlu ilaqutariittut inuunerat, ukiup ilaatigut aalajangersumik nuliuffeqaratik kinguaassiornerat, illersoqatigiinnerat, pissutsillu allat uumasuunerannut artitulluunnit pissusiinut atasut katersuinermi tusakkat nalunaarsuukkallu maani naatsumik ilannguneqassapput.

Ilaqutariit imminnut atalluaqaat. Nuliariit piaqqisartut siumugassaasarput. Piniartoq Nikolaj Jensen, Kullorsuarmiu, uumasunik isiginnaartarsimavoq. Ilaanni qajartorluni ilaqutariit, angutiviaq tuugaalik nulia piaraallu qanillattorpai. Ungasigunnaarlugit isiginnaarpai arnaviaq piaqqanilu pinnguartut. Arnavissap pinnguarnerminnut tiguartissimangaarami qajaq qanilliartortoq arajutsivaa. Isiginnaammersoraatik qajaq qanittunnguusoq takulerlugu qisuariarnerata sukkassusia Nikolaj Jensenip tupigusuutigaa. Takuniariarluni sukkasoorujussuarmik piaqqani upappaa, taleqquminik ornatigut eqisimmiullugu aqqaappaa tasamungaannarsuarlu aanngarlutik.

Piniartut qernertarniartartut oqartarput qilalukkat qernertat „inuttut kinguaassiortut," tassa ukiup qanoq ilineratigulluunniit piaqqisartut, uumaasutut allatut nuliuffeqaratik. Aamma oqaluttuaraat napparlutik imminnut saallutik taleqquminnik eqillutik nuliusartut.

Nukappiannguaq Jerimiassenip oqaluttuuppaanga qernertat neriniat isiginnaartarini. Aarfit nerisut ittuat nereqqaartarpoq, qanillisut tamaasa appisaluuttarlugit. Ittortik nerereeraangat aatsaat allat nerinialersarput.

Qernertanili ilaqutariit natermiunik nerinialeraangamik ningiutik piarartatillu neriseqqaartarpaat, angutit ittuisa tuugaaminnik naqqa kaanngaatittarpaat. Arnavissat piarallit nerereeraangata aatsaat angutit upattarput.

Qernertat imminnut kalerrisaaruttarnerata pitsaassusia sukkassusialu piniartut tupigusuutigisarpaat. Kangerlussuaq Inglefield Bredning 150 km-nik takissuseqarpoq. Qernertarnik pisaqartoqaraangat kangerlusuup sinnerani erninnarluinnaq qilalukkat allat tamanna malugisaraat oqartarput. Taamatut oqaluttuunneqarpunga julimi 1978 Qimusseriarsuarmi qernertamik pisaqartoqarmat suli qulaani taaneqartumit isorartunerusumi qernertat allat tamanna paasigaat.

Piniartut aperisarpakka qernertat tuugaallit tuugaatik sumut atortarneraat. Ilaanni isiginnaarneqartarput immap naqqani neriniarlutik assaassutigisaraat. Angutit kamaannerminni sakkugisarsimaneraat malussarsimasumik siumuinngilanga. Piniartullu ataasiinnaanngitsut uparuarpaat malugisarsimagitik sianiuterpassuit kigutaannaappat amerlavallaarsorinartut kingutip sulluanit uumasup qarasaanut atasut. Taarnaattumik isumaqarput nalunaartarnerannut imminnullu kalerrisaaruttarnerannut tuugaavat atortuusoq.

Piniarnermut malittarisassat

Qilalukkanik qaqortanik qernertanillu piniarnermi nunatsinni maanna atortut malittarisassaliat atortut:

1858,18.01	Lndsr.	Sassat	Tamanut
1972,13.09	Komm.	Qilal. qern.	Avanersuaq
1975,08.09	Komm.	Qilal. Qassutit	Uummannaq
1979,26.09	Komm.	Qilal. Piniarnerat	Upernavik
1980,31.07	Komm.	Qilal. qern. Kullors.	Upernavik
1981,27.11	Komm.	Qilal. Piniarnerat	Uummannaq
1986,23.06	Komm.	Qilal. qern.	Avanersuaq
1986,04.11	Komm.	Qilal. Piniarnerat	Uummannaq
1990,23.03	Komm.	Qilal. Piniarnerat	Uummannaq

Arferit mikisut allat

Arferit allat

Maani arferit ilaannaat inuuniarnermut, aningaasaqarniarnermut, pinngortitamillu illersuinermut pingaaruteqartut immikkut eqqaaneqassapput.

Niisat ***(Phocoena phocoenat)***

Pisaasartut ikingaaramik pinngortitamik illersuinermut pissaqarniarnermulluunniit atasumik isigalugit kalaallit pisarisartagaat pingaaruteqanngillat.

Tikaagulliit ***(Balaenoptera acutorostrata)***

Tikaagulliit Kalaallit Nunaata imartaani aasaanerani najuuttarput. Kitaani 1950-kkut tapullugit Uperniviup eqqaa angullugu tikaagulleqarluartarpoq. 1990-nngulernerani Sdr. Uperniviup Kangersuatsiallu eqqaat ataasiakkaannguit angusalerpaat (S. Knudsen,1989). Maanna Kitaani Sigguk ikittuinnaat avannamut qaangertarpaat. Tunumi Scoresbysundip Kangerlussua tikillugu siumuigassaavoq (Born 1983: 78).

1952-p siornagut tikaagulliit kalaallinit pisarineqartartut annikeqaat. Qajaannaq piniutaagallaarmat ukiut ilaannaanni, akuttusuunik, ataasiakkaat pisarineqartarput.

1940-kkut naalerneranni aatsaat kutterinik qamutililinnik tikaagullinnialerput.

1986-mit ukiumut tikaagullitassat killersugaalerput.

Tabel 15. Pisat statisikkiat imaappoq.

1955	21	1964	166	1973	276	1982	251
1956	26	1965	195	1974	217	1983	218
1957	24	1966	254	1975	223	1984	248
1958	33	1967	237	1976	192	1985	36
1959	36	1968	312	1977	300	1986	147
1960	52	1969	263	1978	180	1987	89
1961	34	1970	196	1979	250	1988	119
1962	71	1971	196	1980	260	1989	72
1963	165	1972	156	1981	204	1990	

1955-mit 1989-mut Kalaallit Nunaanni tikaagulliit pisat 5.822-upput. Ukiumut ataatsimut agguaqatigiissinnerat: 166.

Angallatit tikaagullinniutit
Angallatit tikaagullinniutit 1991-mi 65-upput.

Tikaagulliit piniarneqarnerminnut qisuariarnerat
Tikaagulliit piniarneqarnerminni nunallu atorneqarneratigut sunnerneqarnerannik paasisagut imaapput:

Siusinnerusukkut tikaagullinniartoqangikkallarmat aasaanerani suni tamani takussaasarput. Piniutit tikaagulliniutit angalaartullu amerliartortillugit siornatigut najortakkatik qimakkiartorpaat. Diskobugte siornatigut tikaagullippassuit najortagaat maanna ikittuaraannaat tikittarpaat.

David Broberg, Qeqertarsuaq, oqarpoq (april 1988) sinerissap ilaani avataanilu angallattut angalaarfiisa ungataanni tikaagullippassuaqartartoq. Tassa angallavimmi takussaannginnerulernerat tikaagulliit ikilinerannik pissuteqarnerunani, nujunnerannilli pissuteqarnerusoq. Allattaaq oqaloqatigisagut, soorlu Aappilattormiut (Nan. okt. 1988), taama oqarput.

Nerisaat
Tikaagulliit arfernut soqqalinnut ilaapput. Ilisimasat nalinginnaasut malillugit arferit soqqallit uumasuaqqanik/ isituuaqqanik aalisagaaqqanillu nerisarput. Kalaallit Nunaata sineriaani arlalinni malugineqarpoq tikaagulliit aamma aalisakkanik annerusunik nerisartut. Oqaluttuunneqarnerput malillugu Isortumi (Tasiilaq kommuniani) augustip naanerata missaani 1988 tikaagullittaq kapisilinnik angisuunik 15-nik nutaanik aqajarormioqarpoq. Aamma Qeqertarsuatsiarmiut tikaagullittaat (1989) saarullinnik nerisimasoq oqaatigineqarpoq.

Immikkut taaneqassaaq Kalaallit Nunaata imartaani tikaagulliit piaraannik takusassaqartanngimmat. Lamik Møller (Paamiut) 1962-mit arfanniartuusoq oqarpoq nammineq Kalaallit Nunaata imartaani tikaagullimmik piaqqisartumik takusimanani, aammalu tikaagulliit ernereersinmallutik upernaakkut takkuttartut. Amerikap imartaani ukiuunerani ernisarput.

Malittarisassat
1990, 22.05 Namm. Oqart. Tikaagullinn. tamanut.

Niisarnat *(Globicephala melaena)*
Niisarnaq arferit anginngitsut nunatsinni pisarineqarsinnaasut ilagaat. Niisarnaq Atlantikumi immani kissarnerusuni uumasuusoq ilaanniinnakkut Kalaallit Nunaata imartaanut pisarpoq. Klimamit aqutaasut ilagivaat. 1920-kkunni takkuttalerpoq. Atuagagdliutini allagaq malillugu siornatigut tusakulanngisat ukiuni kingullerni ukiut tamakkiallugit takkuttalerput annerusumik Nuup-Maniitsup-Sisimiullu eqqaasigut (1932/33: 146). 1960-p kingornagut akuttuseqalutik maanna qaqutiguinnaq takkuttalerput. Allatut oqaatigalugu: Cyklus-100-p kiatsinnerani niisarnat takkuttalersarput allaat aasat tamakkia-lersarlugit, nillertikkiartornerani akuttusiartortarput. Uumasut klimap allanngorarneranut uuttuutigineqarsinnaasut ilagaat.

Arferit angisuut

Itsaq Kalaallit Nunaata imartai arferpassuaqarsimagaluarput. Kalaallit pisarisartagaat ikittuinnaapput.Taamanikkut arferit pisat nioqqutigineqarneq ajormata, aammalu piniagassanik asuli toqoraaneq soqutigineqanngikkallarmat, nunaqarfiit ukiumut arfeq ataaseq marlulluunniit naammagisarsimavaat. Aamma paasinarpoq sinerissap ilaannaani arfanniartoqartarsimasoq. Fabricius (1929: 72-94) allappoq arferit artit makkua kalaallit piniartaraat:

Arfivik *(Balæna mysticetus)*
Qipoqqaq *(Megaptera novaeangliæ)*
Aarluk *(Orcinus orca)*
Kigutilissuaq *(Physeter catadon)*

Ilanngutinngisai:

Tikkaagulliusaaq *(Balænoptera physalus)*
Tunnulik *(Balænoptera musculus)*.

„Sonja"p pisai

Europamiut naalagaaffinnit assigiinngitsunit pisut ukiuni 300-ni nunatta imartaani, pingaartumik Ikersuarmi Davisimi Avannaatalu Imaani, arfernik angisuunik nungusaarujussuareersut 1900-kkut affaanni siullermi arfanniut „Sonja," 1924-mi Grønlands Styrelsep Norgemiunit pisiaralugu Kitaani arfanniartilerpaa.

Tabel 16. 1958-mi arfanniarunnaarami ima amerlatigisunik arfassimavoq, stk.

1924	20	1934	28	1950	46
1925	41	1935	29	1951	26
1926	47	1936	20	1952	21
1927	40	1937	17	1953	21
1928	35	1938	8	1954	31
1929	38	1939	5	1955	35
1930	34	1946	60	1956	44
1931	21	1947	67	1957	51
1932	30	1948	31	1958	37
1933	21	1949	28		

Tabel 17. Arfattat artinut assigiinngitsut, 1924-58 „Sonja" p pisai.

	1924-39	**1946-58**	**Total**
Tikaagulliusaat	309	322	631
Qipoqqaat	0	7	7
Tunnullit	26	15	41
Kigutilissuit	16	127	143
Tikaagulliusaarnat	0	8	8
Knølhval	92	14	106
Anarnat	0	5	5
katill.	**443**	**498**	**941**

1924-58-mi „Sonja"p arfattai tamakkivillutik 941-usut nalunaarsimapput.

1940-45 sorsunnerup nalaani „Sonja" pinianngilaq. Sorsunnerup nalaani arferit amerleriarsimasutut isikkoqarput.

„Sonja"-p ingerlannerata amigartoorutai amerliartuinnarmata piniarnera 1958-mi unitsitaavoq.

1900-kkut affaat kingulliit

1950-p kingornagut arferit amerliartulaartut maluginiartarpaat. Ukiuni kingullerni qularutissaanngitsumik arferit angisoorsuit ilaat **amerliartortorujussuusut** Kitaani tamarmi malunnarput.

Arferit angisuut Avanersuup kommuniani 1980-90-kkunni upernaami aasamiluunniit ataasiakkaat takkuttarput. Uperniviup kommuniani aamma amerlasoorsuunngillat.

Uummannap kommunianit Kitaata kujammut sineraani arferit amerliartoqisut tamani maluginiarneqarlerput.

Tunup inoqarfiini, Ammassallimmi Scoresbysundimilu, amerliartortuttaaq malugineqarput. Kiisalu sinerissani inoqanngitsuni immat arferit amerlasuullutik najortagaat aamma ilisimaneqarput, soorlu Tunumi Umiiviup eqqaani, fig. 27.

Arfiviit *(Balæna mysticetus)*

Itsaq Kalaallit Nunaata imartaani arfiviit amerlanerartarpaat. Sisimiunit nalunaarutit 1760-kkunneersut malillugit januar-februar-martsimi takkuttarput, piniarneqartarlutillu (Glahn, 1921: 97). Ukiut ingerlaneranni europamiut amerikamiullu toqoraarujussuarneratigut Kalaallit Nunaata imartaani arfiviit nungunnissaat allaat aarlerinarsisimagaluarpoq. Tamaalimmat inuiaqatigiit akornanni arfiviiit eqqissisitaanissaat noqqaassutaalerpoq.

Arfiviit nungulersorisaasut ingerlaartarfii Issittullu imartaani nikittarfii suli paasilluanngilagut. 1900-kkut ingerlaneranni Kalaallit Nunaanni ikililluinnaraluarnerat nungulernerannik allamulluunniit nikinnerannik pissuteqarnersoq akisinnaanngilarput. Maanna 1900-kkut naajartorneranni immani najortakkaminni takussaajartuinnartut angalasut oqaatigisarpaat. 1987-mi ukiakkut Qeqertarsuup Kangerluata paani 35-t ataatsimoortut takuneqarput (David Broberg, 1988).

1924-p kingornagut 1971-mi Qeqertarsuup illoqarfittut nalliuttorsiorneranut atatitamik arfivimmik ataatsimik akuerisaasumik pisaqartoqarami kingorna pisaqartoqaqqinngilaq.

Qipoqqaat ***(Megaptera novaeangliæ)***
Nalunaarutit pigisagut 1700-kkut qeqqanneersut najoqqutaralugit qipoqqaat aasaanerani nunatta imartaanut tikiuttarput, ukiumilu peeruttarlutik. Kitaata ilaannaa najortarpaat. Fabricius 1770-p missaani malillugu allorniusat avannarliit 61 aamma 65° gradit akornanni. Taakkua ungataanni siumugassaasarsimavoq. Fabricius allappoq Paamiut Pisuffiullu eqqaaniikkajuttoq (1929: 80). Avannarparnerpaagaangamik Diskobugte tikingajattarpaat (Grønlands natur, 1981: 314). Ilisimaneqarpoq Hans Egedekkulli siornagut Paamiut eqqaanni piniarneqartartoq. Piniartut pisaannik titartaaviit malillugit ukiumut pisaasartut ikittuinnapput.

Ukiuni 25-ni Paamiuni pisat (1883-1908) nalunaarsorneqarsimasut 123-upput, agguaqatigiissillugu ukiumut 5 stk. Ukiumut pisat amerlanersaat, 16 stk, 1900/01-mi pisarineqarput. Taavalu 1902-19 pisat 20-t missaanniipput (Direktoratets Meddelelser).

Nuummiup John Møllerip qipoqqarniarneq Paamiuni ilinniariarlugu 1901 Nuup saavani qipoqqarnik upanniittalerpoq (Atugagdliutit 1902/03). 1901-19 pisat 20-upput. 1919-p kingornagut Nuummi qipoqqarnik pisaqartoqarneranik nalunaaruteqanngilaq. Tamatuma kingornagut 1960-p qaangerneranut kalaallinik qipoqqarniartoqanngilaq. KGH-p arfanniutaa „Sonja" 1924-39-mut qipoqqarnik 92-raarsimavoq (Grønlands natur, 1981: 314).

Qipoqqaat 1950-p tungaanut malunnartumik ikilimmata uumasunut nungussinnaasunut ilanngunneqarlutik 1953-mi piniarneqarnerat tamarmi unitsitaavoq. Paamiormiu arfanniaq Lamik Møller: „1962-mi arfannialerama qipoqqarnik takunanga aatsaat 1967-mi takuvunga." Qeqertarsuatsiaat imaanni najortagaannit: „Qipoqqaat killeqanngikkallarmata qipoqqarniarluta ullup ilarsua angalaareerluta ilaanniinnaq ataaseq/ marluk naammattoorsinnaasarpagut." Qeqertarsuatsiarmiu arfanniaq.

Kitaani qipoqqaat Paamiut eqqaanni maanna aprilimi takkuttarput.

Upernariartorneranut avannarpariartortarput Disko Bugte angusarlugu. Kitaata sineriaata ilaani najugannaaqarput. Nunap assingani fig. 7-mi tamakku sumiinneri takuneqarsinnaapput. Tamakku tassaapput ikkannerit itiseriarnerillu sinaat. Qipoqqaat ilaat amerlanngitsut Kitaata ilaani, maannakkut 1900-kkut naajartorneranni ukiisarput, soorlu Napasup sioraani Sukkertop Bankep ikkannersaani, Niaqunngunap paani, Nuullu Kangerluata paani, allanilu arferit ukiisarfiini. Ukialeraangat amerlanersaat nunarput qimallugu kujammukaalersarput Caribiep imaani ukiisarlutik.

1970-kkunni amerliartulerput, maannakkullu immatsinni arfernit angisuunit amerliartornerpaartaasutut aammalu amerlanerpaartaalersutut oqaatigineqartarlutik.

Maanna amerliartortorujussuusut paasinarpoq. Kitaata kujasissuata avataani aalisartut qipoqqarpassuarnik amerliartuinnartunik oqaluppput. Qeqertarsuatsiarmiu qulaani issuagarput nangippoq: „Maanna sumut aallarnermi arlalippassuit naapitassaasarput." Lamik Møller: „1980-kkut naalersut Paamiut sioraanni qipoqqaat ataatsimoorlutik ingerlaartut ornippavut, amerlavallaaqimmata. Anernerit ilaat kattuttarmata immikkoortisinnaasaannagut kisikkatsigit qipoqqaat 70-t angugaluarlugit aanngaavagut. Taakku ingerlaaqatigiit ataatsit 100-t sinneqarluarput. Aamma ungasinnerumi allanik peqartoq takusinnaavarput." Arfanniaq Kristian Heilmann, Nuuk, 1990: „Ataatsimoorfiini amerlassusii tupinnartarput. Fyllas Bankep timmut sivingarnani qipoqqarpassuit ataatsimoortut arlariikkuutaat nerisut siumorpagut. Ataatsimoortut tikitagut kisinniaraluarpagut, kisinnerli ajornaqaat. Tassani qipoqqaat ataatsimoortut 100-t sinneqarput. Avannamut ingerlaqqikkatta ataatsimoortukkuutaat allat aamma taama amerlatigisukkuutaat arlallit takuagut."

Tusaamasat pisoqalisut
Paasinarpoq uumasunik illersuiniaqatigiit kisitsisaataat pisoqalisimasut. Uagut nalunaarsukkavut piffissami januar 1988-mit 1990-p naaneranut atasut, aalisartunit ikittuunngitsunit ullormut piniarnerminni naapittakkatik tunngavigalugit oqarsinnaalersimasunit pisuupput.

Tikaagulliusaat *(Balænoptera physalus)*
Aasaanerani Nunap Isuata eqqaanit Uummannap Sullua angullugu siumugassaasarpoq. Arferujussuvoq 25 m-t missanni takitigisoq. „Sonja" 1924-39-mi 309-nik tikaagulliusaarsimavoq. Sorsunnerup

kingorna 321-t pisaasimapput.

Tikaagulliusaat arferit angisuut amerliartornerpaat ilagaat. „Arferit ingerlaaqatigiit tikaagulliusaat, qipoqqaat allallu, puioraannermi ataatsimi tikaagulliusaartaat kisikkakkit 200-t angugaluarlugillu angummanneq saperama paarlaassuleqinagakkit taamaatiinnarpakka." Lamik Møller 1988-mi ukialersoq Paamiut eqqaanni arfernik ingerlaaqatigiinnik kisitsimavoq.

Angalasuttaaq allat, soorlu Kristian Heilmannip, erneratalu Jonas-ip tikaagulliusaat amerliartorneraqaat. „Tikaagulliusaat pualajunnaarput, immaqa amerlinermit nerisakilaalersimagamik."

Arfernik angisoorsuarnik siumuivissat qularnanngitsut ilagaat Nivaap Sulluata kangimut aniggua, Akunnaap Ikamiullu akornat. Ikamiuni Magnus Jerimiassen aamma Adam Johansen, okt. 1989: „Arferit angisoorsuit amerliartoqaat. Ilaanni tikaagulliusaat 15-20-t, septemberip aallartinnerata missaani tamaaniittarput. Pingaartumik saarullineriartoq, tamaani aalisagartuuttaqaat."

Kigutilissuit *(Physeter catodon)*
Arferujussuuvoq angutivissat 18 m-t arnavissalu 12 m-t angullugit takitigilersinnaapput. Kigutilissuaq aasaanerani takkuttarpoq.

Aperisartakkakka tamarmik assigiimmik akisarput: Kigutilissuit amerlassusiat taamaaginnarpoq. Kalaallit qangaanilli tamakkorniartuunngillat. Aallamiut piniagaraat. Sinerissami sissani siluullutik tipisimasut qaqutigoortuunngillat. Ilaanni Sioqqap sissaani arfineq pingasut (8) siluusut 1980-kkut qeqqanni siumorneqarput.

Tunnullit *(Balænoptera mysculus)*
Tunnulik uumasut annerpaat ilagaat 30 m-t angullugit takitigilersinnaasoq, amerlanertigut 26-28 m. Arnaviaq 150 tons tikillugu oqimaassuseqalersinnaavoq. Fabricius allappoq tunnulik sukkavallaarnini pillugu kalaallinit piniarneqarpianngitsoq (1929: 76).

„Sonja" 1924-39 Davis Strædemi 26-raarsimavoq. 1946-58 14-t.

Aarluit *(Orcinus orca)*
Aarluk immatsinni uumasuuvoq, pingaartumik aassanerani takkusimasartoq, ilaatigut Avanersuaq angusarlugu. Aasat ilaanni aarluit amerlasoorujussuullutik takkuttarput. Aarluk naparutakkaarsuusoq ilisarnarpoq, aammalu ersigisaaqaaq, uumigisaaqalunilu. Aarluit takkukkaangata puisit tammartarput. Tamanna pisat amerlassusiinut sunniuteqartarpoq. Aarluk piniagaanngilaq, qaqutiguinnaq ataasiakkaat pisarineqartarput.

1900-kkut naalerneranni pissutsit
Ukiuni makkunani (1990) Kitaata arfeqarfiini tamani arferit angisuut artit ilaasa amerliartornerat, ilaat oqartarput „amerliartornerujussuat," tamani malugiarneqarpoq. Artit makku pineqarput: Qipoqqaq, tikaagulliusaaq, tunulik, arfivik, allallu suunersut. „Saarulliit nalliukkaangata aalisalerivut arferpassuit tikiuttullu saarulliit tammartarput." Aalisartut Paamiut eqqaannit Diskobugtimut taama maalaartarput.

Arferit sorliit saarullittortarnersut iluamik ilisimanngilagut. Arferit kigutillit aalisagartortarput, soqqallillu uumasuarartortarlutik. Taamak ilinniartitaavugut.

Taamaattoq ilisimavarput tikaagulliit soqqaliugaluarlutik aalisagartortartut. Tikaagulliit aqajarui saarullinnik kapisilinnilluunniit ulikkaartut takuneqarsimapput. Arfersuit angisuut soqqaallit saarullittortarnersut naluarput. Kisianni tassa aalisartutta arferit tikiukkaangata saarulliit tammartartut malugisarpaat. Taamaattumik soqutiginassaaq aalisarfinni arfersuit tikiussortarfianni aalisakkat (saarulliit) ikilinerinut atatillugu arfermik pisaqarnissaq sunik iissaqarnersoq takuniarlugu. Tamanna kikkut tamarmik Atlantikup avannaata saarulliinik soqutiginnittut paasiumavaat.

Arferit immatsinnik atuinerat
Arferit immatsinniittut ilaat nunatta imartaaniiginnartuupput, ilaalli ukiup ilaa nunatsinnit qimaguttarlutik. Arferit ilaat klimacyklus-100-p iluani qimaguttartuunersut maanna iluamik ilisimanngilagut, niisarnalli kiatsinnerani takkuttalersartut nalunngilagut.

Arferit nunatsinniiginnartut ukiup kaajallakkiartorneranut sinerissatsinni nikittarput. Kitaata Tunullu arferi qanoq atsigisumik akuliuttarnersut ilisimanngilagut.

Arferit immikkoortumut tassunga atasut tassa qilalukkat qaqortat qernertallu, kiisalu arfivik Davis Strædep Baffin Bugtillu imartaanniipput, aasami ukiumilu najortakkatik nikiinnartarlugit. Sinneri arfiupput aallartartut ilaat ungasissumut ingerlasartut, ilaallu qaninnerusumut nikittartut.

Sinerissatsinni arferit najortagaat
Sinerissatsinni arferit aalajangersimasunik najugannaaqarput. Arferit artit ilaat immikkut najugannaaqartartut allat ataatsimut najortagaqarput.

- Qilalukkat qaqortat: Aasami Kane Basin katersuuffigisarpaat.
- Qilalukkat qernertat: Aasaanerani Qaanaap Kangerlussuani aammalu Qimusseriarsuarmiittarput. Ukiumi ilaat Kitaata sineriaatigut kujavartertartut allat Puikkaasorsuarmi, Smith Sund Polyniami ukiisarput.
- Arfiviit: Annerusumik immami Qeqertarsuup kujataa tungaani takuneqartarput, ukiakkut ukiumilu.
- Qipoqqaat: Qangaanilli Paamiut eqqaannit Maniitsup tungaanut, aasaanerani takussaanerusarput.
- Tikaagulliusaat: Paamiut kommuniannit Uperniviup tungaanut, aasami.

(Erseqqinnerusumik nalunaarsortariaqarput)

Nuup Maniitsullu imartaanni immap ilai arferit angisuut najortagaat paasinarput immap naqqata pissusiinut aalajangersimasunut atasut. Nun. ass. fig. 28-mi aamma 8-mi tamakku nalunaarneqarsimaneri takuneqarsinnaapput.

Sinerissami immap arferit najortagaasa ilagaat Nivaap Sulluata kangimut aniggua Akunnaap Ikamiullu akornat.

Sinerissatta imartaata arfernit atugaanera ilaannakuusumik ilisimavarput. Tamakkiinerusumik paasinissaa nalunaarsornissaalu anguniartariaqarpoq.

Tunumi arferit

Tunup imartaanik arferit atuinerat killilimmik ilisimavarput. Paasissutissanik katersuinermi pisinnaasavut killeqarput. Fig. 27-mi immat arferit angisuut najortagaat nalunaarsimapput. Artit suut Tunup ilaaniittarnersut, aammalu qanoq ilinikkut najuuttarnersut paasinngilagut.

Kalaallit Nunaanni arferit nunanilu allamiut
Kalaallit Nunaata imartaani arfanniarnerat

Itsaq imartagut arferpassuaqarsimapput. Arferit qanoq amerlatigisimanersut paasissutissanik erseqqissaatinik pigisaqanngilagut. Piniarneqartarsimanerannut takussutissat sinerissatsinni nunaqarfiusimasuni siumugassaapput. Aasiammiut eqqaamasaat malillugit Aasiaat Maniitsuatalu akornanni imartoraminermi arferit pussinnat amerlasarsimaqaat, inuit naaneri 20-t sinnerlugit, takusassaasarlutik (Otto Rosingip tusarsimasaa).

Europamiut imartatsinni arfannialernerat 1600-kkunni aallartippoq. Siullermik Svalbartimi arfanniartarput, Tunup avataa ilannguttarlugu. Nalunaarutini siullerni Spitsbergen Grønlandilu immikkoortinneq ajornakusoorsimapput, taaguut „Grønland" taakkununnga tamanut atorneqartarluni (Finn Gad). Umiarsuit amerlanerit Svalbartip eqqaanut arfanniartarput. Tamaani arferit piniarneqarnermik ikilivallaarmata 1670-p missaani hollandimiut Ikersuarmi Davisimi piniarnialersimapput. 1600-kkut sinneranni 1700-kkunni 1800-kkunnilu inuiaat makku kalaaliunngitsut Ikersuarmi Davisimi arfanniarput:

Hollandimiut -baskerit -tyskit -tuluit -danskit -amerikamiut -norgemiullu.

Statistikit assigiinngitsut pigivavut (B. Aagaard, 1933: 56): Hollandimiut 1669-mit 1778-mut Ikersuarmi Davisimi arferit pisaat hollandimiut statistikiat malillugu 6.986-usimapput umiarsuarnit 3.161-nit pisaasimasut. Ukiut 1672-74 sorsunnerit pissutaallutik arfanniartoqarsimanngilaq. Ukiuni 106-ni pisat ukiumut ataatsimut agguaqatigiinnerat 66-uvoq.

1753-mi norskit danskillu arfanniutaasa 90-sut pisaat 344-sut nalunaarsimapput.

1732-mi Amerikamioq arfanniaq siulleq imartatsinnut takkuppoq. 1737-mi umiarsuit arlallit pisaqarluarsimallutik tikissimasut nalunaarutigisimaavaat. 1749 aamma pisaqarluarfiusimavoq (Aagaard qup. 124). Amerikamiut arfanniarnerannik nalunaarutinik erseqqinnerusunik pigisaqanngilagut.

Iluanaarutissanik isumalluarnerup tamakkorpassuit aggersippai.

Aagaard allappoq umiarsuup ataatsip arfinilinnik upanniutillip 1720-mi arfanniarnerani aningaasartuutit 12.500 gylden atorneqarsimasut. Aningaasallu 2.240.460 gylden umiarsuit 180-t piniariarneranni aningaasartuutaasimasut (qup. 55).

Tabel 18. 1719-mi Ikersuarmi Davisimi umiarsuit arfanniutit 355-t piniarput makkuusut. Ukioq taanna pisaasa amerlassusiinut takussutissaqanngilagut.

Hollandimiut	251
Tyskit	79
Baskerit	20
Norgemiullu	5

(B. Aagaard, 1933:83)

Table 19. 1754-mi skotlandimiut nalunaarutaanni allassimavoq umiarsuit makkuusut.

Danskit	6
Hollandimiut	132
Tuluit	67
Tyskit	20
Franskillu	2
Katillugit umiarsuit	**227**

Tabel 20. Hollandimiut Ikersuarmi Davisimi iluarnaarutaat B. Aagaardip nalunaarsimavai (qup. 54).

	Gylden
Isertitat	51.643.082
Aningaasartuutit	40.677.610
Iluanaarutit	10.964.872

Tabel 21. Arfernik nioqqutissiat Kalaallit Nunaanni Ikersuarmi Davisimit pisut J.Mathiessen malillugu (1851-99).

	Orsut, napp.	Soqqaat
1779	4.452	21.105
1801	3.205	7.493
1802	4.116	31.279
1804	3.914	9.591
1805	3.649	10.586
1806	4.122	22.495

J. Mathiessen,1851, malillugu ukiuni 20-ni (1815-34) umiarsuit arfanniat ukiumut agguaqatigiissillugit 69-usarsimapput. 1819-mi umiarsuit Tuluit Nunaanneersut 63-usimapput, 1830-mi 97-t, taakkuninnga 34-t susaarlutik angerlarsimallutik.

Arferit pisat amerlassusiinut takussutissanik peqannginnama erseqqinnerusumik nalunaarsinaanngilakka.

Norgemiut arfanniartui arfernik angisuunik piniartut 1930-p missaa tikillugu imartatsinni piniarput, tikaagullinniallu 1900-kkut affaat kingullit ilanngullugit takkuttarlutik.

Danskit nunatsinniittut arfanniartui 1700-1800-kkunni ukiumut 20-30-iinnanik arfattarput (Mathiesen,1851), kalaallit umiamik arfanniartut ataasiakkaaginnarnik pisaqartarlutik. Taamaalilluni nunatta imartaani arferpassuit nunani allamiut arfanniartuinit nungutaapput.

Atuakkat najoqqutarineqartut

Atuagagdliutit
Avangnamioq
Beretninger og Kundgørelser, (Grønlands Styrelsen)
E, Born: Havpattedyr og havfugle i Scoresbysund, 1983
Sune Dalsgård: Dansk-norsk hvalfangst 1615-1660, 1962
Direktoratets Meddelelser
Otto Fabricius: Fauna Groenlandica,1929
J.C.W. Funch: Syv Aar i Nordgrønland, 1840
„Grønland," (tidsskrift)
J. Mathiesen: Om Grønland,1852
Medd. om Grønland, bd. 60-61
Bent Muus: Grønlands fauna, 1981
Naturens Verden
A. Nørrevang allallu: Grønlands natur, 1981
Piniartut pisaannik titartaaviit, Sinerissamit kujallermit, Sinerissamit Avannarlermit
H.J. Rink: De danske Handelsdistrikter i Nord-grønland, 1852-55
H.J. Rink: Grønland geographisk og statistisk beskrivet. Søndre Inspektorat, 1857
Carl Ryberg: Om Erhvervs-og Befolknings Forholdene i Grønland, (Geografisk Tidsskrift, 1893-94
Statistiske Oplysninger, 1942-45
Bjarne Aagaard: Den gamle hvalfangst, 1933

Kalaallit Nunaanni
puisit

Siulequt

Maani Immikkut nalunaarummi puisit eqqartorneqassapput. Taammaaliorneq kommuneqarfikkuutaarluni nalunaarutinik itisilerineruvoq. Kommuneqarfikkuutaartunik nalunaarutini kommuneqarfiup pineqartup iluinnaa eqqartorneqartarpoq, massa uumasut amerlanersaat nunatta ilarujussuanik atuillutik ukiup ilaani kommuneqarfiit assigiinngisut aqqusaartorlugit ingerlaartarfeqartut.

Aammattaaq puisitta ilaat nunatta avataanut pisarput, taamalu inuiannit allanit atorneqartarlutik. Pissutsit taamaannerat uumasut tamakku amerlassusiinut aammalu kalaallinit qanoq isumalluutaatigisinnaanerinut annertuumik sunniuteqarput.

Uumasut ilaat pissaqarniarnermi pingaaruteqartuupput ikilisinneqassagunik ilaqutariinnik ikittunngitsunik eqquisussat. Naak uumasut amerlassusiisa takkuttarneratalu allanngorarneri ilaatigut klimamik aqunneqaraluartut, taamaattoq klima kisimi tamatumani apeqqutaanngilaq. Inuit killissaa puigorlugu atuisarnerat aamma annertuumik artit amerlassusiinnik eqquisarpoq, allaat nungutsisinnaalluni.

Puisitta ilaat pingaartumik aataat natsersuillu nunatta avataani piniarneqarnermik nunatsinnut takkuttartut ikilisarput. Allat soorlu qasigissat avataanit pinerunerunatik nunatta iluani namminermi malersorneqarnerat amerlassusiannut sunniuteqarpoq.

Tassa allagaq manna puisitta kommuneqarfinni siumugassat paaserunissaannut ikiuutissaavoq.

H.C. Petersen

Puisit

Puisit artit sisamat maanni erseqqissassavagut, natsiit, aataat, natsersuit aarfillu.

Natsiit *(Phoca hispida)*

Natseq immani nillertuni sikulinni uumasuuvoq. Kalaallit Nunaata si-neriaasa kangerluini ukiuunerani kangerluit sikugaangata suni tamaniilersarpoq. Upernarluni sikueraangat kangerlunnit sikoqanngitsunit qimaguttarpoq. Aasami kangerluit iigartartullit sikoqassusii malillugit najortarpaat. Fig. 30-p kangerluit sermillit, natsiit najortugaat, serme-qanngitsullu assami natseeruttartut takutippai.

Natseq Kalaallit Nunaat tamakkerlugu ukioq kaajallallugu uumasuuvoq. Puisitta amerlanersaraat, aammalu nunap inuisa pissaqarnerannut ukiut ingerlaneranni pingaaruteqarnerpaasimalluni. Ilaatigut tamanna erserpoq sinerissat ilaani „puisi" isumaqartitaammat natseq, pingaartumik sinerissani avannarlerni Tunumilu.

Piniartut natsiit immikkoortittarpaat: **Natsiat** tassa natsiit piaraat. **Natsillaat** tassa natserujussuit inersimasut, erniortut. Kitaata sineriaani avannarlermi piniartut natsiit ilaat taagorpaat **kitaajaqqat** imaluunniit **kitaannguit**. Maani kitaajaqqat atussavarput. Kitaajaqqanik pisagaat natsiupput anginngitsut piaqqiortut. Taakku tassaapput Kitaata kangerluini amerlanerni ukiisartut, oktoberip naajartornerani avataanit takkuttartut kangerlunnullu siaruarlutik. Kangerlunni sikulinni ukiisarput. Upernaakkut kangerluit sikuilernerini anisarput qimagullutillu. Taaguut „kitaajaraq" annerusumik sinerissap affaani avannarlermi, Kangaatsiap eqqaaniit avannamut atugaavoq.

Piniartut oqartarput kitaajaqqat natsillattut atsigilerneq ajortut, kisianni tassa inersimasuusut. Kangerlunni ukiivimminni piaqqiortarput.

Natsiit kitaajaqqat ukiumut ingerlaartarnerat piniartut misigisaat tunngavigalugit paasiniarparput. Oqaatigineqareersutut kangerlunni ukeereeraangamik upernaakkut maj junimi kangerluit sikuiarnerini anialersarput qimagullutillu. Tamanna Kitaa tamakkerlugu, allaammi Qimusseriarsuarmi Avanersuarmilu, Ammassallullu eqqaani pisarpoq. Sumukartarnersut ilisimaneqanngilaq. Isumaqarnaraluarpoq

Qimusseriarsuaq aasamiluunnit sikunik tissukartoqarluartartoq najuinnartassagaat. Kisianni tassa natsiit ilaasa, kitaajaqqat, imaq sikueraangat qimattarpaat. Tamaani upernaakkut natserpassuit ataatsimut avalatsertut piniartunit Qimusseriarsuarmut qanittuni nunaqartunit takuneqartartut arialinnit tusarpara.

Kujataani piniartut malugisarpaat natsiit upernaakkut qimagukkaangamik kujammut, Nunap Isuata tungaanut ingerlaartartut, Nunalli Isuata missaanit sumunnarneri nalunarsisarlutik. Kitaata natsii aasalernerani ukiiviminnit anigaangamik kujammukartarunanngillat. Tamaammat isumaqarnarpoq Paamiut Qaqortullu akornanni aasalernerani natsiit aallartut aviffeqassasut, Nunap Isuata tungaanut ingerlasartut allallu Kitaata natsii sumukartarneri nalusavut.

Ukialernerani utertarnerat aamma misilittagaqarfigineqarpoq. Oktoberimi takkuttarput. Sinerissami tusartakkat assigiissuteqarput. Avataanit avannaanit timmut kujammut ingerlallutik takkuttarput. Qeqertarsuatsiarmiut oqarput oktoberip naajartornerani samannga avannga timmukartartut aqqut ataaseq atuartarlugu, nunalu Sioqqap alannguatigut angugaangamikku aatsaat siammarlutik kangerlunnut assigiinngitsunut pulaaralersarlutik.

Kangaamiut avannaanni Kangerlussuup paani oktoberip naajartornerani aamma natsiit avannga samannga timmukartarput Simiuttap alannguatigut Amerlunnguup paavatigut nuna angusarlugu, tamaanngalu sinerissamut siammartarlutik. Taama ittunik allanissaaq tusartarpunga. Kitaajaqqat taama ingerlaartarsimapput, ukiakkut avannga samannga tiffartarlutik.

Aasami sumiittarnerat naluarput, unali nalunagu: Natsiit immami sikulimmiikkumalluinnartuugamik sumi pinerpoq imaq sikulik ornittarsimassavaat.

Kitaajaqqat natsillaallu suna assigiinngissutigigaat erseqqissumik paasinngilara. Ilaasa meqquisa takissusii nikingatippaat, arlaasa meqqui torsunerullutik tannerunerarlugit. Kitaajaqqat timaat minnerunerarpaat. Qaqortumi Kalaallit Nunaata ammeriviani natsiit amiisa assigiinngitsunut marlunnut immikkoornerat uparuarneqartoq (august 1992) kitaajaqqanik immikkoortitsisarnernut assingoqaaq.

Taassuma saniatigut immikkoorutaannik allanik tusaamasaqanngilanga.

Natsiit qernertut

Alluitsup eqqaamiui 1900-kkut aallartinneranni natseqarsimapput qerningajavissunik, oqaannut allaat qernertunik. Natsiit taakku a-ngissutsimikkut natsiit allat assigisimavaat amialli oqaallu allaassutaallutik. Akorninnakkut takkussimapput Kangerluk Alluitsoq Uunartup Kangerlua Sermillillu najorlugit. Amerlanatik. 1900-kulli qeqqannut akuttoriartorlutik maanna takussaajunnaarput. Genetikimik pissuteqarlutik mutationitut isigisariaqarunarput, soorluttaaq Nuup Kangerluata ilaani tuttut anginngitsut Kitaata tuttuinit allaanerussuteqartut ilisimaneqartut.

Natsiit amiisa atugaaneri

Natsiit amii atisanut assigiinngitsunut atornerpaajupput, aamma kamiit timitaannut atunnganut atorneqarneq ajorput saagineqartarlutik. Nunatta ilaani aataat natsersuilluunniit amiinik pissaqanngisut natsiit angisuut amii qaannanut amerisaraat eqqaamaneqarpoq.

Atisanut atornermik saniatigut pooqattanut puulianullu assigiinngitsunut atugaapput, aammalu illup iluani iikkanut qallersuutaapput, taaneqartarlutik: itsat. Qituttunngorlugit suliaralugit oqorutigisarpaat.

Natsiit sikumik atuinerat

Natsiit kangerlunni sikulimmiuupput. Kangerluit sikullit najornarpaat siku putullugu anersaarfissaminnik alloqartarlutik. Allumik pisarpaat sikumi putunnguaq puisip anersaariartortarfissamisut sanaava. Amerlanertigut sigguni nuisiinnarlugit anersaartarpoq, aqqaqqillunilu. Puisi ataaseq arlalissuarnik alloqartarpoq, taamaalilluni siku annertooq neriniarfigalugu atortarlugu.

Aamma siku putullugu sikup qaanut qaqiffigisinnaassaminik ammaasarpoq. Taakku taasarpaat kikkulit, **kikkuleq**. Natsiup kukimminik siku ataanit kumillugu alluliorlunilu kikkuliliortarpoq.

Qaqutigut sikoqanngitsoq najortarpaa. Paamiut Sermiliata Tasiussaani aasami sikueraangat natsillaat qerrut immamut atasut ujaraasa akornini ineqalertartut oqaatigineqarput (Karl Eugenius).

Ilisimavarput Qimusseriarsuarmi siku timerleq issutsippallaaraanngat natsiit qimagalersaraat. Aammattaaq kangerlunni sikui issutsippallaartartuni sikunut saannerusunut illuartartut ilisimaneqarput.

Ilisimaneqarpoq kangerluit assigiinngitsut natseqassusii assigiinngitsut. Soorlu kangerluit marluk sanileriit, Kangerluk Alluitsoq, aqqata pissutaasoq ersersikkaa. Kangerluk taanna aalisagarissoq, taamaattorli puisinit tassanilu natsernit najorneqarnera annertunngilaq. Sanilia, Uunartup Kangerlua, Alluitsutut aalisagarisiginngitsoq natsernit najorneqarneruvoq. Taamaattuni suna pissutaanersoq naluara.

Piaqqiorfiit
Natsiittaaq siku piaqqiorfigalugu atorpaat. Upernaakkut aputip ataani piaqqisarput. Tamanna pillugu kangerluit aputeqarluartartut piaqqiorfiginerusarpaat. Aamma ilulissat killingini aputip issusuunngorluni saasimaneri piaqqivigisarpaat. April majimi piaqqisarput.

Fig. 31-mi piaqqiorfiisa ilaat takutinneqarput. Qimusseseriarsuaq piaqqiorfiit annersarigunarpaat. Tamaani sikup nikisarnerata eqqaani aammalu Qimusseriarsuup qeqqani Qikertat Naalungialissuakkut eqqaanni natsiarpassuit piaqqiarineqartarput. Avataani Baffin Bugtip sikuani natsiit piaqqisarnersut naluakka.

Natsiit aamma sikorsuit qaanni piaqqisarput. Kujataamiut isumaqarput tamaani piaqqiaasartut amerlanersaat sikorsuit qaanni pisartut.

Ajoraluartumik Kitaata Avanersuullu avataanni pissutsit tusarfiginngilakka.

Uuttut. Upernaakkut seqineq kissattaleraangat natsiit sikup qaanut qaqillutik qassimasalersarput. Taasarpavut uuttut. Aamma meqqortaarnerminni sikup qaaniittarput. Tamanna majimi pisarpoq, oqartarput: Mamaartut. Piniartut natsiit sikumik atuinerat piniarnerminni atorluartarpaat. Uuttuutillugit assut piniartarpaat, amii tunisinnaasaramikkit. Mamaaleraangata piniarneqarnerat millisarpoq taamaatillutik amii nalikillisaqigamik.

Piniaatsit qanga atugaasut
Natsernik piniarnermi piniaatsit assigiinngitsut atorneqartut maani tusartinneqassapput:

Pitorarsaaneq. Kangerlummi sikumi sinaalimmi piniartut marluusut aappaa sinaani utaqqisoq, aappaa timmukartarpoq. Taassuma tiffasissumit aallartilluni siku kumigummik soorlu tuumik, puisip kukiinik allamilluunniit kumeriarlugu sikup sinaata tungaanut ingerlalersarpoq 100 meterit missaanni akuttutigisunik siku kumeqattaarlugu sinaata tikinnissaa angullugu. Utaqqiinnaraanni natsermik imaluunniit natsernik sinaavata avatinnguatigut nuisoqartarpoq. Natseq pitorartoq.

Maartut, nippartut allusiortut. Inuit arlalissuit sikumi piniaqaatigiittarput. Puisi ataaseq amerlasuunik alloqartarami sinnerseraallugit anersaarfigisarpai. Angutit ilaat allunut unittarput uninngaqqissaassallutik, allat siammarlutik pisullutik angalaarput. Pisuppalui natsiup tusaaguniuk alluni inummit ungasissoq anersaarfigiartussavaa. Immaqa inummik qamasulik. Qamasup puisip anersaarpallannera tusaruniuk kapissavaa imaluunniit aallaassavaa.

Aamma ilaat allup killinganut unittarput tikivinnagu, tassanilu uninngaqqissaarlutik natsiup allumigut anersaarnissaa utaqqisarpaat kapissallugu aallaassalluguluunniit.

Puisi aggerluni tikiutileraangami imaq aalatittarpaa, inuup tusaasinnaasaanik. Allup putunnguata qalipaataa taartikkuni tassa puisi qummut apuuppoq periarneqarsinnaalerluni.

Piniaatsini taakkunani ullup qaamarna pisariaqanngilaq. Unnuami ukiumiluunniit kaperlammi atorneqarsinnaapput. Allup qinernerani puisip anersartorpalua imaluunniit allup nuuata qillerniminingua nanisissutaasinnaapput.

Aarneq. Natseq sikumi qassimasoq piniartup natsernik atisaqartup puisaasaarfigalugu assakaasarluni qarlortarluni natsertullu aalalluni ornissinnaava kikkulia asserlugu, kapillugulu pisarisarlugu.

Itsuarniarneq. Angutit marluk sikumi allualiorput. Aappa takisuumik ipulimmik kapuuserluni pallorpoq, ammut isigisinnaalluni. Niaqua puisip amianik ulinneqarpoq alluaq ataanit erseqqippaallaaqqunagu. Angutip aappaa saniani qeqqarpoq kapuut, itsuarniut, tigumiarlugu silutsissimallugu. Itsuarniut tuukkartamigut saaninnguamik upattorsaaruteqarpoq, aalatinneqartumik.

Puisi upattorluni nerfallarluni saaninnguaq ataanit ornillugu tikilerpagu itsuartortup aappani kalerrissavaa, taava taassuma kapissavaa.

Sinaasiorneq. Piniartut sikup sinaani qamasarput natsiit avaqquttut aallaasarlugit.

Qaasusersorneq. Danskit niuertoqarfiliornerisa kingornagut qassutit sikumi piniarnermi atorneqarlualerput.

Natsiit amerlassusii

Natsiit amerlassusiat ukiut ingerlaneranni allanngorartoq paasinarpoq. 1900-kkut ingerlaneranni Kalaallit Nunaata Kitaani natsiit pisat Cyklus-100-p kiatsikkiartorneranut ikiliartorput. fig. 31, pueqqortikkiartulermallu amerliartulerlutik.

1960-p missaanni, saarulleqarfiup immikkoortuisa aappaata aallartinnerani, tassa saarulliit imartavut qimagaleraat, natsiit imartatsinniittut amerliartortut tamanit maluginiarneqalerpoq. Aamma pisat statistikiat taamatut takutitsivoq. Tamanna takusanut naapertuuppoq: 1900-t aallartinneranni ikiliartorput. Kiatsinnerpaaffiani ukiumi sikusarnera millivoq.

Tabel 1. Kalaallit Nunaat tamaat natsiit pisat, stk.

1954/55	31.231	1967	44.947
1955/56	38.268	1968	53.483
1956/57	46.678	1969	60.434
1957/58	45.187	1970	
1958/59	48.092	1971	64.534
1959/60	51.786	1972	67.714
1960/61	49.865		
1961/62	54.520	1974	74.051
1962/63	43.281		
1963/64	63.431	1977	81.168

1964/65	72.559		
1966	67.957	1979	90.326

Pueqqortikkiartulerlermat sikusarnerujartorluni amerliartoqqilerput.

Statistikini siusinnerusuni natsiit puisinit allanit immikkoortinneqanngimmata pisat amerlassusii naluagut. 1950-p kingornagut takusinnaalerpavut. Chr. Vibep suliai (Arctic Animals in relation to Climatic Fluctuations, 1967) siusinnerusumi pisunik takutitsipput. fig. 32.

Erseqqippoq 1900-kkunni Cyklus-100p iluani oqimaaqatigiinnerit allanngorarnerinik natsiit amerlassusii sunnerneqartartut. Kiatsikkaangat sikoqanngingerulerluni pisat ikilisarput pueqqortikkaangallu sikuunerusalerluni amerlisarlutik.

Aataat *(Pagophilus groenlandicus)*

Aataat kalaallit piniagaasa pingaartut ilagaat. Inuit nunamik atuineranni aataat ukiup kaajallakkiartorneranut ima ilisimaneqarput. Maani eqqartugassagut 1950-p siornagut pissusiupput.

Maj aallartissimaleraanngat, Nuup kangerluani 1900-kkut aaffaanni siullermi 10. maj aataat siulliit tikiffissaattut naatsorsuutigineqartarpoq („10. maj aataap neqaanik neqitoqqaarnissarput naatsorsuutigisarparput"). Tassa **tikeqqammiit**, upernaap aataavi. Qavani New Foundlandip Labradorillu avataanni marts aprilimi sikorsuarni ernisimallutik uterlutik tikiupput. Saloqaat, orsui saattunnguugamik aallaallugit toqukkaanni kivisarlutik. Takkupput Kalaallit Nunaata kitaani upernaap nerisassissutaanik puallarseriartorlutik. Majip naalernerani junimi ammassat kangerlunni puisussaapput. Kujasinnerusumi piaarnerusumik avannarpasinnerusumilu kingusinnerusumik. Tikeqqammiit aalisagarpassuarnik, pingaartumillu, ammassanik puallarsertarput.

Tikeqqammit amerlasoorssuullutik ingerlaartarput, amisut. Amisut ilaat qulit missaannik puisitaqartarput. Amisut hundredit arlerlugit aataartallit ataatsikkut aqqaasarput takussaasuerulluni. Aataat tusintit arlaqarunartut ataatsimut ingerlaartartut ataatsikkut aqqarsimaneq ajorput. Nuisasoqartuaannarput, **aqqajuitsut**.

Junip naalernerani ammassat nalaat qaangiukkaangat sukkasuumik tammartarput. Juli naaleraangat piaraat nalliuttarput, aataavaqqat, aataannguit, qaammat missiliorlugu Kitaata sineriaaneeriarlutik aamma qimaguttarlutik.

Septemberimi inersimasut utertarput pualallutik ataasiakkaarpassuullutik amisuaraallutillunniit sunut tamanut siammartarlutik. Tikeqqaammisut ataatsimorsuaq ingerlaartanngillat. Aataat taakku taasarpaat: **ingerlaat**.

Ingerlaat ukiariartornerani ukiumilu sinerissatsinniittarput, februarimi erniartorlutik New Foundlandimi ernisarfimminnut aallarnissamik tungaanut.

Ukiup aataavi kangerlunnuttaaq nerisassaqarluartunut pulasarput, sikujartornerata ilutigalugu anillakkiartortarlutik. Noah Enoksenip Sarfannguarmiup angumminit tusakkaminik oqaluttuuppaanga: 1906-mi ukiakkut imaq nillertorujussuuvoq. Decemberi aallartiinnartoq Ikertooq tassanngaannaq sikummat aataat Ikertuup qinnguaniittut mattussaapput, kangerlummi nunalinnit sassivigineqartut.

Aataat atugassartaat
Aataat inunnit atugaaneri natsernut sanilliullutik allaapput. Pingaartumik amii allaassutaapput. Aataat amii natsiit amiinit annerullutillu tangertunerupput. Pingaartumik qaannat umiallu amissaattut allanit atorumaneqarnerusarlutik. Aataarsuit amii kaminnut atungassatut atorumaneqarnerpaajupput, aamma qaannanut umianullu amissatut. Aataat amii ussuit amiinit saannerugamik allunaanit ussuit amiinik qitunnerusut qilersuutigalugit atugassatut sanasarpaat. Aammattaaq amii tupernut illullu iluini itsatut (iikkanut qallersuutitut) atortarpaat.

Neqaat nutaatillugit nerisassatut panertillugillu ukiussamut piliarineqartarput.

Amerlassusiat
1900-kkut aallartineranni aataat nunatsinniittut ikiliartoqaat. Pissutaasut marluupput:

Siullermik erniorfimminni piniarneqarnertik ikilissutigaat.

Aappassanik cyklus-100-p sunniineranik amerlassusiat allanngorpoq.

1900-kkuut aallartimmata aataat amerlassusiat allanngorsimavoq. Taamanikkut inuutissarsiutit akunnattoornerannik oqalunneq atulersimavoq. Grønlands Styrelse inuutisarsiorfissanik nutaanik ujarlertitsilerpoq. Taamanikkut aalisakkanik misissuineq aallarnerpoq.

Statistik pigisarput najoqqutaralugu puisit pisat, aamma aataat, nalunaarsoraanni, pisat ikileriarpallaarnerannik takusassaqanngilaq, naak taama oqartoqartaraluartoq. Pissutsit imaannerupput puisit pisat 1880-1920 ikilerianngitsut, allannguutinili inuit amerleriarnerat-tassa pisanik agguaavissat amerlinerat-pisat amerleriarnerannik ilaqanngitsoq pisuunerusoq.

1930-kkut atuutilernerat tikillugu suli aataat amisuullutik upernaakkut tikittarput. 1930-kkut ingerlaneranni tamakku tammarput, amisuaraannaat ataasiakkaallu takussaalerlutik. Ukiuni tamakkunnani pisiniarfinni kamippaat, skuut støvlillu suli pisiassaalinngillat, kamiit annerusumik atugaallutik. Taamanikkut aataarsuit pisat ikilinerujussuata kinguneranik suni tamani aataarsuup amia atungassaq ajorsaatigineqarpoq.

Aataat ikilinerat 1970-kkut atornerat ilanngullugu malunnarpoq. 1970-kkut naajartorneranni upernaakkut amisoqaqqittalerpoq.

Attaat takkuteqqikkamik pisarnerat allaanerulersimavoq. Maani tamanna erseqqissarneqassaaq:

1950-p kingornagut:
1. Upernaakkut majip aallartinnerani tikittarput. Ammassat qaanngiukkaangata qimagutissaarput aasaq naallugu najuuttalerlutik.
2. Piaqqat pisarnermissut julip naajartornerani takkuttarput augustusimilu aallartarlutik inersimasulli najuuttuaannalersut.
3. Ukiakkut inersimasut suli najuupput. Amerlanertigut amisuullutik, ilaat amisut angisoorsuit. 1950-p siornatigut ataasiakkaarpassuit takussaajunnaarput. Tamatuma kinguneranik immap ilaa aataarpassuaqalerpoq ilaalu aataaqarani.
4. Februarimi aataat ilaannaat, amerlanerit, aallartalerput.

Aataat Atlantikup avannaani pisat

Aataat ukiut hundredet arlallit ingerlaneranni erniorfimminni europamiut amerikamiullu aataarniartuinit malersorneqartorujussuupput. Pisat 100.000-kkuutaarput. Aataat kalaallit pisaat statistikkini 1950-p siornagut suliani takusinnaasatsinni puisinut allanut akuliussimapput. Aatsaat 1954-mi immikkortillugit nalunaarsimapput, 19.450. Taama ikitsigisut aataat amerlassusiinut sunniuteqartussaanngillat.

Naatsumik ataatsimut oqaatiginera

Aataat qangarsuarli kalaallit inuuniarneranni teknikkiannilu piniagassat pingaarnerpaat ilagisimavaat. Ukiup ilarujussua aataat sinerissap sioraani qinertariaqartarput. Taamaalilluni qaannap piniutaasalu pitsanngorsarnerannut pissutaaqataasimapput.

Europamiut/amerikamiut aataat piaqqiorfii New Founlandip eqqaaniittut ilikkaramikkit tamaani piniartalerlugit ukiumut 100.000-t arlallit pisarisarsimavaat (J. Mathiesen, 1852). Taama piniarneq ukiuni 3-400-ni ingerlasimavoq. 1900-kkut siornagut sunniutaa erseqqissumik ilisimanngilarput. 1900-kkut affaanni siullermi erniorfinni piaqqanik toqoraanerujussuit aataat ikilisilluinnaraluarpaat allaat kalaallit umiaat qajaallu amissaarullugit. Tamatumani cyklus-100 qanoq atsigisumik sunniuteqarnersoq maannakkut oqaatigineq ajornarpoq. Oqaatigineqareersutut 1970-kkut ingerlaneranni amisut Kitaata imartaani takussaaqqilerput eqqornerusumik oqassaganni 1970-kkut naalerneranni tamanna pivoq.

Natsersuit *(Cystophora cristata)*

Natsersuaq kalaallit piniagaasa pingaartut ilagaat. Pissaqarniarnermi pingaarutaa natsertut aataatullu siammarsimatiginngilaq. Nunap ilaani pingaaqaaq, allanili taamaagani.

Natsersuaq puiserujussuuvoq. Angutilukaq inersimasoq 2-2 1/2m-nik takussuseqarlersinnaavoq, arnalukarlu 1/2-2m-nik takissuseqarluni 300-400 kg-nik oqimaassuseqalersinnaallutik.

Natsersuaq ukiup kaajallakkiartornerani ingerlaartarfeqarpoq. Upernariartuleraangat Ikersuarmit Davisimit kujammut aallartarpoq Kalaallit Nunaata sineriaa sinilersarlugu. Taamaannerani piniariarfiit, kippartarfiit qeqertani avallerniittut inunitsisilersarput. Kangaamiormiut 1950-p siornagut oqartarput 4. april natsersuaq siulleq pisarineqartartoq. Kippartarfiit aprilip aallartinnerata saniani inunitsitertartut Kitaani siassimasut fig 34.-mi takutinneqarput. Maniitsup Isortuata paani Illulissuarmit Nunap Isuata uiarnera angullugu siuleriiaartut.

Tamakku aprilip aallartilaarneranit inunnit tikinneqartarput, kippartut. Tamakku amerlanersaat aammassat sioqqullugit tiffartarput junimi aammassanik qaloornissaq aataarniarnissarlu pingaartillugit. Kippartarfiit ilaat ilaqutariit ikinnerusut aasap sinnerani najortarpaat soorlu Paamiut sioraanni Nalli, Nanortallillu avataani Kitsissut aallalu suugaluarnersut.

Natsersuit siulliit nunap eqqaatigoortut taasarpaat neriniat. Kingusinnerusukkut avasinnerumi ingerlasut: ingerlaat. Ullortunerup eqqaani avalattarput nunap avataatigut ingerlaalerlutik. Julimi takkuteqqittarput sikorsuarni qassimallutik meqqortaartut, taasarpaat: **nakiisernerit**. Ukiorpassuarni taama pisoqartarpoq.

Ammassalimmi
Qanga Ammassalimmiunut natsersuaq (Ammassalimmiutut: niiniartoq) pingaartuuvoq. Takkusimasarnerani piniarneqarneranilu sikorsuit pingaaruteqarput.

Upernaakkut qeqertanut avallernut aniserlutik piniartarpaat. Kulusup alannguani qeqertat anisertarfiupput. Ilaqutariit ukiivinnit assiigiinngitsunit pisut tamaani katersortarput. Junip ingerlalernerani sikoqartillugu natsersuaqartarpoq. Taamaannerani qaannamik piniartarpaat. Julip qeqqani sikorsuarni qassimalersarput, mamaartut (meqqortaartut). Taamaattarput sikut tammarnerinut. Taava piaqqat augustusip aallartinnerata saniani takkuttarput.

Piaqqisarfiat
Natsersuit tamakku Islandip avannaani qeqertap Jan Mayenip eqqaani sikorsuarni upernaakkut piaqqisarput. Erniorfiit tamakku 1870-kkut qeqqanni Norgemiut puisinniat nassaaraat, 1876-millu tamaani piniarfigilerlugit.

Norgemiu tusaamasaq Fridtjof Nansen biologitut inuusuttunut piniarneqarneranni peqataasarsimasoq allappoq (Ski over Grønland. 1890), Ukiuni qulini norgemiut tamaani natsersuit een millionit (1.000.000) toqussimagaat, toqutallu affaat missiliorlugit kivisisimallugit. Kingornagut norgemiut natsersuarniartuarput, suli allaat 1937-mi 62.350 pisarisinnasimavaat (Avangnamioq 1939, nr. 2).

Natsersuit taamanikkut assorsuaq annilaarsimapput, allaat ukiumut ingerlaartarnertik, aqqutitillu allangortillugit (Nansen, 1890).

Tamatuma kinguneri kalaallinut annertoqaat. 1890-p missaani ukiut tulleriit Ammassalimmiut natsersuaqanngitsooramik perlerarput.

1930-kkut qeqqanni natsersuit ikileqaat. Ammassalimmiut sikorsuarni norgemiut neqikorpassui takusarpaat, timitaalli uumasut takkuttartut ikiligaluttuinnarput. 1935-mi Ammassalimmi natsersuit pisat ikileqimmata ajorsarneqaqaaq, nappaalanermik inuillu 66-t toqunerannik kingunilimmik.

Nunap Isuata eqqaamiut

Nunap Isuata eqqaamiuisa puisaasa natsersuaq pingaarnersaraat. Norgemiut natsersuarniartuarneratigut puisit pisat ikilingaarmata Nunap Isuata eqqaani nunaqarfiit eqqugaasut inui pinngitsaalillugit 1942-mi nutsertittariaqarsimapput.

1940-mi sorsunnersuup aallartinnerani Atlantikup avannaa sorsuffiulermat Norgemiut natsersuarniarunnaarput. Sorsunnerup kingornagut nangeqqinngillat. Taamanernit natsersuarniarunnaarput. Kalaallit piniartut natsersuartaat amerlanerpaamik kalaallit Nunaat tamakkerlugu ukiumut tuusintit marluk missaannaaniittaramik natersuit amerlassusiinut sunniuteqanngillat. Tamanna natsersuit amerliartornerujussuata uppernarsarpaa.

Tabel 2. Pisat nalunaarsorneri amigaraluartut pissutsinik paasinarsaataasinnaapput.

	1936	**1937**	**1938**
Norgemiut	76.017	62.352	28.227
Kalaallit	3.534*	2.859*	3.713*

Kalaallit pisaannik statistikkimi* natsersuit immikkoortinneqaratik „puisit angisuunik" taaneqaannarput. Tassaapput: natsersuit aataarsuit ussuillu ataatsimoortitat. Tamakku ilaat qanoq amerlatigisut natsersuaanersut naluagut. Ussuit pisat ikittunnguusarput. Kisitsisit tassaanerupput: natsersuit, aataarsuit ussuillu ataatsimut inissitat, tamakku ilaat natsersuit qassiuneri paasinngisagut.

Tabel 3. Agguaqatigiissitsinerit malillugit puisit neqimik ima atsigisumik piffiusarput.

	Kg.
Natsiit	20
Aataat	40
Natsersuit	200

1954/55-mi natsersuit statistikkimi immikkoortinneqalermata ukiumut pisat 1.200-uupput. 1955/56-mi 886.

Kalaallit natsersuit sumut atorpaat?

Natsersuit puisinit allanit annerususut neqimik annerusumik piffiusarput. Amii aamma aallavissuneroqaat. Amii qaannat umialli amiisut tamaani atorneqartarput.

Ammit taakku meqqerfii itisuupput. Ammit erisarlugit meqquikkat meqqerfiisigut imeq pulasarpoq ameq assut erivisillugu tasisuaartunngortillugu. Ammip taamaannera inuit ilaasa angallatinut piniutinullu amerissallugu naarrugisarpaat.

Ammit taamanneri pissutigalugu sinerissani aataarsuit amiinik naammattunik piffiusinnaasuni aataarsuit amii natsersuit amiinik atorumanerusarpaat. Nunap Isuata eqqaaniut Ammassalimmiullu puisaasa natsersuaq pingaarnersaraat. Taakku qaannatik umiatillu natsersuit amiinik amertarpaat.

Pisut naatsumik oqaatigineri

Natsersuaq qangaanilli Kalaallit Nunaanni piniakkat pingaartut ilagaat. Natsersuit pisaasartut Kalaallit Nunaata kitaani immani ukiisartut upernariartuleraangat sikorsuarnut piaqqisarfimminnut Islandip avannaaniittunut ingerlaalersarput. Ingerlaarneranni tassani annerusumik piniarneqartarput. Aamaattaaq aasami meqqortaarnerisa nalaanni pisaqarfigineqartarlutik. Piffissat taasat avataatigut ataasi-akkaat ukiup ingerlanerani pisarineqartarput. Qaammatit pisaqarfiunerpaasut tassaapput april-juni, taavalu juli augustilu ikinnerusunik.

1880-p missaanit kalaallit pisaat ikileriarujussuarput nunani allamiut piaqqiviini 100.000-kkuutaanik toqoraanerisigut. 1900-kkut affaanni kingullermi aatsaat natsersuit amerliartoqqilernerat malunnarsivoq.

1950-p kingornagut
1950-p kingornatigut natsersuit amerliartornerannik malunnartoqanngeriarluni 1900-kkut naajartulerneranni amerliartuinnartut malunnarsipput.

Amerliartornertik malillugu Kitaatiguttaaq avannamut annguttaleriartorput aammalu takkuttartut amerliartorlutik. 1980-kkuunni allaat Avanersuup kommunia avannamut qaangerlugu Kane Bassinimut aasami sikuernerani annguttalerput.

Siornatigut natsersuit ukiup ilaani aalajangersimasuni immat ilarujussuani takusassaaneq ajorput. Amerlinermik kingornagut ukiup ilarujussuani, immallu ilaanni, sikoqannginnera tamaat najuuttalerput. Kitaani taama pisoqarpoq, allaat Kitaata sioraata ilaani erniorfeqalerlutik. Paamiut avataanni. Tunumi amerlinerat Ammassallip eqqaani malunnarneruvoq. Scoresbysundip imaani amerlinerat annikitsunnaavoq.

Aarfit ***(Odebenus rosmarus)***
Aaveq puisitta annersaraat, angut inerluarsimasoq 750 kg arnaviarlu 550 kg missaanni oqimaassuseqalersinnaapput.

Aarfit Kalaallit Nunaata Kitaata annersaa aammalu Tunup annersaa 1800-kkut naanerat angullugu najorpaat. 1900-kkunni nunamik atuinerat allanngoqaaq.

1900-kkuut aallartimmata ukiup kaajallakkiartorneranut aarfit ingerlaartarnerat 1930-40-kkunni qaangiuttoq malittarissavarput, fig. 34:

Diskobugtip kujataani aasami aaveqartanngilaq. Septemberip naajartornerani maannakkut Kangaatsiap kommunianut avataanit takkussulersarput, annerusumik Nassuttuup paani Taserallimmit avannamut Attup Uummannaa nallerlugu sissanut ikkarlunnullu qallulersarlutik. Nassuttuup Paani Simiuttaat qaavi ulikkaartarlugit, aammali sissat ilaanni aaverpassuit qassimattarlutik, (Kangaatsiarmiut) Sisimiuni niuertoq Rasmus Muller 1890-kkut ingerlaneranni pisortanit qinnuigineqarluni tamaanga takusaavoq (Vildtet og jagten i Sydgrønland, 1906). 1902-mi Litterærekspeditionen septemberimi tamaanaqqukkamik aaverpassuit takusatik allaatigivaat.

Kangaatsiarmiut eqqaamiuisalu oqaluttuuppaannga tamaani piniartarnerminnik. Sissani qassimmattut tulaffigalugit avataanit ungullugit toqoraasarnernik, Qeqertat Sisimiuttat qaavisa aavernik ulikkartarnerinik, Nassuttuup paatigut ikaarniaraluarluni aarfit nujuiserpallaartarnerat pillugu ikkaarneq ajulertarnernik oqaluttuuppaannga.

Aarfit tamaaniittarnerat septemberip naalerneranit novemberip aallartineranut sivisussuseqartarpoq.

Ukioraanngat Itillip Kangerlussuullu akornanni nunap eqqaa ikkattoq najulersarpaat upernassalernerani tamaani sikumi qassimasarlutik.

Suli kujasinnerusumi januarip naalernerani februarimi Kangerlussuup paavani Simiuttap eqqaa, pingaartumik kujataa tungaa Kangaamiut avataat angunagu tiffarfigisarpaat, tamaanni qeqertat avalliit avataanni ikannerit neriniarfigisarlugit. Tamaaniinnerini Kangaamiormiut qaannamik piniartarpaat.

Tamanna tassa kujavarnerpaasarfiat. Sooruna aarfit aataasiakkaat sumi arlaanni siumoriataarneqarsinnaapput, aarfit nunamik atuinerannut naatsorsuutissaanngitsumik.

Siusinnerusumi qanoq issimaluarnersut erseqqissimik takussutissaqanngilagut. Ukiut 1.000-t kingulliit ingerlaneranni ilisimavarput qallunaatsiaat aarfit piniagarisimagaat. Imaassimagunarpoq Kangaatsiap kommuniata aaveqarfii ukiakkut piniarfigissarsimagaat. Nuup eqqaanit eqqaamasaq aangajuttuinnanngorsimasoq utoqqaat ilaannit tusarpara: Itsarooq Nuup kangerluata paanut aarfit tiffartarsimasut sissanilu qassimasarsimasut. Tamanna qallunaatsiat kingornagut, aammalu Inuit amerlasuullutik tamaanga nunassinnerata missaani, ukiut 1.000-likkuutaartut pueqqortinnerpaaffiini 1500/1600-kkunni pisimasinnaavoq.

Diskobugtip kujataata aaviisa sinerissanik qimatsinerat
1911/12 Grønlands Styrelsip umiarsuaataasa ilaanni aquttoq akuerineqarluni pujortuleeqqamik angallateqarluni Kangaatsiap aaveqarfiini piniarpoq. Nalunaarutaani (Beretninger og Kundgørelser) atuarneqarsinnaavoq pujortuleerarsulerneq aarfit eqqissiunnaarutigisimagaat. Ukiut tamakku angallatit motorillit sinersulerput. Sinerissat nipaatsut inuit tipaannik tipeqanngitsut aarfit najorpaat. Aamma paasinarpoq inuit tikitsisarnerat nujussutiginngikkaat. Naak Nassuttuup paani piniarneqartaraluarlutik, allaat aallaasinik, ukiut tamaasa qassimasarfimminnut utertuarput. Eqqaamaneqarpoq umiat Nassuttuup paatigut ikaarniartut aaverpassuit, ilaatigut alapernaatsunik ilaqartartut, quilertagalugit ikaarneq sapileraangamik anori iluatseriaraangat kaffinik sikatsitsisartut, taavalu aarfit qimaasartut.

1920-30-p tungaanut aarfiit takkuttartut ikiliartuinnarlutik takkutissaarput. Sunarpiaq pissutaanersoq oqaatigiuminaappoq. Teknikikki angalanermi atugaalluni nipiliorlunilu tipiliortoq ukiuni tamakkunani ukiuugaluartumi allaat atugaajartuinnarpoq. Aamma ukiut tamakkorpiaat ukiut 100-kkuttaartut kiatsinnerpaaffiata naligaa saarulliit takkussulerfiat. Sorleq pissutaanersoq erseqqissumik oqaatigineq ajornarpoq.

Itillip kujataani 1938-mi martsi qaammataagaa Maniitsup umiarsuaaraata Sisimiuliartup inuttaasa Uummannaarsussuup timaani sikumi aarfit qassimasut takuaat (Inuttaasut ilaata Hans Poulsenip uannut eqqartugaa). Tassa tamaani takusat kingullersaat. Kangaamiut avataanni illuanut saannerani piniartagaat 1930-kkut ingerlaneranni takkutissaarput.

1920-30-kkunnit kalaallit piniartut pujortuleerartaartulerput. Sisimiormiut kingornalu Aasiammiut Qeqertarsuarmiullu upernaakkut Kitaata sikuini ikkannersuit qaanni aarfit qaasimasut piniartalerpaat. Ilaanni martsimit aallartillutik maj ilanngullugu avataani pujortuleeqqaanik aaffanniartarput. Piniarnermi tassani pujortuleerarsortut takuaat aarfit sikut avalakkiartornerat malittaraat allaat Canadamut killeqarfiup iluani Baffin landip qaqqai erserlugit aarfit sikuniittut malittarlugit. Nunatta Canadallu akornanni imaq sikullu aarfit atorpaat.

1950-kkut ingerlaneranni piniarneq tamanna unippoq. Upernariartornerani Kitaata sikuini qassimasut nalerput tikillugu takuneqartarput.

Dikobugtimit avannamut
Aarfit qassimasarfii sinerissamullu talittarfii tamaaniittut eqqaamaneqarput. Tamakku Qeqertarsuup karranit avunga Qimusseriarsuup tungaanut atapput, fig. 35. Tamakku amerlanersaat 1900-kkut affaanni siullermi suli aavernit atugaapput. 1900-kkut naalerneranni amerlanerit qimanneqarsimapput. Qinniviup Nunaata sineriaani (Sigguup Nunaata kujammut sineriaani) ikkattuni, iluliarsuit ikkarlisimasarfianni upernariartornerani suli aavernik qassimasoqartarpoq, upernarnerani avannamut aallarnissamik tungaanut tamaaniittarlutik. Tamanna pisinnaavoq Qinniviup Nunaata sineriaa tamanna qaammatini tamakkunani inunnit tikinneqajuitsuummat. Paasinarpoq ukiuunerata naalernerani uumasut avannamut aallarartut ilagalugit aarfittaaq quppaq uumasut aqqutaat atuallattaraat, aqqutaani Upernaviup nunaqarfii avaqquttarlugit tamaanilu piniarneqartarlutik. Piniartut oqaatiginerini paasinarpoq 1900-kkut naajartorneranni aarfit tamaana avannamukartartut ikilisimaqisut.

Tassuuna tikipparput uumasut amerlassusiata pissutaasa ilaat, tassa nunamik/immamik qanoq atsigisumik atugassaqartitaanerannik apeqqut, allakkami **Kalaallit Nunaat ataatsimut** eqqartorneqartoq. Aarfit ima piniagaatiginatillu toqorarneqartiginngillat tamanna ikilissutigisariaqarlugu. Ikilineraannut pissutaanerpaatut taasariaqassaaq immamit/nunamit atukkaminnit peersitaanermikkut nunap/ immap uumaffigisamik millineratigut, pinngortitap namminneq uumasunik amerlassusiliineratigut, ikileriarnerat.

Tunumi
Tunup aaveqarfiisa ilisimanerat killeqarpoq. Tunup sineriaata annersaa najorpaat, Ammassallup eqqaanit Nordostrundingen tikillugu. Ammassalimmi ataasiakkaajunerusut takkuttaannarput, pisaqarfigineqartarlutik.

Kangerlussuarmi Itissaalimmi aamma takkuttarput.

Scoresbysundimi aaveqarfiit 1925-mi nunasisut takuaat. Fig. 36-mi nalunaaqutsersimasut. Taamanikkut Scoresbysundip Kangerlussuani Kangerlerajiva (Hvalrosbugten) aaveqarfiuvoq pingaartoq. Augustimi 1985 aaveq inuusuttoq Kangerlerajivanut ingerlasoq illoqarfiup avatinnguatigoortoq utoqqaap illuamiup sissamiit aallaallugu pisaraa.

Erik Born allallu (1985) Scoresbysundip piniagassanik allaaserinninnerminni aaveqarfiit nalunaarsorsimavaat, fig. 37.

Tunup avannata aaveqarfii
Nordostrundingen tikillugu avannamut atapput. Tamaani inoqanngitsumi aarfit amerlassusiat Kitaani inulimmut naleqqiullugu qanoq innersoq oqaatigisinnaanngilara. Scorebysundimi aarfiit takkuttartut ukiut ingerlaneranni ikiliartorsimapput taamaattorli tammavinnatik.

1900-kkut naalerneranni Kitaani aaveqarfiit
Fig. 38-mi Diskobugtip avaanni aaveqarfiit takutinneqarput.

1900-kkut naalerneranni Kitaani aaveqarfiit suli atugaasut annikitsuinnaapput. Diskobugtip kujataani sinerissani aaveqarfiit aavernit atorneerupput. Kisianni suli kitaata sikui Qalerallit ikkannersuata qaavaniittut ukiumi aavernit najorneqartarput. Sikut avalakkaangata aarfittaaq peeruttarput.

Qeqertarsuup karrani qassimasarfiit tikinneqatsiartarput. Sikuutinnagu umiarsuit aalisariutit imaq tamanna atuleqimmassuk aarfit ikilipput.

Qinniviup Nunaata kujammut sineriaa imaq ikkattuuvoq. Karrata sulluanit iluliarsuit aniasut tamaani ikkarlerartarput qerrullutik. Upernassalernerani Kitaata sineriaata aavii kingulliit tamaani katersortarput, sikumi tamaani qassimasarlutik, ilaatigut upernarneranut tamaaniittarlutik. Sineriak tamanna taamaalinerani inunnit atorneqarneq ajorpoq. Illorsuarmiut nassuiaappaannga. Aarfit tamaani qassimasartut qanoq amerlatiginersut naluagut.

Upernaviup kommuniani qeqertat siusinnerumi aarrit najornatagaat maanna angallattoqarlualerneratigut tikinneqassarput.

Kitaani motorilinnik angallannerup alliartuinnartup aarfit qimaasivai. Aarfit Kitaani pisaasartut qangali ima ikitsigipput aaveqassusianut sunniuteqarsinnaanatik.

Avanersuaq annerusumik tassaalerpoq Kalaallit Nunaata kimmut sineriaani aaveqarfiit kingullersaat. Aarfit suli tamaaniinnerannut pissutaaqataavoq Piniartut peqatigiiffiata motorilinnik atuinermik killilersuinera.

Tabel 4. Piniartut pisaannik katiteriviit 1954-mit aarfit immikkortillugit nalunaarsulerpaat. Takutitaat imaapput, stk.

1954/55	288	1962/63	267
1955/56	217	1963/64	103
1956/57	413	1964/65	42
1957/58	203	1965/66	33
1958/59	199	1966	41
1959/60	353	1967	22
1960/61	116	1968	35
1961/62*	562	1969	99

**1961/62-mit Avanersuarmi pisat ilanngunneqartalerput.*

Qasigissat *(Phoca vitulina)*

Qasigiaq Kalaallit Nunaata sineriaani uumasuuvoq. Kitaata annersaa najoraluarpaa. Siusinnerusumi Upernaviup avannaani Tasiusap eqqaani aasami takkuttarpoq (Hendrik Olsen: Upernivik oqalugtuagssartailo, 1963). Kitaa tamaat nunallu isua uiarlugu Ammassallip eqqaanut malinneqarsinnaavoq.

1900-kkut aallartinnerat tikillugu aasami sinerissatta ilaani qeqertarpassuaqarfiit, ikkarluit avasissut kanngerluillu qinnguini kuussuit najorpaat erniorfigalugillu.

1900-kkut aallartinneranni Inuit angalaanerneranni, pingaartumillu pujortuleeqqat sinersulerneranni, najortakkatik qimakkiartulerpaat. 1950-p siornagut suli sinerissat ilaat ikkarluillu sinerissap avataaniitut najorpaat. 1950-p kingornagut aquuteralaat atorneqalernerat aamma uumasut taakku assut malugaat. Sinerissap ilarujussua qasigiaaruppoq. Kommunit ilaanni suli erniortunik peqatsiarpoq, amerlagunanngitsunilli.

Kangerluit qinnguini kuussuit ilaat qasigiaqarfiusimapput. 1800-kkut affaanni kingullermi Majoqqaq, Manniitsup Isortuaniittoq, suli qasigiaqarfiuvoq (Niels Mikiassen, Atuagagdliutit, aamma Maniitsormiut utoqqaat). 1900-kut atulermata qasigissat Majoqqaq qimassimavaat. Kuussuit allat tamatuma missaani qimanneqarsimagunarput. Nalitsinni Kangerlussuup Mittarfiup kuussuata akuani illersugaallutik najugaqartut kuussuit qasigiaqarfiit Qasigiaqarfiit peqarnerusutut oqaatigisariaqartut Nunap isuata eqqaaniipput, inuit angallavigivallaanngisaanniittut, kiisalu Tunup sineriaatigut avannamut malinneqarsinnaasut.

Qasigissat sinerissatsinnit qimagunnerat inuit malersuinerannik pissuteqarpoq.

Atuakkat najoqqutarineqartut

Atuagagdliutit
Avangnamioq
Beretninger og Kundgørelser
Bent Muus allallu: Grønlands fauna, 1981
Det Grønlandske Selskabs Aarskrift, 190?
Mylius-Eriksen, Harald Moltke: Grønland, 1905
Rasmus Muller: Vildtet og jagten i Sydgrønland, 1906
Arne Nørrevang: Grønlands natur, 1981
Alwin Pedersen: Rosmarus, 1951
Christian Vibe: Arctic Animals, 1967

Kalaallit Nunaat ataatsimut

Siulequt

Naqitaq manna nr. 18 kommuninit ataasiakkaanit nalunaarutit eqiterneraat. Kommuninit ataasiakkaanit nalunaarsukkat kommunit iluineersuupput taamalu uumasut artit ataasiakkaat nunatsinnik atuinerata ilaannaanik takutitsillutik. Naqitami maani artit ataasiakkaat nunatsinnik atuinerat tamakkiisumik erseqqissarneqarpoq. Aamma ukiup kaajallakkiartorneranut uumasut atuinerat, ilaatigullu aamma paasisanik tunulissaqartilluni, ukiut 100-kkuutaartut ingerlaneranni atuinerat ersersinneqarluni. Uumasut artit ilaat kommunini eqqartorneqarput, aammalu tamakku saniatigut artit ilaat immikkut nalunaarutini allaaserineqarlutik. Artit tamakkunani immikkut eqqartorneqaanngitsut naqitami maani ilanngunneqarput.

Allagaq manna marlunngorlugu avinneqarpoq. Immikkoortumi siullermi uumasut atuineri assigiinngitsut eqqartorneqarput; immikkoortup aappaani inuit atuineranni nunamik uumasunillu ajoqusii-sarnerit erseqqissarneqarlutik.

Paasissutissat pineqartut ilaat 1988-90-imi Helle Siegstad aapparalugu kommuneqarfinni angalalluta paasissutissanik katersuinitsinnit pisuupput. Ilaat siusinnerusumi uanga namminersuutigalugu katersuininneersuupput. 1940-p missaanit Maniitsup Isortuata aavarfiini tuttunniartarninnit. 1950-ikkunnit sineriapput qavannga avunga angallavigisalerakku inunnik oqaloqatiginninnernit nalunaarsukkanit katersukkannit, 1987-imi prof. Kingo Jakobsen, taamanikkullu katersugaasiviup pisortaa, maanna borgmesteri Kristine Raahauge ilagalugit Nanortallip kommuniani angalaarnitsinnit. 1985-imi augustimi Illoqqortoormiuni nalunaarsuivunga. Tamakku saniatigut Nuup Kangerluata Diskobugtillu akornanni nunap timaata ukiup ingerlanerani atorneqarneranik nalunaarsuineq ukiorpaalunni tamatuma angallavigineratigut ingerlassimavara.

Uumasut atuinerata saniatigut inuittaaq atuinerat ilanngunneqarpoq, pingaartumik atuinerit mianernartui eqqartorneqarlutik.

HC Petersen

Immikkoortoq siulleq

Kalaallit Nunaat ataatsimut

Maani siunertaanngilaq Kalaallit Nunaanni pinngortitap pissusii atuakkani tamakkuninnga eqqartuisuni atuarneqarsinnaasut allaatiginissaat. Allaatigisap naggataani litteraturlistimi tamakku takuneqarsinnaapput.

Taamaattormi pingaanerit maani naatsumik taaneqassapput. Kalaallit Nunaat Atlantikup avannaani kitaani Amerikap avannamut kangimut tikeqquani inissisimavoq. Nunarsuup qaavani pissutsit nunani taama inissisimasuni atuuttut klimamut tunngasut assinginik aamma uagut atugaqarpugut. Nunatta avannamut isua Nunarsuup qaavani nunat Nordpolimut qaninnerpaartaraat. Avannamut isua Kap Morris Jessup 83° 40' 5" N br. avannarpasissuseqarpoq. Tassanngaanniit kujammut isuanut Nunap Isuanut Kap Farvelimut km-it 2.670-iupput, allorniusat 24-t.

Silinnersamigut Kangikajimmit Kap Brewsterimit Scoresbysundip kommunianit Kitaani Nuussuup kimmut nuuanut km-it 1.000-iupput. Piffissarli uuttuutigissagutsigu kangimut isuani Nordostrundingimi seqernup nuinerata kingornagut nalunaaquttap akunneri 4-t minuttillu 20-t qaangiukkaangata aatsaat seqineq kimmut isuani Ullersuarmi nuisarpoq.

Nunap angissusia 2.186.000 km-iuvoq. Nunap timaa sermersuamik qallersimavoq. Sermeqanngitsoq sermersuarlu imminnut naleqqiukkutsigit nuna sermersuup qallersimasaa sermeqanngitsup arfineq marloriaatigaa.

Nuna portusuujuvoq. Sermersuup portunersaa 3000 m-it missaanniippoq. Qaqqat portunersaat Tunumiittoq Gundbjørn Fjeld 3.733 m-itut portutigivoq. Kitaani Qaqqat portunersaat Naparutaq 2.190 m Maniitsup kommunianiippoq.

Sineriaata annersaa portusuuvoq 1.000 m-it missaanni portutigisunik portunerusunilluunniit qaqqalik, maneeqisorlu. Sineriaata ilaani km-it hundredit arlallit sermersuaq immamut atasarpoq. Kitaani nuna sermerqanngitsoq sinerissamit sermersuarmut 200 km-inik atitussuseqarluni. Tunumilu 300 km-inik. Tunumi Scoresbysundip kangerlussua 300 km-it sinnitsiarlugit qinngortussuseqartoq kangerluit tannersariinnarnagu aammali imartunersaraat.

Kalaallit nunaat nunatoqarsuuvoq Nunarsuup qalipaata pisoqaanerpaap ilagalugu, qaarsui 3.800 milliuunit matuma siornagut maanna qaarsunngorsimasut, maanna kitaani Nuup eqqaani ilisimaneqartut.

Nunat eqqaaniittut

Canada qaninnersaavoq, avuuna Ellesmere Landikkut ikerata ninninnera 40 km-it missaanniittoq. Ikersuakkut Davisikkut Sisimiunit akimut 330 km-it, Islandimut ikikinnera 300 km-iuvoq, Svalbartimullu 570 km.

Pinngortitap pissusii

Klima

Kalaallit nunaanni julip kiaata agguaqatigiissinnerata 10° C, kangerluit ilaanni angoqqarsimavaa, 10°C agguaqatigiissitsineq nunap kujatingaatsiaatigut Atlantikukkoorpoq. Tamatuma kinguneranik Kalaallit Nunaanni orpeqanngilaq, kangerluit Kujataaniittut ataasiakkaat iluini oqquunersat annikitsut pinngikkaanni orpinnik qummut narlullutik naasimasunik 5-7 m-inik tannerusunik peqanngilaq.

Orpiit

Orpiit tannersaat tassaapput orpik, dunbirk *(Betula pubescens)*, Qaqortup Kangerliumarnani naasartoq. Taavalu napaartoq *(Sorbus groenlandicus)* aamma 5 meterit sinnerlugit takitigilersinnaasoq. Taassuma naaffiisa avannamut killigaat kangerluk Allumersat Nuup kommuniiniittoq. Palleq ilaasa aamma taasagaat nunangiak, Bjærgel, *(Alnus crispa)*, taama takitigilerneq ajortoq Maniitsup kommuniani Kangerlussuatsiami avannamut killeqarpoq. Aammattaaq kakillarnaq, paarnaqulluk *(Juniperus communis)* orpikkat ilagaat. Kitaani naasarfia Kangaatsiap kommuniani avannamut killeqarpoq, Tunumi Ammassallup Kangerlussuatsiaanut.

Orpikkat *(Salix)* assgiinngitsut 4-5-at nuna tamakkerlugu siumorneqarsinnaapput.

Kangerlunni oqquusuni imeqarluartunilu orpigaqarfiitorpinnik qulaani taaneqartunik naaffigisimasut, kujataanilu orpeqarfiit, annertunngitsut siumorneqarsinnaapput.

Isugutaneq
Silap kiassusianik nakkaasullu nalinginik uttortakkat sinerissami illoqarfinni uuttukkat atuakkamit Grønlands natur, 1989, qup. 175-imit atorpavut.

Immami temperaturit
Immap qaavani kissassutsit Kalaallit nunaata imaani uuttorneqartartut faktorinit pingasunit tunngaveqarput.

1. Sarfat sikuijuitsup avannarliup imaanit nilleqisumit aggersut Tunukkut kujammukartut aammalu Nares Strædekkut kujammukartut.
2. Irmingerip sarfaa Islandimeersoq aammalu Golfstrømmep avalequtaa Kitaatigut immap qaavanut malunniulluartoq,
3. Silap kiaata (seqernup) issillu immamik nillorsaanerata kissatsitai nillorujussuartitaalu.

Sarfat marluk nunap klimaanut aammalu inuuniarfiuneranut tunngaviusut tassaapput:

1. A. Tunup Sarfaa, Den Østgrønlandske Strøm, Sikuijuitsup Avannarliup imaanit aggerluni Tunup sineriaa atuarlugu kujammukartoq Nunallu Isua uiarlugu Kitaanut avannamut ingerlaqqittoq. Sarfaq taanna nilleqaaq minusimiittuaannangajalluni, sikorsuarnillu Sikuijuitsumit kujammut assartuilluni.

B. Immap tamatuma ilaa Avanersuup Ellesmerelandillu akornagut kujammukaasoq Tunup sarfaanut naleqqiullugu temperaturia qanoq innersoq naluarput.

2. Kitaata sarfaata kiassusia plusimiippoq. Irmingeruip Sarfaata akuliunnerata sunniutaa Paamiut avataatigut immap qaani malunniulluarpoq. Tamanna aamma sinerissap timmut silissineratigut takuneqarsinnaavoq.

Europap avannaani allorniusanut naleqqiussigutta Kalaallit Nunaata klimaata pissusia paasinerussavarput. Nunarsuup qaavani sumi inissisimanerata Kalaallit Nunaata klimaa aalajangerpaa. Nunavissuit kangia tungaanni sinerissat avannarpasissut sarfap nillertup najortarpai kangia tungaalli sarfap kissartup. Nunap Isua Norgemilu Oslo allorniusamikkut avannarpaseqatigiipput; inissisimaneratali assigiinngeqisumik kiassuseqartippai.

3. A. Silami kiaap/issip sunniinerat. Aasami seqinnerluartartillugu Kangaatsiap sioraani ikkannersuup qaavata augustimi agguaqatigiissinnerata kissassuseq 6° C angusinnaasarpaa.

B. Ukiumi silap issingata immap qaava nillerterujussuaraangagu Ikersuaq Davis Avannaatalu imaa (Baffin Bugt) sikusarput taamalu Canadap issinga nunatsinnut apuussinnaalersarluni. Taamaaligaangat Canadap tungaanit ikersuaq tamarmi sikusarpoq.

Tamanna uumasut ilaannik ukiumi Kitaata imaani neriniarfeqartartunik kujammut qimaatitsisarpoq, soorlu qilalukkat qaqortat.

Qaamarnup pissusii
Qaamarnup pissusii nunap uumasoqassusianut inunnillu inuuniarfiuneranut annertuumik sunniuteqarput.

Aasami seqernup tarrissaartarneranit ukiumi nuissaartarnerata sunniutai annerupput. Ataani aasami ukiumilu seqernup pissusii takutinneqarput:

	Tarrissaarnera		**Kaperlak**	
	Aall.	Naavoq	Aall.	Naavoq
Aasiaat	13.5	31.7	28.11	13.1
Ummannaq	15.5	20.8	21.11	23.1
Upernavik	20.4	29.8	6.11	6.2
Dundas			20.10	16.2

Uumasut nunamik atuineri

Kommunikkuutaartunik nalunaarutini uumasut pissaqarniarnitsinni pingaarutillit ukiup kaajallakkiarnertonerani kommuninut nalliuttarneri nalunaarsorneqarput. Uumasutta ilaasa nunamik atuinerat kommunit ataasiakkaat nunataannit annertunerujussuusarmat uumasut tamakku nunatsinnik tamakkiisumik atuinerat maanna eqqartorneqassaaq.

Nunatta uumasuisa ilaat issittormiuupput ilaallu Atlantikumiuullutik. Ilaat ukioq naallugu nunatsinniiginnartuupput, ilaasa nunap ilaa pilerfitsik qimassanagu. Allat nunatta iluani ukiup ilaani najukkatik nigortarpaat.

Uumasut ilaat nunamiutaapput ilaallu imarmiuullutik. Tamakku nikerarnerat nalunaarsukkanik allassimasunik najoqqutaqarluni misissoraanni paasinarpoq nikerarnerat annerusumik klimamit aqutaasoq.

Ima paasissavarput: Uumasut artit assigiinngitsut klimap pissusiini aalajangersuni najugaqartarput. Tamanna pingasunik sammiveqarpoq.

- Siullermik nerisannaatik pinngortitap oqimaaqatigiinnerata allanngorneranik peerukkaangata malittarpaat.
- Aappassaanik klimap oqimaaqatigiinnerata allanngornerata timiminnut malunniunnera pissutigalugu naleqqunnerusumut nuuttariaqartarput.
- Pingajussaanik fysikimi pissutsit (soorlu sikusalersarnera/sikussaartarnera) pissutigalugit najukkatik qimattariaqartarpaat.

Uumasut ingerlaartarfii

Uumasut nunatta sineriaatigut ingerlaartarneri ukiumut marloriarlutik pigajupput. Pernaakkut avannamut aasaanerani piaqqivigisartakkaminnut imaluunniit neriniarfimminnut.

Ukiakkut kujammut ukiumi neriniarfinnut ingerlaartarput.

Arferit

Nunatta arferisa immatsinnik atuinerat naqitaq nr. 19-im allaatigineqarpoq.

Puisit
Puisit ingerlaartaranerat naqitami nr. 20-imi allaatigineqarpoq.

Timmissat
Timmissat ingerlaartarnerat aamma nunatta kujaterpiaannit Avannaarsuanut, ilami allaat Canadap Sibiriallu avannaarsuinut ingerlasoqartarluni.

Nunanut allanut aallartartut ilaata Canadakkoorlutik kujavartertarput, ilaallu Atlantikoq ikaarlugu Europamut ungasinnerusumulluunniit ingerlasarlutik.

Aammali timmissat ilaat nunatsinnit qimagunnatik kujataanit avannaanut utimullu ingerlasarput, soorlu mitit siorakit appallu sigguttuut sinerissatsinni uteqattaarput.

Aqqutit navianartut
Uumasut tamakku sinerissatsinni ungasiliartartut aqqutaata ilaa uumasunut navianartuuvoq. Navianartut ilaat pinngortitap nammineq pissusianit pisuuvoq, ilaalu inunnit piniarneqarnerannit pissuteqarluni.

Sinerissap ilaani uumasut inunnit navianartorsiortitaaffii tassaapput Qeqertarsuup Tunuata aqqusaarnera, pingaartumik Qeqertarsuup Alluttullu akornani nerukinnera. Tamanna angallaterpassuaqartarmat tamaanaqqunneq uumasunut navianartuuvoq. Uumasut ilaasa Qeqertarsuaq avaqquttarpaat, tamaani aqqutaa navianartoqannginneruvoq.

Navianartoq alla qilalukkanut tunngavoq. Ukiakkut Avanersuarmit kujammukarneranni 1970-ip kingornagut angallaterpassuit Qimusseriarsuup kujasissuani utaqqisarpaat piniartarlugillu.

1960-ikkut atuunnerini ukiakkut kapisilinniat ikkannersuarni qassusersortarallarmata timmiarpassuit immakkut ingerlasut, pingaartumik appat ukiakkut kujammukaasut, tuusintilippassuit piniarneqanngikkaluarlutik qassutinik pisarineqartarput.

Tassaanngaannaq annertoorsuarmik sikoriasaartillugu arferit mattussaasartut (sassat) ilaat ajunaartarsimassapput.

Uumasut nunamiuttat

Nanoq, tuttut, umimmak, amaroq, terianniat qaqortat qernertallu, ukaleq, ukaliatsiaq* avinngallu* (*-imik nalunaaqutsikkat Tunumiinnaq uumasuupput).

Kalaallit Nunaata nanua *(Ursus maritimus)*
Kalaallit Nunaata nanoqarfii pingaarnerit marluupput: 1) Tunu aammalu 2) Qimusseriarsuaq.

Tunup nanoqarfia:
Nannut ilaat Tunup ilaani uninngaarfeqarput. Ilaat sikorsuartigut kujammut ingerlasarput, Nunap Isuata eqqaa angusarlugu amerlanerillu tamaanngaanniit avannamut utertarsimagunarlutik.

Nanoqarfiit: Tunup inulittaani nunap atorneqarneranik uumasuinillu paasiniaanitsinni paasinarpoq nannut ingerlaarfiisa ilaanni uninngaarfeqartoq najortagaannik.

Umiiviup nanoqarfia: Isortup Kujataani Pikiullillu akornanniippoq Umiivik uumasulerujussuaq: puisit, arferit, timmissat kiisalu nannut. Imaassimagunarpoq nannut ingerlaartut uninngavigisaraat allaallu piaqqivigisarlugu.

Aputituup nanoqarfia: Aputituup, avannarliup ilua iterlak tikikkuminaatsorujussuusoq oqaatigineqarpoq, ilaanninnakkut inunnit anguneqartarluni. Kangerlussuarmut aqqutaaniippoq, avaqqutiinnarneqartarlunili. Fig. 39, (Nannut piaqqisarfiat). Taannagooq uni-nngaartunik nanoqaqaaq piaqqiorfiullunilu (Ulrik Piivaat, Kuummiut).

Nannut aqqutaat
Nannut sikorsuartigut kujammukartut ilaat sinerissakkut utertarput. Misissuinitsinni aqqummik nutaamik paasisaqarpugut. Nalunaarutit ataqatigiinngitsukkuutaat katitileriaramik aqqut ersileratannguarpoq.

Tusakkat:

- Scoresbysundimiut piniartut oqaluttuuppaannga Gåsefjordemi takusaritik nannut tumaat avannamukartut sermersuarmit aqqartarsimasut allallu illuanut ingerlasimallutik qaqisarsimasut. Isumaliutigisarsimavaat sumut ingerlasarsimanersut (Jonas Brønlund & Frederik Arqe allallu).

- Ikinngutima geologip oqaluttuuppaanga aasat ilaanni Scoresbysundip kangerlussuata timaani Renlandip tunuani suleqataalluni. Tamaani qooqqutigut kujammut avannamut atasutigut nannut ingerlasut takusarsimavaat (Margrethe Watt).

- Kaangerlussuarmi Itissaalimmi Tunumiut ukiisut piniartut ilaata oqaluttuuppaanga, sermitigut iigartartutigut ilusissumiittutigut nannut sermersuarmit aqqartarsimasut ilaallu qaqisarsimasut (Ulrik Pivat, Kuummiut).

- Ammassalimmiut ilaat oqaluttuarpoq Ammassallip Sermiliata qinnguata sermiani kujallermi takusaannarini nannut tumaat kangerluup sikuanit sermimut qaqisarsimasut. Eqqarsaatigisarsimavaa sumukartarsimanersut. Upernaat ilaanni qimusserluni sila kusanartorujussuugaa tumit qaqisimasut takugamigit sermimut qaqilluni tussalersimavai. Mont Forrel nalleraluarlugu avannamut ingerlaannarsimammata uterneqaratillu nammineq utiinnarsimavoq.

- Isortormiut (Ammassallup kommuniani) oqaluttuarput qanga Sermilik nipaakkallarmat inuisannerullunilu nannut avannamukaat sermilikkut pulasartut. Maannali inoqaleqimmat pisorpaloqalerlunilu nannut Isortup Kitaatigut sermikkut qaqisalersut tamaanalu sermikkut Sermillip qinnguanut avannarlermut itivittartut, tamaani puiseqartuartumi imartaalu milinneq ajortumi neriniartarlutik.

- Grønlandsfly-p helikopteriisa ilaata pilotia oqaluttuarpoq Kangerlussuarmi Itissaalimmeereerluni kujammut utilerami sineriak arlaleriarlugu atortareeramiuk nutaanik takusaqarumalluni sineriak qimallugu timaani nunataqarfik qarsullugu kujammukarluni. Tamaani nunap timaani taamak ilimasugani uumasorsilerpoq: nanornguna avannamut Kangerlussuup tungaanut ingerlaartoq (Pilot ?, 1992).

Imaannguatsiarpoq: Nannut avannamukaat atortagaannik nunap timaatigoortumik aqquteqartoq fig. 1-imi takutinneqartumik, km-it 1.000-t missaannik takissusilimmik. Aqqutip tamatuma aallartiffia Ammassallip kommuniani Isortup Kitaaniippoq Sermilimmut ingerlasoq, tamaanngalu Kangerlussuarmut Itissaalimmut ingerlaqqittoq. Taava Scoresbysundip kangerlussuani Gåsefjordemut, sulilu qinnguata nunataagut Nordvestfjordemut. Tamaannga avannamut qooqqukkut Stauning Alpet tunoqqullugit Kong Oscars Fjordemut anillaffeqarpoq.

Kitaata nanoqarfia

Kitaata nanoqarfiisa annersaat Qimusseriarsuarmiippoq. Qimusseriarsuaq Avanersuarmiut Upernaviullu kommuniamiut nannunniarfiisa pingaarnersaraat.

1900-kkut affaanni kingullermi Avanersuarmiut Upernavimmiullu avannaamiuisa Qimussersiarsuarrni nannut amerliartuinnartut oqaatigisarpaat. Nannut amerliartornerat Qimussersiarsuaannarmi pinngilaq aammali Qimussersiarsuup avataani malunnarpoq. Uperniviup eqqaa nanunikkiartorpoq. Nanorsiviusartut kujavariartorput. Ukiuni kingullerni Uummannap Sulluata paani Qinniviup nunaani nannut tumaat timitaallu takuneqartartut amerliartortut tamaani angalasartut oqarput.

Qimussersiarsuaq nunatta kimmut sineriaani nannut piaqqiffiisa annersaraat.

Nannut amerlassusiat nerisassaqassusiannit sunnerneqartassaaq. 1960-ip kingornagut natsiit amerliartornerujussuata 1900-kkut naajartornerannut nannut amerlassusiat sunnersimanngitsoorsinnaanngilaa.

Tuttut

„Kalaallit Nunaata tuttui" immikkut nalunarummi nr. 23-imi atuarneqarsinnaapput.

Umimmaat *(Ovibus moscatus)*

Kalaallit Nunaata umimmaqarfia Avanersuami Tunumilu ippoq. Umimmaat sermersuaqarnerata kingornagut Ellesmere Landimit ikaarsimapput nunatta avannaanut sineriaa atuarlugu Pearylandimut Tunumilu Scoresbysundip Kangerlussua tikillugu siaruarsimallutik.

Kitaanut apissittoqartarsimaneramik naluvugut. Qaarusulimmi Kullorsuup avataani avannaani umimmaap saarni nassarineqarsimapput (Nikolaj Jensen, Kullorsuaq). Maniitsup kommuniani Kangerlussuatsiamiippoq sermeq atilik, Umimmak. Appamiormiut oqaluttuaqarput Sermersuut timaanni Narsami nersut taartunik takisoorsuarnik meqqulik niui nuisalaaginnartut qanga tamaaniissimasoq.

Avannaarsuata umimmai nunatta inuisa siullerpaat malersorlugit taajanna nunagilersimavaat (Independencekulturen uk. 4.500 miss. matuma siornagut).

Ukiut ingerlanerini Avannaarsuata Tunullu umimmaqassusii allangorartuarsimagunarput. Allanngorarneri malissinnaanngilagut. 1940-kkut 1950-ikkullu ingerlaneranni Tunumi Avannaarsuanilu umimmaat taamungaannaq 10.000-15.000-nut missiliuunneqarput (Grønlands natur, 1981).

1930-kkut ukiumi tulleriiaani Jameson Landimi sermertarneratigut umimmaat ikilingaatsiarput (Finn Kristoffersen).

1961-65 uumasunik ilisimatuup Christian Vibep sulissutiginnineratigut umimmaaqqat 27-t uumatillguit pisarineqarlutik Kitaanukaanneqarput Kangerlussuullu kujataa tungaani Angujaartorfiup Nunaanut nunnigunneqarltik. Paasinarpoq nuunneqarnertik sapinngeqigaat. Amerliartoqaat, ukiumut 25-30%-imik amerleriartarlutik. Nalitsinni tamatuma tuttuinit iluatsisimaarnerupput.

Umimmaat Angujaartorfiup Nunaaniittut Kitaata umimmaasa qiterilerpaat. Tamaanngaanit nunatta ilaanut assigiinngitsunut siammarterneqalerput. Paasinarpoq ilaatigut umimmaat tuttunit ukiumik aniguilluarnerusartut. Kitaata tuttuisa ukiut ingerlaneranni amerlerujussuartarlutillu ikililluinnartarnerat umimmannuttaaq atornersoq maanna takussutissaqartinngilarput.

Angujaartorfiup Nunaanit umimmaat avannarpariartorput. 1980-imi Nassuttuup nunaani Sisimiut Kangaatsiallu kommuniisa killeqarfianut ungasinngitsumi panneq (angutiviaq utoqqallanngorsimasoq) siumorparput. Ilisimaneqarpoq kukiffallit angutit utoqqalisut inuusunnerusunit peersitaasartut.

1991-imi suli avannarpasinnerusumi, Eqalummiut Nunaanni, meqqunik katatanik annaniuu takuvunga, timitarsinagilli.

Ukiut ingerlaneranni nunatta ilaanut natsisoqartarpoq, soorlu Ivittuut eqqaannut. Tamaanissaaq nuunneqarnertik sapinngeqigaat paasinarpoq. Amerliartornerat kangerlussuarmisut ippoq.

Piaqqat Avanersuarmut nuutat iluatsippallaanngillat „immaqa inersimasunik ilaqarsimagaluarunik iluatsinnerussagaluarput, piaqqat misilittagakinnermik," avanersuarmiu taama isumaqarpoq.

1992-imi Sigguup nunataani Qinniviup Nunaanut nuutsisoqarpoq, 1993-imilu Naternaq umimmalerneqarluni.

Taavami qanoq?

Naalakkersuinikkut aalangiinissami umimmaat aallaaniagaajuartinneqassanersut imaluunniit aamma nersutaatitut atorneqassanersut siunissami aalajangiiffigisassat ilagisariaqarpaat. Aallaaniagaajuartillugit atorneqarsinnaanerisa, iluanaarutissartaasa, ilaannaat atorneqartuassaaq. Nersutaatitut pineqarsinnaalernerisigut iluanaarutissartaat atorluarneqalissapput, neqaat tamakkerlugit, niaqui, amii aammalu qiviui.

Aaqqissuussisoqarsinnaavoq nunatta ilai ukiumi aputeqartillugu qamutinik motorilinnik assartuiffiusinnaasut nersutaateqarfinngortinneqarlutik; qaqqartuut maniitsut aallaaniarfiiutillugit.

Amaqqut *(Canis lupus)*

Nunatta amaroqarfia Tunup avannaani Avannaarsuanilu ippoq. Scoresbysundip Kangerlussua kujammut killigaa.

Kitaani qallunaatsiaqarfiusimasuni amaqqunut pullatit teriannianut pullatitut sanaat kisianni annerungaatsiartut, 80 cm-it missaanni portutigisut, takusassaapput. Tasermiut Tasersuata Tasiusallu akornanni qooqqumi pullatit tallimaasut ilaat sisamat takuakka. Qallunaatsiaqarfiusimasuni allanissaaq takusoqartarpoq. Tamanna ima paasisariaqarunarpoq, taamani qallunaatsiat nunaseqqaarmata kitaa amaroqartoq.

Nassuttuup Nunaani Qerrut Aasiviisa eqqaanniippoq qaqqaq atilik: Amaroq.

Kitaani amaqqunik takuniartoqarnera tusarnartaanngilaq. Uppernartumilli takussutissaqanngilaq. Peqarpormi. Ukiuni 150-ini kingullerni Kitaata amaroqarfia Sigguup Nunaani Qinniviup Nunaaniippoq.

Paasissutissat: Palasi Funck allappoq (1840) 1830-kkunni Uummannap Sulluani amarortoqartoq. Tamatuma kingornagut ukiut qulikkuutaartut inerlanerini tamaani amaqqunik tusagaqartuarpugut. Illorsuit eqaallu tusarfiunerpaasarpoq. 1869-imi amaqqut nuliariit Illorsuarniittut uia pisarineqarpoq, nulia pinnani (Atuainiutitat, II).

Amaroqarfia tassa Qinniviup Nunaa, Sigguup Nunaata kujalerna. Ukiut ilaanni Illorsuit Qeqertaannut ikaartoqartarpoq, ukiui eqqaamaneqanngitsunik. Ukiuunerani 1946/47-mi Illersuarnissaaq amaqqut nuliariit ukiipput, pisarineqaratilli (Elisebanngua Johansen). Amaroq tamaani pisaasoq kingulleq Nuugaatsiap aalisarfiini perlukutorniarluni ussattoq 1978-imi (?) pisarianeqarpoq (Illorsuarni tusagara 1989). Ukiut tamaasa Qinniviup Nunaani amaqqut tumaannik nutaanik takusoqartarpoq.

Amaqqunik nalunaarsuutit:

Pisat
1835 Illorsuit,eqqaanni pisaq
1868/69 Illorsuarni nuliariit uia pisaq

Amaqqunik eqqartukkat
1920-kkunni
1930-kkunni
1946/47 ukiuunerani nuliariit Illorsuarni ukiisut pisarineqanngitsut.

1950-ikkunni il.il.
1960-70-ikkunni
1978-imi Nuugaatsiarmiut aalisarfiannut
perlukutorniarluni takkuttartoq pisarineqarpoq.
1980-ikkunni qangali Qinniviup Nunaani ukiut tamaasa tumit
takuneqartarput.
1992-ip aasaanerani Qinniviup Nunaani amaqqup piaqqisar-
simasup tumai nutaat siumorneqarput (Frederik Cronvold).

Takunnittarnerit taama amerlatigigamik paasisariaqarpoq Qinniviup Nunaa amaroqarfiusoq. Qanoq ililluta Kitaata amarui taakku illersussanerpagut?

Savat

Savat qallunaatsiat nalaannili inuit ilisimavaat. Uumasut taaguutaat, sava, qallunaatsiat oqaasiannit Sauer-imit nagguegarpoq. Tassa nersut taanna kalaallini takornartaalluinnanngilaq.

Naalagaaffiup ingerlataanik 1915-imit Kujataani savaateqarnermik ingerlatsisoqalerpoq. 1930-p missaani Nuup eqqaanissaaq savaateqartoqalerpoq, Nuummi Qooqquni Kapisillillu eqqaanni.

Savat taakku ilaat nujussimasut maanna Amerallip qinnguata timaani uumasuupput. Kinguaariit ikittuujunnaaramik silatsinnut sungiussisimanasorinarput. Kisianni amerlasoorsuanngorsinnaagunaratik, aammalu piniarneqartarlutik ilannganeqartarlutik, massa eqqissisitaagaluartut.

Nunatsinni savanik uumasuuteqarneq tamaat isigalugu savat nujuartut taakku soqutiginartuupput. Genetikimi genit nunatsinnut naleqquttunngoriartorsimappata savanut nujuitsunut akuliullugit pissasiornikkut iluaqutaasinnaaneranik isuma pigineqaraluarluni manna tikillugu ilumoorunneqanngilaq.

Aallaanianit nungutaanginnissaat anguniarlugu kommune Namminersornerullutillu oqartussat qanoq iliuuseqarsinnaassanerpat?

Miluumasut imarmiut

Arferit, Kalaallit Nunaanni arferit, immikkut nalunaarummi allaatigineqarput.

Puisit, immikkut nalunaarmmi Puisit.

Aalisakkat

Kormnunikkuutaartunik nalunaarutit saniatigut aalisakkat immikkut nalunaarutini, Kalaallit Nunaanni saarulliit, immikkut nalunaarummi nr. 21-mi aammalu nr. 22-mi Aalisakkat, qalerallit, qeeqqat, eqaluit, Kalaallillu Nunaanni aalisagaqarfiit allaatigineqarput.

Timmissat atuinerat

Timmissat ikittuunngitsut aamma nunarput nunagaat. Amerlanerit nunatta ilaa annertooq atorpaat ukiumi najortagartik aasami qimakkallartarlugu. Timmissattaaq ikittuunngitsut ukiup ilaa qimagusimasarput nunanut allanut aallartarlutik.

Mitit

Mitivut arlaariipput:
Siorartuut *(Somateria molissima)*
Siorakit *(Somateria spectabilis)*

Ukiumut ingerlaartarneri takeqaat. Kitaaniittut maani eqqartorneqassapput. Ukiumi sikusartup kujataani ukiisarput. Ukiisarfigaat immat itinngitsut qalerualinnik, pingaartumik uillukkunnik nerisassallit. Sikusartumilu sarfaqarfiit sikuneq ajortut najortarpaat, soorlu Sarfaq Arfersiorfiup paava. Fig. 3-mi neriniarfii annerusut nalunaaqutsersimapput. Tamakku qeqertaqarfiugajupput ikerasaalluunniit sarfarnermik ammajuartut. Aammattaaq sioraani ikkannerit itinngitsut naqqi angusinnaasatik najortarpaat, 20-30 m-nit itinerunngitsut. Kangaamiormiut qaannat inuusunnilersaartut sioraani qamasartut oqaluttuarput qingallit allorartut unammillugit kinngullutik aqqaamaneqqusaateqatigisarlugit.

Ukiuunerani mitit siorartuut aamma siorakit kujasinnerusuni ukiisimasut upernaleraangat ineqarfimminnut avannaaniittunut aallakaalersarput. Aprilip naalernerani majimilu Kangaatsiap Aasiaallu karranniilluni takusariaqarput miterpassuit ullut kaajallanneri amerlaqisut atorlugit avannamut sarsuasut. Tassa mitit avannaani Avannaarsuanilu ineqarfimminnut ingerlaartut. Naatsorsuutigisariaqarpoq ineqarfiit ilaat Upernaviup eqqaaniittut ilaat Avanersuarmi, ilaat Canadap avannaani allallu Avannaarsuani ittut.

Ukialeraangat illua tungaanut ingerlaalersarput ukiumi neriniarfissaminnut apuunniarlutik.

Tunukkut ingerlaartartut ilisimasaqafiginerat annikeqimmat tikinneqanngillat. Tak. naqitaq nr. 16, Ammassallip kommunia.

Mitit siorartuut Kitaani Kujataanilu ineqarfeqarput. Ineqarfiit kommunit eqqartornerini nalunaarsorsimapput.

Nunap Isuata eqqaani ineqarfiit, Qassimiut Arsuullu akornini ineqarfiit, Ineqarfissuit Sioqqap alannguanit aallartillutik Niaqunngunap Atammiup kujatinnguaniittup tungaanut atasut. Akunnerup Kangerlussuup Itillillu akornata ineqarfii, Kangaatsiap kommuniani sinerissami pavanilu kangerlussuit qinnguini ineqarfiit. Sigguup Sigguttaata kujatinnguani Narsami ineqarfissuit, Upernaviup avannaani Avanersuarmilu ineqarfissuit.

Upernalerluni sikuialernerani mitit sinerissami kujallermi ukiisut avannamut aallartarput.

Mitit isasarfissui sinerissamiittut annerit Naternap eqqaa pingaarnersarigaluarpaat. Taavalu Sigguup sigguutaata eqqaa, ilaatigut Narsami ineqartunit isaffiusartoq. Kommuneqarfikuutaartuni nalunaarsukkani isasarfiit sinerissamiittut takuneqarsinnaapput.

Mitit ullui 1800-kkut qeqqanni KGH-mut tunisaalerput. Ukiuni 20-kkuutaartuni ullutaat KGH-mut tunisat pissutsinik takutitsipput, kisitsisit kg-uupput.

	1862	1882	1902	1922
Hele Grønland	1.661	1.011	233	537
Kangaatsiaq	661	479	116	32
Vist i procenter	**40**	**47**	**51**	**6**

1922-mi ullutaat amerlisimanerat 1920 sioqqutilaarlugu Upernaviup avannaani Kitsissorsuit ullutarfiulernerannik pissuteqarpoq.

Ullutarneq mitit nunamik atuinerannut qanoq sunniuteqartarnersoq ilisimanngilarput.

Miterqassusianut akornutaassanngippat ullut miternit qimanneqareersut qiviui kisimik katersorneqartartussaapput. Eqqaamasat tunngavigalugit tamanna malinneqartuaannarsimagunanngilaq. Tamannalu pissutaaqataasimasinnaavoq 1970-80-ikkut tungaannut Kitaani mitit ikiliartorneqannut.

Appat *(Uria lomvia)*

Apparpassuit Kalaallit Nunaanni manniliortarput. Fig. 3-mi ineqarfiit appat nuliariit qulit sinnerlugit amerlatigisut 1990-imi atugaat nalunaarsorneqarsimapput.

Appat ineqarfii nunatta inoqarfianiittut Avanersuup kommunianit kujammut Nunap Isua uiarlugu Liverpool Landimi Appalik tikillugu tulleriiaarput.

Appat tamaaniittut, nunatsinni piaqqiortartut, siggukitsuupput. Appat sigguttuut ukiuunerani nunatta sineriaani imartaanilu neriniartartut ineqarfinni nunatta avataaniittuni piaqqiaapput, tamakkununngalu manniliorartortarlutik.

Ineqarfiit ukiut ingerlaneranni allangorartut paasinarpoq. Qimanneqartarneri ilaatigut inuit atuinerannik pissuteqartut ilisimavavut, aammali klimap allanngorneranik pissuteqartarsimaneri ilimagalugit. Nuup Kangerluata iluani Innajuattoq qanga appaqarsimasoq tusaamaneqarpoq, qangali soorlu appaarussimasoq nalunarluni.

Ivittuut iluanni appaqarfik siornatigut appaqartoq eqqaamaneqarpoq. Ukiut ingerlaneranni appaaruppoq. 1950-ip kingornagut kingumut ineqarfioqqilerpoq.

Uummannap Sulluani misissukkat fig. 4-mi takuneqarsinnaapput. Nalunaarsukkat siulliit 1920-kkunni pisut nakorsap Alfred Berthelsenip Uummannap Sulluani suliai pisuupput. Tullii 1940-p missaanit kiisalu 1990-imi Uummannarmiu Mathias Fleischer najoqqutaralugu suliaapput.

Allannguutit

1900-kkut affaanni kingullermi Kalaallit nunaata appaqarfii allannguuteqaqaat. Tamatumunnga pissutaasut arlaqarput. Siullermik 1960-ip missaani kapisilinniarneq sinerissami Ikersuarmilu Davisimi qassuterpassuit ukiuni tulleriinni appat tuusintilippassuit ukiakkut nunatta imaata kitaagut kujammukarnerini pisarisarmatigit.

Aappassaanik aquuteralaat atulernerisigut inuit angallarissinerisa appat ineqarfiini neriniarfiinilu siusinnerusumut naleqqiullugu akornusersulermatigit. Pingajussaanik angallannerup alliartuinnartup immakkut silaannakkullu pisup sinerissap ilaani appat ineqarfiinik toqqissisimanarunnaarsitsineri.

1988-90-imi uagut (Helle Siegstad HC-lu) nalunaarsuigatta paasinarpoq ineqarfiit qimagakkat Kitaani sinerissap ilaani aalajangersumiittut. Taakku Diskobugtimi Appat appaannit Upernaviup avannaani Tasiusap eqqaanut atapput.

Sooq ineqarfiit tamaaniittut qimagarneqarsimanersut paasiniaratsigut pissutaasut paasisoraavut.

Ineqarfiit tamaaniittut inuit aqqutaanniipput. Appat innaniinnerannit eqqissisimatitaanngeqaat. Umiatsiaaqqat aquuteralaat, seqqortaarnerit, pujortuleeqqat, umiarsuit ilaasartaatit siggartartarlutik tingiatitsiqattaartartut, helikopterit timmisartullu alapernaallutik qaninngoortartut eqqissisimatitsinngippallaarsimagunarput.

Kinguneranik ineqarfissuit angisoorsuartut isigineqartut, soorlu Uummannap Sulluani Salleq, qimataapput.

Tassa Diskobugtimi Appat appaannit Upernaviup avannaani Tasiusap avaliinut atasut 1950-ip kingornagut ilaat appanit atorneqarunnaarput ilaalluunniit appaarutingajallutik.

1940-p missaa tikillugu Maniitsup kommuniani Ikkamiut Sermilinnguanni innat 8-t appanik inigineqarput. Inuit pujortuleerartaartuler-nerata kingornagut qimagarneqalerput. Maanna innaq ataasiinnaq ineqarfiuvoq.

Ineqarfiit nutaat

Nunap Isuata eqqaamiut oqaluttuuppaannga ukiuni makkunani tamaani appat ineqarfii nutaat pileriartortut. Qasserpiaanersut paasinngilakka. Nunap Isuata qeqertarsuani itillilimmiittoqarpoq, ataasiunersoq marluunersulluunniit paasinngisannik. Taamatut Tunup kujassissuani Kangersuasimmi (Kap Walløe), avannarpasinnerulaartumiluunniit? Kangerlussuatsiami (Maniitsup kommuniani) ineqarfiit alliartorput.

Paasinarpoq 1900-ikkut affaanni kingullerni Nunap Isuata eqqaa appat nutserfigigaat. Siusinnerusumi taaneqareersutut Ivittuut iluanni ineqarfiusimasoq qimataq 1950-ip kingornagut uterfigineqarpoq.

Nerlerit

Kitaani nerlerit ineqarfii Tasersiap Sermiata avannaaniinnerupput. Nerlerit ineqarfii amerlanerit nunap timaaniipput.

Ineqarfiit kujallersaraat Sioqqap alanngua, Nuup kommunianiittoq. Tamaani kangerluup Qunnillip paani Sioqqap alannguani nuna pukkitsuuvoq ivigalik isugutasoq, imartaa ikkattoq. Nerlerit ineqarfiisa annertuut ilaat tamaaniippoq, tak. fig 5. Nerlerit upernaakkut tamaanga takkuttarput, tamaani piaqqisarlutik aammalu isasarlutik. Septemberimi qimattarpaat. Nerlerit artit sorliunersut paasinngilakka.

Nerlerit najugaat tamanna Nunat Isugutasut eqqissisitat ilagaat inuiaqatigiit peqatigiillutik illersugaat RAMSARinik taagukkat ilaat.

Kangerlussuup nunataa nerlerit ineqarfiisa nunat tamaaniittut kujallersaraat. Tamaanngaannit avannamut atasunik tatsini ineqarfippassuaqarpoq. Nerlerit tamaani piaqqisartut tassaapput qalunaat taasagaat blisgæs, *(Anser albifrons)*. Sisimiut kommunianni Kangaatsiallu kommuniata timaani nerlerit piararpassui perortarput.

Naternaq ineqarfissuit ilagaat. Maji ingerlanerani nerlerit Canadamit tikittarput tamaani piaqqisarlutik, isasarlutillu. Septemberi aallatikkaangat aallartarput.

Diskobugtip timaani, Qeqertarsuarmi, Nuussuarmi aammalu Uummannap Upernaviullu nunataanni piaqqisarput. Sigguup Nunaani, Siggutaata kujatinnguani, Narsami, nerlerit nunami isugutasumi anguffasilippassuit piaqqisartut isasartullu ilagaat.

Avanersuuttaaq kommuiniani nerlerit ineqarfeqarput. Pituffiup timaa isugutasoq sakkutooqarfiliarineqanngikkallarmat anguffasillit assigiinngitsut ineqarfigalugulu isasarfigigaluarpaat. Nuussuit Nunaat (Inglefiels Land) najugaasa ilagaat.

Kangoq, nerleq qaqortoq *(Branta canadensis)* nunap avannaanut aasami takkuttarpoq. Avanersuup kommunianiinneruvoq. Aammali Qimussersiarmiittoqartarpoq. Kullorsuup avataani avannaani qeqertani ineqarfeqarput (Nikolaj Jensen, Kullorsuaq). Ataasiakkaallu Sigguup Nunaani ineqartartut Illorsuarmiunit tusarpara.

Tunumi

Tunumi Jameson Landimi merlerpassuit artit assigiinngitsut Europamit aggersut piaqqisarput. Tunumi ineqartartut annerusumik ilisimasaqarfiginngilakka.

Anguffasillit assigiinngitsut Kitaani nunap timaani piaqqisartut ikittuunngillat. Tatsit amerlanersaat mikisut ilanngullugit ineqarfigineqartarput. Qeerlutuukkut, allerit, tuulligit, qarsaallu piaqqisartut amerlaqaat. Nunamik immikkut taasaqassagutta, Sisimiut kommunianni Ilivillip Tasia timaalu timmissanit assigiinngitsunit piaqqivigineqartarpoq.

Aqissit nunap timaa piaqqiviginerusarpaat. Naternaq immikkut erniorfittut pingartutut taasassaavoq. Ukiuni kingullerni inunnit tikinneqaleriartornera timmissanut tamaani piaqqiortartunut qanoq kinguneqarnersoq oqaatigisinnaanngilara.

Aqisserpassuit nunap timaani Kangerlussuup Diskobugtillu akornanni piaqqisut siumortarpakka.

Aqissit ukiakkut avannaanit kujataanut ingerlaartarput upernaakkut illuanut uteriartarlutik. Ingerlaaneranni taakkunani piniarneqartarput. Avataasiortut ukiakkut aqissinik samannga tunummukartunik eqqartuisarput. Canadamit ikaarnersut taamaannginnersulluunniit naluagut.

Immikkoortup aappaa

Nunap pissarsiorfiusup aseronartortarnera

Nunap pissarsiorfiup aserorneqarsinnaanera Kalaallit Nunaannissaaq apeqqutaavoq nunamik atuinermut tunngatillugu saneqqunneqartariaqanngitsoq.

Nunap pissarsiorfiup aserorneqarsinnaanera marlutsigut pisarpoq:

- Pinngortitap nammineq allanngorneranik, aammalu
- Inuit atuinerminni aseruinerannik.

Taakku tamaasa assersuusissavagut.

Pinngortitap ajorsinera: „Pinngortitap ajorsineranik" oqalunneq - eqquinngilaq, pinngortitap allanngorarnerisa ilaat inuit pissarsiornerannut atuinerannut akornutaalersoq taama taajumasaratsigu. Uffa aamma allanngornerit ilaat uagutsinnut arlaatigut iluaqutaagaangata aseruinertut taajumassanagit. Tamatumani uumasut kisimik pineqanngillat, aammali nuna nammineq tamanut tunngaviusoq naatsorsuutigineqartariaqarpoq.

Ukiut allanngornerat „naasorissaasumut ajunngisseriarnermik" kingunilik piniartumut „ajorseriarnermik" oqaatigiumaneqarsinnaavoq. Inuit taama oqartarnerput sunik soqutisaqarnitsinnik pissuteqartarpoq.

Nunatsinni pinngortitap ingerlanerani pisartut ikittuunngillat tamatumani assersuutaasinnaasut.

Pinngortitap uumasortaa
Marraq sioqqallu imermik errortorneqarsimanermit uumassulinnut inuussutissanik piitsooqaat. Tamakku inoqajuitsunik taasarpavut. Aatsaat uumassusillit toqusut issunngorneratigut uumassusillit amerlanerusut periarfissinneqartarput.

Nunap amia
Issoq pinngortoq nunap qaavaniittoq taamaaliinnarluni atorsinnaagaluarluni taamaattoq nunap qaaniiginnarnissaa nunap uumasunngornissaannut pisariaqarpoq. Issoq pinngortoq „navianartorsiortarpoq." Erngup kuugullugu peersinnaavaa imaluunniit anorip sakkortuup tingittarpaa. Nunap qaava illersuuteqartinnagu taamaattarpoq. Issoq pinngortoq iluaqutaassappat issup qaava illersuuteqartariaqarpoq.

Illersuutaa tassa naasuarannguit eqimallutik sorlanissimallutik naasimasut imminnut tasiortutut illutik issumik tigummisut. Taakku mikisunnguugaluarlutik iluaqutaaqaat. Nunarsuatta ilaata uumassuseqarnera illersorpaat. Atorfii assigiinngitsut ukuupput:

1. Isugutaneq nunamut pisoq tigummivaat aalanngorluni peeqqunagu. Issoq paneruni anorimit tingikkuminartunnguusarpoq. Isugutakkaangami tingikkuminaatsuusarpoq.
2. Issoq anorip sakkortuup tingissinnaammagu naasuarannguit issortartik isugutappat najummeqatigiinnermikkut anorersuaraluallarpat atasarput. Nuna „kilerneqalersissanagu." Nunap amerai, issortaa peerneqartarani.

Tamanna Nunarsuatta uumassusiata atortuisa pingaavissut ilagaat, ækvatorimiikkutta issitulluunniit nunaani ikkutta.

Nunatsinni „nunap amia" pinngitsoorneq ajornarpoq, paarisariaqarlunilu. Nunatsinni nunaqarpoq alissimasunik, naasuerullutik sioraannaallutillu marranngorsimasunik.

Assersuut
Qaqortup Narsallu kommunianni Vatnahverfimi nuna alissimavoq. Nunarujussuaq Igalikup kangerluata kujataa tungaani ittoq taamali-

simavoq. Alinnera Kujataani anorip sakkortoorsuup nerrup kangianit aggeersup kimmut ingerlatissimavaa, maanna km-it 15 pallillugit takissuseqalersissimallugu.

Qanoq ililluni aallartissimanersoq naluarput. Aallartinneranut pissutaasinnaapput, nersutit (savat) mangiarpallaarlutik naasut nunap qaanik illersuutaat tosusimasut taamalu alissimalluni. Aamma aasani panerpallaartasimasoq taamalu naasut nunap qaavata illersuutai toqusimallutik nuna alissinnaalerluni.

Nuna alilluni sioqqat marrarlu kiserngorukkaangamik inuussutissaqannginnami naasuninneq ajorpoq, ukiorpassuit nunap kilerneratut ittarluni.

Nunap pisinnaasaa „killeqarpoq." Killeq tamanna pinngortitap namminеq aalajangertarpaa.

Oqaluttuarisaaneq
Ukiut 8-10.000-it matuma siornagut kiatsilluni sermersuaq aammat naasut nunatsinni siaruariartorsimapput. Nunap kujasissuani kangerlunni naasut naasimapput. Kangerlunni naammattunik imissalinni nuna orpigarpassuit qallersimavaat, naasullu tamakku assigiinngitsut imeq nunamiittoq paaraat, nuna isugutatittuarlugu.

Qallunaatsiat nalaanni ca. 1000-1400 nuna naatitsiniarnermut nersutaateqarnermullu atorneqarsimavoq, naasorissaaviusinnaasut orpigaajarneqarlutik. Qallunaatsiaat narsaatigisimasaanni nunap qaleriiaarneri misissortarlugit takuneqarsinnaavoq qalunaatsiat nungunnerata missaani sioqqanik persertarsimasoq. Nuna atorneqarpallaarsimavoq. Illersuutaa alissimavoq.

Tamatuma kingornagut ukiuni 500-ni, 1400-1920, nuna naggorissaanikkut atorneqarani kingumut pissusissamisut ilisimavoq.

1920-kkunni savaateqarneq inuussutissarsiutaalermat 1930-kkunni nuna atorneqaqqilerpoq. Ukiut 50-it missaanni atuinerup ingerlanera takutinniarneqarpoq.

Nunap pissarsiorfiunerata aserorneqartarnera
Kujataani angalasarninni savaateqarfiit najortarnerini nunap atorneqarnermigut pissutsimisut allanngornera soqutigalugu alaatsinaattarpara. Assilisat maani takutitassavut atorlugit pisimasut malinneqassapput.

Assersuutit
Assilissani maani takutitani pisut malissavagut. Assilissani l-imi 2-milu takuarput nuna ukiuni 100-ni arlalinni akornusersorneqarani naasunissimasoq, naasunik pinngortitap oqimaaqatigiinnerata qinersimasaanik naasimasoq.

Sivinganerniipput orpikkat *(Salix ...)*, orpiilli siit, *(Betula)* akuleriissut 5-6 m-nik portussuseqartut. Qaqqap saqqaani oqquusumi panivinneq ajortumi naasimapput. Ilaatigut eqimasarput, ilaalli akunneqarlutik naqqini isugutasuni naasut urtit ukioq ataaseq uumasartut ukiut arlallit uumasaartunik akunneqarlutik nuna qallersimallugu, ass. 3-mi. Orpikkat, salix, uifaat, piloqutit, ivikkallu akueriillutik naqqani naasuupput. Nuna pissusissamisoortoq.

Ass. 4-mi Ungalliuvoq nuna pissusissamisoortoq, salliulluni nuna atorneqarsimaqaluni nungussimasoq.

Ass. 5-imi 6-imilu takuarput nuna savaateqarfinngorsimasoq savat aasami ukiumilu neriniarfiat. Savat orpiit pilutaat angusinnaasatik mangiartarsimavaat.

Savat aasami anguneq sapikkatik ukiumi aputeqaleraangat sikkersussaatillugit angusarpaat, nerillugillu. Orpik pilutaarukkaluttuinnarpoq. Kiisa avalequtit noorliit kisimik pilutaqalerput. Orpik pilutakingaalerami naggataatigut sapilerluni toqussaaq.

Nuna orpeqarfik orpeerulluni naasoqarfinngorpoq. Nunanngorpoq ammasoq.

Upernaakkut aput aaleraangat aasamiluunniit siallertaleraangat naasuisa imeq nakkartoq tamaat milluarsinnaanngilaat. Orpeqarfiugallarmat erngup nunamiittup ilarujussua orpiit milluartarpaat unitsillugu. Mannali orpeerummat imeq kuulluni ingerlaartalersoq annerulerpoq sarfarnerulerluni allaat ilaatigut nuna ilanngartulerlugu, ass. 7.

Nuna orpeeruppoq. Ilaa inuit suliaralugu orpiiarlugu ivigaqarfinngortippaat, nr. 7 aamma 8, allat ivikkat nunatsinni pinnatik nunai allani naasartut atorlugit. Narsaatinngorpoq. Naak nunap naasuii peerlutik allanik taarserneqaraluartut taamaattoq suli nuna pissarsiorfiuvoq inuussutissarsiorfittut atorsinnaajuarluni.

Narsaatit avataanni nunami panernerusumi savat nuna nerivaat, nassunnguit naajartornissaannut periarfissaqartinnagit. Tamatumuuna naasut nukillaariartorput, allaat ilaanni sapilerlutik toqullutik, nunap amia nukillaarpoq, ikeqalerpoq ammaannalerluni.

Pisut suli ingerlaqqipput. Nuna alimmat panerlunilu anorip saanngut illersoneqanngitsoq teqqalerpaa. Aamma siallerluaraangat erngup kuugullugu issoq ilanngartortarpaa. Nuna illersuutaarukkami qaamini illersuutini annaavaa. Ukiut hundredit arlallit pinngortitap oqimaaqatigiinnerminik pilersitaa ukiuni qulikkuutaartuni arlalinnguani aserorpoq. Nunap „nammassinnaasaa" sinnerlugu atorneqarami a- serorpoq. Nuna inuussutissarsiornermut atugaq kinguaariinni arlalinni atorneqarsinnaajunnaarpoq.

Ass. 12-imi orpeqarfiusimanerani kanaartat amiakkui toqunikut siamasillutik nunamiittut nassaassaapput.

Pisoq tamanna pisarpoq nunap atorneqarsinnaanerata killinga sianineqarani atorneqaraangat.

Paasinarpoq ukiut 100-ikkuutaartut kiatseruttorfianni aammalu pueqqorteruttorfianni nunap illersosinaassusia assigiinngitsoq. Killiffinni taakkunani isugutaneq kiallu assigiinngillat.

Cyklus-100 nunalerinerlu
Maanna 1990-ikkunni Kujataamiut savaatillit naatsiivillillu 1950-ip siornagulli ingerlalersimasut pisunik naleqqiussisarput. Aperalugit ima nipilimmik akigajupput:

„Maannakkut naatitsiniarluni aasaq sivikillinermik 1950-ikkut siornagut naatittakkat ilaat inerinneq ajulerput." Pisut paasilluarumallugit upernartarnerani kiatsittarneranik uuttortakkat takussavavut.

	1932-41			1980-89		
	April	**Maj**	**Juni**	**April**	**Maj**	**Juni**
Nuuk	2,0	2,3	4,4	-4,4	0,6	3,9

Ukiuni qulini 1932-41 aamma 1980-90 uuttukkat naleqquinneri.

Allannguutit ilagaat kiatsinnerpaaffiata nalaanut naleqqiullugu 1990-ikkut naalerneranni pueqqortinnerani kiatsikkumaataariarluni kiatsikkaangami sila assut panertarmat. Naatsiivilerisunut tamanna annerusumik kinguneqassanngikkaluarpoq imerterisoqarsinnaammat. Kiasianni nunami naatsiiviunngitsumi nersutit neriniarfigisaanni naasut naasarnerat kinguaqaaq. Naajartornerata iluamik aallartinnissaa utaqqinariarluni kiak takkukkaangat naasut imissaaleqisarput. Taamalu inerittut qangamut naleqqiullugit ikinnerusarlutik. Tamanna nersutinut naasortortunut pinngitsoorani sunniuteqassaaq.

Ima paasisassaanerpoq: Cyklus-100-p kiatsinnerpaaffiani aasaq sivisunerullunilu isugutanerummat naasut periarfissarissaarnerupput. Uumasut naasortortut inuussutissarissaarneruppput. Ilisimavarput 1880-90-ikkunni pueqqorteruttornerani kangerluit sikuusaqisut, Tunulliarfik junip naalernerani aatsaat sikuertarluni. Tassa pissutsit nalitsinni pisutut issimapput, taamalu silap pissusii allat aamma maannakkutut issimasinnaasut ilimagineqarsinnaallutik.

Kiatsinnerpaaffiup nalaani ullut naasut naajartortarfii pueqqortinnerpaaffiani pisunut naleqqiuppagut:

Kiatsinnerpaaffiani:
- Majip aallartinneranit augustusip naaneranut ullut 123.
- Junip aallartinneranit augustusip naaneranut ullut 92.

Pueqqortinnerpaaffiani:
- Julip aallartinneranit augustusip naaneranut ullut 62.

Ajoraluartumik uuttuutissanik pigisaqanngilanga.

Ingasaassisumik atuinerit allat
1950-ip kingornagut Kalaallit Nunaanni uumasoqarnerani allannguu-

tinik annertuunik pisoqarpoq. Pissutaasut ilaat pinngortitap namminеq oqimaaqatigiinnerata allanngorneranit pisuupput, ilaallu inuit atuinerannik.

Inuit atuinerata kinguneranik allannguutit maani assersuutinik ikittunnguugaluartunik erseqqissunilli taasaqarfigissavagut:

- •Eqaloqarfiit amerliartuinnartut atorneqarpallaarnermikkut peqqissaarunneqanngippalaarnermikkullu eqaluerussorput.
- •Kangerluit qaleraleqarfiit sinnilimmik atornerisa kingunerinik qaleralii mikisuinnanngortut, pissarsiorfittut isumalluutigineqarsinnaajunnaarlutik.
- •Appat ineqarfii qimagakkat appaarullutik imaluunniit appaarutingajallutik.
- •Mitit ineqarfissui qimagakkat. Taamatut imeqqutaallat ineqarfii pineqarput.
- •Nunalerinermi nunap sukkasuumik aserorneqartarnera.

Atuineq nalilerparput:
Qulaani taagukkat pisullu katillugit oqaatigineqat.

Nunamik atuineq inuit ataasiakkaat piumassusiat maliinnarlugu ingerlassappat pissarsiorfissat aserortut amerlivallaassapput.

Kalaallit nunaat angigaluaqaluni taamaattoq inuit ataasiakkaat piumassusiat tunngavigiinnarlugu atorneqassalluni angivallaanngilaq.

Aserortut iluarsiartortarnerat arriitsuaqarsuarmik pisarpoq. Kangerluit qaleralii aserukkat ukiut 20-t missaanniittarunarput. Innat timmissat ineqarfii naluagut. Nuna aserugaq suli sivisuneruvoq il.il.

Nunamik atuinermi aserorneqarsinnaasut pinngitsoorniarlugit aqutsineq pitsaanerusoq pisariaqarpoq. Tamanna pisortat nunamik kommuninillu aqutsisut atuisut peqatigiiffii peqatigalugit isumagisariaqassavaat.

Aserukkat iluarsiartornerat
Apeqqut soqutiginarpoq.

1. Misilittagaqartoqarpa oqimaaqatigiinnerit aserukkat aserorneqanngikkallaramik pissutsiminnut uteriarnerinik?

Arlalinnik taamaattunik assersuutissaqarpoq.

Ukiuni kingusinnerusuni Nuup kommunia mitit ineqarfissuinik Sioqqap alannguanit avannamut Nuup tungaanut atasunik nakkutilliisoqalersitsisimavoq. Taakku mitit manniliornerisa nalaanni mitit ine-qarfiini angalasinnaatitaapput inunnik serlersaartoqarsinnaaneranik nakkutillllillutik aammalu politinut unnerluutiginnissinnaatitaallutik. Qeqertarsuatsiarmiut isumaqavipput tamatuma kinguneranik mitit erniorfii eqqissisimanerulersut tamatumalu kinguneranik mitit erniorfimminnut uteriartulersut.

Qeqertarsuatsiaat Kitsissullu akornanniinnaq taamma misigisaqartoqanngilaq. Sinerissap ilaani arlalinni mitit ineqarfimminnut uteriartulernerannik malugisaqartoqarpoq. Tamatumuuna apeqqut takkuttoq alapernaannarpoq:

Mitit qimagunnerat aammalu ineqarfimminnut uteriartulernerat aamma pissutsinik allanik, soorlu klimamik sunnerneqarsimanngila?

Apeqqutit akinissaannut tunngavissakka maanna amigarpallaarput.

Taamaattoq pissutsi marluk maani erseqqissarneqassapput:

Siullermik: inuit uumasunut samminerata allannguuteqarnera.

Aappassaanillu: uumasut avatangiisinut nutaanut sungiussiartornerat.

Uumasut avatangiisinut europamiut teknikiannut atuisunut qanoq pinerat

Europamiut teknikiata maskiinanik atuisup Kalaallit Nunaannut takkunnerani arlalitsigut uumasut qisuariarnerannik malugisaqartoqarpoq. Allaammi inuit ilaanni tamanna immikkut alaatsinaanneqarluni malittarineqarsimavoq.

Pujortuleeqqat takkuteqqaarnerat
1910 20-illu akornanni pujortuleeqqat takkuteqqaarput sinersilerlutillu.

1911-12 Nassuttuup paavani pujortuleeqqamik angallateqarluni aaffanniartunit nalunaarummi allassimavoq pujortuleeraq takkukkaangat aarfit assut toqqissisimajunnaartartut (Beretninger og Kundgørelser 1912).

1920-kkuni 30-kkuni pujortuleeqqat Kitaani atugaaleqqaarmata suli qaannat puisinniartut ikittuunngillat. Pujortuleeqqat puisinik kalerrisaarivallaarnerat oqallisaaqaaq atuagassiani allaatigineqartaqaluni aammalu landsradit ataatsimiinnerini eqqartorneqartuartarluni.

Avatangiisini atortoq nutaaq nipiliortoq tipiliortorlu uumasut annilaarutigaat. Ukiut tamakku nalerpiaanni mitit ineqarfii sinerissami qeqertaqarfinniittut qimagarneqalerput.

Ukiut tamakku, 1920-50, Cyklus-100-p kiatseruttorfiisa naligaat, uumasut atuinerminnik allanguinerannut pissutaasut ilaannut inuit atuinerannit pisuunersoq imaluunniit klimap oqimaaqatigiinnerisa allanngorneranik pinersoq passissutissat maannakkut pigisavut tungavigalugit oqaatigineq ajornarpoq.

1940-kkunni tuttut
1940-kkunni amerikamiut tuttoqarfiit qulaallugit timmisartunik ingerlaartalermata tuttut malugaat, toqqissisimajunnaarlutik. Aallaqaataani ilaat qasuvillutik qimaasarput.

Aquuteralaat
1950-60-ikkunni aquuteralaat atulernerat uumasut malugisaasa annersarigunarpaat. Aquuteralaat atugaalerneratigut nunatsinni uumasugut allannguuteqaqaat. Tamatumani pissutaasut marluupput:

a. Avatangiisini nipi tipilu nutaaq
b. Ileqqorissaarnikkut inuit pissusii

a. Aquuteralappaluk sukkasuumik siaruariartorpoq, aamma asimi siornatigut angallatit sukkaatsut anguneq ajugaanni, silaannarmi immallu iluani.

b. Inuit tassanngaannaq sukkasoorujussuarmik „pinnguartaarput,"
aamma inuit siornatigut angalaartuunngitsut angalanermut uumasunillu atuinermut ilitsersorneqarsimanngitsut, suni tamani angalaalerput. Ima sukkatigaat timmissat timmisut malillugit angullugit eqqaattarlugit.

Taamanikkut allannguutit erseqqissut amerlaqaat, maani assersuutit taaneqassapput:

- Taateraat ineqarfitik qimagarpaat
- Appat inaasa ilaat qimanneqarput
- Mitit ineqarfii qimagagaapput
- Naternap sineriaani mitit isaqarfissui atorneerupput.
- Eqaloqarfiit ilaat aserugaapput il.il.

Pisut ukiuni 50-ini kingullerni malissagutsigit angalanermi motori atorneqaleqqaarmat uumasut ilaasa assut ersitsaatigigaat tusarparput.

Aallaqqaataani nunap ilaa suli nipiliorneqaranilu inoqanngilaq. Ukiulli ingerlaneranni aquuteqalaat atugaalerneranni suna tamarmi anguneqartalerpoq.

Uumasut piaraat perortalerput pisorpaluk tipilu najorlugit. Tamakku inuunerminnut navianartorsiortitsinngippata aakuerisarpaat. Timmisartut 1940-p missaani takkuteqqaarmata tuttut qimaasaqaat. Maanna Kangerlussuarmi mittarfiup eqqaani tuttut timmisartorsuit jetinik motorillit qanoq nipiliortigigaluarpata soqutigiunnaarpaat, navianartumik misigiffigineq ajoramikkit.

Aasami taarsissaartumi silagikkaangat nunatta Kitaa Nunap isuata eqqaanit avani Siorapaluk angullugu aquuteralappalummik ulikkaartarpoq. Nipiliorneq nigorterfissaqangaanngilaq. Uumasut taamaannera akuerisimavaat.

Inuilli uumasunik maleruinerat ilikkarsinnaanngilaat. Sumi navianartorsiortinneqarlutik paasillugulu qimaasarput.

Pisariaqanngitsumik uumasunik malersuineq akiornigassaavoq pisariaqartoq.

Eqqaasarumanersuaq
Allannguutit ilaat ileqqorissaarnermiipput. Itsaq piniartuunerup nalaani uumasunut sammineq inooqatigiinni nutaani allaalluinnarpoq. Upperisami nutaami inuk kisimi pingaartuuvoq, tarneqarpoq. Uumasut tarneqanngitsut soqutaassuseqanngillat, Uumasunut isiginninneq allanngorpoq.

Eqqaasarumanersuaq taamanikkut sualoqaaq. Angallatinut ilaaluni takusassaasarput suut eqqaqqutat tamarmik seqqoneqartartut, pisariniarnagit, seqqorumaannarluni. Eqqaanneqartut pisariniarneqanngillat. Imaanut nakkartut tiguneqartanngillat ikilikkat nanginneqassanatik qimaannaneqartarlutik.

Malugisat assigiinngitsut
Uumasut artit assigiinngitsut teknikimut sungiussiartortarnerat assigiinngilaq.

Aamma teknikip atugaanera uumasunillu atuineq immikkut oqaatisassartaqarput.

Uuttut timmisartullu
Upernaakkut uuttut nalaanni piniartut uuttorniartartut oqaloqatigisavut assgiissumik oqaatigisaqarput:

- Helikopterit timmileqqaarrnata uuttorniat malugisarpaat helikopterip nipaa tutsiukkaangat uuttut eqqissiveeruttartut. Sivitsoriartortillugu aammalu nipi taanna navianartumik ilaqartinnagu misigisaramikku uuttut eqqissiartorput.

- Maanna annerusumik helikopterip qanoq qutsissusia/atsissusia apeqqutaaneruvoq. Timmisartoq helikopteriluunniit qutsissukkooraangat uuttut soqutigiunnaarpaat. Kisianni atsissukkut ingerlatillugu suli eqqissiveerussutigisarpaat.

Tamanna pillugu maani pingaartipparput uuttoniartarfiit pingaarnerit aammalu sapaatit akunnerini sorlerni atorneqartarneri kommunini nalunaarutini takutissallugit.

Ukiuni kingullerni illoqarfiit ilaanni takusat

Ukiuni kingullerni sinerissap ilaani isumali ortaaseq allanngulersimasoq malunnarpoq. Ukiuni kingullerni ukiuutillugu timmissat Nuup illoqarfiata avatinnguani neriniartarput inunnit akornusersorneqaratik. Tamanna assut ilalernarpoq. Aammattaaq illoqarfiit ilaanni timmissat illoqarfiup iluani tatsini manniliorlutillu piaqqaminnik alliartortitsisinnaalersimanerat isumaliortaatsip allanngorneranik erser-sitsisoq akuersaarnaqaaq.

Taamaattoq suli kommunit ilaanni nunaqarfiillu ilaanni tamanna anguneqarsimanngilaq.

Anguniagassat

Siullermik: Meeqqat perorsaneranni paasisittariaqarput uumasut pisariaqanngitsumik akornusersorneqartariaqanngitsut. Paasisariaqarpaat inuussutissarsiornermi uumasut atortariaqarivut, asulilu siunertaqanngitsumik malersussanngikkivut. Inuunermik, uumassusermik, ataqqinninnermik ilinniartinneqartariaqarput.

Itsaq perorsaanermi oqaasitoqaq: Atorfissaqartitatit pisarisinnaavatit atorfissaqartinngisatilli toqussanngilatit, suli atorfissaqaqaaq.

Taama angusaqarnissaq ileqqorissaarnermut atassuteqaannanngilaq aammali pissarsiassat amerlinerannik kinguneqartussaavoq.

Aappassaanik: Uumasunik nunamillu atuineq pisortat uumasorniartullu peqatigiiffiisa akornanni suleqatigiiffigalugu aaqqissuussivigisariaqarpoq, aqunneqarnera illugiinnit nakkutigisassanngorlugu. Maanna misilittakkat ajunngitsut ajortullu pigisavut annikitsuujunnaarmata, taakku tunngavigalugit siunissamik isumannaarsuinissamut periarfissanut tunngavissaqarpoq.

Titartakkat * Figures

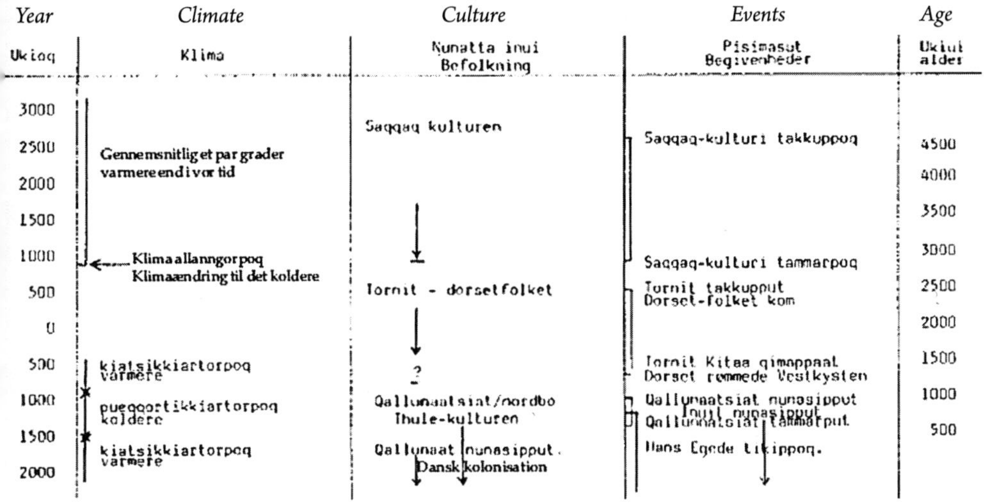

Titartakkat 1. Nunatta inoqarsimanera klimallu allangorarnera.
Figure 1. Greenland's climate has been unpredictable.

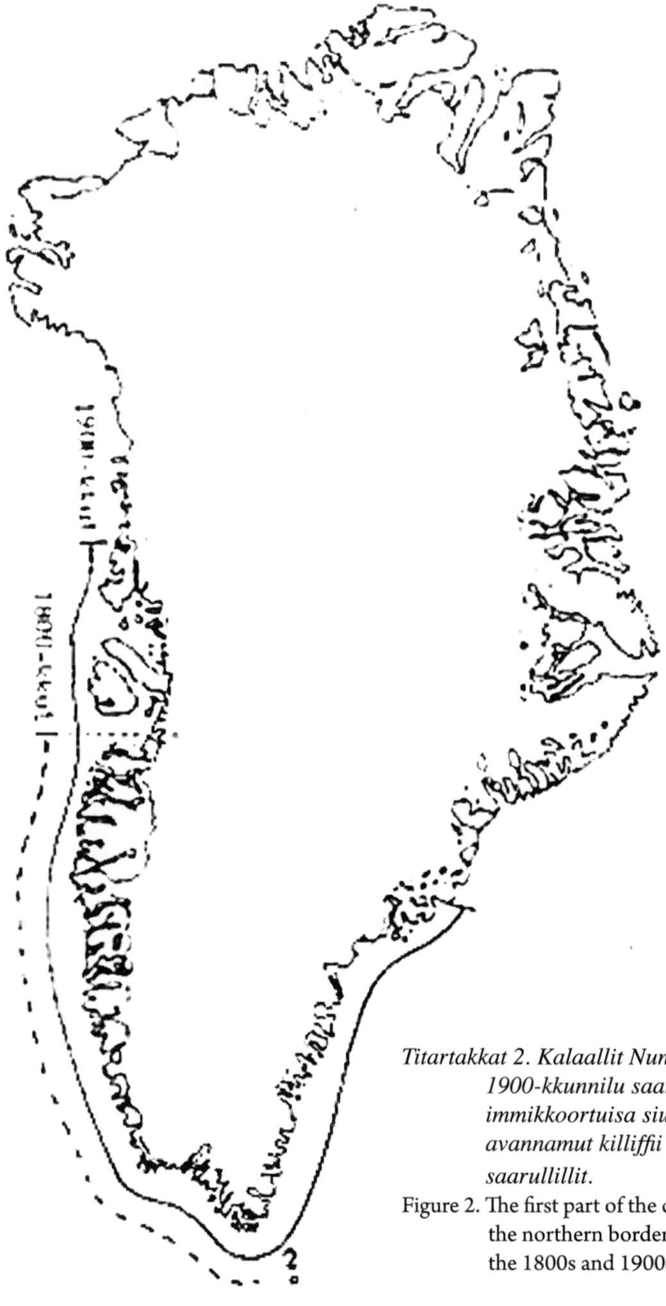

Titartakkat 2. Kalaallit Nunaata 1800-kkunni 1900-kkunnilu saarulleqarnerisa immikkoortuisa siullianni saaruliit avannamut killiffii sinerissallu saarullillit.

Figure 2. The first part of the cod periods along the northern borders of Greenland in the 1800s and 1900s.

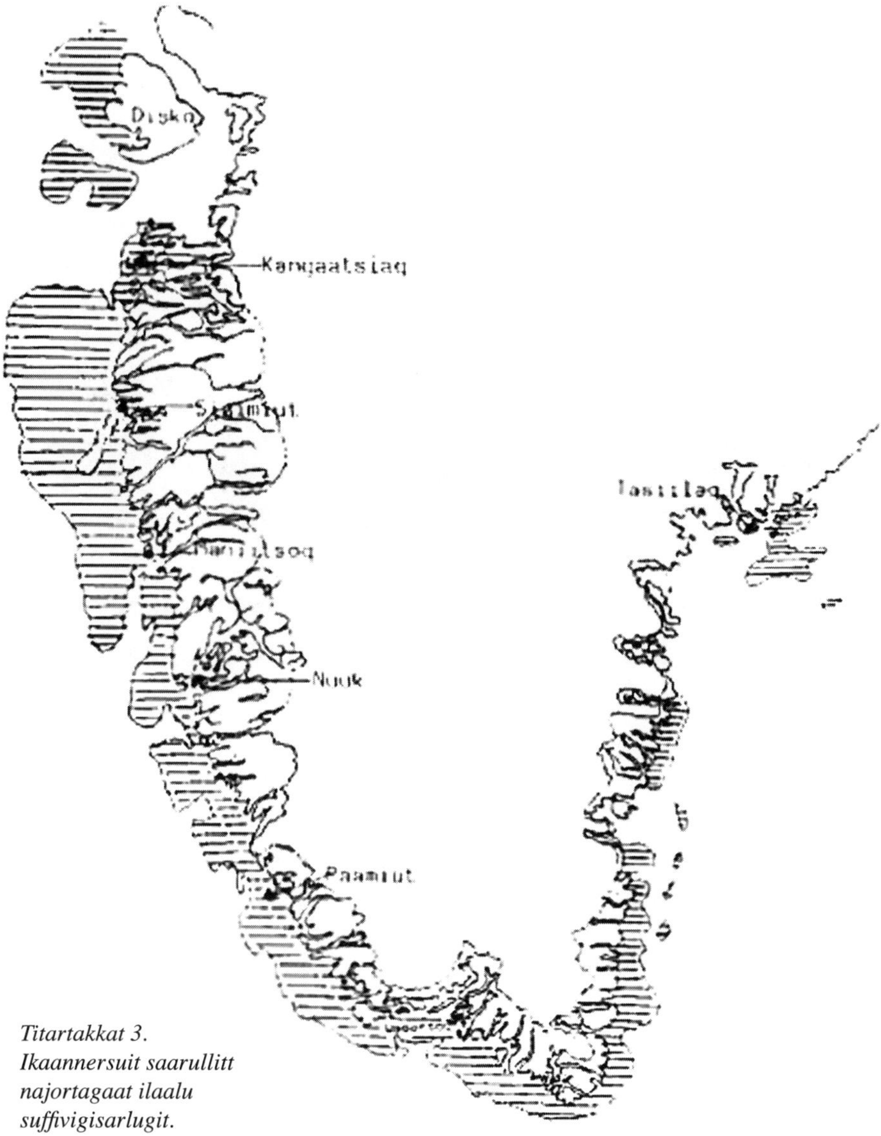

Titartakkat 3. Ikaannersuit saarullitt najortagaat ilaalu suffivigisarlugit. Itissuseq 200 m. malunaaqutsigaavoq.

Figure 3. Banks where the cod spawns. Depths of 200 meters have been indicated.

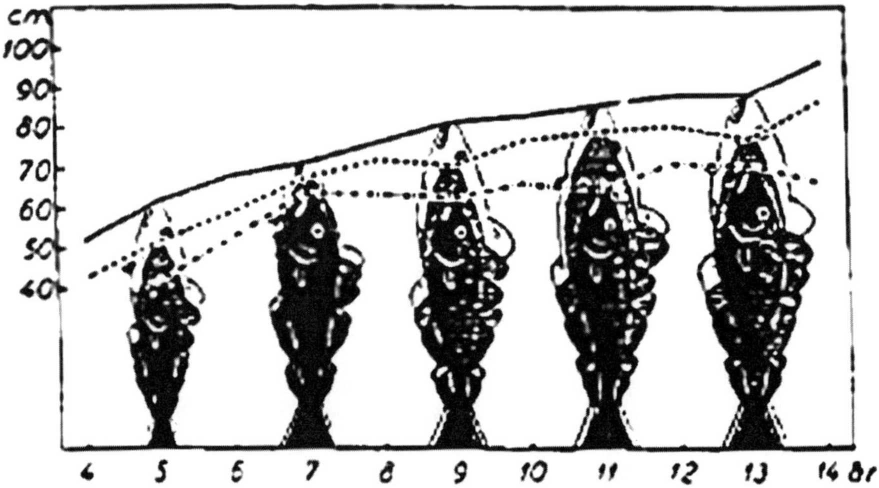

Titartakkat 4. Qaqortut: 1931-39-mi all. san. 63°-p avannaani ikkannersuarni sinerissamilu pisat. Sanimoortulli: 1952-mi ikkannersuarni pisat. Qernertut: Neep Kangerluani 1952-mi pisat.

Figure 4. The white cod are those caught in 1931-39 on the banks north of 63 degrees. The lines show the catches on the banks in 1952. The black cod are the catches in the fjord of Nuuk in 1952.

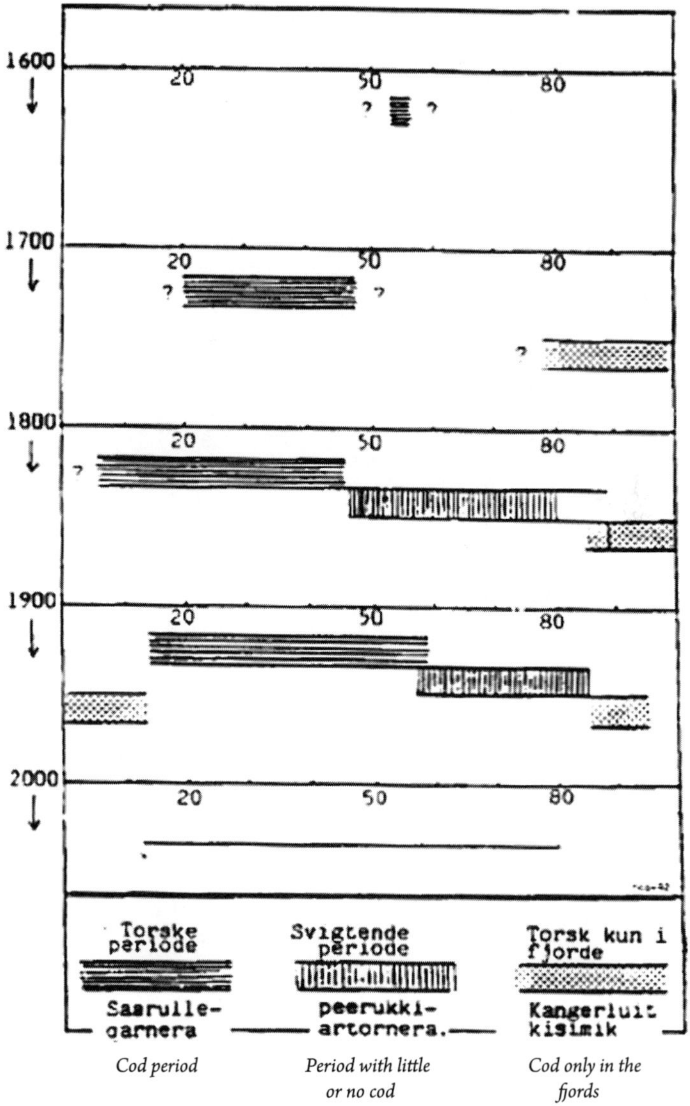

Titartakkat 5. Kalaallit Nunaanni ukiuni 300-ni kingullerni saarulleqartarnera.

Figure 5. The appearance of cod in Greenland over the past 300 years.

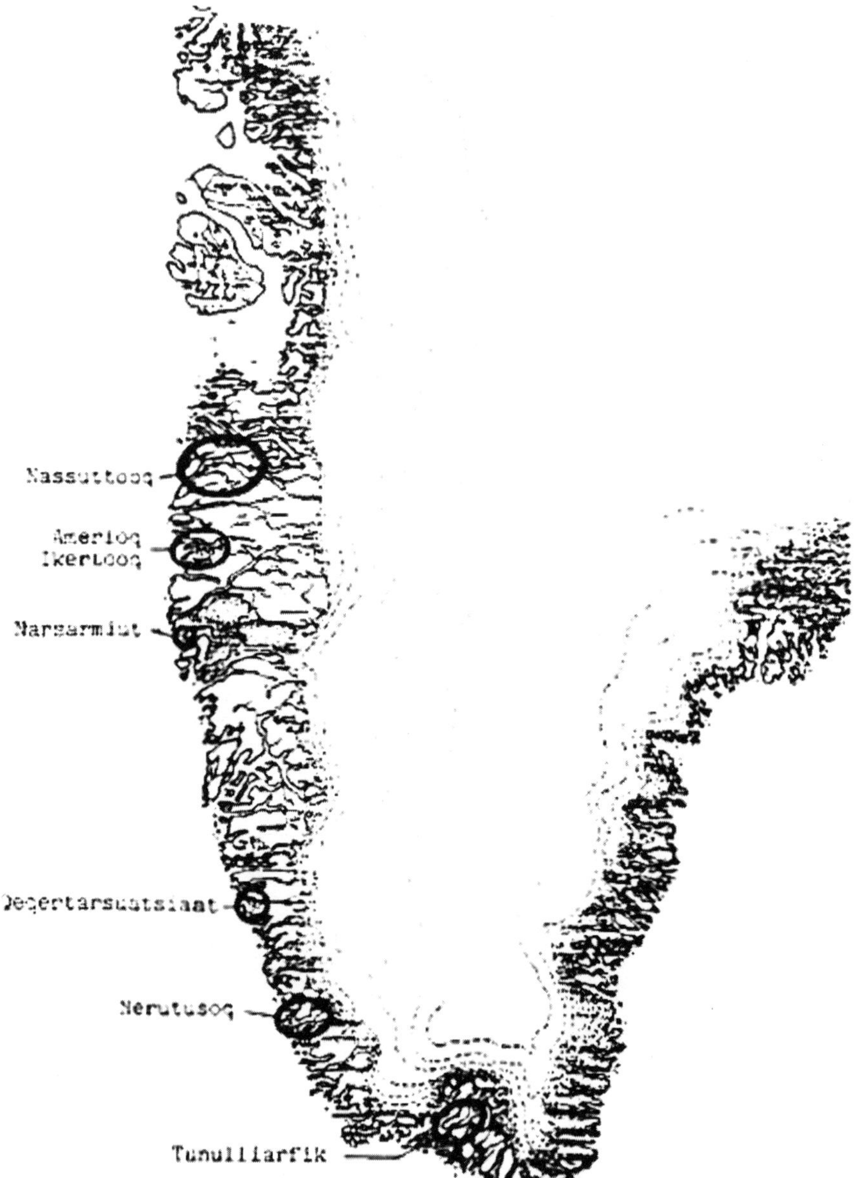

Titartakkat 6. 1700-kkut saarulleqarnerata immikkoortuisa pingajuat (najoqqutaq Otto Fabricius, 1780).

Figure 6. The cod population in the 1700s (according to Otto Fabricius, 1780).

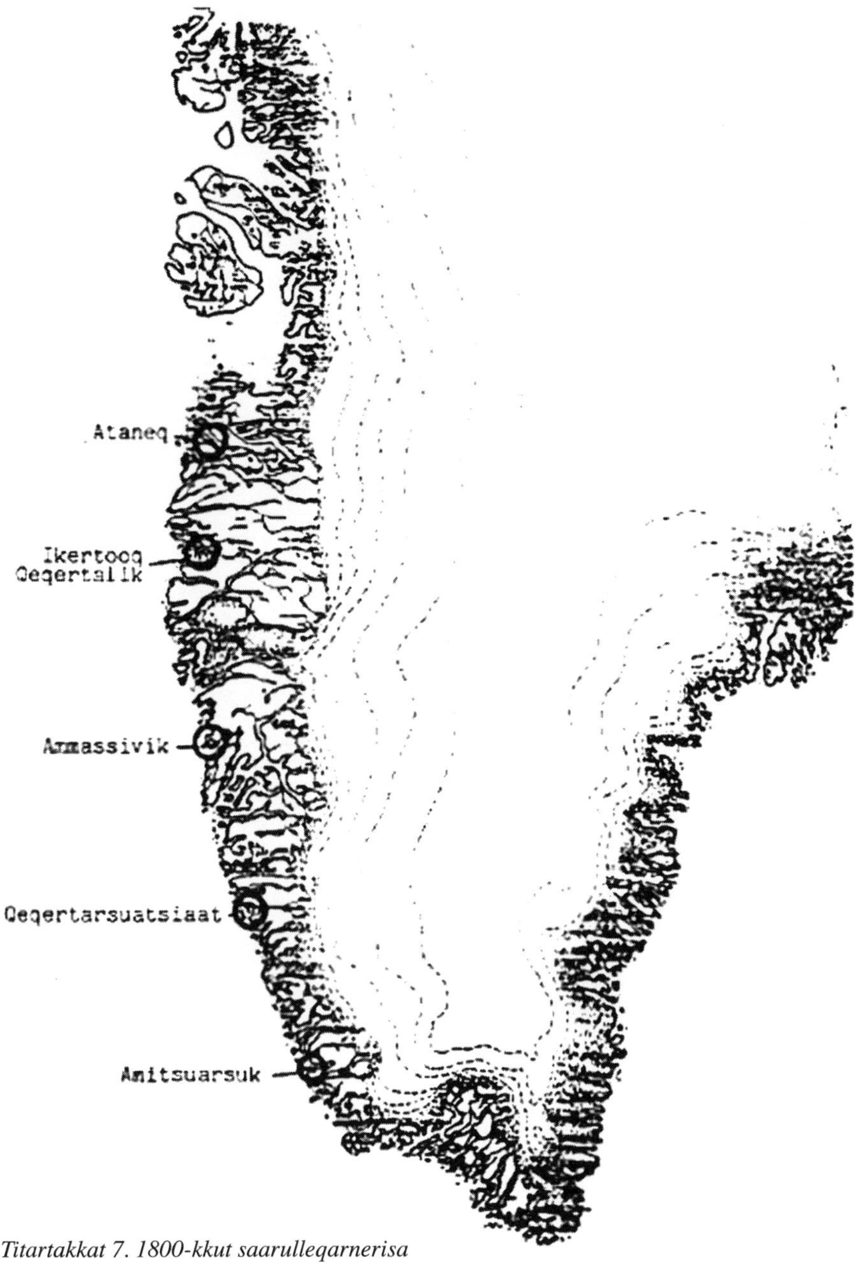

Titartakkat 7. 1800-kkut saarulleqarnerisa immikkoortuisa pingajuat.
Figure 7. The cod population in the 1800s.

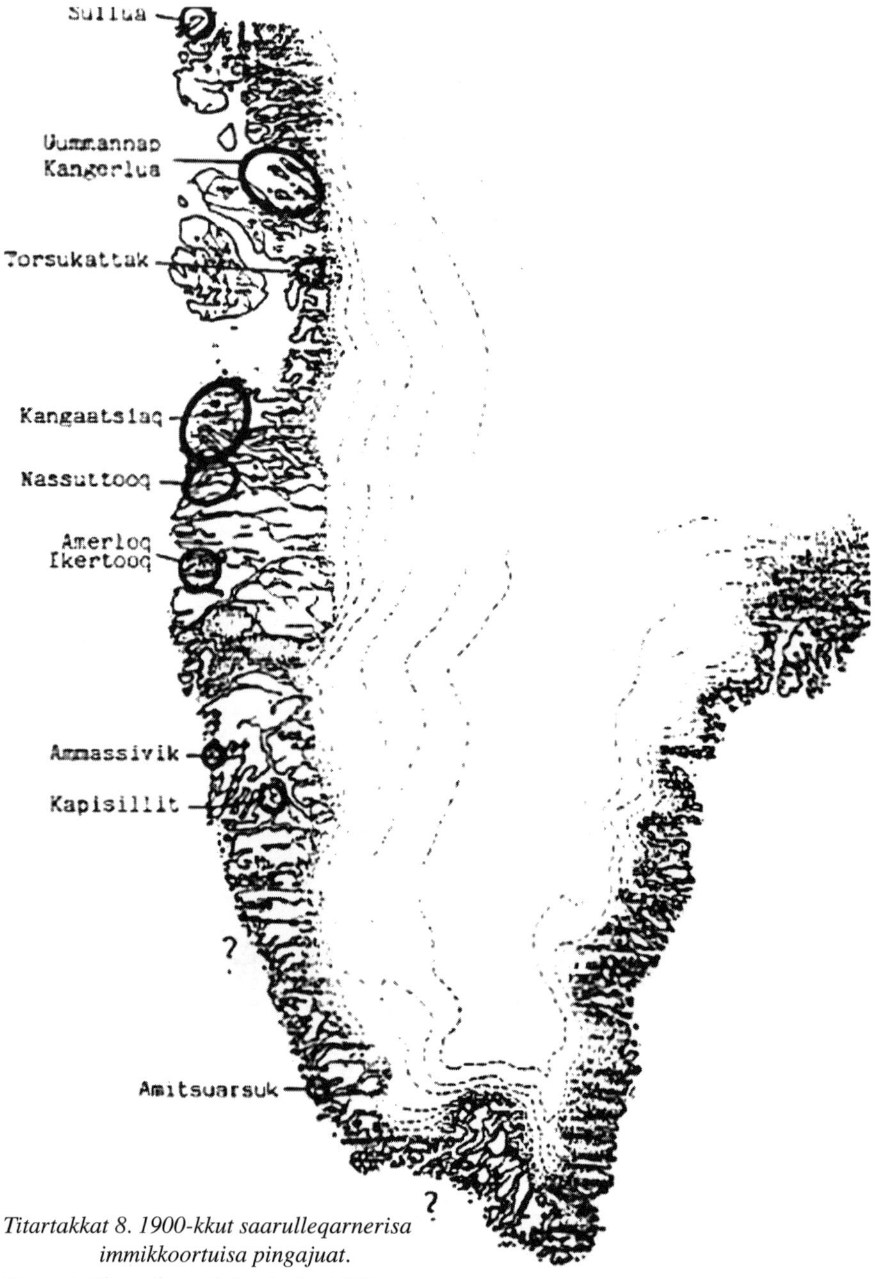

Titartakkat 8. 1900-kkut saarulleqarnerisa immikkoortuisa pingajuat.

Figure 8. The cod population in the 1900s.

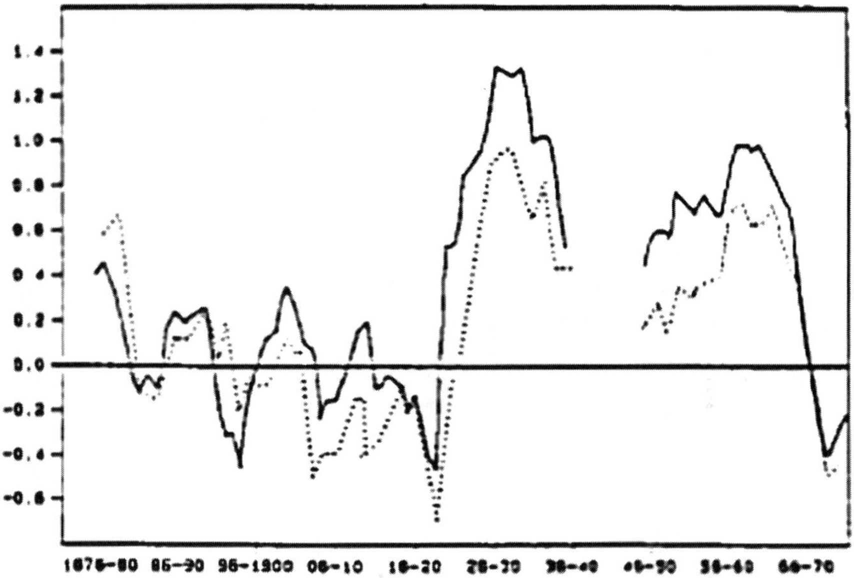

Titartakkat 9. Immap kissassusianik uuttortakkat, 1876-1925-meersut agguaqatigiissinneri. Titarnerit Paamiut avannaanni april-september, toortakkat Paamiut kujataanni april-oktober (Arne Nørrevang: Grønland Natur, 1981: 234-mit tiguaq).

Figure 9. Average ocean temperatures from 1876-1925. The solid line shows the areas north of Paamiut, April to September. The dotted line shows the areas south of Paamiut, April to October (Arne Nørrevang).

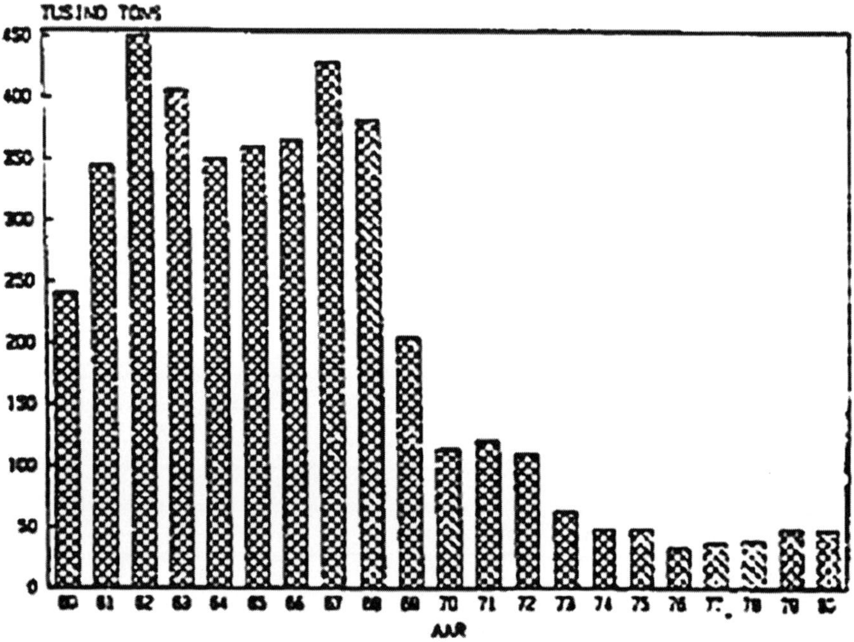

Titartakkat 10. Ukiuni 1960-80 Kitaani saarullinnik kalaallit tunisaat. Immap nillertikkiartornera malillugu saarulliit ikiliartorput.

Figure 10. Cod sold by Greenlandic fisherman in the years 1960-80. As the ocean temperature goes down, so does the population of cod.

Ukioq	Nanortalik	Paamiut	Maniitsoq	Aasiaat	Qeqertarsuaq	Uummannaq	Upernavik	Ammassalik
1951	-	2,101	3,324	3,169	44	89	0	0
1952	-	2,334	3,296	2,990	28	28	0	0
1953	1,087	1,772	3,656	3,292	27	11	0	0
1954	833	1,772	3,118	3,292	106	16	0	0
1955	904	2,889	3,362	2,992	78	2	0	
1961	2,252	6,204	6,754	2,601	211	0		1,118
1962	2,520	5,482	5,417	3,480	159	0	0	848
1963	1,905	3,222	3,282	2,953	136	6	0	268
1964	1,272	2,200	2,490	1,490	142	9	0	712
1965	900	2,476	4,821	2,351	137	2	0	613
1971	1,498	2,359	3,948	1,010	20	6	0	533
1972	1,551	4,772	5,141	613	8	24	2	279
1973	444	4,040	3,746	586	10	38	6	191
1974	796	4,743	5,066	275	7	112	11	213
1975	551	4,100	5,386	254	7	90	26	224
1981	3,284	9,669	7,792	1,341	0	34	9	882
1982	978	10,643	7,778	1,032	0	52	11	269
1983	661	8,011	7,043	1,662	3	35	14	53
1984	707	2,845	2,222	1,135	1	19	4	22
1985	843	1,800	688	157	4	21	32	47

Titartakkat 11. Ukiuni 1951-85 Kalaallit Nunaata imartaani saarullittat nioqqutissiorfinnut tunisat, saarulliit ilivitsut najoqqutaralugit naatsorsukkat. Aallaqqaataani saarullippas suaqarnerata nalaani, aalisariutit mikinerusut atorlugit pisat. Piffissap naggataani aalisariutit angisoorsuit atortorissaarutillit ilaa tigut atorlugit pisat. Saarulliit imart atta ilaani ikilinerat allanilu najuutiin narnerat takuneqarsinnaavoq.

Figure 11. Overview of cod sold in west-Greenland from 1951-85. The beginning of the survey shows catches from smaller boats in the good cod period. The end shows catches from larger and better equipped boats. The decreasing trend in the cod population is seen in some places, and their consistent appearance, in others.

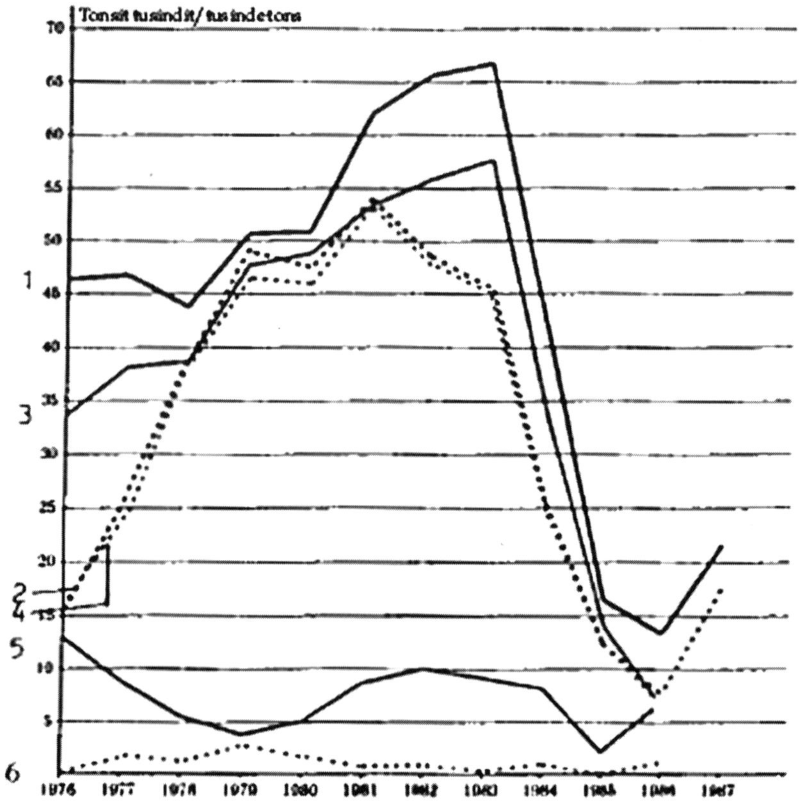

Titartakkat 12. Kalaallit Nunaanni 1976-87-mi saarullittat pisat tamakkerlugit nalunaarsukkat. (Kalaallit Nunaat Grønland Atlas, 1989, najoqqutaralugu)

1. Kalaallit Nunaanni pisat tamakkerlugit.

2. Kalaallit Nunaanni tamarmi kalaallit saarullittaat.

3. Kitaani pisat tamakkerlutik.

4. Kitaani kalaallit pissat.

5. Tunumi pisat tamakkerlutik.

6. Tunumi kalaallit pisaat.

Figure 12: The curves show cod sales in Greenland from 1976-1987. (Kalaallit Nunaat, Greenland Atlas, 1989)

1. Cod catches for all of Greenland.
2. Catches by Greenlanders in all of Greenland.
3. all Catches in west Greenland.
4. Greenlanders catches in west Greenland.
5. Total catches in east Greenland.
6. Greenlanders catches in east Greenland.

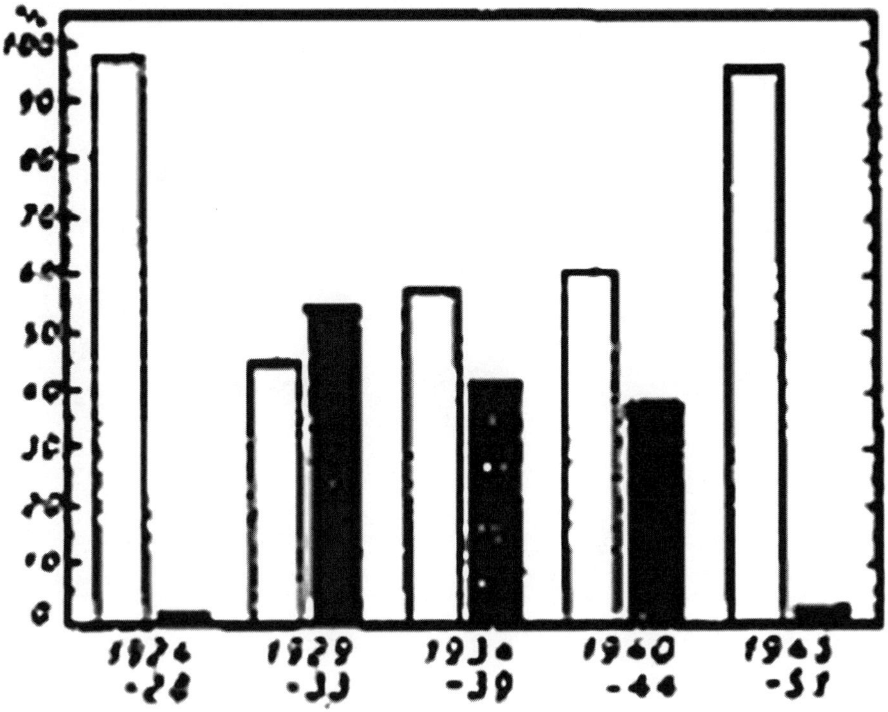

(Poul M. Hansen & Frede Hermann: fisken og havet Grønland, 1953: 47)

Titartakkat 13. Qaqortut tassa Kalaallit Nunaanni pisareqqitat. Qernertut Islandimi pisarisat.

Figure 13. The white columns show the catches in Greenland. Black columns show the catches in Iceland.

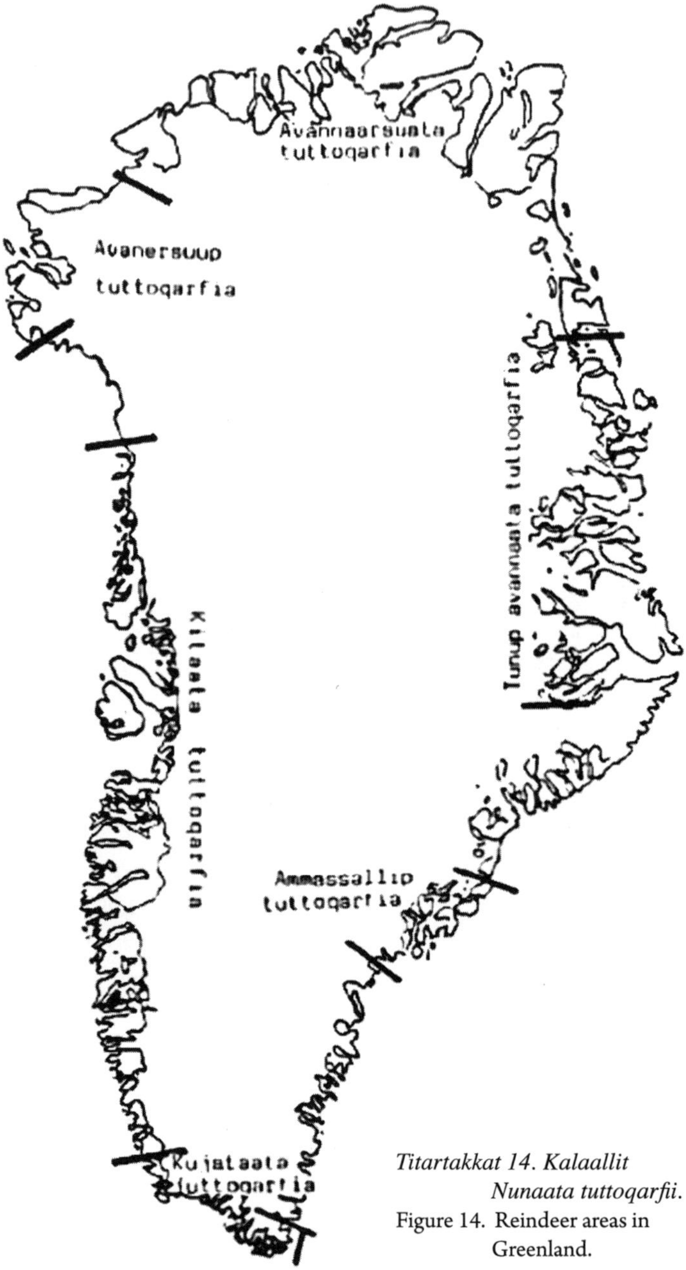

Titartakkat 14. Kalaallit Nunaata tuttoqarfii.
Figure 14. Reindeer areas in Greenland.

Titartakkat 15. Tuttut piaqqisarfii pingaarnerit.
Figure 15. The most important calving areas for reindeer.

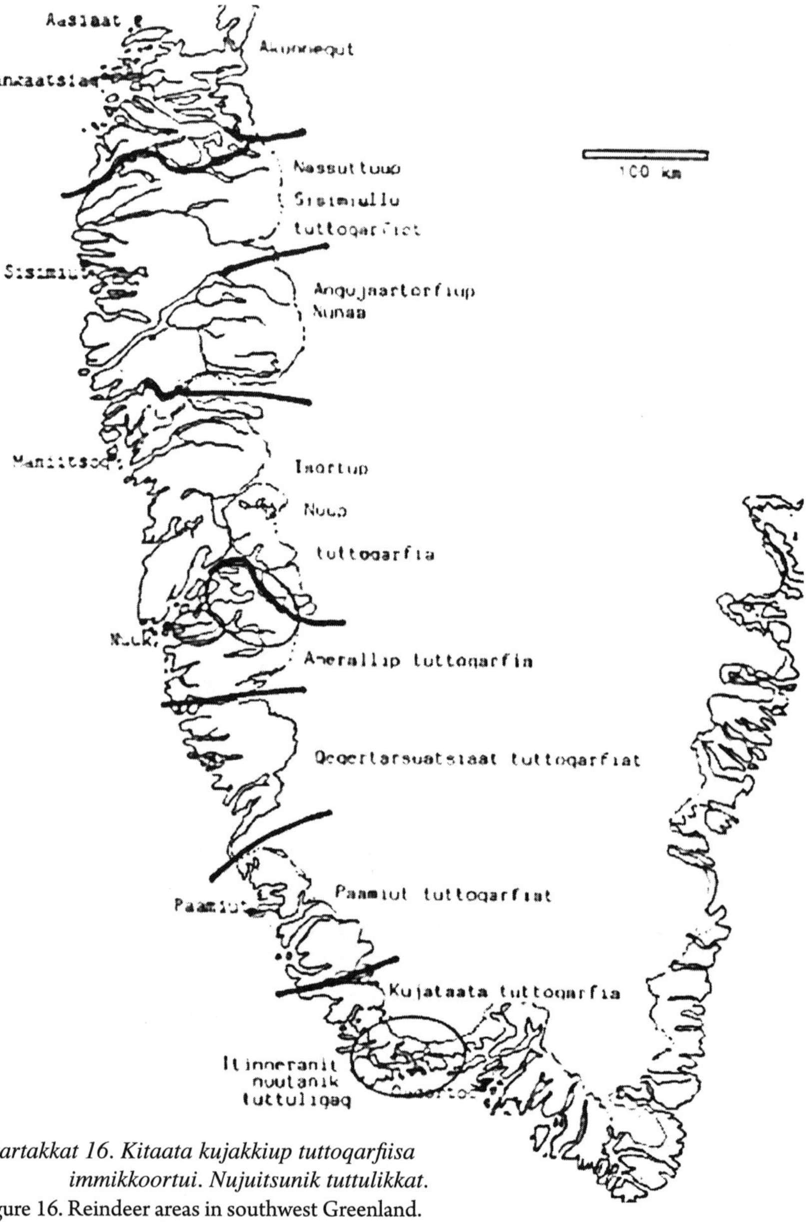

Titartakkat 16. Kitaata kujakkiup tuttoqarfiisa immikkoortui. Nujuitsunik tuttulikkat.

Figure 16. Reindeer areas in southwest Greenland. The circle indicates places where domestic reindeer have been introduced.

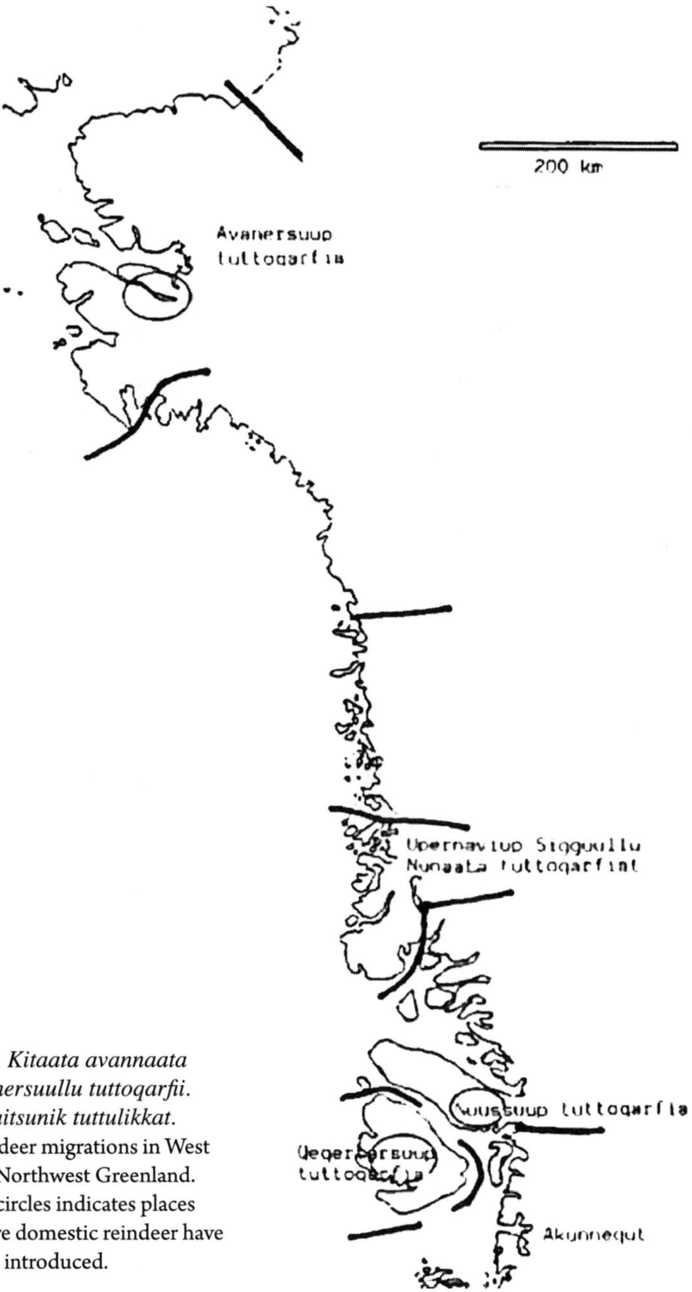

Titartakkat 17. Kitaata avannaata Avanersuullu tuttoqarfii. Nujuitsunik tuttulikkat.

Figure 17. Reindeer migrations in West and Northwest Greenland. The circles indicates places where domestic reindeer have been introduced.

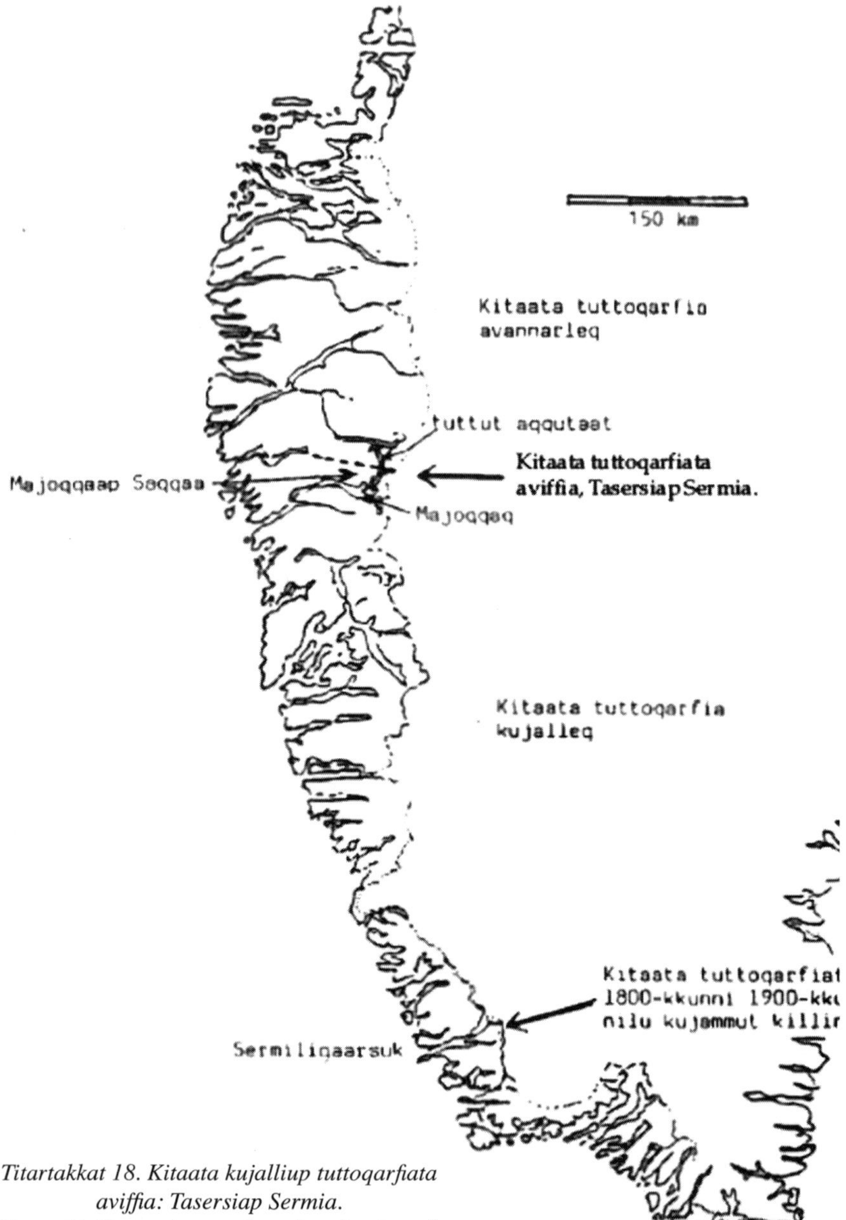

Titartakkat 18. Kitaata kujalliup tuttoqarfiata aviffia: Tasersiap Sermia.

Figure 18. The northern and southern borders of the reindeer in western Greenland.

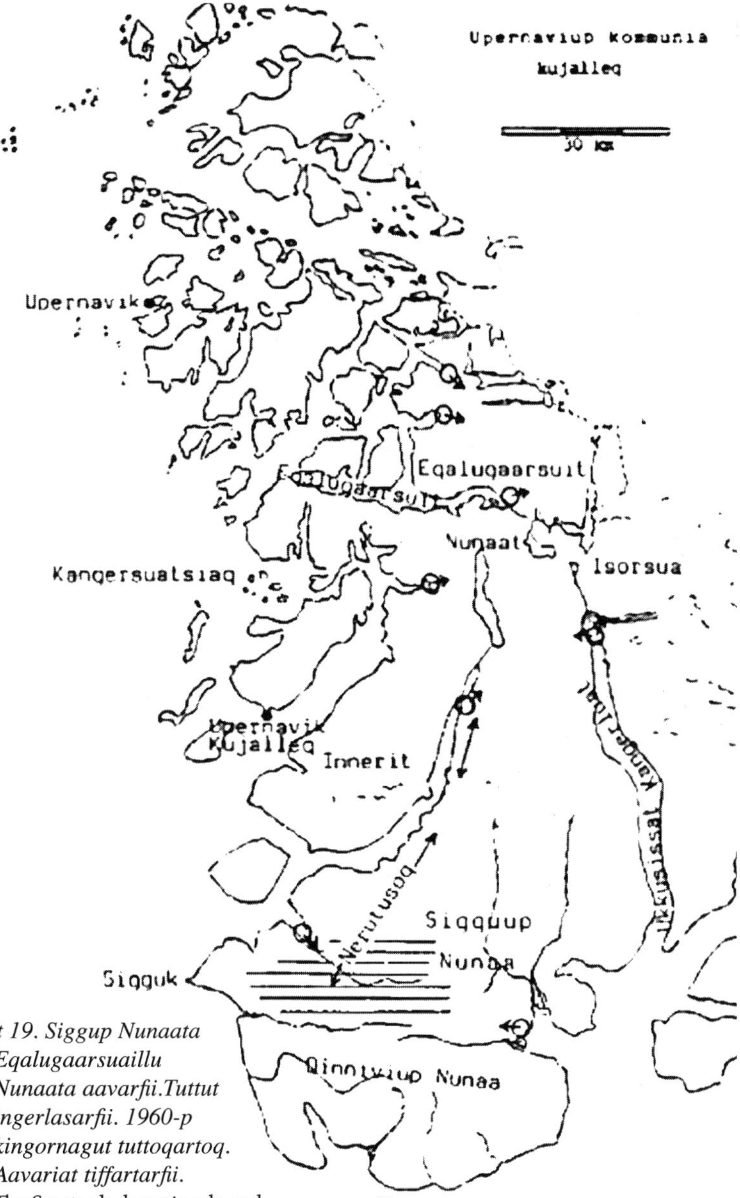

Titartakkat 19. Siggup Nunaata Eqalugaarsuaillu Nunaata aavarfii.Tuttut ingerlasarfii. 1960-p kingornagut tuttoqartoq. Aavariat tiffartarfii.

Figure 19. The Svartenhuk peninsula and Eqalugaarsuait Nunaat reindeer areas.

------- reindeer areas after 1960

→Migration route of animals

Hunters' entryway into the reindeer areas.

Titartakkat 20. 1993-mi tuttoqarfiit umimmaqarfiit. 1993-mi tuttoqarfiit. 1993-mi umimmaqarfiit.

Figure 20. The lines indicate areas with reindeer in 1993, and the O indicates areas of muskoxen also in 1993.

Ukiut	Sydgrønland				Nordgrønland					Hele Grønland
	Paamiut	Nuuk	Maniitsoq	Sisimiut	Kangaatsiaq	Uummannaq	Upernavik	Kujataani	Avannaani	Katillugit
1916	651	920	1041	173	59	82	87	2785	251	3036
1917	407	289	1342	114	96	30	67	2152	227	2379
1918	203	530	1133	367	81	34	55	2233	191	2424
1919	238	463	577	115	90	11	84	1393	202	1595
1920	202	197	394	344	117	42	46	937	225	1162
1931	130	407	355	82	54	42		994	126	1120
1932	137	302	224	73	59	13	12	737	92	829
1933	165	315	174	71	63	22	14	725	116	841
1934	107	289	419	130	34	40	7	989	99	1088
1935	178	382	401	156	29	22	14	1047	74	1121
1956	62	431	763	354	81	8	8	1617	102	1719
1957	57	333	1017	302	26	24	0	1709	62	1771
1958	43	363	1802	623	74	9	0	2831	88	2919
1959	102	897	2155	771	64	10	7	3952	83	4035
1960	131	1085	1837	728	46	31	0	3781	92	3873
1976	121	1111	2343	3835	1307	0	0	7410	2028	9438
1977	137	1654	2137	717	817	8	0	4643	1069	5712
1978	126	1017	1882	1188	644	5	0	4213	649	4862
1979	160	1520	2481	900	1104	8	0	5061	1619	6680
1980	149	1453	1989	1175	1000	0	0	4776	1530	6306

Titartakkat 21. 1900-kkut ingerlaneranni Kitaani tuttut pisat, tuttoqassusianut takussutissat. Piniartut pisaanik nalunaarsuutit najoqqutarineqarput.

Figur 21. Shows the number of reindeer killed according to the hunting lists.

Sydgrønland= South Greenland
Nordgrønland= North Greenland
Hele Grønland= All of Greenland

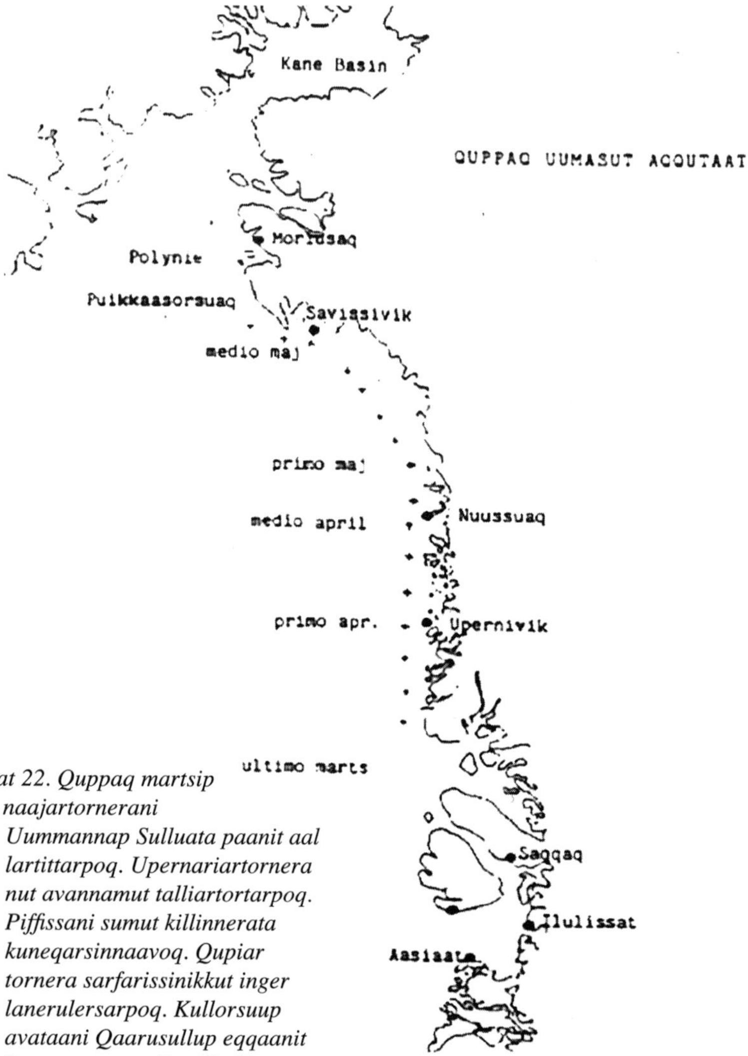

Titartakkat 22. Quppaq martsip naajartornerani Uummannap Sulluata paanit aallartittarpoq. Upernariartornera nut avannamut talliartortarpoq. Piffissani sumut killinnerata kuneqarsinnaavoq. Qupiartornera sarfarissinikkut ingerlanerulersarpoq. Kullorsuup avataani Qaarusullup eqqaanit Innaangarnup, Kap Yorkip tungaanut sanguvoq, avaqqulgu ingerlaqqilluni Puikkaasorsuarmut, Smith Sundip polyniaanut, sikuneq ajortumut atalerluni.

Figure 22. Cracks start in late March at the mouth of the Uummannaq fjord and are further north by spring, where the threshold for crack formation during these periods is illustrated on the map. Crack width accelerates by springtides and turns off Kullorsuaq against Cape York, to Puikkaasorsuaq via Smith Sound polynie, which is never frost-covered.

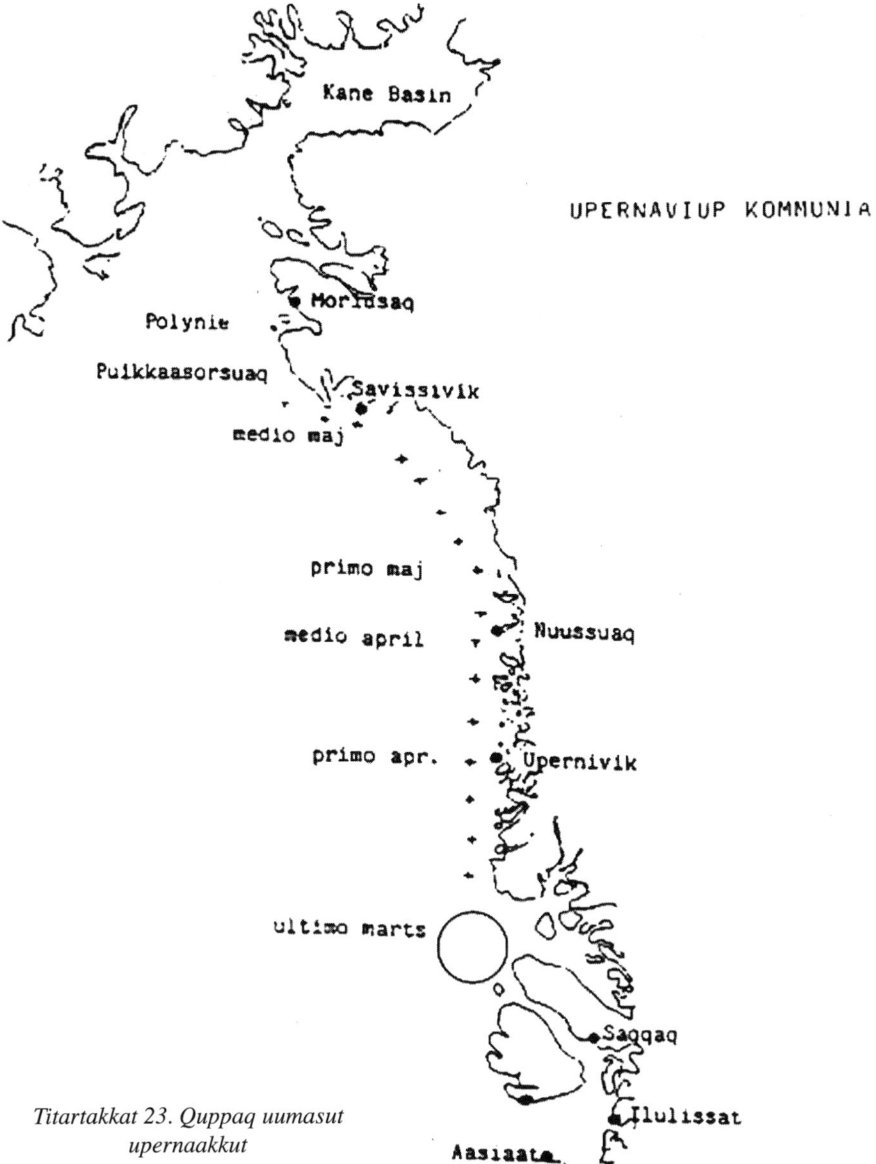

Titartakkat 23. Quppaq uumasut upernaakkut ingerlaarnermmi aqqutaat, aamma qilalukkat qaqortat.

Figure 23. The ice opening, and the animal's route in the spring.

Titartakkat 24. 1800-kkuuni pueqqortinnerpaaffiani qilalukkat qaqortat ukiumi najortagaat.

Figure 24. Beluga areas during the coldest period in the 19th century.

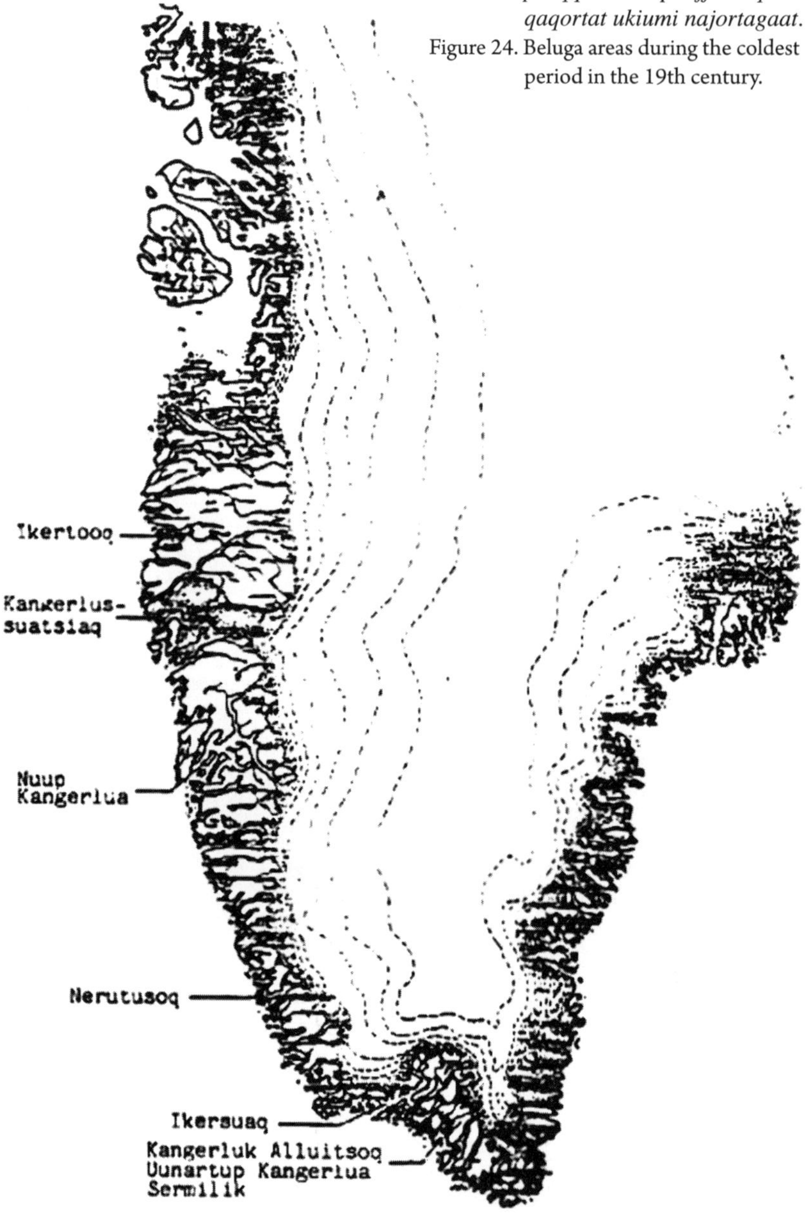

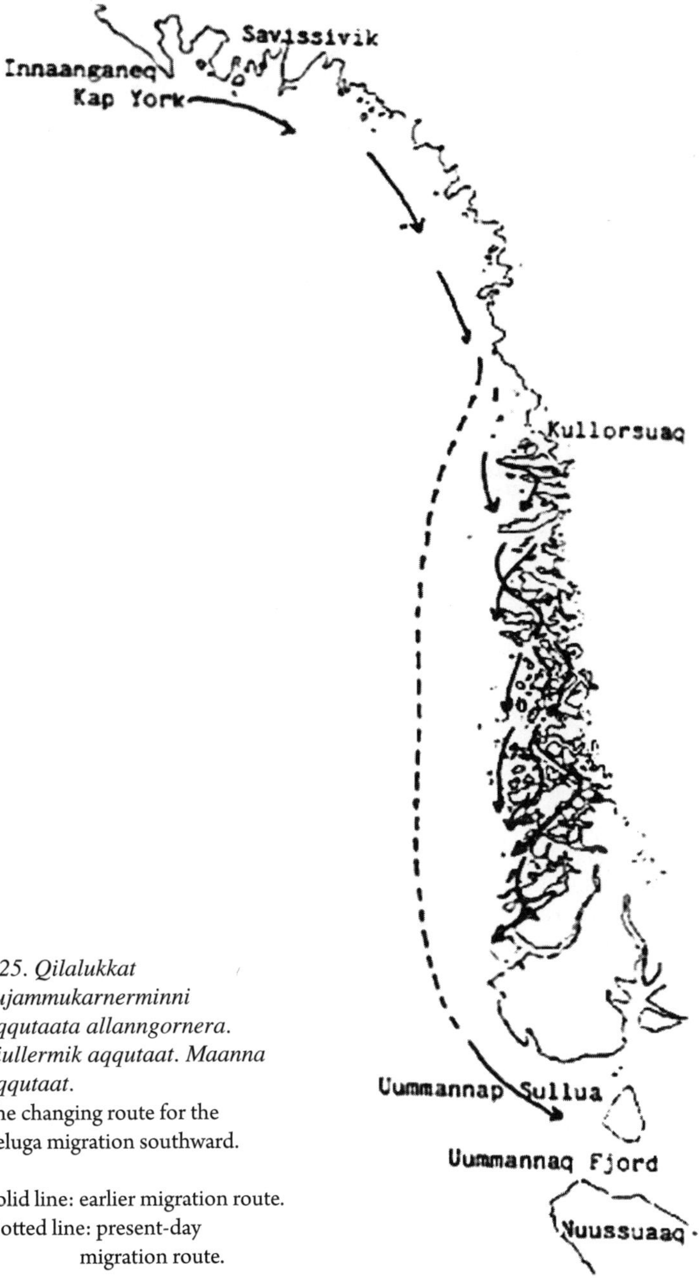

Titartakkat 25. Qilalukkat kujammukarnerminni aqqutaata allanngornera. Siullermik aqqutaat. Maanna aqqutaat.

Figure 25. The changing route for the beluga migration southward.

Solid line: earlier migration route.
Dotted line: present-day migration route.

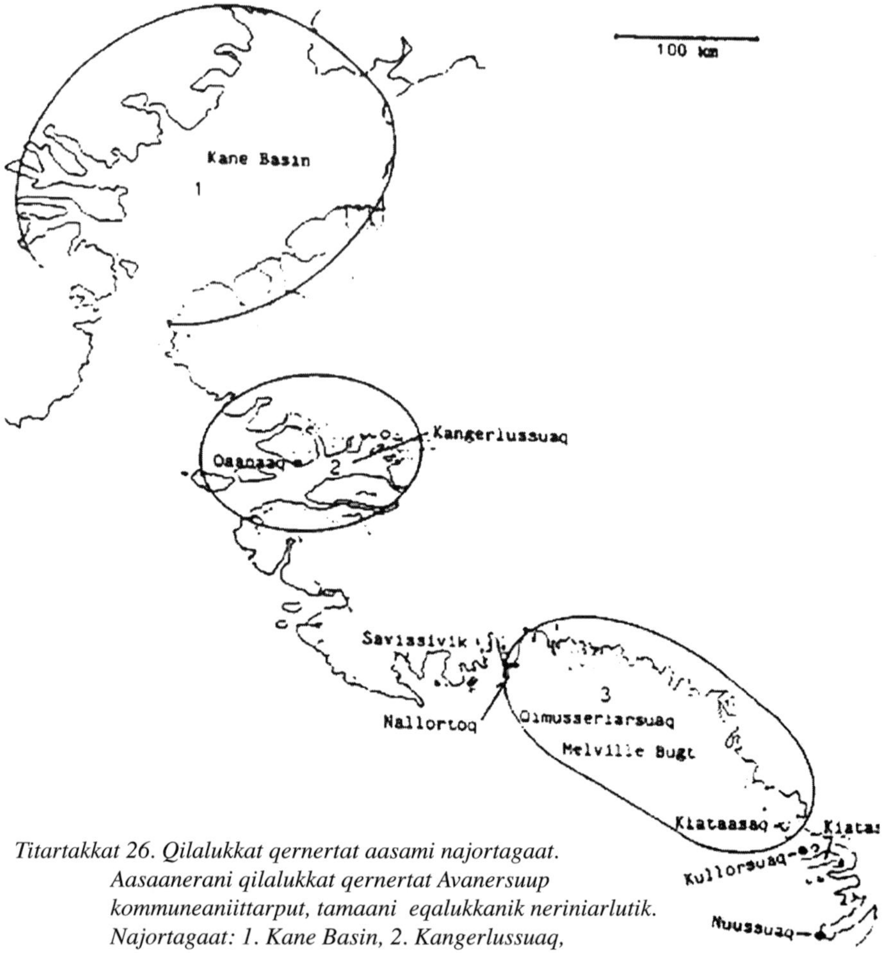

Titartakkat 26. Qilalukkat qernertat aasami najortagaat. Aasaanerani qilalukkat qernertat Avanersuup kommuneaniittarput, tamaani eqalukkanik neriniarlutik. Najortagaat: 1. Kane Basin, 2. Kangerlussuaq, 3. Qimusseriarsuaq. Maanna (1990) Nallortup Kiataasallu akornanni uteqattaarput. Nuussuaq Inoqanngikkallarmat killiffigisaraluarpaat. Inoqalermat Kiatassuaq killigisaterlugu. Kullorsuaq 1928-mi inoqalermat Kiataasaq killigilerpaat.

Figure 26. Areas where narwhals stay in the summer. Narwhal summer in Avanersuaq municipality, and eat polar cod. Their reside in: 1. Kane Basin, 2. Kangerlussuaq, 3. Melville Bay. In 1990, they were living alternately between Nallortoq and Kiataasaq. Before Nuussuaq was inhabited, narwhal had reached the area. And after it was occupied, their southern limit was Kiataasaq.

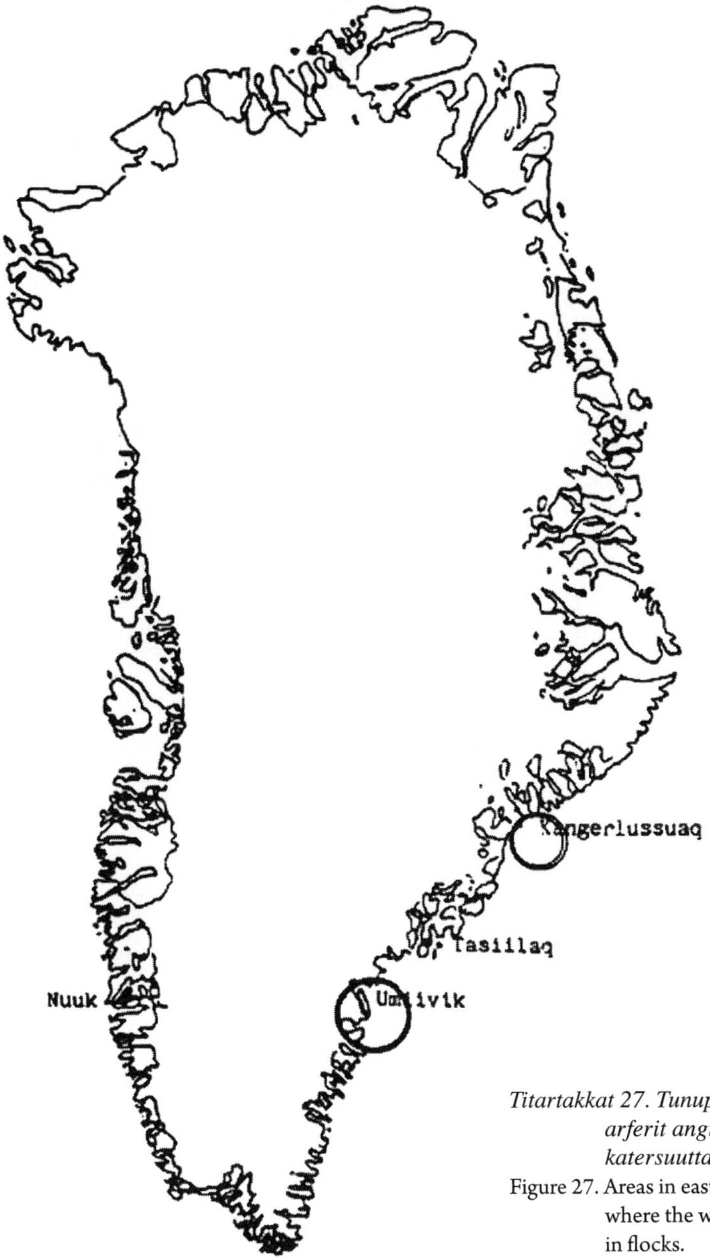

Titartakkat 27. Tunup sineriaani arferit angisuut katersuuttarfii.
Figure 27. Areas in east Greenland where the whales gather in flocks.

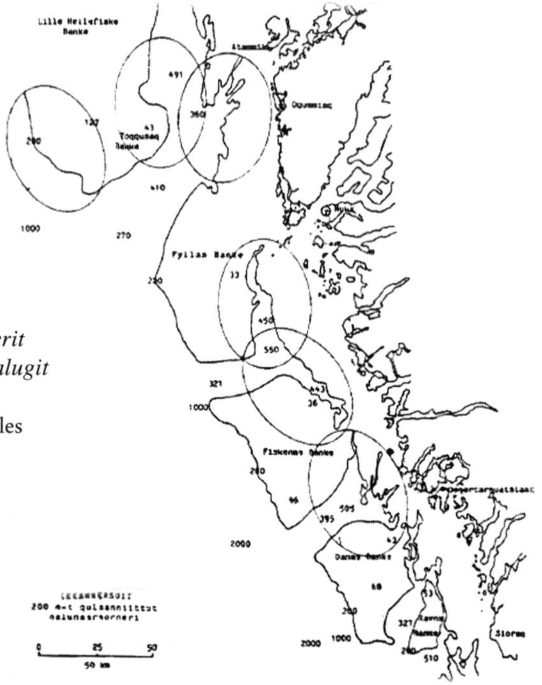

Titartakkat 28. Immap ilai arferit angisuut neriniarfigalugit najortagaat.
Figure 28. Areas where large whales stay for foraging.

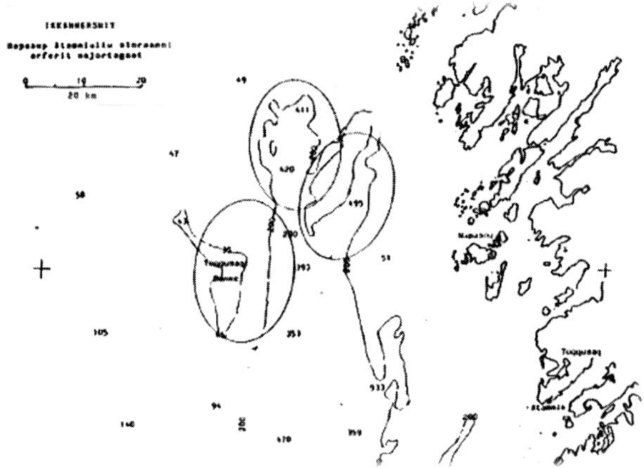

Titartakkat 29. Maniitsup kommuniani Napasup avataani arferit neriniarfiat.
Figure 29. Forage areas outside Napasoq near Maniitsoq.

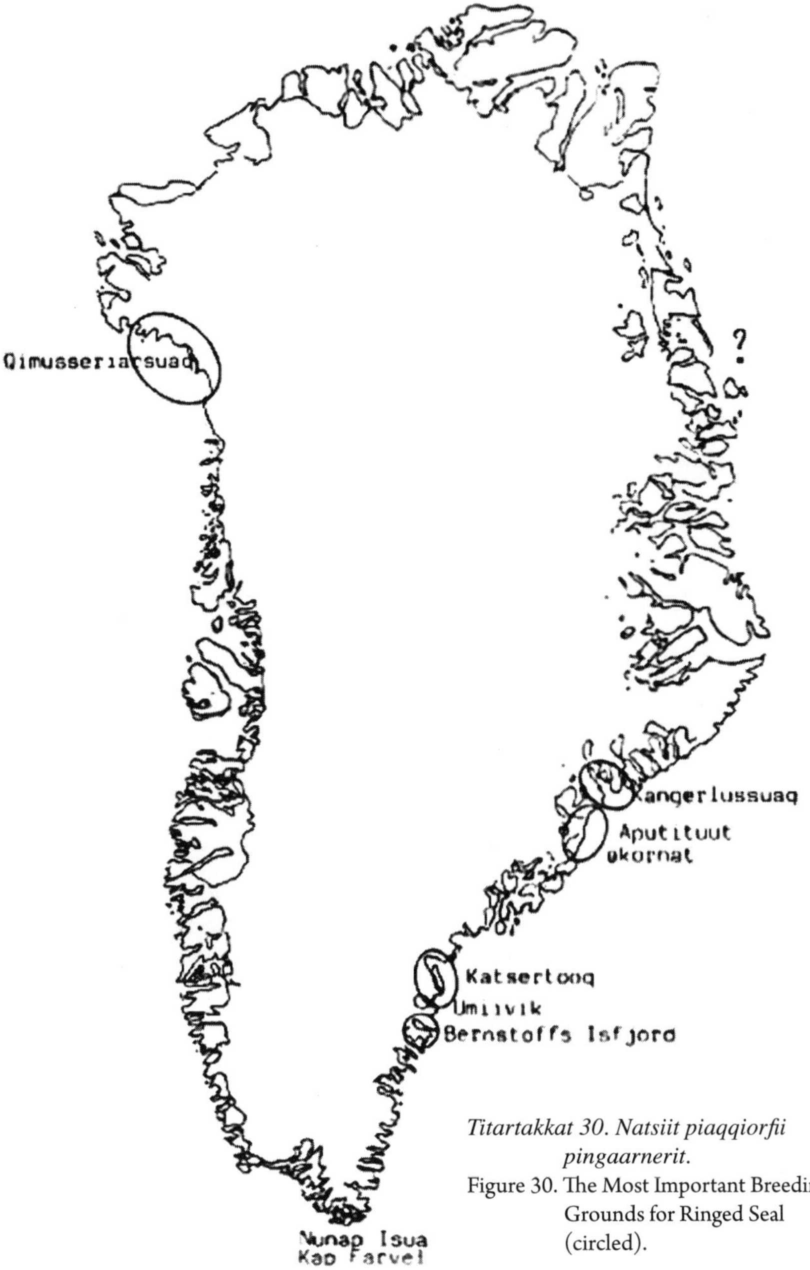

Titartakkat 30. Natsiit piaqqiorfii pingaarnerit.
Figure 30. The Most Important Breeding Grounds for Ringed Seal (circled).

Titartakkat 31. Natsiit pisat. 1900-kkut kiatsiffianni pisat ikileqaat, pueqqortikkiartornerani amerliartorlutik.

Figure 31. Catches of ringed seals. During Cyklus-100 warming period, the hunt was not very good, but grew as it became colder.

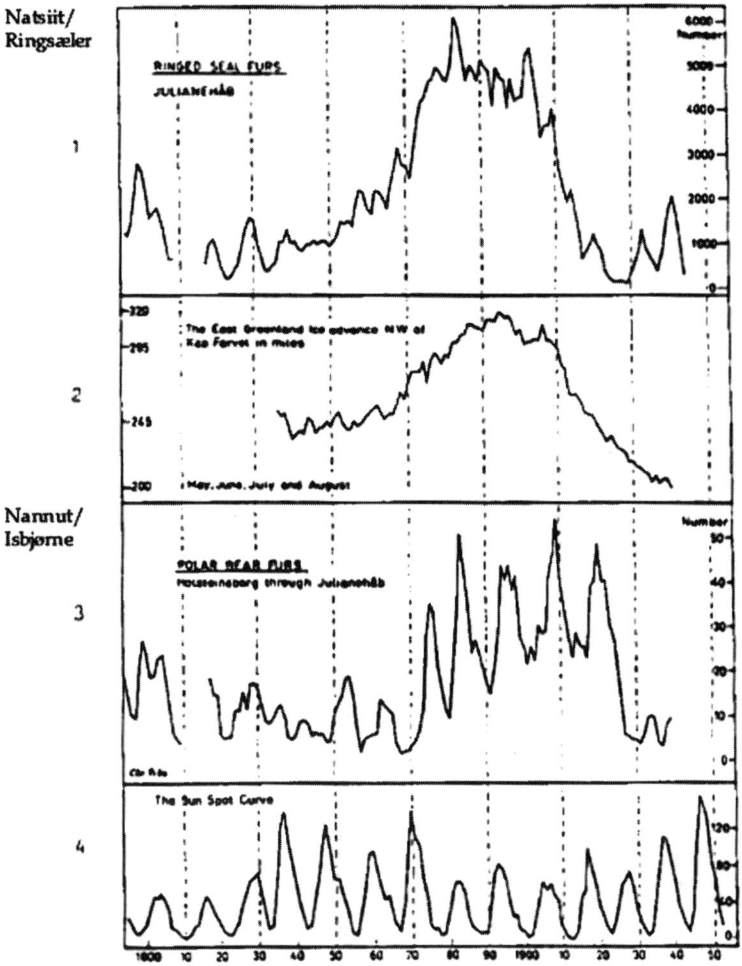

Titartakkat 32. Natsiit Kitaani pisat amerlassusiat (1) Chr. Vibep naatsorsorsimavaa aamma nannut pisat taamaaliorsimallugit (3). Takuneqarsinnaavoq kiatsinnerata nalaani ikilisarsimasut pueqqortinneranilu amerlisarlutik. Ukiut kiatsiffiit 100-kkuutaartut affaanni siullermiipput pueqqortiffillu naajartorneranni. Chr, Vibe: Arctic Animals, 1967:61, najoqqutaralugu.

Figure 32. Christian Vibe made the above figure of the KGH purchase of skin from Ringed seals (1) and Polar Bears (3). It can be seen that the hunt is less good in warming periods and larger during the cold periods, Arctic Animals 1967.61.

Titartakkat 33. Natsersuarniarfiit april majimi piniartut katersuuttarfii.

Figure 33. Hunting settlements used during the hunt of migrating Hooded seals in April and May.

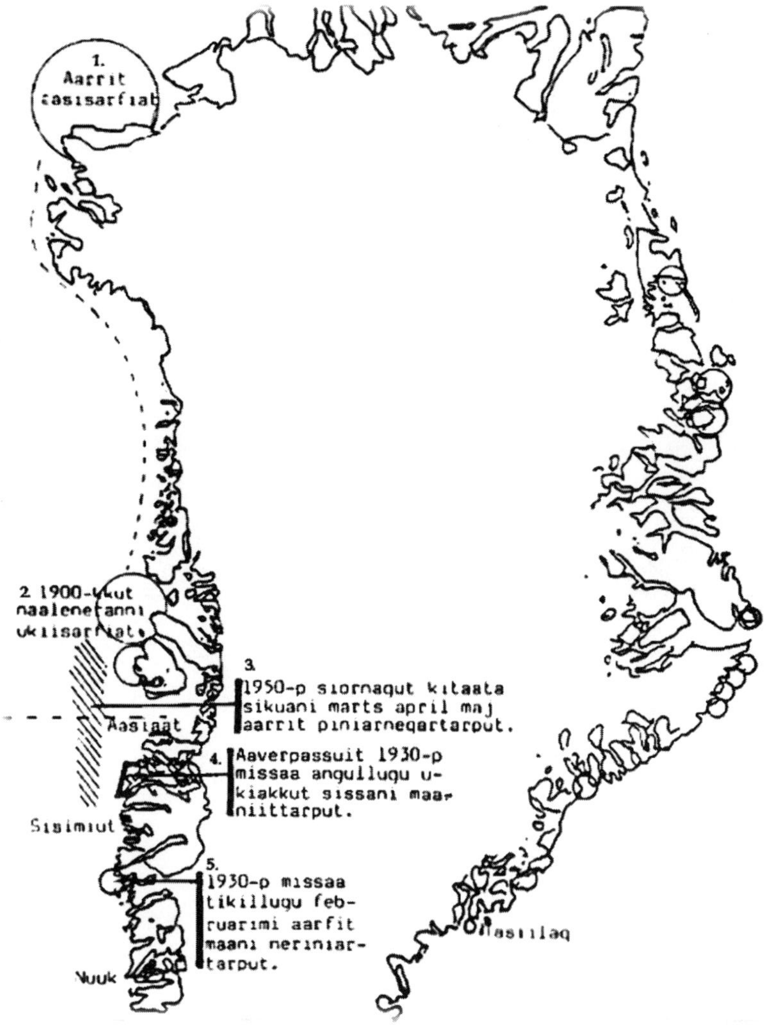

Titartakkat 34. Kalaallit Nunaanni aaveqarfiit, itsaq nalitsinnilu.
Figure 34. Walrus hunting areas in West Greenland.

1. The summer habitat of the Walruses.
2. Wintering Areas toward the end of the 1900s.
3. Before 1950 they were hunted in the west in March, April, and May.
4. Until around 1930 large numbers of walruses congregated in this area.
5. Until around 1930 walruses foraged here in February.

Titartakkat 35. Kalaallit Nunaanni qasigiaqarfiit, 1988-90.
Figure 35. Areas where the common seal were found from 1988-1990.

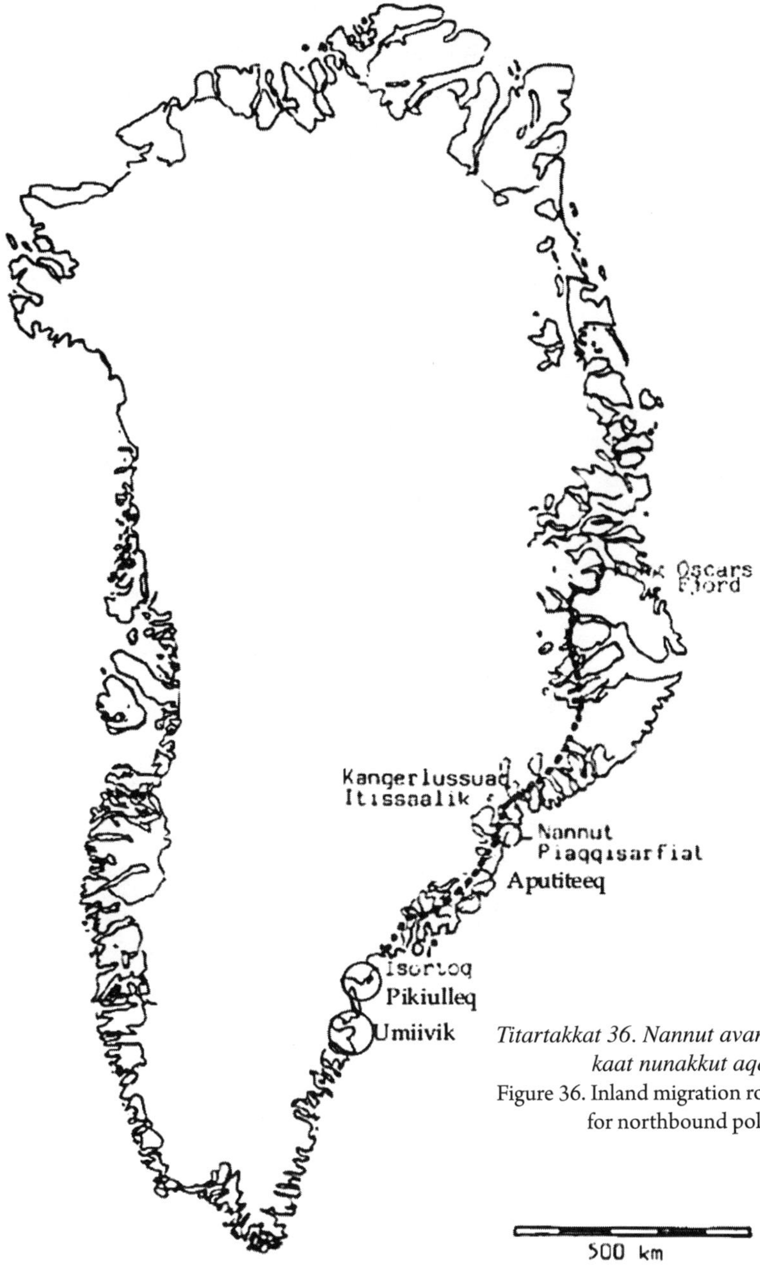

Titartakkat 36. Nannut avannamu kaat nunakkut aqqutaat.
Figure 36. Inland migration route for northbound polar bears.

2

1

3

4

5

6

7

8

9

10

11

12

Acknowledgements

The generous support of the Social Sciences and Humanities Research Council (SSHRC) made this work possible, as well as the McGill Institutional Grants and its Office of Research Opportunities, NAPA and KIIIN in the Greenland Home Rule Government.

Professors Jette Rygaard, Ilisimatusarfik, Greenland and Daniel Chartier, Université de Québec à Montréal contributed to the photographic and video aspects of the research project as well as Professors James Ford and Wayne Pollard, McGill University, who lent their support. Dr. Henning Thing urged us to undertake this project, as he understood the value of HC Petersen's work. For help in many different ways, thanks go to Lindsay Terry, Jennifer Campbell, Gabrielle Hayes and Keegan Ryan. A special thanks to Jenna Horner, whose work helped in the production of this book. I am grateful to all.

Most of all, I would like to thank HC Petersen who welcomed us into his home in Ebeltoft, Denmark, and shared his contagious passion for Greenland.

Marianne Stenbaek
Enlish Department
McGill University

*

Local Knowledge: Living Resources and Natural Assets in Greenland

*

Introduction

Today's Arctic is experiencing rapid environmental change in response to climate warming. Surprisingly to most people, the Earth's cold regions are very sensitive to small variations in temperature because these changes can cause ice to melt or water to freeze creating dramatic changes in the environment. As greenhouse gas concentrations in the atmosphere continue to climb, scientists predict that the Arctic will experience greater temperature rise than other locations. With the "modest" Arctic warming to date, Greenland and its melting ice sheet and the solitary polar bear stranded on an ice flow have become icons for those seeking to draw attention to consequences of global warming on ecosystems and the people they sustain. What is the future for Greenland's environment and people as the Arctic warms? How can the scientific community anticipate the consequences of climate change and how can people adapt to climate change or mitigate its effects? HC Petersen's writings provide an understanding of the future through his detailed accounts of how Greenlanders perceive past environmental change and how they have continuously adjusted to their environment and its resources to maintain their culture.

The climate driven changes in Arctic ecosystems are circumpolar and are seen in land, freshwater, and marine systems (Post et al. 2009). Western science has pulled out its "tool kit" to observe these changes and to try and understand the mechanisms that act to accelerate ecosystem change as the climate warms. Satellites map the decline of sea ice extent. Computer models simulate future scenarios of climate and ecosystem change depending on how fast the world consumes fossil fuels. Ecologists study the population dynamics of animal and fish species important for subsistence. Toxicologists examine these organisms for contaminants transported to the North from industrial centers to the south. Increasingly teams of scientists drawn from multiple disciplines are coming to Greenland to study these complex interactions. The Greenland ice sheet is our teacher about past environments and rates of climate change. Ice coring at locations named GISP, GISP2 and NEEM, have provided a detailed record of past temperatures from analysis of the stable isotopes of water contained in the seasonal ice layers stacked one upon another and stretching back more than 100,000 years. These cores show that changes in the Earth's climate can be large, abrupt, and happen in just a few years (Steffensen et al. 2009).

We have additional information about Greenland's changing environment and this comes not from western science and its technologies but rather from the collective experience of expert observers who have intimate knowledge (traditional knowledge) of their environs, which is maintained and passed from generation to generation (Huntington et al. 2004). Traditional knowledge (or traditional ecological knowledge) provides a record of change that is more holistic and integrated in ways that are problematic for western science and its reductionism. For example, Inuit knowledge about sea ice types and sea ice behavior is eagerly sought by western scientists who have a limited time record of ice and changing ice conditions (Laidler 2006). The challenge we face is finding conceptual models or frameworks that provide a link between these different ways of viewing (measuring) environmental change (Huntington et al. 2004). HC Peterson, through his meticulous gathering of traditional knowledge from Greenland residents has offered up a new body of knowledge, which will stimulate discussion between scientists and residents who are living with change.

HC Petersen has provided an invaluable resource to his country and science by making a life's worth of compilations, observations, impressions, and quantitative data available to the research and policy communities. Researchers, students, and naturalists interested in Greenland and the Arctic in general are benefited by Petersen's vision to preserve this knowledge and make it widely available. Greenland is facing not only rapid climate change, but also rapid political and cultural change, and these variables are interconnected. In this book, Petersen shows how Greenlanders have adapted to previous changes in their environment and in so doing demonstrates their resilience and hopeful outlook. This information will undoubtedly help frame important decisions in Greenland's future about the use and management of her abundant natural resources.

Ross A. Virginia
Myers Family Professor of Environmental Science
Director, Institute of Arctic Studies, Dickey Center for International Understanding
Dartmouth College, Hanover, NH USA

Huntington, H. T. Callaghan, S. Fox and I. Krupnik (2004), Matching traditional and scientific observations to detect environmental change: A discussion on Arctic terrestrial ecosystems, Ambio Special Report 13:18-23

Laidler, G. J. (2006), Inuit and scientific perspectives on the relationship between sea ice and climate change: The ideal complement?, Climate Change 78:407-444

Post, E., M. C. Forchhammer, M. S. Brete-Harte, et al., (2009), Ecological dynamics across the Arctic with recent climate change, Science 325:1355-1358

Steffensen, J. P., Andersen, K. A., M. Bigler, et al., (2009), High-resolution Greenland ice core data show abrupt climate change happens in few years, Science 321:680-684

Learning from the past; looking towards the future

HC Petersen is a wise man and a respected Inuit elder. His life has spanned an extraordinary period in Greenland's history and he has seen it transform from an old hunting society under colonial rule, to a modern, self-governed society that maintains many of its hunting and fishing traditions.

HC Petersen was born in Maniitsoq in 1925. As a child he loved nature and studied it carefully. He learned about traditional crafts, including the building of qajaqs as well as the art of hunting and fishing. He had an insatiable appetite for knowledge and a tremendous love of his country.

He received his formal education at the Teacher's College in Nuuk, but he also studied geology and geography on his own. In 1962, he became the first director of the Knud Rasmussen College in Sisimiut where he remained until 1975. This is a unique school based on a Scandinavian model of higher education for adults, similar to a community college in North America. Still thriving today, the college was designed to safeguard and promote Greenlandic culture and language. It taught all aspects of Greenlandic culture: skin-sewing, beadwork, qajaq building, drum song and dancing, drawing, the arts and literature. As its director for 13 years, HC Petersen made a major contribution to the preservation of Greenlandic culture. After his time at the college, he continued to study Greenlandic culture and nature. He also continued to teach and found the time to publish books and articles on these subjects, in Greenlandic, Danish and English.

In 1988, he was commissioned by the Greenland Home Rule Government to research and create a series of comprehensive reports of all the renewable resources and "natural values", as he calls them, in Greenland. By this time, he had already spent close to 50 years observing and collecting information about the Greenlandic environment and its interrelationship with culture and the way of life. His task was to record information and local knowledge about the environment and culture in all of Greenland's 18 municipalities. He worked together with Helle Siegstad, a Greenlandic scientist for most of this project. She later left to assume a position at the Institute of Natural Resources in Nuuk, Greenland. However, HC Petersen, devoted to the project, continued until its completion; he wrote all the reports both in Greenlandic and in Danish. He also drew the many maps and diagrams himself.

What makes this work so valuable is that he systematically organized all his visits and observations. In each municipality, he visited most of the towns and villages. He arranged his visits by advance notice and often with the help of the local mayor in order to ensure productive meetings with a range of individual hunters and fishermen. The same types of questions were posed at every site: When does the cod come? When do the seals pass by? Where do they pass by? Where are their breeding grounds? Have they changed in numbers over the years? What are the ice conditions? His primary interest was the natural environment, but also the interaction of people with nature and its ability to sustain human life and culture. In Greenland, the environment is the very basis of all life; it provides for both economic and cultural needs. As the environment changes, so does the way of life for Greenlanders; and as Greenlanders change, so will the environment.

For this project, Petersen visited almost every inhabited place in Greenland; his work resulted in a mammoth monograph consisting of 24 reports. Of these 18 deal with the individual municipalities (there are fewer today) and six are "summary reports". This volume contains the six summaries. As he told me in conversation, the knowledge embedded in this work actually covers almost 1000 years of society in Greenland. He had collected 40-50 years of personal experience himself and added this to the local knowledge of the fishermen and hunters he interviewed which covered approximately 100 years, as they contributed knowledge gained from their parents and grandparents. The local hunters and fishermen also contributed additional local knowledge passed down through the generations. In this manner, HC Petersen insisted that the information really covered up to 1000 years of collective experiences because almost all the people he spoke to passed on legends, stories, hunting customs and intergenerational memories told them by their families and other community members.

Based on his extensive research and the material gathered, he formulated his own theory of climate change: that the environment is governed by two cycles, a 1000 year cycle and a 100 year cycle. The last 1000 year cycle started around year 1000 with a warming period that partially accounts for the Vikings' settlement in Greenland where they were able to carry out limited agricultural and dairy farming. This cycle reaches its coldest point around 1500, and he suggests that this may be one reason for the Vikings' disappearance. Western science knows this period as the 'little ice age'. Since then, there has been a slow warming curve. Within each 1000 year cycle, there are ten 100 year cycles where each cycle moves from warmer to colder and again to warmer in a specified and predictable pattern that, according to Petersen, accounts for much of the movements and appearance/ disappearance of native animal species.

Petersen studied the role of these natural cycles of warming and cooling in nature. He also observed that nature progressed according to these patterns for a very long time. However, since about the 1920's, humans have made the cycles less predictable as well as less reliable due to the influence of man's interactions with nature and their effect on its cycles. He is concerned about how modern inventions, such as the motorboat and its noise, have stressed animals and interfered with their breeding and migration routes. He resents this modern intrusion and contrasts it with what he calls the "silent technology" of the traditional hunter. Above all, he resents the modern hunter who shoots just for the sake of shooting and engages in "joy killing" without any traditional purpose or subsistence need.

During the preparation of this book, I had the opportunity to meet with HC Petersen on several occasions. At the age of 85, he is still passionate about Greenland, about its culture and above all its environment and natural beauty. His writing portrays a very special relationship to nature; he has the deepest reverence and respect for it, and he honors it in his writings

Throughout his writing, the reader hears the still, quiet voice of his father who, 80 years ago, instructed him to hunt, but only for what was necessary. He honors his father as well as the hunters and fishermen who taught him to respect the animals and to follow the many traditional rules for hunting, such as giving the killed animal a drink of clear water to show respect for it and to avoid the taboo of hunting at night so that the animals could rest and breed. In this way, a truly symbiotic relationship, where animals and humans respected, revered and sustained each other, was developed through the centuries. HC Petersen is worried that much of this tradition may now be coming to an end.

In the Inuit Circumpolar Council's (ICC) new Inuit Arctic Policy, there is an emphasis on the inclusion and importance of traditional Inuit knowledge along with modern "western" science in reaching an understanding about the environment and how it is changing. HC Petersen provides us with a rich and comprehensive entry into Greenlandic traditional knowledge.

Marianne Stenbaek
English Department
McGill University

Hans Christian Petersen, better known in Greenland as H.C. Petersen

For the Inuit, environmental knowledge is a matter of survival. H.C. understood this fully, and because of this understanding, he began to collect the material included here, by traveling along the coast of Greenland to interview, record and experience how the people themselves expressed their knowledge. He was interviewed himself many times on Radio Greenland, which was the only media available when I was a kid. I remember that it was always very interesting listening to his stories, such as how caribou behave in the Kangerlussuaq area, far away from my own hometown of Qaqortoq in southern Greenland, and thus environmentally very different region. These environmental differences, along with the knowledge of our people and resources, their use and habits that H.C. recorded, helped to explain the culture of the people living in each area. It was also very interesting listening to him talk about the Qajaq and Umiaq of Inuit: how all parts of these vessels had a name and how they were built. For instance, how many skins and what species of seal were used in their construction, or to learn that our forefathers did not use nails when they built their vessels. A good and enlightening storyteller, always able to kindle the interest of his audience, I am sure those who had H.C. as their teacher had the same experience. H.C. was a visionary. He founded a niche from which we all can benefit. Currently, more and more researchers are building local and environmental knowledge of indigenous peoples into their own programs to benefit not only their own research, but also to benefit the knowledge holders themselves and their descendants. This book represents such collected knowledge, and I know that it will be of interest for many people. Most of the attention on Greenland has been through research by physical scientists, often with a focus on the ice sheet. These kinds of studies and other similar ones have been immensely important for Greenland and for our understanding of how climate change is affecting, and will continue to affect, our society. Studies that incorporate Greenland's communities, in particular the knowledge of the Greenland Inuit (Greenlanders or Kalaallit), have been far fewer. Only a handful of studies have worked with the knowledge of Greenlanders to understand our environment and our experiences of climate change. H.C. is the person that immediately comes to my mind when considering how this process has evolved.

Lene Kielsen Holm
ICC Greenland

Instructions for the Reader

In this book you will find six reports with information concerning the use of living resources in inhabited parts of Greenland from an historic perspective. The reports are the result of the project "registration of living resources and natural assets" carried out by Greenland's Home Rule in 1988 with financial support from the Aage V. Jensens Foundation, and were written from 1992-93. The reports have not been updated since then.

Knowledge Basis

The reports are based on the following knowledge:

1. Interviews with people in towns and settlements in Greenland who possess knowledge about living resources.
2. Information about living resources, as well as hunting and fishing from the literature.
3. Information from H.C. Petersen's own notes from the 1930s to 1988.

Interviews

From 1988-90, the two people responsible for the project, H.C. Petersen and Helle Siegstad, conducted numerous interviews in almost every Greenlandic town and settlement. Primarily fishermen and hunters were consulted, although others who had relevant knowledge were also questioned. The result was a total of 211 interviews. Each person was asked about the following:

a. The local natural conditions and the conditions under which animals and people lived.
b. How the animals used local areas throughout the year.
c. How people used local areas and the animals that lived there.
d. The changes hunters noticed through time, including both natural changes, and changes resulting from human interference with nature and animals.

Each interview was taped on cassette and later digitized. The National Archives in Nuuk have digitized versions of the interviews as well as the original tapes. In addition, some information was drawn on maps that are reproduced in the reports.

The information reflects conditions at the time the interviews were carried out, as well as the personal experiences of the person being interviewed.

H.C. Petersen's notes on the background of his reports:

Since 1930, H.C. Petersen has collected information concerning plant and animal life, natural conditions, and the use of nature in Greenland. This information has been referenced in the 24 reports that were written by H.C. Petersen on the basis of the collected material. After this, the reports were commented on by the people that were interviewed, the hunting and fishing consultants in the municipalities, as well as local representatives from the hunters' and fishermen's associations.

Hereafter, the texts have been translated from Greenlandic to Danish. They have been proofread and finalized with the two languages parallel to each other on each page, in each report.

Reports 1-17 describe the animal and plant life as well as the natural conditions in the 18 Greenlandic municipalities from Nanortalik in the south (Report #1) to Avernarsuaq (Report #15), as well as Illoqqortoormiut municipality in eastern Greenland (Report #17). Report #18 addresses all of Greenland while Reports #19 to #23 deal with individual species or groups of animals (for example, reindeer and whales). Report #24 deals with the use of plant and animal life as well as hunting ethics, presenting both past and present.

General Organization

The first 17 reports have the following structure:

a. A short survey of the natural conditions in the municipality, including climate and ice conditions.
b. A description of animal and plant species in the municipality.
c. A description of the animals' uses of ocean and land areas within

the municipality.
d. A description of people's use of animals, as well as the ocean and land areas, belonging to the municipality for hunting and fishing.
e. A list of references and literature used, as well as those interviewed.

The rest of the reports address specific animal species or groups in Greenland as a whole. There is information, for example, on the local appearance and hunting of reindeer in individual municipalities, while Report #23 deals with reindeer in all of Greenland.

Literature

Information was collected concerning plant and animal life, natural conditions, climate, hunting, sale of fish and game, etc. from the literature that was available at the time that the reports were written. This material came from both technical and scientific literature (reports primarily from the Directorate of Greenland's Fisheries) as well as other forms of literature (newspaper articles, books, magazines, notes, diaries, etc.).

The reports do not include information about plant and animal life in uninhabited areas of Greenland, such in the North as well as in the National park in northeastern Greenland.

Background

In-depth knowledge of vital biological, geographical, and usage information is an important prerequisite for sensible management of living resources (plants and animals). Such a collection of information existed only to a very limited extent in 1988 when Greenland's Home Rule started the project "Registration of Living Resources and Natural Assets" with financial aid from the Aage V. Jensens Foundation.

[Editor's note: The first 17 reports are not included in the present volume]

The project's objective and final product

The objective of the project was to collect information about the living resources, plants, and animals in Greenland, while making the knowledge available and useful for politicians, the administration in the Home Rule and in the municipalities, the tourism business, oil and mineral companies, biologists, or anyone else interested in nature. In other words, all who work in a business that, in one way or another, impacts nature and the environment in Greenland.

Information is included about individual species. Specifically, their living conditions, how they are used for hunting and fishing, changes that have occurred in their appearance, as well as human influence are examined.

Between 1988-90, the two people leading the project, H.C. Petersen and Helle Siegstad, collected information through visits to a variety of towns and settlements in Greenland. They conducted a number of interviews, inquiring about local conditions in regard to biology and living resources, the use by the animals of the areas, as well as human use of the areas and the living resources. In addition, they collected literature regarding both the present day biological and hunting conditions in the individual municipalities, as well as literature of a more historical or scientific character concerning the living resources in Greenland.

In 1993, the chronicling of information concerning the historical use of the living resources was completed.

Customs During the Hunt

Introduction

In the years we have traveled, registering living resources and nature's values, I have kept my eyes and ears open to opinions about humans' use of the land and animals, and their relationship with them.

- Do people philosophize deeply over the use?
- Are there tangible evaluations of this use?
- Do people evaluate whether the hunt for animals is good or bad?
- Is there a practical execution of the hunt itself?
- Does this include respect for life and nature?
- Do concerns about the future impact use in the present?

The reason for my curiosity is the knowledge that people's thoughts and concerns were all part of the use of living resources and nature, harkening back to the era before Christianity was introduced. There is ample evidence that humans understood their connection to, and took their position in, nature very seriously. So serious was this understanding that it became part of the culture and personality of the individual.

The experience of generations was bound to their religion and their understanding of the meaning of life. With nature as a background, they constructed their relationship to those animals they lived off of.

In this report I attempt to clarify how Greenlanders evaluated these questions before Christianity. I will also comment on present day conditions and our understanding, or lack thereof.

H.C. Petersen

The southern part of Greenland lies on the border between the temperate and the Arctic climate zone. In terms of vegetation, southern Greenland lies in the Arctic climate zone. The country lacks tree species that grow where the average temperature in July is over 10 degrees Celsius.

The boundary between the climate zones is called the polar front. Climatic observations show that the polar front is not stable, but changes throughout the years. Parts of the country, therefore, are sometimes colder while it is warmer in others.

Both animals and people are affected by climatic changes. We now have a better ability to follow the country's 4000-5000 year old history of settlement. When one looks at the explanation for the different periods of settlements, one notices the climate's immense importance.

Humans and Nature

Humans have adapted their way of life in order to win the fight for survival in their changing environment. This has occurred through the development of tools, their view of life, as well as their use of nature. Their culture was made from their foundation of existence.

Figure 1 shows the settlements of the country compared to climatic change. People of various cultural backgrounds settled along the West Coast successively.

Studies of land use after 1950 help us create a better understanding of similar use in earlier times. With this knowledge, conditions concerning culture and the use of resources became clearer.

Humans in our Land

Greenland was settled between 4000-5000 years ago. The inhabitants have been of mainly Eskimo origin. Essentially, these settlements all utilized the same means of survival and experienced essentially the same climatic conditions. Each of the settlements were different, however, both culturally and in terms of survival. The Norse, or the Vikings, lived in Greenland for 500 years, from 1000-1500 AD before they died out.

Some human relationships to land were emotional, as proven by the clear examples in the sagas. For instance, it was considered that one should not only consider the yield of the hunt but also take into consideration the emotional aspects involved.

Customs of Human Beings

I feel that it is important to describe customs. The background to these customs is the experience of many generations with nature and living resources. Customs improved the use of living resources; it allowed humans to discover, among other things, that variations in nature can result from their own actions.

Some variations may be defined as follows:

a. The future yield of a catch can be influenced by the number of animals hunted.
b. The possibility for a good catch is not only dependent on the number of animals, but also depends on the equipment and the experience of the hunter.

The knowledge of these two conditions influenced the use of nature and living resources for many generations in Greenland, as they were incorporated into societal law and became integral in child-rearing.

In order to understand these customs more effectively, we must explain the human worldview and daily life in these communities before the introduction of Christianity.

Human Use of the Land: The Understanding of Life

Here we will describe the Eskimos, especially the sub-group of Inuit and their understanding of life, as well as their behavioral norms in regard to hunting and land useage.

It is first essential to describe the social organization of the Eskimo community.

Only scant research has been conducted on this matter, and it has even been suggested that Eskimos lacked societal organization entirely. Upon closer inspection, however, it may be observed that a certain order was indeed followed. Their organization may not have been recognized earlier because of its subtler aspects; it belonged to what is called in ethnography and anthropology "esoteric organization." H.J. Rink was unique in his theory that social organization existed amongst the Inuit. Rink wrote:

Hans Egede wrote that the "Greenlandic heathen" lacked government, and that their laws were without any organization or discipline (Rink, 1862). However, if one looks at Hans Egede's book *Perlustration* and further writings, the exact opposite becomes apparent.

Rink's understanding of the actual connection of the elements is correct, but he did not describe the social organization any further. The reason that Rink did not deal with this was that the tools to describe it were not yet available to him.

To enter deeper into this system, the route in had to be found. Not much research on this topic has been done until now.

This system was very comprehensive and encompassed the entire spectrum of society's functions. Hunting conditions, environmental safeguarding, and human relations to nature and animals were all a part of it.

Worldview

The Belief in Souls

Eskimos explained life as the presence of a soul. A being was alive because the soul resides in it. A living being is made up of two parts: a mortal body and an immortal soul.

This belief system is quite clearly rooted in Greenlandic legends and drum songs, and is exhibited in Greenlandic lore such as the story of Navagiaq, a legend that exhibits this understanding of life (Knud Rasmussen, *Myths and Legends from Greenland.* Volume 1, 1921, page 118).

After a man dies his soul follows the following route: human – dog – raven –

grass – trout – Greenlandic seal – ringed seal – human.

One notices the living beings enumerated are a human, animal, seal, fish, bird, and even a plant. It could be expected that other living beings, not mentioned specifically, for example insects or crustaceans, etc., are also included in this cycle. Every mortal being is involved in the migration of the soul.

They held the belief that a body lives so long as the soul remains. The moment the soul leaves the body, the body dies. As the soul finds itself outside the body, it seeks a new dwelling without petty concern to what species it is to reside in.

Consciousness was part of the soul, though the ability of various animals to feel and understand differed. In Navagiaq, this difference in ability of feeling and understanding is explained through the differing capabilities of man and dog.

A Soul Has Feelings and is Sensitive

A soul is sensitive; it can evaluate. In order to be respected, it can differentiate between good and bad behavior. This ability appears in various ways. In Navagiaq, this ability to differentiate is connected to the hunt. Human and animal relationships are discussed, as well as the killing of an animal.

People differentiate between two things in a hunting situation: the **hunt** versus a **meaningless killing**.

Hunting is necessary killing in order to preserve life and may be evaluated as good.

Meaningless killing or mass killings is killing unnecessary for survival. This was looked upon unfavorably.

One of the shaman's tasks in regard to social organization was supervising the hunt, and to determine if proper ethics were followed.

This view was influenced by the belief in souls; the killed animal had to be treated well. It can be assumed that those who "invented" shamanism had a very profound and insightful knowledge of human nature. They understood that it was not only sufficient to trust the will, but that it was also necessary to follow customs. Personal environment can affect the human psyche so profoundly that good intention may be ignored. Ethics alone are not enough to guide and advise all individuals. By engendering ritual behaviors as rules, ethics were no longer a person's will, but became a person's behavior. The following examples illustrate this explicitly:

To Show Respect

The following examples describe certain shaman instructions that have become routine behavior; they describe how one should behave after the killing of a warm-blooded animal.

Example 1

When a large animal such as a seal or whale is caught, one must put fresh water in the animal's mouth before beginning to cleanse it. The animal must have a drink of fresh water.

Explanation: It is meant to show the animal's soul it was not killed for leisure, but out of necessity.

Many warm-blooded animals residing in ocean waters bear human-like resemblance and, similarly, require fresh water. A hunter shows good will by giving the animal something to drink. Here, religion is not esoteric, but is translated into concrete action.

The Soul of the Reindeer

The largest and most important reindeer soul is in the head. One should not, therefore, crush the head of the reindeer by hammering it, as it is considered a disrespectful action against the soul (Jacob Olson, 1928).

Jacob Olsen told me about his experience on the Hudson Bay island of Salleq in Canada in 1922:

"People became very hungry during a period when nothing was caught. I was together with the archaeologist Therkel Mathiassen. We lived with a family on the island. Nobody had anything to eat and everybody was famished. In order to get something to eat, we two travelers smashed reindeer heads several times in order to obtain the brain meat. One night I woke up and heard the wife say to her husband:

"It's becoming worse and worse. Now it is finished, no more smashing reindeer heads with a hammer. I have told you several times before that you have to kill them before it becomes worse. My head becomes worse and worse."

"The husband promised to kill us while we slept. I got up and told the husband I heard what they were talking about. I explained to them what would happen if they did what they wanted to do."

The travelers did not understand that the most important soul of the reindeer is placed in its head, and thus it was forbidden to hammer it into pieces. Such an action was unforgivable to the soul. If humans disrespect the animal's soul, it will leave with disrespect for the humans. What, then, can humans live off? The expedition participants were almost killed!

The Raising of Children

This particular understanding of life was included in child rearing. During their upbringing, children were taught the following hunting ethics:

We must only hunt or kill the animals we need, and not those we do not need.

We have to differentiate between hunting and unnecessary killing.

Example 2
A canvas boat filled with reindeer sailed down a river. The crew was a father and his two sons.

At one place they sailed past a reindeer that was standing near the edge of the river. The sons quickly took out their rifles but the father said: "Just take it easy boys, we have the boat filled with meat. If you catch it, there is no room for it. We should not kill an animal we do not need. We are not butchers, we are hunters!"

The young hunters were taught to understand the hunt this way.

Breaking the Rules
The above custom may be broken, but only in the following cases:

When moving to new hunting grounds where hunting conditions are unknown. It is also permitted in places where hunted animals are only available part of the year.

Ilivitsuusineq means the hunt for seals in the fall after it has become cold. The seals are stored away, whole, after the entrails have been removed.

Ilivitsuusineq is used by hunters living in areas affected by new ice, or where the hunt is unpredictable. Ilivitsuusiat is a way to safeguard against possible periods of famine.

The following is taken from a chapter of the legend of Singajik and his descendents.

Example 3
The prominent hunter Tusilartoq lived in Kangeq near Nuuk. He wanted to try life in North Greenland. One summer, he sailed to the north and established his winter camp on the west side of Disko Island. He was not familiar with the hunting grounds, and therefore during the fall caught many older harpseals. When he saw the store of whole seal bodies, he became assured they could hunt less because they would not lack sustenance during the winter. When the ice disappeared, and they wanted to sail to the south, he looked toward the large store of seals that they could not bring with them (Kr. Lynge, 14).

Example 4
Families in Attu with the "Alaufesen" family name originated from southern Greenland. They were threatened by death at the onset of the 19th century

and fled to Attu, but before arriving they wintered in Nordre Strømfjord. In the memories passed down through the family, it is said they collected whole seal bodies in order to secure food for the winter in Nassuttooq (Nordre Strømfjord). They were unfamiliar with the hunting area and wanted to ensure they had enough food for winter, even though they had had a successful hunt the entire season. When summer arrived, they were embarrassed by the amount of seals they had to leave behind when they departed. They regretted catching so many for no use.

Before Christianity, Greenlanders taught their children to be hunters, but to conserve nature with this understanding and worldview as their foundation for life.

Ritual Actions

Ritual actions affected life. It is noted that some of our ancestors were not satisfied by the influences of thought alone. They performed actions, which could be passed on from parents to children and throughout generations. These ritual actions were grounded in the belief of the soul.

What do these rituals consist of, and what were they called? Only the names of certain rituals are recognized:

Taboo Rules: avoiding certain kinds of food.
Paquinnarneq: ritual actions related to death; periods of mourning.

There are many examples of Paquinnarneq. In an earlier example the custom of giving a hunted animal water to drink before it was slaughtered was mentioned. People tried their best to follow these customs, not only in thought, but also in action.

Example 5

In the spring, the inhabitants of Utqiarfik in North Alaska prepare for the whale hunt very seriously when whale migration commences nearby. Before the first captured whale is flensed, the boat owner's wife pours water into the mouth of the whale from a wooden bowl carved especially for the whale. A drum song made especially for the whale is also sung. Only then does the flensing commence.

After the whaling season has ended, the bowl is burned during a feast. The water bowl for the next year is crafted during the winter in preparation for the coming whale hunt. The whale must be served with a new bowl each year.

Respect for the Whales

People studying Inuit culture as far back as the Bering Strait and the time of Hans Egede, reported that whale hunters went whaling in their finest clothes. Why? Their explanation is that they do not want to embarrass the very clean whales who dislike any kind of dirt (Knud Rasmussen).

Greenlandic Inuit also followed this rule, as described by Hans Egede in *Perlustration* (1741).

The Bear Catch

When a polar bear was caught, it was customary to present the bear's decapitated head with gifts. A male polar bear received "male" offerings such as tools or hunting equipment. The female bear received needles, sinew thread, and thimbles. The presents were placed on top of the head of the bear (Kr. Lynge). The purpose was to show the bear's soul that it was not terrible to be caught by human beings. The bear should not fear them, as they do not mean to do it harm.

Acquiring a New Kayak with the Inhabitants of Nunivak

The island Nunivak lies south of the mouth of the Yukon River. The inhabitants there had some of the strictest conditions for showing respect to hunted animals, as well as a plethora of rituals performed to ensure a continued supply of game animals (Knud Rasmussen).

Example 6

The covering of new and old kayaks took place in the common house, or, qassi. Strict ritual conditions are followed during this task. When the work was finished, the family met in the morning while it was still dark and carried the kayak down to the beach. They sang drum songs made especially for the occasion. In the songs the hunter promised to divide the entire first hunt between the poor and those who lacked providers. Widows and those without providers were therefore the first to receive bounty from future hunting in this kayak (Knud Rasmussen, II, 1928).

Discoveries

In addition to these observations concerning the hunt and experiences related to the environment, something else has been discovered: people's actions must be evaluated differently. Some actions resulted in destroyed hunting grounds, or decreased the number of game animal. Other actions had no negative influence. Actions can therefore be divided into destructive or non-destructive.

Children were reared to hunt in accordance with these values, and thus it became custom.

Example 7

Trout Fishing

a. It was not permissible to pollute the trout environment, neither in the ocean nor in the river. Trout will decrease in polluted rivers, thus garbage was disposed of by burial on land.

b. Rivers emptied by dams must be opened again so that trout can reach their destination.

c. The river must to be given some blubber in order to comfort the female trout.

(F. Nielsen: Ungaaralak, 1957)

Example 8

The first eggs to be laid must be incubated. If eggs are taken, birds will lay new eggs. If taken again, they will once again lay new eggs. It has been noted, however, that the later new eggs are laid, the less likely they are to be fertile.

If eggs are continually collected, there will be new eggs, but infertility will increase. This results in birds abandoning their nesting place, and a decrease in the bird population. It was therefore permissible to collect the first laid eggs, but not the ones laid subsequently.

When You Can Hunt and When You Can Not

At the beginning of June, many Greenlandic seals travel from Newfoundland to Greenland. Many are thin after giving birth to pups, and will sink if killed. They travel to Greenland in order to gain back weight, especially by eating caplin.

Summer is coming to North Greenland. There is midnight sun, no wind, and it is often quite quiet. In this season, many game animals come. Lots of Greenland seals arrive. Birds gather around their breeding grounds, and sometimes there are large schools of cod. The sun is in the sky continually and it never gets dark. Everything is open now.

At this time, hundreds of people gather in Alanngup Imaa in the southern part of Disko Bay. It is avunnaasat on the hunt after Greenland seals and caplin, as there are numerous animals to hunt.

Example 9

Children were taught in this manner:

- Morning and afternoon are permissible for the hunt.
- Evening and night are not acceptable times to hunt, as during this part of the day, animals should be allowed to cover their own needs as living beings, free of disturbance.

Adults took care that the eager young people kept these "rules." Therefore, no one hunted in the evenings or at night. The evenings were for cultural activities, such as competitions and games.

Example 10

A southern Greenlander told me the following:

"I remember my father became very angry when people started to hunt in the evenings and he said that is was not permissible. In the evening and at night you were not allowed to disturb the animals!"

Objective
The children were taught the rules of animal protection to be followed during the hunt by teaching them certain "memory sentences." The adults ensure that the rules are kept. The examples here are just a small sample. There are also protective rules for the animals and the land itself.

People understand their influence on nature. This influence is generally detrimental, resulting in less game animals. It is best for humans to adapt themselves to nature. Protection of the environment means not influencing nature through its use. This has become a fundamental idea. Thus, accommodating oneself to nature gives the best results.

Hunting Customs Followed by Everyone

Where it is Permissible to Hunt
Summer camps are generally dispersed throughout the country. Hunters in a particular camp use the hunting territory that belongs to their camp. Other hunters use other hunting territories accordingly. It is part of the old traditions to know where the boundaries of the camp are. In Figure 2, there is an example from inland near Maniitsoq.

The hunters respect boundaries. The boundaries are not considered lines never to be crossed, but are instead indications of borderlines. It is permissible to enter a neighbor's territory when following an animal. Hunters from two camps often meet at the boundary.

It is not a good custom, however, to enter another hunting area explicitly to hunt. It may be done, though the custom is to hunt within one's own camp.

Some areas are traditionally used by two or three summer camps. They are used collectively without previous orientation, and are usually further away from the actual summer camps.

On the Coast
The wintering places called ukiiviit are close to the coast. There are several conditions that decide their placement.

a. They must not affect the existing hunting territory of the wintering seal, i.e. areas where you can hunt seals.
b. The distance between the wintering places is usually the distance one can cover in a kayak in one day. It is therefore understood that hunting areas belong to a specific settlement.

Example 11

The seal hunting areas belonging to each settlement must be respected. One does not enter into another settlement's seal hunting areas without reason. If one wishes to do so, they first travel to the other settlement. He must start the hunt there, either with a hunter from the area or with the good advice of a local hunter about the area. This custom is looked upon as "the right one."

Customs During the Hunt

The customs described here were adhered to through the first part of the 1900s. No one knows how old these traditions are, but they have been followed by generations of reindeer hunters.

Reindeer Hunters

When several persons went together on a reindeer hunt, one of them functioned as the leader of the hunt. It was usually someone with a fair amount of experience in reindeer hunting. He did not necessarily have to be the oldest. They were at the front during the march and also the hunt. When a reindeer was seen, he decided which way the animal should be approached, sometimes taking advice from the others.

Even if there was only one animal all the hunters "shot at the same time." When the animal was killed, everybody that shot received a share of the meat. Specific rules existed, entailing how the parts were divided according to age.

The partitioning of the animal was only for the meat, never the skin. Traditionally, the eldest got the skin. If several reindeer were caught, then the second eldest received a skin, and so on.

Why Did They do This?
The "customs" were followed with respect. They were created and implemented in order to avoid problems and dispute within society.

When no rules existed, possibilities for division were much higher. Problems of this kind would have been catastrophic during wintertime, when people could neither travel nor build other shelter if there was a dispute. The customs were followed in order to avoid this kind of dissension. Everyone accepted them, and they were not subject to discussion. There were customs for hunting, for the use of the land, and the partition of the animal. When unusual conditions were experienced, people could not guard against it.

The relationship between humans and animals was superficially invisible. Some of this seems to have been related to the customs people followed. Some seems to have been tied to religion. On the surface, one could get the impression that the Inuit did not have laws. This was how the Europeans evaluated what they found. They called our laws "customs" but "our customs" should be interpreted as our laws. When relationships are examined more deeply, you will understand that the system was organized differently than the one that the Europeans had.

Ocean Animals and Land Animals
The Eskimos very clearly divided ocean and land animals, and they considered this division quite natural. Some of the customs relating to this thought process were extremely strict, and their influence lasts into the present day. During the last three hundred years, many customs were either diffused or forgotten among the West Greenlanders as Christianity and the European economy increasingly affected their worldview. For instance, the inhabitants in Ammassalik did not like the reindeer. Many of them were against the placement of domestic reindeer in their area, and even suggested that they should be killed. The inhabitants of Ammassalik considered there to be a division between land and ocean animals; this mentality is extremely clearly in parts of the country. The division can also be observed in the rules that forbid sewing reindeer skin on ocean ice in Canada.

The New Greenland

The above-mentioned customs served as the foundation for the Inuit worldview, hunt, use of land, and societal structure before the onset of Christianity. Respect for these customs disappeared parallel to the introduction of Christianity and the Danish societal system. Europeans and others evaluated Greenlandic customs and supposed that we did not "have culture." Generations' experiences of life in the Arctic were pushed aside and slowly forgotten. The European economy was introduced, and along with the understanding and misunderstanding of it, came the destruction of the old way of life and customs of using nature.

Example 12
In the 1700s, a greedy merchant bought many rifles and distributed them among the hunters. They could pay for them with reindeer skins. This allowed the merchant the possibility to buy new skins, and the industry became commercialized.

This commercialization conflicted with the aforementioned customs that protected resources.

The merchants wanted to buy as many skins as possible. They advised the hunters to hunt all they could, and even gave them extra goods. In this way, the custom of "you should not hunt what you do not need" became meaningless. Missionaries further supported this mentality by insisting it was only humans who had a soul.

Example 13
During the 1920s, the Faeroese started to fish near west Greenland, in the Greenlander's seal hunting territories. They considered everything free for their exploitation, since the country was so large and no property rights existed. This was taken for granted, just as the Europeans in the Americas had assumed that the Native Americans had no ownership of the land (i.e. property rights).

The Faeroese complained to me that their fishermen were treated badly "without doing any wrong themselves."

What they did not understand was that they overstepped the local customs for the use of the land and the ocean. They were foreigners who invaded Greenlanders' hunting and fishing areas.

Example 14
Excessive Hunting
After 1950, traffic increased and a surplus of money started to grow. In my travels along the Greenland coast, I observed a greater willingness to shoot. People shot everything that moved. This was not hunting; this was just shooting for fun. Nobody cared if a bird was shot or not. People did not even want to give a wounded animal a shot of grace.

Shooting itself had become entertainment without any deeper meaning; there was no respect for life.

I will here summarize examples of the teaching and understanding of life:
In the old days, you were allowed to hunt what you needed, but you were not allowed to hunt what you did not need. Presently hunting may be seen as a sport or luxury, not a necessity.

Why have the Greenlanders not protected their old beliefs better than they have?

Most societies that cared for themselves by means of hunting thought when the Europeans came, "These people look so nice and have such great equipment and are so rich. They must have a God that is very good."

Most Europeans came here with a mission about life. They presented it as the only right way to live, and that everything else was a "lack of knowledge."

Thankfully, towards the end of the 20th century, people are distancing themselves from this mentality. Excessive shooting is starting to decrease and an increasing number of people have returned to the idea that animals are not just for shooting.

Wild animals are returning to areas near our towns and cities without being shot, and have even begun to breed inside lakes and territories inhabited by humans.

Example 15
A young Greenlander came to Denmark in the middle of the 1950s. When he went to a Greenlandic hostel, he wanted to go through the Øregaardsparken.

Immediately after, he came running back and said: "There are ducks in the little park over there," and he looked for his gun to shoot them. Now, when it is so easy to encounter nature, such a way of thinking has meant that large groups of animals have been destroyed. We must not forget to include the use of nature and the respect for animals into all childrearing practices.

Cod
in Greenland

Introduction

This report on cod has two objectives.
First, it describes local cod stocks as in individual municipal reports. In addition there is important general information about the cod stocks in Greenland. In order not to repeat this information several times we have collected all this information into this report. There are references to this report in the reports from the individual municipalities.

Secondly, it will be useful to have a collected description of the natural conditions that influences the cod stocks in Greenland. We have nature and the living resources as the foundation of our life. If we know and understand the framework for and the interaction between nature and animals, we can expect to increase our usage by means of better planning and protection of the environment and its resources.
This report is not fully complete due to a lack of documentation.

The last 300 years has afforded us much information concerning cod. The theory of cod stock development is corroborated by these documented experiences. It can take a long time to document theories, however, when specific time periods cannot be examined.

Several of the topics that we have discussed in this report do not appear to have yet caught the interest of the biologists, even though I have often noticed that younger biologists have a hard time accepting what is described here.

H.C.Petersen
Nuuk, August 1993

Cod

Cod have come and gone in Greenlandic waters throughout the years. In the last 200-300 years the presence of cod in Greenland has been consistent. In some periods, they have been present in large amounts. In other periods, they have almost been extinguished. Here we will examine the reasons Greenlandic cod stocks have fluctuated and the different areas where the cod are to be found.

This report has been written primarily on the basis of the experiences of the fishermen and other general historic knowledge. The knowledge of the biologists has been used to a lesser extent, but has not been ignored.

The Biology of Cod

Cod *(gadus morhua)* live in temperate ocean areas. Cod disappear when the temperature of the ocean is greater than 10 degrees Celsius or less than two degrees Celsius. Cod live in the northern Atlantic Ocean and the northern Pacific Ocean.

The temperatures mentioned above may differ, now at the end of the 20th century. We do not yet know the annual temperatures of the waters north of Disko Bay in the areas where there are cod stocks.

Cod are to be found between depths of 0 to 600 meters (B.Muus, 1981:67). They are found in the entire water column; both near the floor of the ocean and at the surface. During the summer, cod move to shallower waters but deeper waters are preferred during winter. In other words, the cod look for warmer and deeper ocean areas in the Atlantic Ocean in the winter and for more temperate Arctic Ocean areas in the summer.

The map in Figure 2 shows the farthest expansion of cod in Greenland during the last 200 years. The period of its biggest expansion was 1930-60.

Spawning

The cod is a fish that both spawns and grows quickly. The amount of cod roe produced reflects the size of the cod. It is said that a medium sized cod has

0.5 to 5 million eggs, and a very large cod has up to 8 million eggs (B. Muus, 1981).

There are two spawning areas for cod in Greenland:

a. In warm periods, the cod spawn on the large banks and in the fjords. In the first part of the 1900s, they spawned particularly on the large banks.
b. In the coldest periods, they spawn in specific fjords. Cod from these areas never leave Greenland.

Cod That Spawn in the Fjords

Cod spawn in some of the Greenlandic fjords, even though they have disappeared from the coasts for a number of years. We still do not know the reason for this. In the years 1920-1950, the cod spawned at Kapisillit in April/May (B. Muus, 1981). After 1920, the cod also spawned in Ikertook at the bottom of Sarfannguit. Some people thought that the spawning took place in March/April (Mogens Kleist, Sisimiut). It appears, however, that these areas were spawning grounds before 1920, but were only first discovered by the biologists around this time.

We know that cod have been found in some of our fjords for more than 200 years. These fjords were spawning areas in the third period of the cod stocks.

We assume that fjords maintaining a cod population are sites of steady and on-going spawning, and that these areas are used for spawning when there are many cod, as well as when cod have disappeared from the coastal areas. This assumption is based on the fact that there have been cod and spawning continuously in these fjords from 1880-1920. Here is a description of the cod's spawning periods:

a. Spawning during the warmest period.
b. Spawning during the coldest period.

Spawning on the Banks

A fair amount is known about the cod spawning on the banks in the 1900s. In 1925, spawning cod were observed at Fylla's Bank in the eastern part of the Davis Strait. They were discovered on the western slope at a depth of 120 meters in March/April (A.D. Jensen and P.M. Hansen, 1930).

Later, spawning cod were found in the ocean areas from Arsuk towards Nuuk (at 61-64 degrees North) at a depth of 200-400 meters. The water was 4 degrees Celsius (B. Muus, 1981). There are some spawning areas near East Greenland in the ocean from Cape Farewell (Walløbank) to outside Ammassalik (Dohrnbanke, 60-65 degrees north). See Figure 3.

It is unlikely that the cod spawn on the banks every year. It appears that cod have only spawned in specific periods during the last 200-300 years, in the first half of a hundred year cycle. In the 1900s, the cod spawned on the banks near western Greenland in the years from 1920 to about 1960-1970.

Cod Fry from Iceland

Some of the cod fry found near Greenland come from the spawning areas near Iceland (E. Borch). Roe or cod fry drift with the currents to the Greenlandic ocean areas. We know that this happens (E. Borch) but cannot explain it further here. We do not know how great the percentage of cod fry is that comes from Iceland and how much comes from the Greenlandic ocean areas.

Roe

Cod roe contains oil; therefore the eggs float on top of the ocean. They hatch in about a month's time depending on the amount of heat and sun.

Ocean Temperature where the Cod Spawn

The hatching of cod eggs depends on the temperature of the ocean. In the 1920-30s, the ocean temperature was between +1.73 and -0.27 degrees Celsius in the areas where the cod spawned. The water is much warmer at a lower depth with temperatures of +1.45 to +2.75 degrees Celsius at a depth of 10 meters. The temperature is between +2.33 to +5.60 degrees Celsius near the ocean's surface where the eggs hatch (Jensen and Hansen, 1930:15). The ocean currents' temperature is the reason that Greenland has cod stocks that reproduce.

Small Cod

Newly hatched cod are 4 mm long and reach 3-5 cm in September. At that time, they leave the surface of the ocean and go deeper down, toward the bottom of the ocean. In the spring, one year-old cod fries with a length of 10-15 cm may be seen along the coast. During the warmest periods in the first part of the one hundred year cycle, in the years from approximately 1925-55, the cod fry could be followed from southern Greenland up to the Uummannaq fjord. "Everywhere along the coast there have been great numbers of small cod" (B. Muus, 1981).

In 1857, H.J. Rink wrote the following: "We have made a special effort to find individuals amongst them that contain roe but have only found very few and they were rarities. In the same way, some very large cod may be seen in different fjords, at any time of the year, even the whole winter. It is strange to see the arrival of the many very young cod in the spring, for example near Julianehåb. This seems to point towards spawning grounds which are quite close."

In the 1900s, it was only Rink that mentioned this. We do not have any corresponding references from the 1800s.

Climatic conditions determine the development of small cod in Greenlandic ocean areas, whether it is fry from Greenland or from the Icelandic spawning areas. The currents along West Greenland moves more towards the north; roe and small fry that cannot withstand the currents, drift towards the cold ocean areas and appear to freeze to death. We do not know if the surviving cod are mixed with the Canadian cod stocks. The climatic conditions, therefore, determine the hatching and the development of the fry the first summer. It is probably in this manner that the fry, in some of the years, die because of the cold.

Their Development

The fry develop slower near Greenland than near Norway, Iceland and Newfoundland:

Table 1.

Age in Years	4	5	6	7	8	9	10	11
North of Faroe Islands		77	83	88	95			
Vestmann Islands			75	83	89	94	97	100
Lofotenimi				75	80	84	86	88
West Greenland		64	70	74	78	83	86	89

Average size of cod in the different fry areas, measured before 1950. The measurements are in centimeters (*Havet og fiskerierne,* 1947:147).

It was also discovered that fry near Greenland developed differently (P.M. Hansen and F. Herman, 1953). The fry in southern ocean areas and further out in the ocean developed more quickly in comparison to the fry in more northerly ocean areas and the fjords (Figure 3). Studies have shown that two factors have influenced this development: the temperature of the ocean and the amount of food available.

It appears that they develop differently in different Greenlandic ocean areas. Figure 3 shows the average catches as enumerated in the study by Paul M. Hansen and Frede Herman, 1953.

In 1951, five-year-old cod that had been hatched near Greenland in 1947 were examined. The average size was approximately 53 cm.

Sexual Maturation

At the beginning of the 1900s, a study was conducted to examine how old cod were upon sexually maturation. The study examined cod caught between Nuuk and Aasiaat, in western Greenland. The cod were examined while they spawned on the banks. It could be concluded that fry from 1917 first became sexually mature between 9-11 years old (B.Muus, 1981). In the North Atlantic, cod became sexually mature when they reached 3 years in age. It appears that ocean temperature as well as the amount of food available determines cod development.

Food for the Cod

Cod eat everything. Cod near Greenland eat, among other species, caplin *(mallotus villosus)*, other small fish, the snake blenny *(lumpenus lampretae-formis)*, seaweed fleas, jellyfish, and shellfish with thin shells. Big cod are cannibals, and will even eat small cod.

The conditions described above existed before 1950. I do not know the influence of the oceanic and climatic changes after 1960.

Reasons for Variations in the Cod Stock

Ocean temperature, as well as the fishery, is decisive in determining cod stock variations.

The fishery is especially interesting. We know that since the 1920s fishery equipment, as well as boat design, has developed. When the fishery began, the ocean was essentially "vacuum cleaned," and catches rose significantly. There are now many unnecessary catches of fish as well as of species not targeted.

Earlier, climatic conditions were the determining factor for the cod population. In the last part of the 1900s, however, human influence has also had a profound influence on existing cod stocks.

Cod Stocks Near Greenland Throughout the Years

Cod stocks near Greenland have always been in constant change. It is interesting, however, to note whether specific conditions have had an influence on these changes.

In order to make any determinations, we must examine conditions in nature as well as the experiences of fishermen.

Various sources of information are available: the experiences of fishermen, reports from various studies, and documentation from fish sales are all used to determine the amount of fish in the ocean.

Before 1700

Archaeologists have found fish bones in the kitchen middens near the Norse settlements.

It is possible to follow the historical development due to middens near the old settlements in Disko Bay, which have been settled for the last 700 years. The old settlement Nuuk is situated near Nivaaq on the north side of Saqqarleq. The settlement was established in the middle of 1700 and was closed again between 1922 and 1923. At the top of the kitchen middens are remains of "contemporary" goods bought at the Royal Greenlandic Trade Company (KGH). Down through the midden, eventually layers without traces of Danish goods are found; these layers contain items from the whaling period. Further down, layers are reached that no longer include items of European origin. Large cod bones can be observed throughout the midden layers. Without any archaeological examination of the middens, it is apparent that cod has been present and has disappeared again (my own observation).

I have been told that there were similar middens in Vajgat on the coast along Nuussuaq (Pavia Nielsen, Qaarsut/Uummannaq).

Cod are mentioned in Greenlandic legends, for example in the story about Illuigaq (Kr. Lynge, II, 1939:27).

David Danell was sent on a fishing expedition by the Danish king. On the 26th of July, 1653, he followed the mouth of the Godthåbsfjorden. By chance, they were on top of a bank (Fyllas Bank) and caught around 4000 kilos of cod. They then stopped the fishery as they had used all their salt and they returned to Denmark (J. Mathiesen, 1846).

1700

It is evident from Hans Egede's diary (*Relation*, 1738), that cod were present in the 1720-1730s. He wrote in 1723: "... and also many cods were caught ..." (page 99) and in 1725, he wrote: "... cod ... which you almost could have had outside the door of the living room ..." (page 174). Cod were also mentioned in other diaries. Hans Egede also wrote about cod in his famous *Perlustrationen* (1741), in which he examined Greenland's fauna (page 50).

Otto Fabricius in *Fauna Groenlandica* (1780:145), mentions the following cod areas: Tunulliarfik, Kuannersooq near Paamiut, Qeqertarsuatsiaat, Narsarmiut near Maniitsoq, Amerlog and Nassuttooq. Fabricius was at Paamiut in Greenland, 1768-1773.

Hans Egede's son, Poul Egede wrote: "There were cod on the banks in Nordre Bred." He further wrote: "Fishermen also come here, especially from Boston" (*Efterretninger om Grønland,* 1788: 257).

Eigil Thorhallesen wrote his reports between 1773 and 1775 (E. Thorhallesen, *Description of the Missions in Greenland Southern District,* 1914) and mentioned that there were cod in the following areas: Kangerlaluarsuk north of Paamiut, without any being caught, and Kuannersooq (page 13).

On page 32, it says: "The boys in Nuuk that fish generally catch cod." On page 39, he mentioned that "in the entrance on the north sides of the Cook Island, there were many fish" and he also mentioned cod separately, page 40-41: "There are cod in Kanassut and Saarloq, especially near Eqaluit Ilorliit in Ameralik" (page 51). "There are cod all summer in the areas west of Akunnaat and Fiskenæsset"(page 68). "There are cod in Napasoq" (page 81).

Cod in the 1700s

In Hans Egede's family account, it is mentioned that there are cod near Nuuk, both after the stay near Kangeq and later in the city itself. It can be implied that there were little cod during some summers, though he did not mention specific amounts, so exact numbers are unknown.

According to Poul Egede's undated account, there were cod near Paamiut. Fisherman from Boston fished here. Is it possible that fish were so plentiful that fishermen from Boston came here rather that fishing near Newfoundland?

Thorhallesen sailed along the coast between 1773 and 1775. He reported that there were cod from Paamiut towards Maniitsoq.

Otto Fabricius has also mentioned some fjords with cod present in the last part of the 1700s.

Cod Near West Greenland in the 1800s

The geologist K.L. Geisecke was in Greenland from 1806 to 1813. He mentioned cod areas in his diary (published by Johnstrup, 1878):

- In June 1808, on the way to Kangaatsiaq, he mentioned cod several times. Furthermore, he mentioned that there were many cod near Maniitsoq and Napasoq.
- In September 1809, he wrote that there were many cod near Fiskenæsset (page 153).
- On August 12th 1810 he wrote, "They caught over 50 cod in less than an hour. It likely happened between Itilleq and Uummannaarsuk."

An assistant in Maniitsoq, W.M. Olriq, wrote just before 1810 that they had caught cod. A summer day in 1810, they caught 93 cod (*Kjøbenhavner Tidende*, 1831: 854).

"In 1810-23, it was known that there were many cod near Greenland" (*Grønlands natur*, 1981: 272).

The southern Greenlandic governor, Holbøll, was appointed to his position in 1827 and lived in Nuuk. In his first report from 1828, he mentioned that there were many cod suited for production. He wrote that he had never seen so many cod in other countries (*MoG*, 145: 198).

J. Mathiesen, who had been an employee of KGH, wrote in his book of 1852, that he had seen boys in Paamiut several times, filling a rowboat of four oars full of cod, two to three times per day. He himself had one day jigged with one hook and caught 58 cod in a couple of hours. J. Mathiesen lived in Paamiut during the periods of 1827-28, 1829-30 and 1832-33.

"Cod visit fishing banks near the Greenlandic coasts as often as on the other side of the Davis Strait, at the Newfoundland Banks. It seems that Newfoundland fishermen who catch very large cod lately have been finding these riches near our Greenlandic coast. Maybe this is the result of there finally being colonies founded under the leadership of a competent fishing master's supervision to carry out this fishery. We are grateful for that" (J. Mathiesen, 1852: 117).

In 1845, during the period from July 3-31, Holbøll employed five men for fishing. The catch was approximately 10,000 pieces (J. Mathiesen, 1846: 54). For 25 consecutive days, they caught about 400 cod each day, 80 fish per man, per day. J. Mathiesen wrote that in this particular summer there was a lot of southwesterly wind, negatively impacting fishing. Furthermore, the cod had arrived two months late.

H.J. Rink arrived in Greenland in 1848. In 1852, he wrote that there were still relatively large stocks of cod in North Greenland. Cod came to North Greenland in late summer all the way up to Sermilik near Ilulissat. It is said that there were many large stocks of cod in West Greenland around 1820 that were not fished. Between 1850 and 1851, the number of cod fell very quickly.

At that time, KGH bought cod liver, but not the actual fish. In Aasiaat/Qasigiannguit, 65 barrels were filled with cod liver, equivalent to 40,000 cod. A fisherman that jigs could catch 60-80 cod each hour, Rink reported (1852: 142).

Rink: "It appears that cod do not spawn in Greenland but that their presence during the year is caused by their search for food" (1857: 216).

KGH's Experimental Cod Fishery

Here we refer to H.J. Rink: "About the monopoly trade in Greenland, 1852." During the period from 1847 to 1851, an experimental cod fishery was carried out by KGH, with trade director Thomsen from Iceland as the head of the fishery. The experimental fishery used rowboats in the area between Fiskenæsset and Sisimiut, on the fishing banks and in the fjords. As fishing equipment, jigs were used as well as large nets.

Table 2. The catches are as follows (numbers of fish):

June 22nd - July 2nd, catches in the ocean	2,300
July 3rd - September 2nd, in the fjord	30,106
Catches by people from Sisimiut from July 2nd	9,268
Total catches 1848	44,553

There were no cod in the winter and spring months, though on the 22nd of June 1848, cod were observed in Sisimiut.

The weather during the summer of 1848 was unpredictable. Thomsen arrived from Denmark on the 4th of June and immediately started the fishery, and cod came into the fjords starting in July. Due to bad weather conditions, the fishery first started around June 10th and continued until September 20th. Despite a plethora of fish, it was only possible to fish on 30 days because of the weather. In total, 14,000 cod were caught. The catches by Greenlanders, however, were not registered.

1850: As soon as the ice had melted, it was possible to go to Fiskenæsset. There were very few cod, and it was necessary to stop the fishery after the sikorsuit (multi-year ice from the eastern part of Greenland that rounds the southern part of Greenland) arrived.

On May 22nd, it became possible to break through the sikorsuit and fish on the banks, though only one cod was caught. After this, the fishery continued in the fjord and 80 cod were caught.

On June 10th, the fishery relocated to Sisimiut, and two English fishermen were encountered on the way. One vessel had caught 24 cod, while the other had caught zero. The cod only arrived on the banks at the end of June. This was how the experimental fishery took place, both in the ocean and in the fjords. No fish were caught in the area around Maniitsoq.

Table 3.

Catches in 1850	12,450
Catches by Greenlanders	12,200

The English fishermen went home before the summer came to an end, because of the lack of fish.

1851: Two boats were engaged in the experimental fishery, which took place both in the ocean and in the fjords. The catches this summer were approximately 2,000 fish.

English Fishery
Still according to Rink: "About the monopoly trade in Greenland, 1852:"

Table 4. 1845

Two vessels, the first one approximately	15,000 fish
The second one	30,000 fish
Total	45,000 fish

The largest catches took place in 1848. Between June and the start of September, approximately 85,000 cod were caught, though it is uncertain how many ships there were. According to reports, one ship caught over 30,000 cod near Kangaamiut in a period of 3-4 weeks.

The experimental cod fishery by KGH was conducted during the second part of the first cod period, as well as during the start of the second cod period. The experiment failed. It is clear that cod stocks were decreasing at the beginning of the 1850s.

It did not disappear completely. In the month of July 1863, a trade assistant in Kangaamiut caught 1,200 cod in two days (*Atuagagdliutit,* 1863: 338).

In July and August of 1866-81, American fishermen worked on the banks of the Davis Strait, though they were only successful in obtaining small catches, not worth salting. It is unclear whether the fishery took during the entirety of this period or not (S. Jensen & P.M. Hansen, 1930:9).

After the 1870s and 1880s, cod only appeared in certain fjords. In *Atuagagdliutit* between 1901 and 1902, C. Poulsen of Saarloq near Nuuk recorded that: "Even though there have been many cod in some of the years that is not at all the case this year, one wonders if they will not return as they are fish that come and go."

We can follow the movements of cod stocks along the southern part of the coast at the end of the 1800s with the help of reports from the Greenland administration.

1882-83: "The cod fishery in the summer of 1883 was not very lucky."
1883-84: "The winter fishery, especially of redfish and cod, has yielded many fish in the southern districts."
1884-85: "The cod fishery was not successful last summer." In the following summers there were good catches.
1890-91: "The summer fishery for cod has given very good results."

The catches in the following summer have all been recognized as "good results" and "good yields."

1901-02: "The fishery has failed and there were very few catches. The following summer there were catches, but after 1904-05, no cod were mentioned in the catches of fish."

In this way, cod were caught most summers in districts where stocks of cod could be found. No catches of cod were made in a few summers. As mentioned, we know of three summers during this period when there were no cod in Fiskenæsset: 1884-86 and 1903-05 (*Beretn. go Knud.*, 1909:23).

Cod Presence in the 1800s

The presence of cod is reported in the decades during the 1800s, except from 1810-20.

Giesecke (1808) and J.M. Olrik (1810) praised the presence of cod. Rink wrote (1852) that he had been told that there had been many cod around 1820. When Holbøll came to Nuuk in the mid-1820s, he wrote about the abundance of cod. From Paamiut to Aasiaat, there were large stocks of cod from around 1830 to the middle of 1845.

The fishing company, Kall, mentioned the cod fishery separately in their application for permission to carry out their fishery at Napasoq (P.P. Sveistrup & Sune Dalgaard: *Det danske Styre i Grønland*, 1825-1850).

A possible interpretation is that from around 1810, there had been good cod stocks from Qaqortoq to the Disko Bay, perhaps in some areas there were a lot of cod. This was the case until the 1840s. It seems as if cod stocks in the 1800s stayed closer to the land, where the population could catch them. They sought out deeper ocean areas during the winters, but it is not known where.

Poul M. Hansen wrote in 1930 that cod stocks had disappeared several times during this period (1820-50). It is possible this interpretation is based on a lack of information. Since the population was experiencing food shortages at that time, his ideas may have been affected. Carl Berglund, who lived around 1820, considered the Greenlandic population at fault if they were short of food in winter. During the cod fishery, they only took the fish liver and discarded the rest of the cod instead of saving it to eat during winter (*Atuagagdliutit,* 1873:20).

At the end of the 1840s, cod was only occasionally observed, but it was still possible to catch further out in the ocean, though in smaller numbers. In the 1870-80s, there were cod only in certain fjords. That is, in the following:

Amitsuarsuk, near Paamiut
Tasiusaq, east of Fiskenæsset
Ammassivik, near Atammik
Qeqertalik and Ikertooq, near Sisimiut
Ataneq, in Kangaatsiaq municipality

This was the last of the cod stocks from the 1800s. Until the 1920s, the cod still spawned in the fjords and they were used.

Cod in the 1900s

At the beginning of the 1900s, experimental fishery was carried out on the banks near West Greenland. In 1906, the Faroese fisherman, Napoleon Andreassen was granted permission for an experimental fishery on the banks between Fiskenæsset up to Ilulissat, but he found no cod. He caught a total of 1,921 cod in the Sisimiut fjord at the bottom of Ikertooq and Qeqertalik.

In 1908, the scientist Adolf Jensen was given the task of studying the fish stocks near West Greenland, during the so-called Tjalfe expedition.

The study started around June 1st in the Davis Strait. There were no fish on the banks. They met, however, large cod stocks in a fjord near Fiskenæsset and in the surrounding waters. At the end of August, cod stocks were found around Fiskenæsset in a radius of 20 km on both sides along the coast and in the fjords, but there were no cod further out in the ocean. Two experimental boats fished for 12 days each with two fishermen aboard. They caught approximately 3,000 cod (*Beretn. og Kundg.*,1909:22).

In the 1800s, there were cod in the same area near Fiskenæsset. These were mostly in Tasiusaq. Only in the period 1884-86, and again in 1903-05, were there no cod (*Beretn. og Kundg.*, 1909:23). There is no information about cod stocks in other fjords.

In 1979, I met Niels Frederiksen (1909-87) from Iginniarfik in the municipality of Kangaatsiaq. He told me there had been cod in the fjord Ataneq since his childhood and that his ancestors had said the same. These must be the last of the 1800s cod that lived there until cod came from Iceland around 1930.

The Coming of Cod

Cod Stocks Along the Coast

Around 1915, a small cod population came to southern Greenland and reached Nuuk in 1917. It was cod fry from Iceland migrating in droves, and moving north along the coast. In the summer, there were cod in those areas where Greenlanders went hunting, but they disappeared in the fall. Next spring they came again in droves and were still moving towards the North. At the time they reached the settlements, the KGH (The Royal Greenlandic Trading Company) started to buy cod. This happened two years later. Through this information, it is possible to follow cod migration towards the North. At the end of August 1929, the cod reached the Uummannaqfjord (Kruuse, Niaqornat, *Avangnamioq*, 1941:59).

Table 5. The cod stocks of the 1900s were sold in the following years:

In Qaqortoq	1918
In Paamiut	1919
In Nuuk	–
In Maniitsoq	1922
In Aasiaat	1930

In Ilulissat	1930
In Uummannaq	1932

As mentioned, cod were sold to KGH from some of the fjords around 1920 before the cod stocks from Iceland came to Greenland. It happened in Alluitsoq 1910, Fiskenæsset 1911, Sarfannguit 1912, and Atammik 1915. These stocks were the last of the cod stocks remaining from the previous century that were still in the fjords.

In the 1950s, the most northerly production facility was opened in southern Upernavik. When the cod stocks were decreasing in West Greenland, most cod were caught in southern Upernavik.

Cod Stocks on the Banks

At the same time cod arrived at the coast, they also reached the banks. However, the Tjalfe expedition did not catch any cod in the following studies on the banks. In 1921, the presence of cod stocks was observed at Fyllas Bank by the KGH inspection ship Thorsen. In July 1922, the fishery inspection ships from the Defense Department also noted that there were stocks of cods at Fyllas Bank. Small stocks were noticed on the northerly banks as well. In 1925, the experimental ship Dana found good populations of cod at Fyllas Bank and also at the southern part of Lille Hellefiske Bank. The most southerly banks had smaller stocks of cod (Ad.S. Jensen and P.M. Hansen, 1930:13).

In 1925, the Faroese started to fish at Fyllas Bank and they fished there each of the subsequent summers.

Table 6. The catches reflect the size of the stocks measured in tons (Ad. S. Jensen & P.M. Hansen, 1930).

1925	142.7
1926	960.0
1927	1,119.6
1928	523.0

Around 1925, the cod reached the Disko Bay; the purchase of cod started in 1930.

We do not know if the cod came through the banks or along the coast. In the 1930s, the cod reached the banks north of Fylla Banks and even all the way up to the Disko Bank.

The Presence of Cod on the Coast During the Year

Until around 1960, the presence of the cod followed the same rhythm from year to year:

1. The fishery started in the spring of May or June.
2. During July, the cod went away from the fjords.
3. In August, they reached the Islands.
4. During the fall, the fishery took place near the furthermost island and near the innermost banks.
5. During the winter months, the cod stayed in areas that were further away from the coast.

The Greenlandic fishermen lacked the chance to reach the cod there. The cod moved to the fjords again in the spring.

At this time, cod migration was extremely stable so fishermen were aware of where and when cod could be caught during various months.

I am unaware of the conditions on the banks and the relation between the cod from the coast and from the banks. We know that the cod population from the fjords moved out along the coast in the last part of the summer. It may be assumed that these cod populations are mixed with cod from the banks in this period.

At that time, the Greenlandic fisherman's boats and fishing equipment were not useable for fishing further away from the coasts, and they were therefore very much bound to the cod fishery in the fjords and along the coast.

Fishery and Equipment

The fishing equipment at the time was a jig with one hook, or a jig with two or more hooks on a line, as well as long lines of moderate lengths. Most often the kayak was used along with homemade flat bottom rowboats and ordinary rowboats. Around 1930, a few fishermen bought motorboats. After 1945, most fishermen acquired motorboats.

Table 7. The number of dinghies/small boats in West Greenland increased quickly due to the fishery.

Years	**1900**	**1920**	**1930**	**1935**	**1939**
Southern Greenland	110	144	652	802	
Northern Greenland	4	211	503	667	
Motorboats	0	0	12	41	72

(*Statistics Greenland*, 1942-45)

Fishing Areas

Fishermen searched for fish close to the surface of the water, and at different depths, though they worked within specific areas often measuring 4, 6, and 8 fathoms where a group of fishermen used the same depth. Only on the banks, did they fish at low depths, where fish were often found in shallow water.

According to my memories from the Maniitsoq area in the 1930s, cod were often found just beneath the water surface in the fjord. Fish could be seen right at the surface of the ocean at night, and huge numbers of back fins could be seen over most of the fjord. When the caplin spawned, the cod were so full that they did not fall prey to hooked bait.

Later in the summer, we started to fish in shallow water. Some fishermen used long lines at the mouth of small fjords with minimal currents. They used caplin as bait and emptied their long lines several times until their boats were filled with cod.

When the cod moved out to sea later in summer, the fishermen jigged in shallow water.

At that time, there were cod only in the summer along the coast. They disappeared in the winter. When cod were present, however, they often came in great numbers. In the winter, cod only appeared in specific fjords. Cod consistently appeared near Kapisillit in the Godthåbsfjord, and at the bottom of

Ikertooq at Sisimiut. I do not have concrete information about other fjords, but I was told that fishing occurred year round in some smaller fjords in the Qaqortoq Bay. Fishing was only carried out in some of our fjords.

These were the conditions during good cod years in the 1900s. Around 1960, the number of cod started to fall, and this good period decreased.

The Disappearance of Cod

After 1960, marked changes occurred in the presence of cod during winter along the Greenlandic coast, and it was no longer possible to rely on the presence of cod stocks.

Table 8. Statistics from the production facilities may be seen:

Qeqertarsuatsiaani	1911
Sarfannguani & Qeqertalimmi	1912
Atammiup Ammassiviani	1915

It was henceforth difficult to predict the presence of cod, as had been the case between 1920-50. Cod migrated irregularly, and they often stayed away from both coastal areas and on the banks. In 1970, cod size decreased drastically, and in some places disappeared completely. Cod still appeared near southern Upernavik, however, and good catches were made some years.

It seems as if the disappearance of cod was even more noticeable further south. In the 1980s, cod disappeared from the banks and the fishery moved in between the islands and into the fjords.

By the 1990s, cod only appeared in certain fjords, similar to the periods at the end of the 1800s and the 1700s.

Fjords that nowadays have cod stocks differ in conditions from those occurring at the end of the 1800s. Some fjords, which at that time had cod stocks, also have cod stocks today. The fjords in Sisimiut can be taken as example. At the end of the 1900s, however, there were cod in certain fjords that did not have stocks at the end of the 1800s.

At the end of the 1800s, Ataneq in the Kangaatsiaq municipality was the most northerly area with cod. At the end of the 1900s, some cod stocks still existed in Torsukattak at Vajgat, some areas in the Uummannaq fjord, Sullua in the municipality of Upernavik, as well as in the straits between southern Upernavik and Kangersuatsiaq, also in the winter.

There is a limited amount of these cod. At the beginning of the 1990s, cod could be fished in Ataneq in the municipality of Kangaatsiaq by means of pound nets. Today there are only very few cod, for they have completely disappeared.

Cod in West Greenland after 1960

After 1960, cod presence in West Greenland changed. They no longer stayed in specific areas, or remained at specific times, as was the case between 1920-60. Their presence can no longer be accurately anticipated. Fishermen have had the following experiences:

- After 1960, the number of cod fell. After 1970, it became clear that cod were disappearing, and the fish were small. They even disappeared from parts of the coast, especially in the 1980s.
- After 1985, it seemed as if cod stocks in certain fjords increased, fishermen have noted that size has slightly increased.

Is this the Right Pattern of Cod Stocks in West Greenland?

The following can be asserted about cod stocks in Greenland during the last 300 years, seen in connection with the 1900s and 2000s, see Figure 4.

We have a lot of information from the 1900s and can therefore track cod stock size from year to year, as well as clearly follow its cycle.

Although we cannot follow the conditions of the cod stocks in West Greenland in the 1800s, we have a lot of general information for a number of these years. From around 1860 onward, we can follow cod presence year by year.

We have very limited knowledge concerning conditions in the 1700s and, therefore, strive to avoid generalizations due to the lack of literature.

Cod presence in 1900, in conjunction with our knowledge from 1800 and 1700, shows a "collective cod cycle" which has three periods:

First period:
Cod came to West Greenland from Iceland. During this period, cod were present in West Greenland from the Cape Farvel region to the Disko Bay. Fishermen caught them during summer in fjords near the coast and on the banks.

Nothing precise can be asserted about cod movement during various years in the 1800s. We follow its movements in the 1900s. The fishery started in the fjords during the month of June. In the month of July, cod began to move outwards, reaching the outer most islands during August. During the fall, the fishery took place on the nearest banks. In October, the cod fishery stopped near the coast, but it continued in the same manner the year after. The conditions were the same year after year, thus fisherman knew in advance the time and location where they could begin fishing.

During the summer months, small fry (10-15 centimeters in length) moved along the coast. In the 1900s they were found along the coast of Paamiut up to the Disko Bay. It was like this from the 1920s to the 1950s, though the small cod disappeared from the coasts as they became larger.

The same pattern most likely occurred on the banks where the fisherman did not fish as well. Cod spawned in the spring on some of these banks in the same period.

The first period took place in the 1900s including the years from around 1920 to 1960.

Second Period:
This period started when cod presence became uncertain. The time and location where cod would appear could no longer be assumed, nor was it understood why stocks stayed away from certain parts of the coast. Cod also appeared in unexpected areas. The catches on the banks decreased, and cod no longer bred. Cod began to migrate towards Iceland, and finally disappeared

completely from the banks. They were, however, still found in-between the islands and in the fjords.

Third period:
Finally the cod only bred in certain fjords, though they remained yearlong. Figures 5-7.

At the conclusion of the third period, the cycle repeated itself.

Outward Appearances in the 1900s

The last part of the 1800s cod period began on an unknown date, though ended in approximately 1915.

Approximately 1915-1960: The first part of the 1900s cod period in Greenland. Large populations of cod came from Iceland. They followed a consistent migratory route when they were in Greenland.

Approximately 1960-1985: The second part of the 1900s cod period in Greenland, when cod migration towards Iceland occurred.

Approximately 1985-?: The third part of the period in Greenland. The cod starts to spawn in specific fjords.

Cyklus-100

During the last 300 years, great numbers of cod have appeared during approximate 100-year intervals. As mentioned, there are three periods:

First Period during the 300 Years

Hans Egede arrived during the first period in the 1700s in order to start a mission. Poul Egede wrote that the fishermen from Boston arrived in the summer intending to fish off the banks of Paamiut. We are unsure when this first period concluded.

During the 1800s, the period with many cod (First period) stopped in approximately 1850. In the 1900s, this period started around 1920 and lasted until about 1960.

Second Period during the 300 Years

We do not know when Period 2 began in the 1700s, though in the 1800s, it started around 1850 and continued until 1870-1880.

In the 1900s, it started around 1960 and stopped around 1985.

Third Period during the 300 Years

During Otto Fabricius' stay in Greenland in the 1700s, we know the third period was in effect from 1768-73. In the 1800s, it lasted from around 1880-1915. In the 1900s it started around 1985, and will probably finish in the 2000s. Figures 6, 7 and 8.

Climatic Movements

We have useful information concerning cod near Greenland for a longer period. Our information shows that cod were consistently found near Greenland in 100-year periods. After a 100-year interval, they disappear, but only to return again in a new cycle. The appearance of cod, its disappearance, and, at last its sporadic appearances in the fjords, are repeated at reasonably specific intervals during the 100 years. We call this Cyklus-100. We lack the information to specifically pinpoint Cyklus-100's length with certainty. We therefore do not know if Cyklus-100 is the same length each time.

Cyklus-100 Among Other Animals

Cyklus-100 can be observed among animal populations other than cod. Beluga, for example, exhibit this behavior off the West-Greenlandic coasts. Ringed seals as well as the pilot whale also demonstrate similar behavior. We cannot mention other animals here, only because their behaviors have not been as closely examined.

Concerning cod, however, I can assert that they come during the warmest period in Cyklus-100, and disappear again during the coldest. In Figure 9, the hydro-graphical measurements are shown.

Recurrence of the Cod Populations in the 1900s

Before 1920

The 1900s cod populations appeared between 1915 and 1920. The conditions immediately before this time are interesting to examine.

Essentially no cod existed in West Greenland at the onset of the 1900s. A few populations were seen in various fjords; as mentioned above, this is where they bred. These cod came from the third period of the 1800s cod population. In addition, cod appeared in small amounts during the year.

In 1979, Niels Frederiksen (1909-87) from Iginniarfik (Kangaatsiaq municipality) told me that cod populations remained in the Ateneq fjord before the cod period in the 1930s, and that his ancestors had told him the same. These cod must have come from the most northerly populations from the 1800s third period. At that time, cod populations in Ataneq were composed of cod differing in size. Cod over one meter long bred in the fjord.

These cod were sold to KGH before they started to fish the 1900s cod stock.

Tabel 9.

	Age	April	May	
1876-1920	44	-3.9	0.7	Kiatsikkiartorfia
1932-1941	10	2.0	2.3	Kiatseruttorfia
1981-1990	10	-5.1	-1.6	Nillerteruttulernera

Pattern of the Cod Population from Approximately 1920-1960

1. The fishery started in the fjords in the spring at the beginning of May and June.
2. During the month of July, the cod went away from the fjords.
3. At the beginning of August, the cod reached the outermost islands and the nearby banks. The fishery took place here until the end of October.
4. In the winter, areas populated by fish in the summer were empty. The fishery commenced once again in the spring in the fjords.

Statistics Can Help Us

We can witness the appearance of the 1900s cod population by examining the numbers of fish sold, where the sales took place, and especially the coastal locations of towns and villages

When examining quantities sold, one should also look explicitly at places where only local fishermen sold their cod, or where cod exclusively from the municipality itself was sold. This comparison could have been used to illustrate the development in the numbers of cod. Later on, fishermen from other areas and countries started to sell their catches in towns with larger factories.

We here look only at the small factories whose production was exclusively from the catches of fishing areas in local municipalities.

The factories are situated in areas with cod populations. The production in the factories can be used as an illustration of the number of cod and the size of the catches along the coast, Figure 9. The cod sold to KGH came from the good cod period that started in 1951 and ended in 1985. The changed cod pattern lasted 35 years and may be illustrated.

The graphs in Figure 10 show the cod sold in the period from 1976-87.

Possible Reasons for Cod Periods and Their Demise

We have previously described the different periods of cod. Cod live in medium temperate ocean areas and migrate along the western Greenland coast. They have returned three times in the past 300 years. Variations in ocean temperature during Cyklus-100 are a determining factor for the cod populations near West Greenland.

One has to notice two things during Cyklus-100: The **warmest period** and the **coldest period.** The in-between period lasts approximately 50 years. This whole Cyklus lasts 100 years and maybe a bit more.

This natural phenomenon has hitherto been inadequately examined. We have described it here as it relates to the questions we discuss. It gives us a better understanding of the presence of cod populations in Greenlandic ocean areas.

Changing Springtimes

It appears that spring starts at different times within a Cyklus. The advance or delay of spring changes in a specific pattern. As we enter into a warmer period, spring starts earlier: as a rule at the end of March or beginning of April. At this time the temperature rises more quickly than in the spawning period, which is useful for the fry.

Large shoals of cod fry move up along the coast. This is a sign that there are stable cod populations in the Greenlandic ocean areas. When that happens, mature cod will also be present in the ocean.

I have examined the conditions existing over the past 300 years.

It is read in Hans Egede diaries (1721-36) that Greenlanders left their winter houses during April, in order to go to the hunting areas. I wonder if the spring had arrived by that time?

We have concrete information from the 1800s. According to Carl Berglund's article in *Atuagagdliutit*, 1874, it appears as if spring came towards the end of March and at the beginning of April in the 1820s-30s. In the 1920s-50s, April was considered the month of spring.

Below are some interesting climatic measurements from the spring period. The yearly temperatures show the average temperature in 3 continuous years:

1. 44 years that pertain to the 1800s coldest to warmest periods, 1876 –1920. I use the 44 years, as I do not have material for other years.
2. 10 years during the warmest period.
3. 10 years from the present days.

These temperature conditions correlate very well with my own experiences from 1932 to 1941 when the spring came early, and from 1981 to 1990 when the spring came slowly. It also correlates well with the fluctuations in the different animals species.

Table 10:

	Years	April	May	
1876-1920	44	-3.9	0.7	Warmest period starts
1932-1941	10	2.0	2.3	Warmest period
1981-1990	10	-5.1	-1.6	Coldest period

Spring is late when Cyklus-100 starts in a colder period. The spring can be delayed 1-2 months compared to the warmest period. In the cold period, fish fry die that otherwise would have developed. There are no longer fish fry near West Greenland, and they are even disappearing from the rest of the country as well.

Here is a summary of the conditions:
Information from the 1700s is unavailable, though we have some knowledge of the conditions in the 1800s. During the first part of the century, spring came early. After the 1840s, however, spring came late and warm weather only consistently occurred towards the end of June. At the end of the 1800s, fjords that had solid ice cover only broke up in late June.

Similar conditions occurred at the beginning of the 1900s.

Spring, when heat returns, was delayed up to 1-1½ months in comparison with the warmest period in Cyklus-100.

It appears as if cod stocks have come and gone in specific patterns during several hundred years. Based on the information we have obtained, we can assume these patterns have occurred over the past 300 years. Information about what it was like before this, we often get from middens in archeological digs.

Based on the information we have, it seems as if winters during the warmest period in the 1900s were not any different than winters in the coldest period. Winters could be very cold, but, in any case, spring came earlier in the warm period. This leads us to believe that the reason for the warmth can be mainly attributed to ocean currents.

We continue to lack answers to many questions, and further studies are needed. For example, we cannot answer whether or not Cyklus-100 has lasted for the same time period in the past 300 years. It must be expected that there have been differences in the temperatures in the warmer period in the last several hundred years. These questions ought to be examined by scientists.

It is impossible today to assert anything about what controls the repeated fluctuation in the climate during Cyklus-100. Climate researchers also have to proffer any useful information concerning the climate fluctuations, and have yet to solve the riddle about this condition. More studies must be conducted in the future before a result is reached.

It appears that conditions in the Arctic are influenced by Cyklus-100. The conditions change during the years and this influences different animal species, both in their appearance and disappearance, as well as in fluctuations of their numbers. This is seen, for example, in the ability to cultivate crops. In the first part of the 1900s, spring came early and summers were long. At that time, it was possible to cultivate crops, but 50 years later, it is not possible to have these same crops reach maturity. Therefore, it can be concluded that Cyklus-100 also had an influence in agriculture.

It would be interesting to examine the amount and distribution of precipitation during Cyklus-100, but I have not had the time to collect information myself.

Conclusion

Cod live in ocean areas with temperatures that remain within a specific interval. Cod leave an area if the temperature rises or falls too much.

Cod's use of the Greenlandic ocean area is an interesting subject. This use is determined by climatic conditions.

Information concerning cod populations near the coast of Greenland in the past 300 years shows that the populations have "returned" three times. This occurrence was experienced during specific intervals within a cycle of approximately 100 years. This is the reason we have adopted the concept of Cyklus-100.

The return of cod has happened the following way: There have been populations of cod in West Greenland in all of these 300 years, although in varying numbers. There has been a constant population of cod in certain fjords in all of these 300 years, where the appearance of cod has been registered. Other fjords have only had cod intermittently.

There has mainly been cod on the banks in the ocean near the coast in the first part of a 100 year cycle. Cod appeared more sporadically in the last part of the cycle, and completely disappeared by the end. Cod populations on the banks came and went. It is possible that cod can appear even during the third part of the cod cycle.

This, however, does not ensure a stable cod population in the Greenlandic ocean areas. It is rather a result of the accidental appearance of warmer ocean currents. If the cod returns to the Greenlandic ocean areas it must develop as shown in Figure 10.

There have been cod near West Greenland for the past 300 years. As we have seen, we can divide the cod period into three periods:

a. Consistent populations in West Greenland have mainly occurred during the third part of Cyklus-100. Cod stayed and spawned in the fjords without migrating.
b. Newly arriving populations of cod in large numbers from Iceland supplied Greenland with new stocks during the first part of Cyklus-100. Our own stocks likely mixed with these, though I am not able to clearly answer this question.
c. In the next period, populations of cod disappeared slowly from Greenland and moved towards Iceland as the ocean temperature fell in the second part of Cyklus-100. A number of cod also traveled into the fjords, where they remained and could therefore be found during the third period. I am unable to explain further.

The Connection between Cod Areas near Greenland and in the North Atlantic

The Greenlandic cod region is part of the North Atlantic cod region, and also includes the areas between Iceland and Newfoundland. The Newfoundland-Labrador cod areas, however, are likely excluded from the region. There is a close connection to the Icelandic cod area.

I am unsure if studies have been conducted to determine where the roe and larvae are transported from the spawning areas. I am therefore unaware whether eggs and larvae drift with the current to the area near Newfoundland-Labrador.

There is a connection to the cod areas near Iceland. Irmingerstrømmen (the Irminger current) essentially functions like a bridge. Fry and mature cod travel with the Irmingerstrømmen to Greenland from the ocean near Iceland. Conversely, mature cod migrate to Iceland from Greenland. It is known that cod from West Greenland migrated towards Iceland with this current during the last part of the 1900s. I do not have information on small fry. And roe, of course, cannot swim with the current.

Cod have been caught near Iceland that were tagged near West Greenland. From this, one can deduct that cod migration varies throughout the year. Cod tagged on the banks during the "good" cod periods, and that were caught near Iceland less than 20 years later, are shown in Figure 9.

Cod tagged in Greenland have been caught near Iceland, the Faroe Islands, and even in the Barents Sea.

It appears that cold ocean temperatures near the end of the 1900s drove cod stocks out from our ocean areas. It also appears that low ocean temperatures influenced the cod populations near Iceland and Newfoundland. These ocean areas experienced a phenomena similar to that of Greenland after 1960. There were not very many cod, and their size also diminished.

Source Material

Atuagagdliutit
Avangnamioq
Beretninger og Kundgørelser (Grønlands Styrelse)
Borch, Erik: A Monography On The Physical Oceanography Of The Greenland Waters, ua.
Direktoretets meddelelse (Grønlands Styrelse)
J.A.S v.II Deurs allallu: Havet og Fiskerierne II, 1947
Fabricius, Otto: Fauna Groenlandica, 1780
Fabricius, Otto: Fauna Groenlandica, 1829
Friis, Peter allallu: Arbejdsrapport om Fiskeriets udvikling i Sydgrønland, ua.
Giesecke, K.L.: Mineralogiske Rejse, 1878, v. F. Johnstrup
"Grønland" (tidsskrift)
Grønland Kalaallit Nunaat (Statistik)
Grønlands Fiskeriundersøgelse, Rapporter
Grønlands Fiskeri-og Miljø Undersøgelser, Rapporter
Ad. Jensen og Paul M. Hansen: Undersøgelser over den Grønlandske torsk, 1930
Jensen, Aage J.C. et al.: Havet og Fiskerierne II, 1947
Hansen, Paul M. & Frede Hermann: Fisken og havet ved Grønland, 1953
Kjøbenhavner Tidende, 1831
Mathiessen, J.: Den Grønlandske Handel, 1846
Mathiessen, J.: Om Grønland, 1852
Meddelelser om Grønland (MoG)
Muus, Bent allallu: Grønlands fauna, 1981
Naturens Verden
Nerrevang, Arne: Grønlands natur, 1981
Piniartut pisaannik titartaivit (Fangstlisten)
Publikationer fra Det danske Meteorologiske Institut
Rink, H.J.: Grønland geographisk og statistisk beskrevet
a. Nordgrønland, 1852
b. Sydgrønland, 1857
Rink, H.J.: Om Monopolhandlen paa Grønland, 1952
Statistiske oplysninger
Thorhallesen, Egil: Beskrivelse over Missionerne i Grønlands søndre Distrikt, 1914
Vejrforholdene over de Grønlandske kystområder

Reindeer
in Greenland

Introduction

The study of Greenland's reindeer and reindeer stocks is crucial. Reindeer are not only a part of Greenland's animal life, but are an important element in the use of nature, and in Greenlandic culture. We will therefore illuminate various aspects of reindeer in Greenland.

I have personally experienced reindeer hunts near Isortoq in the municipality of Maniitsoq since the end of the 1930s. At that time, specific families traveled to summer camping areas inland, and used the month of August for reindeer hunting. Although newer customs had already begun to be practiced, traditional customs concerning the partition of animal parts, the treatment of the meat and the skin, as well as the conservation of the meat for the winter, were still in effect. Hunting methods, the use of nature, and cultural customs were still enforced.

Later on I examined other reindeer areas by speaking with the local reindeer hunters and by traveling through the areas myself with guides and making personal observations along the way.

In this way, I gained knowledge and learned of reindeer conditions in Greenland.

H.C. Petersen

Reindeer in Greenland

Biologists say that reindeer in Greenland are a subspecies of the North American reindeer *(Rangifer tarandus)*.

Presently, there are three different kinds of reindeer in Greenland. Reindeer in West Greenland have existed here a very long time. There are also domestic reindeer from northern Norway that were introduced at the beginning of the 1950s, and released near the bottom of the Godthåbsfjord. Nowadays these two species live together and intermingle. Lastly, there is a small breed of reindeer from Thule, which comes from Ellesmere Island and occasionally migrates to this area. Previously, there were reindeer in northeast Greenland in the area around Scoresbysundfjord and further north. These reindeer are assumed to have been different from those on the west coast, but I am unaware of the differences.

The reindeer is one of the largest land animals in Greenland, smaller only than such animals as the muskoxen and polar bear. The reindeer has great importance both as a means of food and for its cultural significance. It has been proven that the very first people in Greenland hunted reindeer. The reindeer has, therefore, been very important for humans' use of the land. Concurrently, reindeer usage of both plants and land has also had extreme importance.

Biological Conditions

We will here focus on the unique observations of the reindeer hunter. Reindeer can reach around 20 years in age, and mating takes place in October. The male reindeer catches a scent and they participate in power fights with each other during this time. Female reindeer are pregnant for 7 ½ months, and calves are, as a rule, born inland in May. The calving areas are spread out over a distance and some of the areas cannot be situated based on information given by the hunters. Some of them are shown on the map, Figure 1.

Reindeer Antlers

Both sexes of reindeer have antlers, though they lose their antlers every winter in the period from December to February, and pregnant reindeer lose them even later. In the spring, new antlers start to grow out. The age of the animal determines the size of the antler. The antlers of calves are small, with perhaps only a single branch. The antlers become bigger and gain more branches with age. Christan Vibe (1967) wrote that there are 30-40 branches on an antler in a fully mature reindeer when they are approximately 8 years old.

A soft skin with blood vessels covers the antler as it grows, and nourishes it. The antler points are soft while they grow *aagissat.* Blood supply to the skin stops toward the end of August. The antler becomes stiff as the skin dries out and starts to peel off. It may be noted that the animal purposefully peels this skin away quickly. They scrape the antlers against small bushes or rocks. Antlers that have just lost their skin have a reddish color.

There is a difference in antler development between male and female reindeer. Female antlers never become as large as a male's. When the female reindeer have reached maturity, their antlers no longer grow. The older the male reindeer becomes, the larger its antlers grow, and the more branches they acquire. The front antlers point forward just over the head of the fully-grown male reindeer. The front antler has fingers that become more pronounced and increase in number with age. Male reindeer with five fingers on the front antler are considered fully grown.

Reindeer "form" their antlers. Animals with broken bones, *niungallaat,* have asymmetrical antlers. The antler that is opposite the broken bone has a different form.

Regardless of how many reindeer antlers are collected, their shapes are all different. It is possible that reindeer use their antlers as an individual trademark. Some female reindeer do not have antlers, and other female reindeer do not lose their antlers; this is the case particularly with infertile female reindeer.

The Fur

Early in the spring, reindeer still have their winter fur, which consists of a thick, dense layer known as *meqqorluit.* When the air becomes warmer, reindeer start to lose their winter fur. If spring comes late, reindeer may still be caught with wisps of winter fur in between the August fur, but most have changed their fur fully by this time in the summer.

The layer of fur in the summer pelts is short, brown, and beautiful. Earlier, these skins were used to sew beautiful clothing. Winter clothing was fashioned from animals that had been caught in September, when the hair was thicker and lighter in color. Male reindeer skins were the preferred cover on the sleeping platform. There is airspace within each single hair of the short, innermost hair, and they easily break. There is no airspace in the hair on the legs, and they are better fastened. Skins from the reindeer legs are used for *kamiks* (boots). In earlier times, reindeer skins were often used for clothing, as the skin is soft and warm.

Foot Glands

Reindeer have glands between their hooves. Reindeer hunters call this gland "the nose in the foot." This expression comes from observation in periods where reindeer populations are small. Animals are very shy, and quite aware when there are few of them; they are somewhat less shy when there are many of them.

At a time when there were few reindeer, hunters observed that reindeer fled when they came across traces of humans. When there were many reindeer, they might cross the human tracks without paying any attention to them. This observation is the reason that generations of reindeer hunters look upon the glands between the hooves as organs capable of smelling.

Reindeer and the Wind

Reindeer use fur as protection against the cold. When the snow blows strong, it affects the animal more profoundly when it is faced too much on the lee side. Reindeer therefore prefer to keep their heads pointed towards the wind in snowstorms. This is also the reason reindeer prefer to be in places with lots of wind in the winter.

The reindeer places the most confidence in its sense of smell. If a reindeer becomes frightened, and begins to flee, it always attempts to get on the lee side of the suspicious object.

I have observed several times that reindeer prefer to go against the fjord wind (wind that blows into the fjord) in August when they migrate toward the coast.

On the 8th of August 1978, there was a little fjord wind in Aasivissuit behind Sisimiut. The whole afternoon and until the wind died down in the evening, several hundred reindeer went westwards in large groups through Aasivissuit. There was no fjord wind in the following days and the reindeer did not continue their migration. The reindeer are far more secure when they migrate against the wind.

Changes in Reindeer Behavior

In the first part of the 1900s, there were very few reindeer, and they were very shy. It was observed that animals were so tired of fleeing that their tongues hung out, and the marrow in their bones was quite bloody. In the last half of the 1900s, there were many more reindeer that were much less shy. When they fled, they generally stopped as soon as they could not be seen. In protected areas, they do not consider humans a danger, as long as they keep their distance.

Humans are reindeer's only enemy, besides wolves which became extinct during the Norse time. In the beginning of the 1950s, domestic reindeer were imported from Norway. These had not been cleaned of insects. Since that time, insects, such as the botfly, have plagued the reindeer.

A reindeer hunter from Kangerlussuaq told me that only two years after domestic reindeer had been released on land near Itennera in 1954, a marked animal from Itennera was caught between Tasersiaq and Evighedsfjorden.

Changes in the Number of Reindeer

According to our knowledge, the number of reindeer has varied significantly within hundred year periods during the last three to four centuries. We do not have information from previous centuries, though the climate appears to be influential in the changes witnessed. The knowledge of generations collected through daily hunting trips, paired with information from archaeological digs, shows that changes have been stable, however, for several hundred years.

The West Coast Reindeer in the 1900s

At the beginning of the 1900s, there were reindeer from Sermiligaaq in Paamiut municipality in the Bay of Melville. The size of the populations in the different reindeer areas varied. In some places, the population was large, especially when the areas were ice-free. In other places, however, the population was less (such as the bottom of the Disko Bay). The integral factor is how big the ice-free area was.

It is known that there were reindeer in all larger land areas in the municipality of Upernavik and in Tuttulissuaq in Melville Bay towards the end of the 1800s and the beginning of the 1900s.

The number of reindeer fell consistently during the 1900s. At the onset of the twentieth century, reindeer could be hunted year-round. In 1924 the decision was made to make the hunt legal for only a two month period in August and September, as an experiment, because of declining reindeer populations. In 1927, this hunting period became permanent. At that time, a number of the reindeer hunters decided to get involved in the cod-fishery instead. Despite the new regulations, however, the reindeer population continued to drop. It was not until the end of the 1940s that the reindeer in West Greenland started to increase.

Greenlandic Reindeer Areas

Reindeer in West Greenland

Here is a further description of the different reindeer areas in West Greenland:

Almost 300 years of knowledge tells us that West Greenlandic reindeer areas stretched from Cape Farewell to the Melville Bay. Thule has an independent reindeer population living in the area from Melville Bay to the Humbolt Glacier. Morten Meldgaard has mentioned the Discovery of reindeer bones in Washington and areas further north (Morten Meldgaard, 1986).

At the beginning of the 1900s, the West Greenlandic reindeer areas stretched from Sermiligaarsuk in Paamiut municipality to Eqalugaarsuit Nunaat in the municipality of Upernavik. The area was divided into several smaller areas because of geographical conditions. The populations varied independent of each other inside these sub-areas.

Annual reindeer migrations are from east to west directionally, and to a lesser degree in a north to south direction. The variations in reindeer population are independent of the annual reindeer migration. The reindeer migration (in the south/north direction) and the changes in the population are influenced by how thoroughly reindeer have exhausted vegetation in population area. Different populations developed independent of each other; populations existing during the last 300 years are shown in Figures 15 and 16.

1. The Southern Greenlandic Reindeer Area

This population died out at the end of the 1800s and the beginning of the 1900s. Local areas are Ilua, whose population died out by the end of the 1900s, and Vatnahverfi, whose population died out by the first half of the 1800s. The inland areas of Tunulliafik (Skovfjord), whose population died out towards the end of the 1800s, and Saqqamiut, whose population appears to have died during the 1700s.

2. Paamiut reindeer areas

This is now the most southerly boundary for the West Greenland reindeer. There have been the following three populations in the area: a. Arsuk, no contemporaries remember the existence of this population. Maybe the population died out towards the beginning of the 1800s. b. Neria is bounded on the south by Sermiligaarsuk. The population is the most southerly of the West-Greenlandic reindeer populations. c. The south side of Sioqqap saqqaa (Frederikshåb Isblik).

3. Fiskenæsset

Local populations: a. the north side of Sioraq (Frederikshåb Isblik). b. inland areas near Fiskenæsset towards the glacier edge near Sermilik.

4. Ameralik

The Sermilik Glacier to Ameralik in towards Kangersuneq at the bottom of the Godthåbsfjorden.

5. Maniitsoq-Nuuk reindeer areas

Local populations: a. Kangersuneq to Saqqap Sermia. b. Saqqap Sermia to Majoqqaq.

6. Angujaartorfiup nunaa

7. Sisimiut Inland

Local populations: a. Sisimiut inland. b. Norde Strømfjord. c. Eqalummiut Nunaat to Usulluup Sermia.

8. Middle area
The area from Usullup Sermia to Illuissat is divided into several sub-areas: a. Qarlutooq. b. Naternaq to Ilulissat Glacer. c. Iluissat to Torsukattak. The reindeer left the area around 1890.
9. The Disko Island
The reindeer disappeared in the middle of the 1800s.
10. Nuussuaq area
11. Svartenhuk/Upernavik
Local populations: a. Qinniviup Nunaa. b. Eqalugaarsuit Nunaa.
12. Inland from Upernavik
13. Avanersuaq area
Local populations: a. Uummannaq. The population died in the 19th century. b. Kangerdlussuaq. c. Nuussuit (Inglefield).
Eastern Greenlandic reindeer areas:
14. Ammassalik Reindeer area
The reindeer population died possibly in the 1800s.
15. Northeast Greenland
The population died at the end of 1800; we do not know the local distribution.
16. The most northerly reindeer areas
At the end of the 1800s, expeditions started to come to the most northern areas. At that time, however, the reindeer area had already died out. There were visible signs of reindeer in the area, though we do not know how many there have been, if they were divided into local sub-herds, what their boundaries have been, or when the reindeer became extinct.

Historical Sources
The following is a description of reindeer areas in West Greenland based on historical written sources:

When Hans Egede arrived in Nuuk in 1721, many reindeer lived in the area. During the entire period that Hans Egede lived in Greenland and even longer, there were lots of reindeer in Greenland.

Written Sources:

Hans Egede: Perlustration, 1741
Niels Egede: MoG, 120: 260, 1939
Poul Egede: Efterretninger om Grønland, 1788
Lars Dalager: Grønlandske relationer, 1915
Otto Fabricius: Fauna groenlandica, 1780 & 1929
Jens Mathiessen: Om Grønland, 1852

By means of the above-mentioned sources, we can follow the development of reindeer herds in the 1800s.

In 1720, reindeer were numerous, and the population still appeared to be increasing. The population reached its maximum probably towards the middle of the century and started to fall drastically in the 1750s. In 1770, Niels Egede wrote from Sisimiut to his brother, Poul Egede, about the decrease in the reindeer population. He wrote: "This large decrease in the reindeer population has already existed for 13 years." He must have, therefore, considered 1757 to be the first year of decreases.

From Greenlandic sources, we know that in 1787 to 1788, Habakuk and his followers had a difficult reindeer hunt near Eqalummiut. They went for an unknown number of days without seeing any reindeer.

Otto Fabricius wrote in 1780 that "previously there were large amounts (of reindeer) everywhere on the land between the mountains, but now they have become very rare and reindeer are only met between the mountains furthest inland. In these years there were also reindeer on Disko Island" (1929).

According to my own experiences, the reindeer population in West Greenland in the 1900s did not increase at the same rate in all reindeer areas. They increased at various times over a period of 30 years. We do not know if it happened in the same manner in the 1700s and 1800s.

We do not have a lot of specific information from the 1900s. Even if we knew developments from across the country, we do not know the local variations. The knowledge of the conditions since the 1700s is also limited.

The Relationship Between the Reindeer in Different Areas

There has been no research to clarify the relationship between reindeer in different reindeer areas. I have collected material about this during conversations with different people.

The reindeer area near West Greenland is divided into two sections. The Tasersiaq Glacier is the boundary between the two areas, Figure 4.

Contact between reindeer populations north and south of this boundary does not appear to be great. The glacier is over 1000 meters high, and has almost no nunataks. Towards the west, it ends at the bottom of Evighedsfjorden. It only freezes some winters and can therefore not be used as an animal fjord. The north side of Majoqqaq is a landscape fault, or *landskabsforkastning,* with a very steep mountainside, with edges that are hard to pass. The route goes among the inland nunataks. It is possible to pass Majoqqaq in the winter when it is frozen. In the summer, there is a route along the edge of the inland ice that goes to Qallit Nunaat. From here, it is easy to come to Isorlequtaq and further to the north side of Amitsulooq and Killersuaq, where there is a lake that is almost always covered in ice. On the north side of Tasersiaq, there are nunataks and from here the reindeer have two possibilities in order to progress further. Depending on the time of year, they can swim or walk over Tasersiaq. The northern side of Tasersiaq is quite steep, but it is possible to get up near Qoornui. Most come into the upper part of Evighedsfjorden by means of nunataks on the north side of Tasersiaq and from there to Angujaartorfiup Nunaa. The aforementioned first reindeer with botflies were caught there in 1954.

In winters when a heavy ice cover is present, it must have been possible to migrate over the Evighedsfjorden, even though I have little tangible proof. Reindeer migrating in a northerly direction have to go over Majoqqaq through Kigutaarnat Nunaat over towards Sisorartup Nunaa and through the bottom of Iluliallup Tasersua in order to come to the southern part of Evighedsfjorden. As mentioned earlier, the innermost parts of the fjord are only covered by ice some winters. Therefore, the furthest route inland must have been the most often used.

The Routes of the Southern Reindeer to the North

Only a few reindeer use these routes. When the herds of reindeer in Angujaartorfiup Nunaa grew and spread, they went inland near Sisimuit. In other words: the connection between the population south of Tasersiaq glacier and the population north of it is very limited.

Southern Reindeer Area

We follow it from Majoqqaq near Maniitsoq towards the south.

In the 1900s, reindeer areas stretched from the Tasersiaq glacier to Sermiligaarsuk in the Paamiut municipality, Figure 4.

Several Sub-areas

From the north side of Majoqqaq to the Godthåbsfjorden. It includes the following land areas: Isotrup Nunaa, Akiata Nunaa (Dronning Ingrids Land) and the backcountry of Kangersuneq. Towards the south, the boundaries near the glacier are at the bottom of Kangersuneq: Kangiata Nunaata Sermia.

Reindeer can wander in part of this area without great difficulty, and they likely do. The annual migration goes in an east/west direction.

The following hindrances are difficult to pass. Majoqqaq is a big river full of sand and clay that one sinks into, and it seems that reindeer are aware of this. They seldom cross Majoqqaq in the summer. The large river, Isuitsoq, apparently does not bother the reindeer. From here, there are no hindrances until Godhåbsfjorden.

I do not know if the reindeer can pass Saqqap Sermia on the border between the municipalities of Nuuk and Maniitsoq. South of here, there is the area Ujarassait Nunaat, which towards the south is bordered by the glacier Kangillinnguit Sermiat. East of this is Ivisaartooq which is also bordered on the south by a glacier, Narsap Sermia. South of here, there is Nunatarsuaq and Akullersuaq. South of the glacier to Akullersuaq, there is Nunataarsuk. Although the glaciers between these nunataks do not hinder the reindeer's passing, it is clear that the glaciers are a barrier. From the 1800s on, people in Nuuk remember that the reindeer in Nunatarsuaq were different. They were smaller with a darker color and without any sign that they moved to other areas (E. Hansen, *Kapisillit*).

The next area, that we call the reindeer area near Ameralik, stretches from Kangiata Nunata Sermia and continues until Sermilik. The ice east of Sermilik is high and uneven. The land areas both north and south of Sermilik are very high; 1000-1800 meters with many rocks and glaciers. The area is quite clearly an obstacle for the reindeer. It divides the reindeer areas, Ameralik and Fiskenæsset, from each other.

I am not quite sure where the crossover point for these two areas lies precisely. There are very few people who have information about this, and I have not met any of them. It is possible that the reindeer passed point 980 where the area is more even.

The next reindeer area is close to Fiskenæsset. It stretches from Sermilik glacier to Frederikshåb Isblink and consists of two sub-areas, the inland behind Fiskenæsset and the north side of Frederikshåb Isblink.

The Isblink is also a barrier between the two reindeer areas.

The Reindeer Areas near Frederikshåb

This is the most southern reindeer area in the 1900s. It stretches from Frederikshåb Isblink to Sermiligaarsuk, and several fjords penetrate it. It is possible to come from the Fiskenæsset area to Paamiut from the north side of the Isblink by means of *nunataks* (peaks projecting from inland ice) to Kangaarsuup Nunaaer, Figure 2. It is said that the reindeer walked from here inland to Kangaarsuup Taersua.

The Size of the Population

We have several possibilities available to follow the variations in the populations throughout the years. There is both direct information and also more indirect information that must be analyzed.

Information concerning reindeer sales may also be considered. Skins sold represent hunts additional to the familial needs. We can use Rink's examination from the middle of the 1800s as a starting point (1857: 175). Rink wrote that a family would use nine reindeer skins annually for clothing, sheets and sleeping bags. In North Greenland, skins were also used for skins.

Around 1850, there were approximately 9,500 people in Greenland divided into 1,750 families. The need for reindeer skins must have therefore been a maximum of 15,750 pieces. We must therefore assume that the skins that were sold came from hunts that were beyond the annual needs of the family. We can follow the reindeer population in the period 1800-1860. Although no statistics are available, we have enough material to evaluate the population. For example, in Manitsoq:

1810: Assistant W.M. Olrik of Isortoq near Maniitsoq writes: Many reindeer are seen.
1825: The Royal Greenland Trade Company (KGH) bought 1,546 skins.
1840: KGH bought 2,678 skins (*Atuagagdliutit,* 1880).
1850: KGH bought 3,547 skins (*Atuagagdliutit,* 1880).
1822-31: shows the average for 10 years sales was 4,990 skins sold each year (J. Mathiesen, 1852:121).
1836-41: The average of 5 years sales was 13,950 pieces.
1845: The number has now reached 16,000. He finished by saying, "As the Greenlanders' use of reindeer is quite important, it appears that 16,000 to 25,000 animals are killed annually" (J. Mathiesen, 1852:121).

According to Rink's statistics (1857:367) for a five year period, 1845-49, the average sale to different purchasing locations is as follows:

Table 1.

	Number
Qeqertarsuatsiaq/Fiskencosset	18
Nuuk	1,079
Maniitsoq	3,655
Sisimiut	5,455
Aasiaat (+Kangaatsiaq)	3,360
Qasigiannguit	300
Ilulissat	100
Upernavik	942

On the basis of the above-mentioned information, the annual hunt must altogether total approximately 25,000 reindeer.

According to Rink's calculation, (1857:175) the yearly sale of 11,500 animals represents a total hunt of 16,000 animals. As earlier noted, he wrote that a family annually used 9 reindeer skins.

What the Numbers Show

At the start of the 1800s, there was sizable population of reindeer in West Greenland. 2,500 skins were sold in Maniitsoq in 1825, which must represent a hunt of 2,500 animals (formula: X + (yx9) = gross hunt. X = 5, sale; y = the number of persons – the family's need of reindeer per year; the deviant = persons in a family). The formula has been developed according to the numbers presented by Rink (1857:175).

The Decline in Reindeer Population

In 1800, the number of reindeer in West Greenland increased and topped out around 1840-45 (Rink 1857:173).

Table 2: We can also follow the decrease by means of the sales figures for KGH (Rink 1857:362).

	1853	**1854**	**1855**	**1856**
Avannaani/North Greenland	2,135	3,053	2,390	986
Kujataani/ South Greenland	7,628	5,373	4,299	2,743
Katillugit/total	9,763	8,426	6,689	3,729

We follow the sale to KGH in Maniitsoq:

1850	3, 547
1860	470
1870	0
1880	0

The editor of *Atuagagdliutit* wrote in 1880-81: 191:

"When the number of reindeer in Nuuk became too low, people began hunting in (Kangerlussuaq) where they were still plentiful. People still go there every summer especially from Kangaamiut. As only a few animals were caught, however, the sale of skin stopped when the caught animals only sufficed the hunters' own needs."

Table 3: Based on the Greenland Administration's "Statistical Information" of 1942-45, the sale of reindeer skins is as follows, divided over a ten-year period.

	1851-60	1861-70	1871-80	1881-90	1891-1900
Paamiut					
Nuuk	177				
Maniitsoq	1,452	54	1	2	7
Sisimiut	1,443	26	3	8	21
Aasiaat	1,444	5	1		
Qasigiannguit	92				
Ilulissat	2			1	

Table 3 clearly shows the changes in the populations of reindeer in Greenland in the 1800s.

Reindeer in the 1700s

We have written sources that provide information on reindeer population in the 1700s. When Hans Egede came to Greenland in 1721, there were lots of reindeer in a variety of locations, and populations were on the rise.

In Hans Egede's book from 1741, it is written: "In one part of the country, the reindeer are in great herds. The number of animals decreases the further north you go." His source is not provided.

The merchant, Lars Dalager, wrote about reindeer around 1750: "The Greenlanders do not do anything else from around the beginning of May until the end of October than to carry out lengthy reindeer hunts in the mountains. They have therefore completely decimated the reindeer. At the present time, the whole summer can pass without seeing a single reindeer, whereas in earlier times many were caught" (1915: 80).

Niels Egede from Sisimiut wrote in the 1770s: "There are very few reindeer in all the hunting areas. A Greenlander that used to catch 40-50 reindeer can now only catch one or two animals. This lack of reindeer has now existed for 13 years" (*MoG.* 120: 260).

In the 1720s, there were many reindeer and they decreased quickly in number around 1750.

Reindeer on Disko Island

Disko Island is an old reindeer hunting area. People can remember that in order to hunt reindeer, the hunters went inland. Based on my conversations with men and women who had reached middle age by the 1950s, it appears that the locals had already stopped going on inland hunting trips by the end of the 1800s. Their parents had told them that the last hunting trips took place while they themselves were children. Johan Olsen (1899-1989) told me in 1988 that during the 1930s, he saw a summer camp with tent sites and many bones in a valley behind Kangerluk.

There is a connection between the reindeer areas on Disko Island and the land from Kussinersuaq to Nuusaq. It can still be remembered that reindeer crossed here. It was here that most traces of reindeer were seen after the reindeer from the Disko Island had died.

I have myself, in 1958, seen the tracks of a young reindeer from the same summer on the sand in Marraq between Qeqertarsuaq and Aamaruutissat.

In 1968, domestic reindeer were set out from Itinnera on the Disko Island near Kangersooq on the south side of the island. These reindeer stayed together, though as in other areas, the population did not grow. Now there are only a few reindeer left near Kangerluk.

Reindeer in East Greenland

It appears that there have been two reindeer areas:

1. The area surrounding Ammassalik.
2. Northeast Greenland.

Reindeer Areas near Ammassalik

We only have limited knowledge of the reindeer near Ammassalik. We do have some pieces of evidence that reindeer have been present.

a. Reindeer antlers have been found in the area.
b. The equipment of reindeer hunters.
c. The memories of East Greenlanders.

Both the original inhabitants in Ammassalik, as well as Danes and West Greenlanders who settled there towards the end of the 1800s, have spoken of finding antlers from reindeer that did not look as if they were very old.

On the basis of these findings, it can be assumed that reindeer here were similar to those from West Greenland (Morton Melgaard, 1986). Does this mean that East Greenlandic reindeer came from the west coast? We do not know the northerly and southerly boundaries for these findings.

It is possible to see the stone foundations of the hunters on the Kulusuk Island, and their use is still remembered in legends (*MoG.* 61, 1921: 584).

In several of the East Greenlanders' history and memory, the time is remembered when there were reindeer. North of Sermiligaaq on the coast of Ikertivaq, there is a little bay, Tuttulik. On the northern side of Sermilik, the mountain Nagtivit is located which seems to be called after reindeer antlers.

Can a piece of a reindeer antler that was found around Timmiarmiut be evidence that there has been reindeer there? (M. Melgaard, 1986:43).

Pastor Karl Skou was a Lutheran minister in Ammassalik around 1950. He told me that they found a young reindeer drifting through the Sermilik fjord in 1949, which appeared to have died the same summer. This can be interpreted in two ways: it can be a sign that there is still a small population of reindeer near the nunataks in Sermilik, or that the animal had died on the inland ice and had frozen right after it died. It had come to the surface in 1949, because the inland ice had calved and exposed the corpse. This could be the reason the persons who found it believed it died recently.

Reindeer in Northeast Greenland
Until the very end of the 1800s, people on expeditions both saw and shot reindeer north of Scoresbysund Fjord.

These reindeer appear to be different than those from the West Coast and from Ammassalik (M. Meldgaard, 1886: 38).

Reindeer have been seen from the innermost part of Scoresbysund Fjord north to Dove Bay (M. Meldgaard, 1886: 38).

The Disappearance of Reindeer
Reindeer died out between the end of the 1800s and the beginning of the 1900s, in conjunction with a number of difficult winters. No information is available on the specifics of the disappearance.

Observations in the 1930s
In the middle of the 1930s, an expedition participant from Illulissat, observed through his binoculars a beautiful reindeer with antlers in front of a snowdrift on a nunatak near the Stauning Alps. He was an experienced reindeer hunter, but his partner did not believe his findings since East Greenlandic reindeer were supposed to have become extinct (story told to me by Jonas Brønlund, August 1985).

It is possible that a small number of reindeer survived in isolated places, but because their numbers were so small, they could not maintain or increase the population.

Reindeer Along the West Coast after 1980
In the middle of the 1900s, the number of reindeer along the West Coast increased only in the area from the municipality of Paamiut to Nassuttooq.

A number of reindeer wandered over the glacier in the southern part of Arfersiorfik. They reached Kussinersuaq in the middle of the 1960s, but did not travel further (told to me by the inhabitants in Kangaatsiaq). No reindeer came to Qarlutuup Nunaa, Naternaq or to the inland of Qasigiannguit. No reindeer from Nuusuaq came over to the Disko Island.

Nuussuaq

Before 1950, reindeer hunters from Nuussuaq, as well as from nearby islands hunted reindeer on Nuussuaq. The number of reindeer caught in Nuussuaq fell consistently throughout the 1900s.

Table 4. Average numbers for five hunt years according to the hunting lists, by piece.

1913/14-1916/17 (4 years old)	38
1955/56-1958/59	26
1978-82	5

After the Second World War (1939-1945), the reindeer catch plummeted to a very small number. Geologists observed fewer and fewer reindeer in the interior of Nuussuaq (told me by A. Rosenkrantz in 1957). The reindeer hunters said the same thing, blaming geologists and their use of ATVs.

As mentioned, the same increase in the number of reindeer were not seen north of Nastuttoq as in the rest of West Greenland, i.e. from Nassuttoq to Melville Bay. The populations of reindeer in the reindeer areas near Naternaq, Disko, Nuussuaq, Svartenhuk and Eqalugaarsuit continued to decrease.

Reindeer Areas on Svartenhuk and Eqalugaarsuit Nunaa

The Svartenhuk peninsula is one of the reindeer areas. Apparently reindeer live especially on the southern part of the peninsula, which the inhabitants of Uummannaq called Qinnivik. The areas that were used for reindeer hunting before 1950 are shown in Figure 19.

The peninsula is a continuous landmass stretching about 150 kilometers north from the Uummannaq fjord to the bottom of the Ikeq fjord in the municipality of Upernavik. The area can be divided into three sub-sections depending on the form of the landscape. The furthest toward the south is Qinniviup Nunaa. The area is flat with rounded mountains and slopes that do not hinder the reindeer migration.

The middle area has a higher elevation reaching 1,700 meters high, often with pointed, icy mountains. The area itself is barely used by animals, but it connects the southern and northern areas. The Umiiarfik fjord lies west of the peninsula. The southern side of the fjord is very fertile, and from here there is a north/south passage. There is a large, broad valley (Nerutusoq) stretching towards Qinniviup Nunaa. The reindeer go through this valley in a north to south direction.

In the northern area, Eqalugaarsuit Nunaat, the majority of the mountains are less than 1,000 meters high. In the middle of the 1900s, this was the most northerly reindeer area.

We can follow the areas of reindeer population in the 1900s. In the 1800s there were lots of reindeer in West Greenland, similar to here. According to *MoG.* 145, there were 454 reindeer skins sold in 1840, 890 skins in 1845, although in 1850 the sale fell to only 149 skins. According to these numbers, it seems as if the reindeer population increase on the West Greenlandic coast also included this area.

There were many reindeer in all of the larger ice-free areas around Melville Bay starting at the end of 1800s to the beginning of the 1900s.

Information in the hunting lists can be used to illustrate the situation. Here are the catches of reindeer in North Greenland, for the years from 1912 to 1933:

Table 5. Hunts around Upernivik and surroundings.

1912/13	197	1928/29	17
1913/14	151	1929/30	28
1914/15	140	1930/31	25
1915/16	53	1931/32	16
1916/17	87	1932/33	7

Svartenhuk's most Southerly Reindeer Area

Figure 5 shows this area. In the first part of the 1900s, people from the following settlements in the Uummannaq fjord went reindeer hunting in Qinniviup Nunaa: Illorsuit, Upernivik, Karrat and Nuliarfik.

Kristian Nielsen from Illorsuit told me in 1983 that people from Nuugaatsiak went reindeer hunting in Eqalugaarsuit Nunaat through Ukkusissat.

Information about the hunt here is very scarce but in 1916-17, 52 reindeer were caught.

The Most Northerly Reindeer Area

Eqalugaarsuit Nunaat is the reindeer hunting area for the inhabitants in and around Upernavik, as well as those in Nuugatsiaq in Uummannaqfjorden, who come here through Ukkusissat.

The hunters in Uummannaq municipality are connected to three different reindeer hunting areas: Nuussuaq (those who live close to Nuusuaq), Qinniviup Nunna (people from Illorsuit and surrounding areas) and Nuugaatsiaq (people from Nuliarfik and Eqalugaarsuit Nunaat). The population in Uummannaq can be split into two parts: those who go reindeer hunting in Nuusuaq and those who hunt in Qinniviup Nunaa/Eqalugaarsuit Nunaat.

Table 6: Average numbers of reindeer catches per five year period caught by people from the municipalities of Upernavik and Uummannaq.

	Uummannaq	Upernavik
1911/12-1915/16		139
1916/17-1920/21		68
1921/22-1925/26	18	38
1926/27-1930/31	11	34
1931/32-1935/36		11
1936/37-1940/41		11
1954/55-1959/60	1	3
1960/61-1964/65	0	3

The reindeer population in Eqalugaarsuit Nunaat fell very quickly during the 1900s and disappeared after 1950. No tracks have been observed during the last 30 years, except a single report by a dogsled driver who saw tracks in the snow towards the end of the 1980s.

The reindeer have not disappeared completely from Quinniviup Nunna but there are very few left. It appears that they prefer to stay within the Sigguk area, and people who have flown over the area inform us that most of the tracks and animals have been seen in this area.

At the same time, however, it must be mentioned that wolves exist in Qinniviup Nunaa. We can follow the wolf presence here back to the 1830s, but the wolves do not seem to have had a great influence on reindeer in the area.

In 1991, 31 musk-ox calves were placed on the northern side of the fjord Arfertuarsuk.

Summary

At the beginning of the 1900s, there were many reindeer populations in the northern parts of Greenland's west coast. After this, the population decreased continuously, and between 1960-1970, the reindeer disappeared from Eqalugaarsuit Nunaat. Reindeer did not disappear completely from Qinniviup Nunna. In the middle of the 1900s, the population increased significantly in the area from Nassutooq to Paamiut municipality, but this increase did not occur throughout Greenland. It is difficult to precisely state the reason for this great decrease in reindeer population. It may have been better hunting equipment, lack of food, or an increased use of the land by humans. The decrease may also have natural reasons that we know nothing about.

Avanersuaq Reindeer Area

Nowadays there are reindeer in Avanersuaq municipality in the areas east of Olrik Fjord and in Inglefield Land.

At the end of the 1800s and the beginning of the 1900s, the area populated by reindeer stretched from Melville Bay to Humboldt glacier. Whether or not reindeer in Hall Land have existed remains unknown.

The ice-free area in Avanersuaq is relatively small. The largest connected area is around Inglefield fjord.

The Reindeer Population of the Melville Bay

We know there were lots of reindeer on the west coast at the end of the 1800s.

There were reindeer on the promontories north of Upernavik. There must have been very good living conditions for reindeer here. At that time, there were reindeer in and near Tuttulissuaq as well as on Nuussuaq (Cape Walker).

At that time, there were also a few reindeer in Pinggorsuit Nunaat. Knud Rasmussen and seven men on dogsleds undertook a 16-day reindeer hunt here in 1907 and caught 36 reindeer. Knud Rasmussen wrote that the population in Uummannaq (Dundas) that year caught around 100 reindeer (*Avanngarnisalersaarutit*, 1909).

After this time, we have no hunting information. Despite this lack of information, however, we may infer that there were not many reindeer.

One of the largest ice-free areas, Nuussuit in Inglefield Land, covers about 60 km of ice-free land. It is also where there are normally the most reindeer.

The glacier between the ice-free areas north of Inglefield fjord and Nuussuit are not particularly wide. It is known that the reindeer could walk over it.

What Kind of Reindeer Are There?

I do not know exactly whether the reindeer in Avanersuaq come from West Greenland, Ellesmere Land, or if they are Peary Reindeer. It is known that the small reindeer sometimes cross over from Akilineq to Avanersuaq. The last known crossing happened towards the end of the 1980s.

Reindeer Land Usage

As the ice-free land in Avanersuaq is relatively small in size, and the reindeer have no annual migrations of any importance; the limited area makes reindeer hunting quite easy.

In 1978, I spoke with a reindeer hunter in Peqertat, Qulutannguaq Jerimiassen. At that time, a small part of the remaining population wandered from Olriks Fjord, at the bottom of the fjord towards the end of the promontory. He also said that there were only very few animals left in Inglefield Land.

In the 1980s, the number of reindeer in Avanersuaq increased because domestic reindeer from Ittinnera were moved through Kangerluarsorujuk. It is presumed that the domestic reindeer (that were moved here) and the rest of the local reindeer population have bred very well. There are now more reindeer in the inland behind Kangerluarsorujuk. Qulutannguaq Jerimiassen also told me that the number of reindeer in the inland has increased. The killed reindeer that I saw in 1988 were magnificent animals.

Fluctuations in the Number of Reindeer in Greenland

The number of reindeer in Greenland changes throughout time. When examining the occurrences of population fluctuations, some interesting facts come to light.

The question is interesting in connection with future needs for meat. It would be very useful if a better understanding of the fluctuations in reindeer populations were obtained.

The variations in reindeer populations in West Greenland during the 1900s happened independently from area to area. We do not know if the same is the case in the 1700s and 1800s.

We must therefore limit ourselves to examine a smaller area of the west coast where we can attempt to evaluate the fluctuations in the population over the last 300 years. We have chosen to look at the reindeer areas near Sisimiut and use the reindeer area near Paamiut as a control area.

The fluctuations in reindeer population are shown in Table 7.

Table 7: In statistical information from 1942-1945, you can see the average number of reindeer skins sold in Sisimiut and Paamiut.

	Sold			**Hunted**	
	Sisimiut	**Paamiut**		**Sisimiut**	**Paamiut**
1825	1,445	54	1908	351	174
1830	3,480	75	1909	266	533
1835	6,250	144	1910	270	513
1840	5,770	201	1911	169	199

1845	9,484	26	1912	104	390
1850	4,049	0			
1850-60	1,443	0	1942	14	100
1860-70	26	0	1943	196	52
1870-80	3	0	1944	159	94
1880-90	8	0	1945	77	92
1890-1900	21	0	1946	105	54

Reindeer near Sisimiut

The reindeer area near Sisimiut lies between Søndre Strømfjord and Nordre Strømfjord. It is the largest ice-free area on the west coast and extends over approximately 200 km. The river Isortup Kuussua divides the land. The river is no barrier for reindeer migration in the winter, but it is during the summer. There are many places in the river where they sink into the water and it is not easy to cross it. The number of old summer campsites inland, bears witness to the fact that the area has been used a great deal for many years.

The first written information comes from Niels Egede in Sisimiut, 1770: "A Greenlander that could earlier catch up to 40-50 reindeer a year, now only catches 1-2 reindeer. This lack of reindeer has already persisted for about 13 years" (*MoG 120*: 260). We know from other sources that the number of reindeer fell very quickly in West Greenland in the first part of the 1700s. Towards the end of the 1700s, reindeer skins were no longer sold to KGH.

At the beginning of the 1800s, the number of reindeer rose in several other places along the coast. Assistant M. Olrik relates that the number of reindeer in Maniitsoq already was increasing in 1808. In 1825, 1,546 reindeer skins were sold to KGH in Maniitsoq (National Archives). In 1839, a majority of purchased reindeer skins were sent to Denmark, totaling 24,197. It is estimated that approximately 40,000 reindeer were caught that year.

In 1844, KHG sent skins from the winter's reindeer hunt to Denmark with the first spring ship at the beginning of June. Approximately 6,000 skins that were purchased after the summer hunt were sent by ship in the middle of October. At that time, 688 people lived in Sisimiut. The source of this information is information from the diaries of Pastor C.E. Janssen's daughter.

In the 1850s, the decrease in the reindeer population was already felt. Around 1860, the sale of reindeer skins to KGH in Sisimiut was stopped. In 1864, Alibannguaq, from the settlement Qerrortusoq, described his summer stay in Aasivissuit in the newspaper *Atuagagdliutit*. There were reindeer. When they went hunting near Isortuq, they got as much as they could carry, and it was even necessary to go back and forth several times with loads on the way back.

The information in Table 7 should be interpreted in the following way: The fluctuations in reindeer population on the west coast do not all take place at the same time. The understanding of an increase in the reindeer population on the west coast around the middle of the 1900s has therefore not been particularly "new."

Earlier on, there was a tradition among the hunters from Sisimiut to go reindeer hunting in Angujaartorfiup Nunaa. A number of the animals must have originated there.

In 1890, Rasmus Müller was a merchant in Sisimiut. He described his reindeer hunt through Itinneq. At that time, the numbers were increasing.

Summary

We have the following information about reindeer in West Greenland in the last 300 years:

- In the first half of the 1700s, there were many reindeer.
- In the middle of the 1700s, the number of reindeer fell quickly. In the last half of the 1700s, there were very few reindeer.
- At the beginning of the 1800s, the number of reindeer increased.
- Around 1840, the population reached its highest level.
- At the start of the 1850s, the number started to quickly fall.
- In the last part of the 1800s, 1870-1890, the population was at its lowest level.
- At the end of the 1800s, the numbers increased slightly.
- At the beginning of the 1900s, the numbers increased slightly.
- In the 1920s, the decrease in the population started again.
- At the start of the 1940s, the populations reached its minimum

level.

- At the beginning of the 1950s, the number started to rise in Angujaartuorfiup Nunaa near Søndre Strømfjord.
- Towards 1970s, the numbers were high.
- After 1980, the numbers started to fall again.

The population decreases quickly, often in a matter of 10-20 years.

Imported Reindeer

In 1952, 260 domestic reindeer from northern Norway were imported. They were released near Itinnera in Godthåbsfjord.

Domestic reindeer had botflies, or reindeer lice, as they are called in Greenland. These spread and plagued local reindeer. The domestic reindeer spread quickly along the coast. As mentioned earlier, tagged domestic reindeer were caught in Itinnera, west of Tasersiaq in Søndre Strømfjord, two years after the importation.

Before domestic reindeer were introduced, "white reindeer" were a rarity; they were so uncommon that people can still remember the few that were seen or caught. After domestic reindeer were introduced, albino reindeer became more common.

Domestic reindeer were placed several places along the coast, from the bay of Julianehåb, to Avanersuaq, and even near the Ammassalik fjord.

It appears that domestic reindeer, compared to wild reindeer, stay together in the area where they have been placed. Therefore, these new groups of domestic reindeer remain in a specific area.

Fluctuation in Reindeer Populations

Our information shows that reindeer populations in West Greenland have fluctuated in numbers in the past 300 years. Memories from earlier generations suggest that it has been like this for a long time.

Fluctuations in reindeer population are exhibited everywhere along the distance from Cape Farewell to the Disko Bay. The rest of the coast from the northern part of the Disko Bay to Avanersuaq, as well as the reindeer area in northeast Greenland, is not included here. We have very little information concerning these last two areas that appear to be somewhat different.

I have spoken with Norwegian biologists that are knowledgeable regarding the conditions of Svalbard and northern Norway. I asked if there were also large fluctuations in the reindeer populations in these areas. They have only observed very small fluctuations that cannot be compared with the Greenlandic ones. The fluctuations in the populations in northern Canada are not as noticeable either.

These large fluctuations are only found in Greenland. The reason for this has to be found in the land itself and in the climate.

Large fluctuations in animal populations are not foreign in this country. Cod stocks also undergo 100 year fluctuations and they come and go. Ringed seal populations also correspond to the fluctuations in ocean temperature. Some years, the belugas go to southern Greenland, other years they do not come so far south.

If the fluctuations in different animal populations are compared, it becomes apparent that the fluctuations in the population of the reindeer do not follow the fluctuations of the cod stocks. They fluctuated more or less at the same time in the 1700s and 1800s, although this was likely just a coincidence. This becomes clear in the 1900s, when the fluctuations took place in different periods.

Biologists who work with reindeer explain the fluctuations in their population by stating that the reindeer populations decrease in the event of food shortages, and population numbers rise significantly when the vegetation regenerates (H. Strandgaard). This, however, is likely only part of the explanation. Why does the number of reindeer not increase parallel to the regeneration of the vegetation?

I have not yet examined the influence of the 100 year climate fluctuations

(Cyklus-100), which also includes changes in humidity and lengths of the summers.

Overgrazing of the land must depend on what the reindeer eat. What do the reindeer eat? I have often observed grazing reindeer, and after they have left the area, I have examined the place to investigate their diet. Most often they eat lichen, although sometimes other plants are also consumed. There are also reindeer on nunataks and high mountains where there are no lichen. In the winters in the 1960s, many reindeer stayed close to Sisimiut. Among other things, they ate the bark and seeds from bushes. They even ate frozen apples that I put out for them. Is it is possible that the reindeer have grazed so much that they do not have anything to eat in the summer?

If you follow the 100 year changes, Cyklus-100, it can be seen that the warming starts during the warmest period (in the middle of the 100 year cycle). This results in a growing season for plants that starts in April and continues until the beginning of September. From Sisimiut and southwards, the growing season is spread out over 4 months, or 120-130 days. In the coldest period near the end of Cyklus-100, the earth only begins to heat up in June, even towards the end of the month. This greatly affects plants that begin to grow in the month of June, even towards the end of the month. In these years, the growing season is only 2-3 months, or 60-90 days.

There is something that points to the distribution of rain during the summer period that also changes in relation to the distribution of rain in the warmest period. In this period, it takes a long time before the heat reaches full power. At the same time that heat comes, the drought comes and hinders plant growth and collecting resources for the winter and for the next growing season.

This quite simply bares importance for animals that eat plants. It can partially explain the fluctuations in the reindeer population. I have not had the time to examine this condition further, however, and am not able to comment further.

Several Questions That Are Still Not Answered

Is decreased plant growth the only reason for significant fluctuations in reindeer population? Why did the population not increase at a steady pace at the same time as the plants' re-generation in the first part of the 1900s? Why was there an explosive increase in the number of reindeer around 1950 in Angujaartorfiup Nunna, and after this, in the inland of Sisimiut? Why did the increase not happen at the same time along the whole coast, but with preponderance toward the south?

Several questions concerning the fluctuations in reindeer populations are interesting when considering the possibility of stabilizing these fluctuations. If we could stabilize these fluctuations, what would it say about our need for meat and for our recreational life? Do we even have the possibility to control the number of reindeer?

It is possible that the necessary goals may be realized by combining the knowledge of biologists with the collected experiences of generations. I do not have the ability to illuminate the possibility further and therefore will stop here.

Reindeer and Muskoxen

In 1965, muskoxen from East Greenland were released in Angujaartorfiup Nunna in Søndre Strømfjord. There was great resistance against this attempt from the hunters who thought it would be problematic for local reindeer populations.

In 1989, I spoke with Lars Goliathsen (1911-93) from Kangaamiut. He has experienced reindeer hunts in Angujaartorfiup Nunna, and has formidable knowledge about reindeer in Kangerlussuaq. He did not deny that he was very much against the placement of muskoxen because he thought they would disturb the reindeer. After more than 20 years of observation, however, he has not noticed any signs of this. I have also heard stories from others who usually hunt in Kangerlussuaq who say the same thing.

At the end of April 1988, I saw several herds of reindeer and muskoxen graze together in Ammalortup Nunaa in Kangerlussuaq. Biologists say the two species are not in competition over food. After examining several grazing areas, this appears to be true.

From 1980-1990, the number of reindeer north of Tasersiaq decreased, while the number of muskoxen rose. The decrease in the reindeer population followed earlier decreases. The muskoxen do not follow the same development.

Source Material

Atuagagdliutit

Avangnamioq

Beretninger og Kundgørelser

Direktoratets Meddelelser

Edege, Hans: Perlustration, 1741

Egede, Hans: Relation, 1738

Egede, Niels: Beskrivelse over Grønland (MoG, 120)

Fabricius, Otto: Fauna groenlandica, 1929

"Folk" 1969/70 (G. Nellemann)

Geografisk Tidsskrift, 1893-94 (Carl Ryberg)

Grønlands Statistik

Grønnow, B. et al.: Aaisivissuit (MoG, 19)

Janssen, C.E.: En Grønlænderpræst optegnelser, u.a.

Jonsson, Finnur:

Lynge, Sigvard: Oqalualarutit tamalat, 1980

Mathiesen, J.: Om Grønland, 1852

Meddelelser om Grønland (MoG)

Meldgaard, Morten: The Greenland caribou- zoogeography, taxonomy, and population dynamic (Meddeleser om Grønland. Bioscience 20, 1986)

Muus, Bent, et al.: Grønlands fauna, 1981

Muller, Rasmus: Vildet og jagten i Grønland, 1906

Naturens Verden

Nørrevang, Arne, et al.: Grønlands natur, 1981

Olrik, W.M.: Om Grønland (Kjøbenhavner Tidende, 1830)

Petersen, H.C.: Kalatdlit Nunata tugtuinik misigssukat, u.a. (duppl.)

Piniartut pissainik titartaivit

Rink, H.J.: Grønland, geografisk og statistisk beskrivet 1-2, 1852 & 1857

Statistiske Oplysninger, 1942-45 (Beretn. Og Kundg.)

Strandgard, Helmuth and Vibe, Christian: Arctic Animals in Relation to Climactic Fluctuations, 1967

Thorhallesen, Egil: Beskrivelse over Missionerne i Grønlands Søndre Distrikt, 1914

Tidsskriftet "Grønland"

Whales in Greenland

Foreword

This report was developed as a supplement to the reports addressing living resources and natural values in the individual municipalities, and expands upon knowledge concerning the whales' use of the Greenlandic ocean areas.

H.C. Petersen

Whales

This report deals exclusively with whales: specifically, the number of whales in existence, their use of the Greenlandic ocean, whale hunting, and the importance of maintaining the species as a resource for Greenlandic society.

We will discuss whales that have commercial importance, as well as those that are important to the daily household economy. These are:

1. Beluga
2. The Narwhal
3. Small whales
4. Large whales

We will also examine:

5. Whales' use of Greenlandic ocean areas
6. Other nations' whale hunts in Greenlandic ocean areas

Beluga *(Delphinapterus leucas)*

Beluga in the Davis Strait and in the Baffin Bay

The beluga near West Greenland migrate up and down the coastline year-long. We do not know if beluga are specifically drawn to specific areas, at specific times, or if the beluga close to Greenland migrate back and forth over the Davis Strait from the eastern part of Canada.

Whales Near Canada

Greenlandic hunters who live in areas with belugas talk about "our beluga" and "Canada's beluga," differentiating between the two groups. They claim that belugas only exist in Greenland.

Canadian Beluga – Big Toothed

The hunters differentiate between the "Canadian" beluga and the Greenlandic in two ways: Canadian beluga are similar in size to the Greenlandic, but they have a black edge on the tail approximately 2 cm long. The difference is distinct.

The other difference is their teeth. The Canadian beluga has longer teeth that are crooked towards the back, whereas the teeth of the Greenlandic beluga are straight. This is the reason people in Uummannaq call these beluga "big toothed" (Otto Ottosen, Illorsuit, 1990). These whales are not nearly as shy as Greenlandic whales. It appears as if they have had little human contact. They arrive at the mouth of Inglefield Fjord near Thule at the beginning of October but quickly disappear (Iggiannguaq Odaq, KNR 27.4.90). Occasionally they come to West Greenland, but not every year. Sometimes they arrive in groups with other belugas, sometimes in schools. They are seen in Disko Bay and have even been caught in Sassat though they are not the belugas usually witnessed in Greenland. It is therefore thought that they come from Canada, and are thus named "Canada's beluga."

This type of beluga is caught in the northern part of Canada, for example, near the mouth of the Mackenzie River. It is likely that researchers in Canada have more information on the subject.

The Beluga in West Greenland

There are two populations of belugas in the Greenlandic ocean: the West and East Greenlandic beluga. We do not know if these two populations mix with each other or if they live separately. The East Greenlandic beluga bears no great importance on the practices of the hunting families, so they will not be discussed further. Information on them is also extremely limited.

The Food of the Beluga

Beluga are sustained by different fish, especially Greenlandic halibut, Arctic cod, Onion-eye grenadier, as well as different species of cod and octopuses.

The Migration of the West Greenlandic Beluga

The West Greenlandic beluga has specific migration patterns throughout the year. The registration shows that the rhythm has changed during the last 200 years. Beluga migrate between their different winter and summer areas. In the winter, they are in the area between Disko Bay and Sisimiut in open areas in the ice depending on where there is food. Climate change has resulted in changing beluga migration routes and habitats. Climatic changes are reflected in Cyklus-100. In the winter of the warmest period of Cyklus-100, beluga live more northerly than in the coldest periods of Cyklus-100, when the whales reach the area around Cape Farewell.

Summer Areas

In the summer, West Greenlandic beluga live in Kane Basin, which is a part of Nares Strait, north of Avanersuaq municipality. It is likely that belugas from eastern Canada and western Greenland meet in this area during the summer.

It is necessary to clarify if the beluga from Baffin Bay and Davis Strait come here in the summer. Then we can be prepared for possible action, when the need arises.

Several different animal species also come to this ocean area in the spring, for example walrus, beluga, narwhal, and different kinds of seals and birds. Therefore, it seems reasonable to presume that animals have access to an abundance of food here. The area should be considered an especially important ocean area for marine animal life, which needs to be protected.

Beluga are not as frequent in the present day hunting areas in Avanersuaq. They come to Avanersuaq municipality on their migration towards Kane Basin. If Kane Basin is ice free, the beluga migrates there immediately. If Kane Basin still has an ice cover, the beluga wait in the ocean areas in Avanersuaq municipality until it is ice-free. See Figure 22.

A Crevice Formation Along the Animals' Migration Route

Crevices start towards the end of March near the mouth of the Uummannaq fjord and go further towards the North during the spring. The boundaries for crevice formations in different periods can be seen on the map. The width of the crevice grows near springtime and makes a turn outside Kullorsuaq towards Cape York and goes on to Puikkaasorsuaq near the Smith Sound polynia, where there is never an ice-cover.

Note: See map for details.

Earlier, the beluga went into the Ummannaq fjord (Wolstenholme Fjord) in order to forage for Greenlandic halibut. After Greenlandic halibut disappeared, the beluga no longer came into the fjord (Peter Jensen, 1978). Originally, there were beluga in the Iterlassuaq fjord (MacCormick Fjord) and in the Siorapaluk Fjord, but that is no longer the case. It is thought that they had disappeared as a result of hunting. In the 1970s, there was an attempt to hunt white beluga with rifles from dinghies, just like the South Greenlanders did. According to the population in Siorapaluk, the beluga became so frightened that they refused to return. In 1988, belugas returned to Siorapaluk.

Wintering Areas

The fjords in North Greenland are ice-covered, and thus the beluga winters in ice-free areas outside West Greenland. In the winter, you can observe belugas in the ice-free fjords with Greenlandic halibut, for example, in Sarfaq at the mouth of Arfersiorfik. They only leave their winter areas when they migrate north to Kane Basin in May-June. In the last 100 years, the wintering area has fluctuated from moving south and north depending on climatic conditions. We will discuss this later. Furthermore, it also looks as if the time for their migrations to the summer and winter places, respectively, are changing.

By the end of the 1900s, hunters have observed that the beluga migrated north from the Disko Bay later than before. According to the hunters, the last beluga left Qasigiannguit on the 20th of June. The reason for this change is unknown.

The Route Toward the North

The West Greenlandic beluga follows a route east around Baffin Bay. When the whole ocean area is covered with ice, crevices form in the ice according to a specific pattern. Belugas follow these crevice formations.

Crevices; a Large Migration Route

The ice in North Greenland breaks in a general pattern. The ice breaks first outside the foothills near Qeqertarsuaq and Nuussuaq. In March-April, the crevices are formed near Vajgat, north of Qeqertarsuatsiaq, and the crevice extends further towards the north along the coast.

Many different animal species follow this crevice on their migration toward the North in the spring. In Figure 23, the present day crevice formation has been drawn. It can be seen where the crevice or openings have reached at a specific time. The following animals use this route: walruses, beluga, narwhals, seals, eider birds, guillemot, little auks and others.

We do not know much about this crevice. It would be interesting to obtain more precise information about how quickly the opening is formed, how many animals or species use it, or the times of their migration.

In the spring, the inhabitants in Savissivik only see a few belugas along the ice edge on their way towards the north. This is because the opening turns towards the West outside Qaarusulik near Kullorsuaq and no longer follows the edge of the coast. From here, the opening continues to the polyniya in Smith Sound, the North Water (Puikkaasorsuaq). This area is ice-free, and most animals follow this route. We know that the little auk almost always arrive in Savissivik the 5th of May; these birds are among those animals that follow the ice opening.

In June, the beluga arrives at Avanersuaq by the North Water, Puikkaasorsuaq. The inhabitants in Avanersuaq tell us that the beluga move directly to their summering places in Kane Basin, depending on the ice situation. Sometimes, it is necessary for them to wait until the ice has melted.

Southerly Migrations

When the summer is almost over, the beluga start their migration toward the south. In Figure 25 we have shown the north and south routes as well as the times beluga reach the various areas. It appears that climatic conditions influence beluga migration times. In Figure 24, we have also shown in which period the beluga have been present in the last part of the 1800s and in the beginning of the 1900s.

Note: See map for the municipality of Upernaviup; middle of May, beginning of May, middle of April, beginning of April, end of March.

In their southern migrations, they follow Greenland's west coast. At the beginning of the 1900s, the first birds came to Savissivik at the beginning of September. They continued further down toward Melville Bay toward Upernavik municipality and followed in the archipelago routes and coastal routes towards the south. At that time, the inhabitants of Uummannaq and the northern Disko Bay called September "the beluga month."

Between 1970 and 1990, they arrived here 1 to 1½ months later than before. Today, the inhabitants in Savissivik depend on the first beluga arriving on the 4th of October. The beluga has changed both the time of their southern migration, as well as the route.

There are two reasons for the changes:

a. Natural Conditions:
During the 1900s, inland ice changed several places in the country because of climatic conditions. Most places along the coast the ice covered large parts of the land areas. This was especially true north of Upernavik. Several of the promotories that jutted out from underneath the inland ice at the beginning of the 1900s became islands as the inland ice retreated, and new sounds were created. This changed the currents along the coast and had an affect for sea animals. These changes are probably one of the reasons why the animals changed their migration routes. Some is due to the changes in the northern part of the Atlantic Ocean that takes place every hundred years.

b. Human use and Influence:
Human influence is immense.

It appears that the animals have, over time, somewhat acclimated to human influence such as motors, smells, and noises. Now whales, beluga, and narwhal do not perceive these human inventions as dangerous. When whales come into contact with humans in Greenland, however, it often results in hunting or killing.

At the beginning of the 1900s, the hunt took place exclusively from kayaks. At that time, beluga followed the coast on their southern migration. They foraged during the migration, for example, at Tasiusaq near Upernavik. Some of the whales migrated on the inside of the big islands in Upernavik municipalities, others on the outside or in between the islands. From here they went into the Uummannaq fjord and further to the Disko Bay or even more southerly.

Changing Times

It looks as if the time of the migration has changed during the years. 1832: "At the end of October, there are large numbers of beluga in Uummannaq Fjord and along the coast" (Funck, 1840: 71). In the last part of the 1800s and first part of the 1900s, the beluga reached as far as Uummannaq fjord and Disko Bay in the middle of September, and to Godthåbfjord in October.

It can be seen that the beluga now arrives 1-1½ months later than before.

Their migration south of the Disko Bay is dependent upon climatic conditions.

Their Stay Near Southern Greenland

Some years, the beluga migrated further south than Sisimiut. The time of their arrival changed according to the climatic conditions. They came into those fjords south of Sisimiut where there were Greenlandic halibut. The following fjords were beluga migration destinations, Figure 24:

Ikertooq, Sisimiut
Kangerlussuatsiaq, Kangaamiut
Godthåbsfjorden
Nerutusoq, Paamiut
Ikersuaq, Narsaq
Kangerluk Alluitsoq (Lichtenau)
Sermiliik, Nanortalik.

You would assume that whales could smell out and seek Greenlandic halibut.

During the year, one can meet an individual beluga in various places, though larger herds of migrating beluga usually move during specific times, depending on climatic change.

Different written descriptions can help us to follow southern beluga migrations. The oldest notations come from Otto Fabricius: *Fauna Groenlandica,* 1780, but there is nothing specifically here about the beluga's migrations south.

J. Mathiesen (1851: 104): "The colony Ny-Sukkertoppen had in the year 1845 a catch of belugas *HH* (caught by net)."

Rink (1857: 210): "They come in large groups, in some years, even in very large groups near the two northernmost colonies, (Sisimiut and Maniitsoq). They are caught in some years near Godthåb. Mainly in nets for the trade company near Sukkertoppen, from January or February to the springtime."

Carl Ryberg (1894: 93): "[They] only play a smaller role in southern Greenland and do not give any significant profit in the three northern districts" (Sisimuit, Maniitsoq and Nuuk HCP).

In *Atuagagdliutit,* 1901/02: 18: "Their arrival is usually in October in Godthåbsfjord and in June always in large quantities."

From the beginning of the 1900s to the middle of the 1920s, there were belugas in the Godthåbsfjord (until the temperature of the ocean increased). After this, they no longer came. Some individual beluga in the Godthåbsfjord were seen in the 1980s when the ocean temperature fell.

We can also follow their appearance further south. Belugas were not mentioned in the description of Alluitsoq fjord and its animals in *Atuagagdliutit,* 1864. In the same newspaper, 1932/33: 91-92, an article about the Alluitsoq fjord and the neighboring Uunartoq fjord states: "At the beginning of the 1870s, there were many white belugas which generated little interest as people did not know how to catch them. There is a story about the first catch which happened in 1879, and from the same year a hunt was started and some were caught." According to the newspaper *Atuagagdliutit*, from 1880/81 people from Lichtenau and Uunartoq caught 9 belugas during the winter 1878/9.

The following occurred: in the first part of the 1800s, the climate was warmer and the catch was impressive. Then the beluga stopped trying to migrate through southern Greenland. In the 1870s, it again became colder and belugas returned, though initially nobody knew how to catch them.

We know well why the beluga migrated towards the Qaqortoq Bay. The reason is the colder climate that arrives with 100 year intervals. One of the consequences is that the Davis Strait is covered by ice. The same thing happened here at the end of the 1900s.

During the 1900s a few belugas were seen over a number of years. They are no longer observed in accordance with the increase in ocean temperature, and the Davis Strait has become more open in the winter.

Different Migrations

We can follow beluga and narwhal migration routes between south and north. The changes appear if we follow some of the settlements that the whales normally pass. See Figure 25.

Pastor Funch describes the arrival of the beluga to the Uummannaq Fjord at the end of October in the 1830s. At the end of the 1800s and the beginning of the 1900s, the inhabitants of Uummannaq Fjord and nearby Saqqaq called September "the Beluga month." Here, at the end of the 1900s, the whales come 1-1½ months later.

It is difficult to identify the impetus for this change in the time of beluga migration. "Suku" (Lund Drosvad) wrote in 1943 in Kangersuatsiaq: "We have always depended on the fact that the first catch of beluga would happen on the 15th of September. Now, their arrival has started to happen later than usual. In 1926, while on a beluga hunt, the time had already moved to approximately 10 days later. And now, (right after 1940) it is expected that the first beluga will arrive the 5th to 10th of October" (*Grønlandsposten*, 1943: 15). From 1980-90, the beluga only reached Kangersuatsiaq at the beginning of October

(Sam. Knudsen).

This change in timing must be more closely examined, although today we lack the information necessary to make specific assessments. When beluga whales leaves the Kane Basin, they occasionally remain around some settlements for more than a month and a shorter time near October. There may be better foraging opportunities in certain areas along the coast than in others, explaining why they remain in certain areas. People remember when the herds stayed and foraged in areas around Tasiusaq and Aappilattoq in the northerly Upernavik. When people started to use fast-paced motorboats, the beluga stopped coming to these areas.

At the end of the 1980s, the first beluga arrived at Savissivik around the 4th of October, and beluga continued to come the rest of the month.

The Hunt

Beluga have been hunted as long as West Greenland has been inhabited. Here we will look at the hunt as described by personal recollections and various other descriptions.

Earlier, beluga were hunted from kayaks that caught them in openings in the ice. In Avanersuaq, beluga were hunted when they came to the area in the summer. At that time, it is likely only a few were hunted. Rink (1852: 101): "The total number of catches of belugas and narwhal in all of Greenland are several hundred animals, but it is under 1,000."

Peter Rosing was one of the best hunters. He had caught the most belugas in Kangaamiut. According to his hunt list, he caught 124 belugas in his 32 years as a kayak hunter. There are only a few kayak hunters who have caught this many animals.

Around 1830, the Greenlandic Administration started to catch beluga with nets (*MoG 145*: 155/56). In 1845, KGH caught 110 belugas with nets near Maniitsoq (J. Mathiesen 1851: 104).

Table 1: Note: In this table the hunts are shown for a year in Aasiaat and in the Appat colony (according to Greenland archives).

1861	**Aasiaat**	**Appat**	**1862**	**Aasiaat**	**Appat**
22.-28.09	1		2.-08.03	1	
6.-12.10		1	9.-17.03	1	
13.-19.10		7	30.-05.04	1	
20.-26.10		8	4.-10.05	1	
27.-02.11	1	7	11.-17.05	1	
3.-09.11	1	1	18.-24.05		14
10.-16.11		3	25.-31.05	2	11
17.-23.11		2	1.-07.06	1	21
24.-30.11		1	8.-14.06		10
1.-07.12	1		15.-21.06		5
29.-04.01		1	22.-30.06	3	

Carl Ryberg, *Geografisk Tidsskrift*, 1884: "The beluga hunt only plays a minor role in southern Greenland but there are more important catches, especially in Maniitsoq. The hunt seems to decline especially in Maniitsoq." In the years 1874/75 – 82/83 an average of 329 were caught while the average hunt in 1883/84 – 90/91 was 232.

One of the most successful hunts took place in Qaquk (Nipisatsundet), in the North Country near Nuuk. The belugas that came into the strait at high tide were caught in shallow water at low tide. We have looked at the captures in Qaquk in the years 1870-1926. It appears as if the beluga only came into Qaquk in some years. The beluga that wintered in the Godthåbsfjord came into Qaquk while exiting the fjord from the middle of May to the middle of June.

This information, however, is somewhat unreliable. It comes from *Atuagagdliutit* and from the hunting lists.

Table 2. The information here, which is somewhat sketchy, we got from the newspaper *Atuagagdlitit* and from hunting lists. These are catches in Qaquk.

1870	37	(*Atuagagdliutit* 1885/86: 177)
1884	11	(*Atuagagdliutit* 1885/86: 177)
1885	85	(*Atuagagdliutit* 1885/86: 177)
1895	211	(" 1895/96: 178-91)
1908	ca. 400	(" 1908/09: 199)
1909	109	
1910	161	
1911	98	
1912	300	
1913	?	
1914	530	
1915	over 600	
1918	?	
1920	?	
1921	ca. 200	
1922	380	
1926	(Ikittunnguit/ only a few)	Pulasut kingullit/ last time

From 1926 until present day, there have been no beluga in Qaquk.

During the 1920s, the number of beluga that migrated further south has declined.

Hunt by Nets

Twice during the 1900s there have been periods of catching belugas, to a very large extent, by net, such as in Appamiut near Maniitsoq and in Kangersuiatsiaq near Upernavik.

The Hunts in Appamiut

A conversation with the fishing master Nielsen has been reported in the newspaper *Grønlandsposten,* 1945:

"The colony governor for southern Greenland, O. Bendixen, tried in 1904 to catch belugas by net. One animal per net had to be caught. This was attempted in three different places and it was found that Appamiut was the best place. In October, the belugas migrated from the north. The whales were driven into the sound near Appamiut, after which nets were quickly set on the other side of the sound. In that way you cut off the belugas and it was now possible to kill them with rifles."

Table 3. We have the following information from the hunting lists.

Southern Greenland:

Year	Qaqortoq	Paamiut	Nuuk	Maniitsoq	Sisimiut	Total
1920/21	0	3	278	136	49	566
1921/22	0	1	213	85	27	326
1922/23	0	5	464	118	32	619
1923/24	0	0	5	83	17	105
1924/25	2	0	3	1,311	110	1,426
1925/26	1	0	5	1,537	96	1,640
1926/27	3	3	26	32	68	132
1927/28	1	1	1	22	50	75
1928/29	0	2	5	18	?	–
1929/30	0	1	1	6	7	15

Northern Greenland:

Year	Aasiaat	Qasigiannguit	Ilulissat +Appat	Qeqertarsuaq	Uummannaq	Upernavik	Total
1920	195	100	84	56	42	328	1,113
1921	120	52	49	45	38	173	638
1922	103	57	38	24	25	152	599
1923	202	39	31	27	35	175	710
1924	133	57	34	18	23	248	671
1925	91	76	52	73	28	176	611
1926	81	56	33	24	14	188	505
1927	112	43	13	40	22	145	601
1928	54	31	18	39	11	144	494
1929	76	58	29	118	26	107	865

Table 4. Kingusinnerusumi, 1950-60.

Year	Kujataani	Avannaani	Tunumi	Total
1954/55	23	1,851	0	1,874
1955/56	12	288	5	305
1956/57	34	390	1	425
1957/58	95	408	0	503
1958/59	36	189	3	228
1959/60	42	267	3	312

In 1942, the hunt for the beluga was stopped. In those 38 years over 25,000 belugas had been caught, on average 685 whales a year. In the best year, 1,500 whales were caught, and in several other years, more than 1,000 animals were caught.

The Hunt in Kangersuatsiaq

This information comes from Andreas Lund-Drosvad's report in *Grønlandsposten,* 1943, Number 2.

In 1926, the Royal Greenlandic Trading Company (KGH) began hunting beluga in Kangersuatsiaq with Andreas Lund-Drosvad, also known as Suku, as the leader. Lund-Drosvad had been taught the use of nets by fishing master Nielsen in Appamiut near Maniitsoq.

Beluga were caught during their migration towards the south in fall. They were caught with braced nets that were tightened during the hunt. The beluga that came close to Kangersuatsiaq were driven towards the net by two motorboats and were then killed by rifles.

During a 15-year period, 1926-41, 4,236 belugas were caught, which corresponds to an average of 264 whales a year. The biggest hunt in a single day was 539, but the year of this hunt is not known. At times one could see groups of 1000 belugas on migration.

At the beginning of the 1900s, the first beluga came to Kangersuatsiaq around the 15th of September. When the hunt started, they came around the 25th of September (Drosvad, 1942: 15). We do not, therefore, know when this form of hunting (driving the whales towards nets) stopped.

Table 5. Different Hunt Numbers

1926	143	1936	48	1946	56
1927	153	1937	22	1947	54
1928	766	1938	128	1948	122
1929	699	1939	252	1949	0
1930	311	1940	293	1950	24

1931	268	1941	59	1951	?
1932	610	1942	?	1952	?
1933	90	1943	?	1953	?
1934	280	1944	?	1954	?
1935	114	1945	?	1955	?

Complaints

At the beginning of the 1930s, there were reports in *Avangnamioq* containing complaints about the method of hunting in Kangersuatsiaq. It was feared that this type of hunting influenced the arrival of beluga in Uummannaq fjord. This fear was somewhat legitimized by the fact that during these years, beluga arrived later than normal to the fjord. Their arrival, however, was not affected by the hunt in Kangersuatsiaq because this change could already be seen before the hunt with nets in Kangersuatsiaq started.

The Hunt in the 1800s; Catches in Southern Greenland

During 15 years, 1874/75 – 1889/90, 9,911 beluga whales were caught. That is an average of 661 whales a year.

Beluga Hunt, with Nets

In the 1900s, beluga were hunted with nets in some places along the coast. J. Mathiesen has mentioned the hunts in Maniitsoq (see above). Fishing master Nielsen led the hunt in Maniitsoq from around 1910 – 1942 and Andreas Lund-Drosvad was the hunt leader in Kangersuatsiaq, where they got the biggest catches. In many areas, private individuals hunted whales and some municipalities hunted beluga with nets. This is reflected in the catch lists. During the 1950s, hunters used nets in the Uummannaq fjord and hunting with nets was also tried in Illoqqortoormiut in 1984/85. The catches were minimal.

It was only in some municipalities that nets were used, and only by a few private people who had nets.

Table 6.

Years	# of Years	S. Greenland	Per Year	N. Greenland	Per Year
1862/63-1877/78	15			8.141	543
1874/75-1889/90	15	9.911	661		
1905-1920/21	16	3.464	226	11.442	763
1925-1940	16	5.039	336	10.156	667
1955/56-1970	15	991	66	9.009	600

Table 7. Statistics

Years	Qaqortoq	Paamiut	Nuuk	Maniitsoq	Sisimut
1874/75		9	108	163	96
1875/76		2	197	273	94
1876/77	3	11	336	386	169

Table 8. According to the hunt lists in Maniitsoq municipality, the catches in 1910-13 were as follows:

	1910/11	1912/13
Kangaarniuni municipality net fishing		43
Fishingmaster Nielsen, Kangaamiut	11	
Jens Lybert (Jenseralak) Maniitsoq	1	38
Karl Lyberth (KGH head)	1	1
Catches by Hunters	16	20
Total in the municipality	29	102

Beluga in Openings in the Ice

Since the oldest times, whales have been caught in open areas. Both whales and seals are sometimes surprised by winter ice that freezes very quickly. They become enclosed in the ice in a tiny little ice-free area from which they cannot escape. Sea mammals are often trapped in this manner by winter ice in northern Greenland.

These animals are easy prey for humans, though they also often drown.

The condition of the ice and the sea mammals' wintering areas decide whether or not whales and seals are caught in open areas. They are often caught by ice in places where they forage for food. The Uummannaq Fjord, Vajgat, and

Disko Bay are areas where you often see sea mammals caught in open areas.

In the 1980s, hunters did not often specify the number of whales they caught in the open water areas. During my visit to Qeqertarsuaq in 1988, I asked how many they had caught. The answers were quite different, some said, "maybe 150," some said "maybe over 300."

We have no information from the 1700s.

The Last Part of the 1900s

After 1950, several changes took place in beluga migration south from Avanersuaq, which we will discuss here.

Around 1968-69, the population in Kangersuatsiaq began catching beluga by pushing the whales into small bays and shooting them.

After 1970, the inhabitants further north also started to use this form of hunting. At first it was only the population in Upernavik, but later on larger cutters from the south started to come and participate in the hunt. As people became tired of waiting for white whales to come further south, they started hunting them further in the north. In the 1980s, the inhabitants from Kullorsuaq went to Melville Bay to meet the beluga. In 1989, a group of hunters went north, but they were stopped by ice in Tuttulissuaq. The hunting method of driving the animals towards the coast changed to a direct hunt after the individual animals.

In 1989 and 1990, I received this description of the direct hunt of individual beluga. During this type of hunt, there was no registration of how many belugas were caught. The registration of catches in West Greenland therefore was very sporadic. There is an immense interest in the Greenlandic catch of beluga by the rest of the world. The registrations of the catches are very important for us, in order to avoid foreign influence from getting involved. We have information about the catches, though they do not represent the entire hunt.

Table 9. Average number of catches in 5 year periods for all of Greenland.

1955-60	352
1965-70	529
1975-80	792

The increase in the catches must be an affect of the increasing amount of hunters involved.

Changed Routes

As it appears from Figure 25, beluga have changed their migration routes. In the southern migration in the fall, the beluga change course before they reach the inhabited areas north of Kullorsuaq. Then they move north and only come back in along the coast around the Uummanaq fjord. This is because of the hunt and the human's use of both land and ocean.

Climatic Changes

In the last 100 years, climatic changes have influenced the beluga's use of the ocean near western Greenland. During the 1870s, the beluga started to appear in Qaqortoq Bay. Initially the southern Greenlanders did not know how to catch the animals, though around 1880, they learned effective hunting techniques.

At the beginning of the 1900s, ocean temperatures increased, which dissuaded the beluga from migrating as far south as they had previously. The catches in Nuuk are a good example of the extent to which the beluga disappeared from southern areas. Around 1940, there were only a few belugas near Appamiut and the currents in Arfersiorfik. In this period the beluga did not go any further south than Disko Bay.

It is not unheard of to witness a beluga outside their preferred areas of habitat. Groups of belugas, however, have been known to disappear from areas that they had previously inhabited because of changing climatic conditions. They often come back, however, when the climate reverts itself again.

During Cyklus-100

It may be presumed that during the last 150 years, Cyklus-100 has had an influence on beluga migration to the southern-most areas near the Qaqortoq Bay. If this phenomenon can be witnessed in the past 150 years, it is also likely that migration patterns have similarly fluctuated in previous centuries.

In the coldest periods during Cyklus-100, the beluga migrate to the most southerly areas of Greenland. In this period, the oceans are colder and there is more extensive ice cover. It may be assumed that it is not only the colder ocean temperatures but also the heavier ice layers that result in the beluga migrating further south.

The beluga ceased their migration further south in the warmer periods of Cyklus-100 when there was a less extensive ice layer. It appears as if the winter ice in the Davis Strait is decisive as to whether or not the beluga migrates further south.

At the beginning of the 1900s, the beluga no longer migrated south to Qaqortoq Bay but wintered sometimes in the Disko Bay. Now we are in a cold period in Cyklus-100 and in the winter 1991/92 the beluga once again came quite far south, all the way down to Cape Farewell.

A Better Registration of Catches in the Future

As it is no longer possible to rely on the catch registration, they should be used with caution. Earlier in this report, we have shown catch numbers from 1955-60 and 1975-80. From these numbers it appears that the catches have doubled in the later years. I wonder if that is actually correct, or if larger catch numbers are possible. It is sad. Rink's notes show that in the 1850s less than 1000 belugas were caught every year. It is probable that a catch of less than 1000 belugas in West Greenland and Avanersuaq per year must be looked upon as sustainable. The present day registrations of hunt lack complete information. Therefore, we do not know with certainty if there were less than 1000 belugas caught a year. It is important that we can have confidence in the information.

The importance of accurate catch information and statistics is immense in order to protect these hunted animals. This is an issue of import to both Greenland and the outside world. Modern hunting equipment is extremely sophisticated, especially for those hunted animals that are not protected by law. This is the case for the beluga. It is therefore absolutely necessary that the public sector try to achieve better control of the catch lists.

Better Knowledge

There are still many unanswered questions in relation to hunting the beluga. These include, for example, the economic opportunities for the hunting occupation in Greenland, the protection of the different species of living resources, as well as their use of the Greenlandic ocean areas. It is important to discern whether the beluga gather in Kane Basin, and where these animals come from. We also lack information about the quality of forage possibilities in individual areas, and to what extent beluga from Davis Strait mingle with the beluga in the Greenlandic ocean areas. This includes different basic information about the beluga's biology and way of life and their internal behavior as a "family." There is a need for better registration of the catches in Greenland, as well as better hunt ethics, and much more. Finally, rules need to be made for the hunt and the protection of the beluga by law. It is our duty, as we live in a country that the beluga resides in.

Narwhals *(Monodon monoceros)*

The narwhal's biology, way of life and use of the Greenlandic ocean areas is different than that of the beluga.

There are two separate populations of narwhal in the Greenlandic ocean areas:

a. A population in West Greenland.
b. A population in East Greenland.

The West Greenlandic Narwhals

Narwhal live in Arctic regions. They live far north and do not come particularly far south in the winter. It is likely that ice conditions in the winter are the decisive factor in how far south they come.

Narwhal stay in the polynia in Smith Sound, Puikkaasorsuaq. This area lacks solid ice year round—even when Baffin Bay is completely covered. I do not know what they feed on here, though it is general knowledge that they live off Arctic cod. They migrate south depending on the extent of the ice coverage. Here we follow their migration.

The Narwhal's migration during the year

Their most important areas are:

a. Kane Basin
b. Kangerlussuaq in Avanersuaq municipality
c. Melville Bay

(a) I have no further information about Kane Basin.

(b) Avanersuaq: When the winter ice breaks, the narwhal come into Kangerlussuaq (Inglefield). Here they stay during the summer. They also like to be in several other fjords in the municipality, Figure 26.

Kangerlusarsuk (Bowdoin Fjord)
Iterlassuaq (MacCormick Fjord)
Siorapaluk Fjord (Roberston Fjord)

Arctic cod are their most important food. In the summer of 1987, the Arctic cod disappeared from Kangerlussuaq and then the narwhal also disappeared. Many baby birds died from hunger (Nukappiannguaq Jerimiasen, Qeqertat, 1988).

When the ice cover begins in fall, narwhal migrate out of the fjords and move to other areas. Narwhal have been observed trying to come to Kane Basin.

(c) In the summer, the narwhal also stay in Melville Bay. They come when the ice breaks up, and stay there until the ice starts to form again. Presently, (1980-90), they are mostly in areas such as Nallortoq Kap Melville near Savissivik and Kiataasaq (Amdrup Island)/Nunatarsuaq (Hovgård Kystland). Previously, around 1920, Kullorsuaq was not yet inhabited. At that time the narwhal went south to Nuussuaq 74°, Figure 26. Here there are many Arctic cod, which are the narwhal's most important food.

We follow their migration to more southern areas. When the ice cover starts in North Greenland, the narwhal starts its migration towards the South. In earlier times, the whales passed Upernavik municipality but now they go further out and around due to the number of speedboats and motorboats.

There are reasons for their migration south: ice cover, as well as food. In 1982, narwhals came to Illorsuit in Uummannaq Fjord at the end of October. They were hunting Arctic cod and stayed about a week. A couple were caught (told to me by the inhabitants in Illorsuit, July 1983).

Summer Areas for Narwhals

Note: See Figure 26 for areas where the narwhal summer.
In the summer, the narwhal stay in Avanersuaq municipality and eat Arctic cod.

Their areas are: 1. Kane Basin 2. Kangerlussuaq 3. Melville Bay.

Now in the 1990s, they stay in Nallortoq and sometimes in Kiataasaq. Before Nuussuaq became inhabited, the narwhal reached the area. After it was inhabited, their boundary to the south was Kiataasaq.

Uummannaq Fjord

In 1832, Pastor Funch wrote that narwhals came in November when the beluga disappeared (1840:71). In the 1980s, beluga arrived at the beginning of November, and the narwhal a little bit later, just before the ice cover froze. It appeared as if most narwhals did not migrate further south than the Uummannaq Fjord. At the end of the 1900s, narwhals were only seldom seen south of Nuussuaq. It appeared as if the narwhal moved north when they came out of the Uummannaq Fjord in order to winter at Puikkaasorsuaq in Smith Sound.

Disko Bay

Here the narwhal are not as common as the beluga, but they do appear. However, only a few are caught. In 1946, Isak Abelsen from Aasiaat wrote in *Avangnamioq*: "In the old days, it was such that the narwhals arrived towards the end of October but now they do not come until the ice cover starts." At that time, narwhals were caught especially in open ice-free waters.

Narwhal are rare south of Disko Bay. Here one can only count on catching beluga.

Hunt

The catch lists only start to differentiate between the catch of beluga and narwhal after 1950. In the earlier lists, no differentiation exists.

The hunting area for narwhals stretches from Disko Bay to Kane Basin.

East Greenland

The narwhal reaches as far as Ammassalik. There are only narwhal near Scoresbysund. The narwhal arrive when the ice breaks out in June. They follow the south side of Kangerlussuaq into the fjord. Later, they disperse in the innermost part of the fjord (Born, 1985: 122). They particularly prefer the area near Syd Kap and the innermost part of the Northwest Fjord. In the fall when the ice starts to freeze, they move out of the fjord. They follow the north side of the fjord (Jonas Brøndlund, 1985), and the hunt stops when they get to the town, Scoresbysund, at the end of September.

Hunting Methods and Equipment

In Avanersuaq, people still hunt narwhal from kayaks. It is prohibited to shoot them with a rifle before they have been harpooned and the hunt bladder has been attached. The same rules apply in Melville Bay.

Towards the end of the 1900s, narwhal have been hunted with rifles from motorboats. This method of hunting is used in Upernavik and also in Scoresbysund. The hunt has taken place during the whales' migration south in the fall through the Melville Bay. Since olden times, they have also been caught in nets near Uummannaq. Now nets are used in Qaanaaq and Illoqqortoormiut as well.

Occasionally narwhal are also caught in open water areas in the ice, especially in the area between Upernavik to Disko Bay.

Catches

The records of narwhals caught are not as complete as the records we have obtained concerning the beluga.

Table 10. According to the hunt lists from 1974-82 in Avanersuaq, even though they are not quite credible, the catch looked like this:

1974	8	1979	120
1975	1	1980	130
1976	9	1981	118
1977	16	1982	164
1978	118	1983	–

Avanersuaq

According to Knud Rasmussen's writings (1920) only a few were caught, on average 5-8 narwhals a year per hunter. At that time there were around 50 hunters, thus the total annual catch must have been between 300-350 narwhals. It could also be read in Knud Rasmussen's writings that one of the hunters caught 15-20 narwhals a year on average.

Hunters have also been known to self-regulate themselves in regards to hunting narwhal and beluga, with the approval of the municipalities. The regulations are strict, but they are followed. The regulations assert, for example, that a whale may not be shot until it has first been harpooned. Due to this regulation, no animals are lost that have been hit by shots but not killed. The regulations also include rules about where and when the hunt may take place.

North Greenland

Catch lists concerning the narwhal are of questionable quality, and are certainly not as reliable as those of the beluga. The numbers that they include appear to lack certain information, but they are as follows:

In a 5-year period, 1862/63 – 1866/67, 21 narwhals were caught in total in the area from Aasiaat up to Upernavik (Greenlandic National Archives Catch Lists).

Table 11. According to the Ministry for Greenland, catches in the north of Greenland during 1939-47, were as follows:

1939/40	65
1940/41	69
1941/42	6
1942/43	227
1943/44	140
1944/45	229
1945/46	53
1946/47	52

Table 12. North Greenland (Avan.) and Ammassalik (Amm.) catches of narwhals.

Year	**Avan.**	**Amm.**	**Year**	**Avan.**	**Amm.**	**Year**	**Avan.**	**Amm.**
1954/55	45	7	1960/61	324	4	1967	131	20
1955/56	195	9	1961/62	68	3	1968	454	30
1956/57	318	3	1962/63	24	21	1969	174	17
1957/58	74	2	1963/64	42	0	1970	313	30
1958/59	72	2	1965	43	0	1971	146	11
1959/60	56	2	1966	105	42	1972	84	10

Table 13. Catches in Avanersuaq (Ava.) and Scoresbysund (Sco.).
Note: * The registrations in Avanersuaq are not reliable.

	Ava.*	**Sco.**
1974	8	6
1975	1	2
1976	9	16
1977	16	4
1978	110	2
1979	120	10
1980	130	10

Table 14. These statistics are interesting.
Note: Before 1950, beluga; after 1950, narwhal.

	1950-p siorna/ *before 1950*			**1950-p kingorna/ *after 1950***	
	Qaqortat/*beluga*	**Qernertat/*narwhal***		**Qaqortat**	**Qernertat**
1937/38	?	23	1971	3	10
1938/39	?	13	1972	25	20
1939/40	80	10	1973	33	35
1940/41	139	4	1974	15	39
1941/42	133	7	1975	19	11
1942/43	144	7	1976	12	27
1943/44	63	1	1977	49	113
1944/45	27	0	1978	44	183
1945/46	13	0	1979	22	132
1946/47	63	3	1980	64	114

The Changes Concerning Beluga and Narwhal

After 1960, significant changes took place concerning beluga and narwhal in Uummannaq Fjord, Table 14.

What is the reason more narwhals than belugas were caught in the last part of the 1900s?

Hunt for Belugas and Narwhals in West Greenland

The Greenlandic population has gradually acquired better equipment as well as more sophisticated and faster boats. This influenced the hunt of beluga and narwhal.

It is said that people are more concerned with competition about who can catch the most belugas and narwhals rather than with the hunt itself. Problems concerning the use of the caught animals have also arisen. It seems as if greater regulations concerning these issues are needed. It is important to think about separate regulations for hunts on the ocean from large ships, hunts with nets and hunts in the open waters.

The Way of Life of Beluga and Narwhal

I will very briefly discuss information concerning the narwhal's way of life: its family, mating, common defense mechanisms, and other reports we have been told during our collection of information.

Narwhal stay together in essentially a "family" unit. Couples with a baby are frequently seen. Hunter Nikolaj Jensen in Kullorsuaq has observed narwhals throughout many years. Once he encountered a narwhal male with one tooth, one female, and one baby, which he carefully approached. As he approached, he noticed that the female narwhal was playing with the baby so intently that she failed to notice his approaching kayak. When she eventually noticed him, the female deftly took the baby under her flipper and dove under so quickly that Nicolaj never forgot the incident or the female's brisk reaction.

Narwhal hunters say that, like humans, the narwhal does not have a specific breeding period. They do not conceive babies at a specific period during the year, as other animals do. The hunters also say the animals mate in an upright position, stomach against stomach, holding each other with their flippers.

Nukappiarannguaq Jerimiassen told me he often observed foraging walruses. Concerning walrus, the lead male eats first and barks at other walruses if they approach. After the male has eaten the others may eat. When the narwhal forage for animals at the bottom of the ocean, they let the females and babies eat first while the males stir up the bottom of the water with its tusk. Only when the females and the babies have eaten, then the male narwhal eats.

The hunters have always been impressed by the narwhal's alarm system and speed. Kangerlussuaq/Inglefield Bredning is 150 km long. The hunters told me that when they caught a narwhal in the fjord, the other narwhals very quickly receive this information. I was told that a narwhal had been caught in Melville Bay, which is even wider than Kangerlussuaq- the other narwhals somehow got this news.

I asked the hunters if they knew what the narwhal used their teeth for. They have observed that the narwhal's use their tooth to dig at the bottom of the water. No one had observed the narwhal using their teeth in a fight with another male narwhal. Several hunters pointed out there were too many nerve endings in the tooth connected to the brain for it to simply function as a tooth. I would therefore presume that the tooth has some function in the alarm system between the animals.

Hunting Regulations

The following Greenlandic hunting regulations concern the beluga and narwhal:

Note: hunting in open waters for all.

narwhal	Avanersuaq
net hunt by beluga	Uummannaq
hunt on beluga	Upernavik
narwhals in Kullorsuaq	Upernavik
hunt of white whales	Uummannaq
narwhal	Avanersuaq
hunt of beluga	Uummannaq
hunt of beluga	Uummannaq

Other Small Whales

Other whales

Here we are looking at other whales that have an economic importance for the hunting families, which have significance for environmental protection.

Porpoise *(Phocoena phocoena)*

Few porpoise are caught. Porpoise hunting influences the hunting occupation little, and there is therefore little concern regarding protection of the animal.

Minke Whale *(Balaenoptera acuturostrata)*

The minke whale is found in the Greenlandic ocean areas in the summer. As late as the 1950s, minke whales could be seen all the way up to Upernavik. At the beginning of the 1990s, there were only a few minke whales that came as far as Sdr. Upernavik and Kangersuatsiaq (S. Knudsen, 1989). Today there are only a few west of Svartenhuk. They are found up to Kangerlussuaq near Scoresbysund (Born, 1983: 78).

Until 1952, Greenlanders only hunted a few minke whales. At that time they were hunted from kayaks, only a few were caught, and not even every year.

At the end of the 1940s, hunters started to hunt minke whales from the first few cutters that had a harpoon mounted on it.

In 1986 an annual quota was introduced.

Table 15. The statistics of the catches for minke whale are as follows:

1955	21	1964	166	1973	276	1982	251
1956	26	1965	195	1974	217	1983	218
1957	24	1966	254	1975	223	1984	248
1958	33	1967	237	1976	192	1985	36
1959	36	1968	312	1977	300	1986	147
1960	52	1969	263	1978	180	1987	89
1961	34	1970	196	1979	250	1988	119
1962	71	1971	196	1980	260	1989	72
1963	165	1972	156	1981	204	1990	

From 1955 to 1989, 5,822 minke whales were caught. This corresponds to an average annual catch of 166 minke whales.

Cutters For Minke Whale Hunt
In 1991, 65 cutters were used for the hunt of minke whales.

Consequences of the Hunt on Minke Whales
We have information regarding the minke whale hunting, and the influence the hunt has on the animal:

Formerly minke whales were not hunted, and minke whales were seen many places during the summer. As an increasing amount of cutters were used for the whale hunt, the animals left their preferred areas. Earlier there were many minke whales in the Disko Bay but there are only a few today.

David Broberg, Qeqertarsuaq, said (April, 1988), that there were many minke whales near the coast and in the ocean in areas where there were no boats. The reason that minke whales are not seen as often nowadays is that they have largely relocated; their numbers have not necessarily decreased. People from Aappilattoq (Nanortalik, Oct. 1988) say the same thing.

Their Food

The minke whale is a baleen whale. Baleen whales normally live off plankton and fish fry. It has also been observed in several places in Greenland that the minke whale eats larger fish. In Isortoq (Tasiilaq municipality) I was told in 1988 that they had caught a minke whale that had 15 large fresh salmon in the stomach. A minke whale caught near Fiskenæsset (1989) had cod in the stomach.

Furthermore, it should be mentioned that no minke whale babies have been seen in the Greenlandic ocean areas. Lamik Møller (Paamiut) was a whaler in 1962. He said that he had never seen a minke whale baby near Greenland. He also said that the minke whales come in the spring after they have had their babies. They have young ones in the winter in the American ocean areas.

Bylaws

1990, 22.05 Greenlandic Home Rule. Minke whales, general.

Pilot Whale *(Globicephala melaena)*

The pilot whale is one of the smaller whales found near Greenland. Pilot whales live in the Atlantic Ocean where there are warmer ocean temperatures, and they only seldom come to Greenlandic waters. The climate is a decisive factor whether or not pilot whales come near Greenland. In the 1920s, these animals started to appear near Greenland. In 1932/33, there was an article in the newspaper *Atuagagdliutit,* that these otherwise very rare animals had appeared every year during the last years, especially near Nuuk, Maniitsoq, and Sisimiut (1932/33: 146). After 1960, they became rare again. It may therefore be inferred that pilot whales near Greenland come during the warmer periods of the 100 year cycle and become rare once again as the colder periods returns. It is possible to infer information concerning climate change by following the appearance of pilot whales near Greenland.

Big Whales

Several hundred years ago, there were many whales near Greenland, though the population only caught a few. At that time, whales were not a trade commodity, and were therefore hunted less. One or two catches a year was enough for a settlement. It appears that the whale hunt only took place at a few places along the coast. Fabricius wrote (1929: 72-94) that the Greenlanders hunted the following whales:

Bowhead Whale *(Balaena mysticetus)*
Humpback Whale *(Megaptera novaeangliae)*
Killer Whale *(Orcinus orca)*
Sperm Whale *(Physeter macrocephalus)*

Whales that he did not include:

Fin Whale *(Balaenoptera physalus)*
Blue Whale *(Balaenoptera musculus)*

The Catches by "Sonja"

Foreign whalers have carried out the whale hunt to a large extent for 300 years in the Greenlandic ocean areas, as well as in the Davis Strait and Baffin Bay. During the first part of the 1900s, the Greenlandic administration started to carry out whaling in West Greenland with a ship, "Sonja," which had been bought from the Norwegians in 1924.

Table 16. Until the Sonja stopped whaling in 1958, the catches were in the following amounts:

1924	20	1934	28	1950	46
1925	41	1935	29	1951	26
1926	47	1936	20	1952	21
1927	40	1937	17	1953	21
1928	35	1938	8	1954	31
1929	38	1939	5	1955	35
1930	34	1946	60	1956	44
1931	21	1947	67	1957	51

1932	30	1948	31	1958	37
1933	21	1949	28		

Table 17. "Sonja's" catches divided as to species, 1924-58:

	1924-39	**1946-58**	**Total**
Fin Whale	309	322	631
Humpback Whale	0	7	7
Blue Whale	26	15	41
Sperm Whale	16	127	143
Sea Whale	0	8	8
Narwal	92	14	106
Anarnat	0	5	5
Total	443	498	941

In the period from 1924-58, a total of 941 whales were caught from the "Sonja."

During the war from 1940-45, "Sonja" did not carry out whaling, which likely means that whale numbers increased.

The hunt was stopped in 1958 as the deficit for "Sonja" became bigger and bigger.

The Last Part of the 1900s

After 1950, people thought that the number of whales had increased slightly. During the last years, it is clear that the big whales have increased in numbers in all of West Greenland.

From 1980-90, a few large whales were seen in the Avanersuaq municipality in the spring.

There are only a few in the municipality of Upernavik.

It has been noted that the number of large whales have increased in all of West Greenland from Uummannaq municipality and towards the south.

An increasing number of whales have also been observed in East Greenland near Ammassalik and Scoresbysund. Furthermore, it is known that there are many whales in uninhabited areas near the coast, for example, near Umiivik in East Greenland, Figure 27.

Bowhead Whale *(Balaena mysticetus)*

Previously there were many bowhead whales in the Greenlandic ocean areas. According to a report from Sisimiut in 1760, whales arrived in January-March and they were hunted (Glahn, 1921: 97). After the Europeans' and Americans' extensive hunt, there was a danger that the bowhead whale would become extinct in the Greenlandic ocean areas. An international desire arose to protect the bowhead whale.

We do not yet know anything about the bowhead whales' migration routes and the areas where they stay in the Arctic Ocean. Neither do we know if the extreme decrease in their numbers during the 1900s is a result of the whale population decreasing drastically or if the whales simply moved to other areas. Here, at the end of the 20th century, hunters who come to those areas where the whales used to be, claim that the numbers are increasing. In the fall of 1987, a group of 35 bowhead whales were seen in the mouth of the Fjord Kangerluk near Qeqertarsuaq (David Broberg, 1988).

Since 1924, the bowhead whale has not been hunted. In 1971, permission was granted to kill one whale during Qeqertarsuaq's town anniversary.

Humpback Whale *(Megaptera novaeangliae)*

In accounts from the 1700s, it says among other things, that the humpback whale comes in the summer to the Greenlandic ocean areas and disappears again in the winter. They were only seen a few places in West Greenland. Fabricius wrote that around 1770 that they were in the areas between 61 to 65 degrees North. Fabricius wrote that they were normally to be found near Paamiut and Pisuffik (1929: 80). Sometimes they almost reached as far as the Disko Bay (*Grønlands natur,* 1981: 314). It is known that the population near Paamiut already hunted humpback whales before Hans Egede came to Greenland. According to the hunt lists, there were only a few caught every year.

In Paamiut, 123 humpback whales were caught during 25 years (1883-1908), an average of 5 whales per year. In 1900/01, 16 whales were caught. In the period from 1902-1929, around 20 whales were caught (*Direktoratets Meddelelser*).

After having studied whaling near Paamiut, John Møller from Nuuk started to hunt humpback whales outside Nuuk town (*Atuagagdliutit,* 1902/03). In 1901-1919 he caught 20. There are no registered catches of humpback whales in Nuuk since 1919. From then until 1960, the Greenlanders have not hunted humpback whales. In the period from 1924-39, 92 humpback whales were caught by KGH's whaling ship "Sonja" (*Grønlands natur,* 1981: 314).

The number of humpback whales decreased until 1950, since the whale became an endangered species, and in 1952, all hunt of the humpback whale stopped. Whaler Lamik Møller from Paamiut: "After my start as a whaler in 1962 I did not see any humpback whales again until 1967." A whaler from Qeqertarsuatsiaat stated: "When there were no quotas concerning the hunt of humpback whales, we were able to, after having been on the lookout for most of the day, see one or two occasionally."

Humpback whales come to Paamiut in April.

As springtime progresses, the whales move further north up to Disko Bay. They prefer specific areas in West Greenland. This includes especially areas with a changeover between shallow and deep water. The areas are shown in Figure 28. Here at the end of the 1900s, several small groups winter in various places near West Greenland, for example outside Napasoq, near Maniitsoq. Most migrate to the Caribbean in the fall, where they also winter.

During the 1970s, the numbers increased. It is thought that the humpback whale is the whale whose numbers have increased the most. Today there are many humpback whales and the fishermen along the southern part of the coast speak about the increasing numbers.

The Fiskenæsset inhabitant continued: "Today we see humpback whales wherever we go." Lamik Møller states: "At the end of 1980, we came close to a large group of humpback whales. The large animals were very close to each other and we could count them because we could see them clearly. We reached 70 whales before we could not see them anymore. We saw that the pod consisted of over 100 humpback whales. Apart from this group we could see other groups."

Whaler Kristian Heilmann, Nuuk: "We are always amazed by the numbers in a pod. We have encountered several very big groups that foraged out on the Fyllas Bank. We were close to a group and tried to count the numbers of animals but it was impossible. We could only ascertain that there were over 100 animals. When we went north we once again saw several large groups."

Outdated Impressions

It appears that the information by animal rights groups is out of date. Our information from 1988-90 comes from many fishermen who have observed the whales during their fishing trips.

Fin Whale *(Balaenoptera physalus)*

There are fin whales from Cape Farewell up to the Uummannaq Fjord. The fin whale is a large whale and can grow to 25 meters long. In the period from 1924-39, 309 fin whales were caught from Sonja and after the war an additional 321 were caught.

Of the largest whales, the fin whale is the one increasing the greatest. The late summer of 1988, Lamik Møller counted the group of whales: "I counted the fin whales that were among a group of other whales such as the humpback whales and reached approximately 200 whales and then had to stop because I could not count any more and I was afraid that I would mix up the numbers."

Other whalers also tell us that the population of fin whales has grown tremendously. For example, Kristian and Jonas Heilmann from Nuuk stated that: "Now the fin whales are not as fat as earlier. It is maybe because there is not enough food for such a large amount of whales of this kind."

Without a doubt, whales have increased in number in the eastern-most mouth of the Sound of Nivaaq, between Akunaaq and Ikamiut. Magnus Jerimiassen and Adam Johansen, Ikamiut, October 1989: "Large whales increase in numbers. Sometimes there are 15 to 20 fin whales in the area at the beginning of September, especially when there are cod there, they eat many cod."

Sperm whales *(Physeter macrocephalus)*

This is a big whale. The males can reach 18 meters in length and the females, 12 meters. The sperm whale is seen in the summer.

All people who were interviewed said the same thing: The number of sperm whales is unchanging. Greenlanders have never hunted sperm whales. It is whalers from other nations that hunt them. It is not rare to see dead whales near the beach. Once in the middle of the 1980s, there were 8 dead sperm whales lying on the beach near Sioraq.

Blue Whale *(Balaenoptera musculus)*

The blue whale is one of the largest whales and can reach 30 meters. Normally, it reaches 26-28 meters in length. A female blue whale can weigh up to 150 tons. Fabricius writes that because of the blue whale's speed, they were not hunted by Greenlanders (1929: 76).

In 1924-1939, 26 blue whales were hunted in the Davis Strait and 14 in 1946-1958.

Killer Whale *(Orcinus orca)*

The killer whale lives near Greenland. It is here especially in the summer and can sometimes be seen in Avanersuaq. They rarely appear in large groups. The killer whale has a large and distinctive fin on its back and is very feared and cursed. The seals disappear when a killer whale is in the area. This has an influence on the hunt. Killer whales are not hunted and it only happens very rarely that one is caught.

The End of the 1900s

Nowadays (1990), it is observed that the number of whales increases everywhere there normally are whales. Some people even say that "their numbers have increased a great deal." This is especially true for the following species: the humpback whale, the fin whale, the blue whale, the bowhead whale, and others. Those fishermen that fish in the area from Paamiut to Disko Bay say: "Just as we are fishing for cod, the cod disappear as soon as large groups of whales come into the area."

We are unsure of which species eat fish. We have learned that whales with teeth eat fish, whereas the baleen whales live off plankton.

We also know, however, that minke whales eat fish, even though it is a baleen whale. A minke whale has been caught that had its stomach filled with cod and salmon. We do not know if the very large whales eat fish. Nevertheless, the fishermen say that cod disappear when there are big whales in the ocean. Therefore, it would be interesting to try and catch a whale to see what the whales live off in those periods where the number of cod decrease. Everyone who is interested in the cod population in the North Atlantic is interested in such information.

The Whales' Use of the Ocean Areas

Some of the whales found near Greenland are here year round, while others leave the Greenlandic ocean areas periodically. We do not know with any certainty if some whales migrate to other areas during Cyklus-100 but we know that the pilot whales come to Greenland in warmer periods.

Those whales that stay near Greenland the year-round move to other areas along the coast during the year. We do not know to what extent whales from East Greenland and West Greenland mingle.

This concerns beluga, narwhal and bowhead whales that are found in the Davis Strait and in Baffin Bay. They simply change areas in summer and winter. The rest of the whales migrate either a shorter or a longer distance away.

Whale Habitats

The whales prefer specific areas along the coast. The different species prefer different areas:

- Beluga come together in the Kane Basin in the summer.
- Narwhal spend the summer in Kangerlussuaq near Qaanaaq and in Melville Bay. In the winter some go to South Greenland, while others go to Puikkaasorsuaq, the polynia in Smith Sound.
- Bowhead whales are most often seen south of the Disko Island in the fall and in the winter.
- Humpback whales were seen for many years in the area near Paamiut and Maniitsoq.
- Fin whales are seen in the summer from Paamiut Municipality to Upernavik Municipality.

A more thorough registration needs to be carried out.

It appears that the large whales prefer the areas near Nuuk and Maniitsoq with a specific type of ocean bottom. See the maps in Figures 28 and 29.

One of the areas the whales prefer is the easternly mouth of the Nivaaq Sound between Akunnaaq and Ikamiut.

We only have a limited knowledge of the whales' use of the Greenlandic ocean areas. Work ought to be carried out in order to increase this knowledge.

Whales near East Greenland

We only have a limited knowledge of the whales' use of the East Greenlandic ocean areas. We have only very limited information from the local people. Figure 27 shows areas inhabited by large whales. We have no information about where the individual species live near East Greenland and when.

Whales and Foreign Whaling near Greenland

Large numbers of whales have lived near Greenland, though precise numbers are unkown. Old settlements along the coast bear witness to the fact that there have been hunts carried out on whales. The population in Aasiaat remembers that many sleeping whales were seen on the surface of the water in the area between Aasiaat and Maniitsoq, up to several score at a time (told by Otto Rosing).

During the 1600s, Europeans began whaling near Greenland. First, they hunted near Svalbard/Spitsbergen, and after they started to whale outside East Greenland. In earliest accounts, it has been difficult to differentiate between Spitsbergen (Svalbard) and Greenland. The name of Greenland was used for both areas (Finn Gad). Most ships hunted near Svalbard. When the number of whales was reduced significantly in these areas because of over-hunting, the Dutch started to whale in the Davis Strait, around 1670. The following nationalities whaled in the Davis Strait from the end of the 1600s and far into the 1800s:

Dutchmen, Basque, Germans, Brits, Danes, Americans, and Norwegians.

There are different records concerning the hunts (B. Aagaard, 1933: 56). According to Dutch statistics, the Dutch caught 6,986 whales from 3,161 ships in the period 1669-1778. During the years 1672-1674, there was no whaling due to war. On average, 66 whales were caught every year.

In 1753, 344 catches were registered from 90 Norwegian and Danish whaling boats.

In 1732, the first whaling ship from America arrived. In 1737, several ships reported good catches when they returned home. 1749 was a particularly successful year (Aagaard: 124). We do not have any more detailed information from the American whaling expeditions.

Ships traveled here expecting a profitable catch.

Table 18. In 1769 there were 355 whaling boats that carried out whaling. There is no information about the catches in 1769.

The Dutch	251
The Germans	79
The Basque	20
The Norwegians	5

(B. Aagaard, 1933: 83)

Table 19. According to information from Scottish whalers in 1754, the nationality of ships were as follows:

Danish	6
Dutch	132
British	67
German	20
French	2
Total number of ships	227

Table 20. The catches by the Dutch in the Davis Strait according to B. Aagaard (page 54) for the years 1719-78 (The amounts are given in Dutch Guilders).

Income	51,646,082
Expenses	40,677,610
Profits	10,964,872

Table 21. According to J. Mathiessen, the whale products from Greenland near the Davis Strait (1851-99), were as follows:

	Barrels of Blubber	**Pounds of Baleen (pieces)**
1779	4,452	21,105
1801	3,205	7,493
1802	4,116	31,279
1804	3,914	9,519
1805	3,649	10,586
1806	4,122	22,495

Aagaard wrote that in 1720 a ship with 12 whaling chaloups used 12,500 guilders on a whaling trip, and 180 trips had used 2,240,260 guilders (page 55).

According to J. Mathiessen in 1851, during 20 years (1815-1834) there was an average of 69 whaling boats a year. In 1819, there were 63 ships from England, and in 1830, 97 boats, of which 34 returned home without having caught anything.

I do not have any concrete information about how many whales were caught.

Right up until 1930, Norwegian whalers hunted for large whales near Greenland. The catch of minke whales continued until the last part of the 1900s.

There were Danish whalers near Greenland in the 1700s and 1800s, though they could only catch 20-30 whales a year (Mathiessen, 1851). Greenlandic hunters used umiaqs for the hunt but only a few were caught. Due to the difference in hunting technology, the majority of whales near Greenland were caught by whalers from other nations.

Source Material

Bjarne Aagaard: Den gamle hvalfangst, 1933
Atuagagdliutit
Avangnamioq
Beretninger and Kundgørelser, (Grønlands Styrelsen)
E. Born: Havpattedyr and havfugle in Scoresbysund, 1983
Sune Dalsgard: Dansk-norsk hvalfangst 1615-1660, 1962
Direktoratets Meddelelser
Otto Fabricius: Fauna Groenlandica, 1929
J.C.W. Funch: Syv Aar in Northern Greenland, 1840
"Grønland" (tidsskrift)
J. Mathiesssen: Om Grønland, 1852
Medd. om Grønland, bd. 60-61
Bent Muus: Grønlands Fauna, 1981
Naturens Verden
A. Norrevang og andre: Grønlands natur, 1981
Fangstlister, South Greenland
Fangstlister, North Greenland
H.J. Rink: De danske Handelsdistrikter i Nord Grøenland, 1852-55
H.J. Rink: Grønland geographisk og statistisk beskrevet, Søndre Inspektorat, 1857
Carl Ryber: Om Erhvervs og Befolnings-Forholdene I Grønland, Geografisk Tidsskrift, 1893-94
Statistiske Oplysninger, 1942-45

Seals in Greenland

Foreword

This special report deals with seals. The text is an elaboration of their treatment in the municipality reports. Only local conditions are described in these reports, although most animals undertake seasonal migrations over long distances in the country.

Some of the seals in the Greenlandic ocean areas, also migrate to areas outside Greenland and are used by local hunters. These interconnections are significant to both the seal populations, and for the Greenlanders' possibilities for using the seals.

Some of the seal species are essential to hunters, and a decrease in population may have fatal consequences for families who rely on them. Although population fluctuations and changing migration routes are determined by climate variations, it is not only the climate that determines the development. Human beings' overuse also has a major impact on the species, and may even lead to the eradication of the species. The hunt of some seal species, especially the harp seal and the hooded seal, was so great outside Greenland that the number of seals that migrated to Greenlandic waters fell. Excessive hunting also impacts other animal species such as the walrus. This does not hold true for foreign hunting, only in Greenland.

The purpose of this report is to increase the understanding of the seals found in the municipalities.

H. C Petersen

Seals

In this report, four seal species are described:
The ringed seal.
The harp seal.
The hooded seal.
The walrus.

The Ringed Seal *(Phoca Hispida)*

The ringed seal lives in cold, ice filled areas. When the West Greenlandic fjords freeze in the winter, the ringed seal comes to the area. When the ice breaks in the spring, the ringed seal leaves the ice-free fjords again. In the summer, the seals stay in fjords with ice glaciers, depending on how much ice is in them.

The ringed seal lives year round in all of Greenland. It is the most abundant seal species and has been the most important hunt animal throughout time. This can be seen by the fact that the word "seal," in some parts of the country means ringed. This is especially true for the northern part of the coast as well as East Greenland. The hunters divide the seal into the following categories:

Natsiat – Ringed seal pups.
Natsiallaat – Large breeding, mature, individuals.

In northwest Greenland, the hunters call some of the ringed seal *kitaajaqqat* or *kitaannguit*. We will use the words kitaajaqqat in this report.

Kitaajaqqat is the description for small, breeding ringed seals. The majority of the seals that winter in West Greenland fjords are of this type. They come in towards the coast at the end of October and move into different fjords and leave the fjords when the ice breaks in the spring. Their name, *kitaajaraq,* is especially used in the northern part of the country, including Kangaatsiaq and further north.

Hunters say that *kitaajaqqat* are mature animals but they do not become nearly as big as natsillat. They breed in the same fjords where they winter.

We have obtained this information regarding the migration of *kitaajaqqat*-

ringed seal through the hunters' experiences. As mentioned, they start to leave the fjords in the spring when the ice breaks. This is true of the whole west coast, as well as the Melville Bay, Avanersuaq and the Ammasslik area. Nobody knows where they go when they disappear. One should think they would stay in the Melville area, but some of these seals, such as the *kitaajaqqat,* leave the area when the ocean ice breaks up. This is according to several hunters that live close to the Melville Bay, though I have heard that large groups of these seals have been seen swimming into the ocean in the spring.

In South Greenland, hunters have noticed that the ringed seal migrates south towards Cape Farewell in the spring, but where they migrate remains unknown. West Greenlandic ringed seal do not migrate south in the spring when they leave the fjords. Therefore, it is possible to think that there is a boundary between Paamiut and Qaqortoq in regard to which way the ringed seal migrate—whether they migrate south toward Cape Farewell, or if they migrate to other places that are not known.

We know that the seal return in October, though various accounts disagree on their place of origin. Some hunters tell us that they come from out in the ocean and migrate towards the coast and towards the south. People from Qeqertarsuatsiaat tell us that they come inland from the northwest at the end of October and that the seals first spread to different fjords when they reach the coast on the north side of the Frederikshåb Isblink.

North of Kagaamiut, at the end of October, near the mouth of Søndre Strømfjord, the ringed seal migrates from the northwest towards the north side of Simituaq past the mouth of the Amerlunnguaq fjord. I have heard from other people that they move to different fjords.

Kitaajaqqat apparently always migrate in this way when they migrate in from the northwest in the autumn.

We do not have any knowledge concerning ringed seal migration routes in the summer, but we do know that they thrive in ice filled water, so they must migrate to a habitat with access to such waters.

I was not given a clear explanation of the difference between *kitaajaqqat* and natsillaat. Some people claim the hair length is different; others say that the hair is denser and longer. *Kitaajaqqat* are said to have a smaller body. From August 1992 onwards, the Greenlandic tannery has divided the skin from ringed seal into two categories and it appears to be very similar to the hunters division of kitaajaqqat from other ringed seals.

At the beginning of the 1900s, there were ringed seal in the area around the Lichtenau fjord that were almost completely black, including the tongue. These ringed seals looked like all other ringed seal in size, except for their black skin and tongue. Their arrival was sudden. They were found in the Lichtenau fjord, Uunartoq fjord and Sermilik. Although there had never been very many, in the middle of the century they became increasingly rare, and have now completely disappeared. It is probable that a genetic mutation occurred, just as we know that some reindeer in Godthåbfjord were different than others along the west coast.

Skins from ringed seal are the most used material for clothes and the legs of the kamiks. It is because the skins are too thin that they cannot be used for kamik soles. Many people remember that those people who did not have any skin of the harp seal or of the hooded seal used the skin from the ringed seal to cover the kayaks. In addition to being used for clothing, the ringed skin was used for hand bags, and other purposes. They were also used for interior wallpaper, which was called itsat. It was softened by ringing it and could then be used as bed linen.

The Ringed Seal's Use of the Ice

The ringed seal's natural habitat is ice-filled fjords. It lives in ice-filled fjords and breathes through a breathing hole (*allu*) that they make through the ice. Normally, it only pokes up its snout to breathe before it dives again. A ringed seal usually has many breathing holes so that it can use a large area for foraging. In order to come up on the ice, it also makes larger holes. These are called *kikkulit*. The singular for this is *kikkuleq*.

The ringed seal also makes both breathing holes and kikkuleq by scratching in the ice from below. The ringed seal seldom lives in ice-free water. It is said that when the ice breaks up in the summer in places such as Tasiusaq, near Paamiut Sermilia, the ringed seal usually live among stones that have fallen and continues down into the water (Karl Eugenius).

We know that the ringed seal starts by leaving the innermost parts of Melville Bay when the ice becomes too thick. This is also known from other fjords where the ringed seal move to other places with thinner ice when the ice becomes too thick.

We know that the ringed seal population differentiates between the fjords. We can examine the neighboring Lichtenau and the Uunartoq fjords to demonstrate this claim. The Lichtenau fjord has good fish stocks but are poor in seals, including ringed seals. The Uunartoq fjord, which does not have as good fish stocks as the Lichtenau fjord, has more ringed seals. I do not, however, have an explanation for this.

Breeding Areas

The ringed seal uses the ice as breeding ground. It gives birth to its pups underneath the snow in the spring, and therefore prefers fjords with lots of snow. They also breed underneath the snowdrifts near icebergs that are stuck in the ice. They give birth to pups in April and May, Figure 30.

Figure 2 illustrates some of the breeding grounds.

Melville Bay appears to be the largest breeding ground. In the area where the ice breaks up, as well as in the middle of the Melville Bay near the islands of Qikertat and Naalungialissuit, many ringed seals pups are born. I do not know if the ringed seal breeds on the ice in the Baffin Bay.

The ringed seal can also breed on pack ice. South Greenlanders think that most ringed seal pups are born on this type of ice. Unfortunately, I have no knowledge of the conditions off the coast of West Greenland or Avanersuaq.

Uuttut

In the spring when the sun is strongest, the ringed seal crawls up on the ice and basks in sun. These seals are called uuttut. They also stay on the ice when they change their fur, which happens in May. Then it is said that the ringed seals are mamaartut. The ringed seals are infrequently hunted in the molting period because the skin has very little value. However, the hunters are still able to reap the benefits of the ringed seals' use of the ice.

Older Hunting Methods

Here I will survey the different methods used to hunt the ringed seal.

Pitorarsaaneq

In the fjords with an ice edge, two hunters may help each other. One of them waits near the ice's edge, while the other walks across the ice with a piece of an antler or bone. On his way back, he starts to scratch in the ice. He does this every hundred meters as he continues all the way towards the edge of the ice. If the hunters only wait, usually one or more of the ringed seals will come out from under the ice. Then it is said that the ringed seal is *pitorarpoq*.

Maartut, Nippartut Allusiortut

Several hunters hunt together on the ice. The ringed seal usually has several breathing holes that it uses in turn. A hunter stops near a breathing hole and waits completely silently while other hunters wander in different directions. When the seal hears the hunter's steps on the ice, it goes to the breathing hole furthest away from the noise, possibly coming to one of those breathing holes where a hunter is standing and waiting. When the hunter hears the seal breathe, he either harpoons or shoots the seal through the breathing hole.

It is also possible to stop close to the breathing hole. When the seal comes near the breathing hole, it moves the water enough so that the hunter can hear it. When the hole becomes darker, is signifies that the seal has come to the breathing hole, and may now be caught. These hunting methods do not necessarily take place during daylight. They can be used at night or during the dark time in winter. The breathing holes can be found by listening for the seal's breathing or after the hole may be discovered by looking for the little shiny top.

Aarneq

A ringed seal that is lying on the ice near its breathing hole can be caught by a hunter who wears clothes made from ringed seal, and who imitates seal movements and sounds while he crawls increasingly closer. The hunter can then prevent the seal from taking flight through the hole by laying himself across the opening of the hole. The hunter can now catch the seal and kill it.

Itsuarniarneq
Two hunters make a hole in the ice. One, equipped with a long spear, lies down on his stomach to see if he can see down into the water. His head is covered by a sealskin to prevent the hole from being seen too clearly from below. His partner stands beside him and is ready with a lance with a small bone piece attached, which is moved a little bit in order to attract the seal. When the seal is attracted to the bait out of curiosity, the hunter lying down signals the hunter standing up, who may then harpoon the seal.

Ice Edge Hunting
The hunter stands near the ice edge and shoots the ringed seals that come up near the ice edge.

Hunting by Net
When the Danes colonized the coast, hunting by nets on the ice became common practice.

Population Size
It is known that the population of ringed seal varies over time. The population near West Greenland decreased in the 1900s as it moved towards Cyklus-100's warmest period (Figure 31). When it became colder again the number of ringed seal increased. When the cod started to leave our waters near the 1960s, people across the country noticed that the number of ringed seal started to increase. This is corroborated by the hunting statistics. At the beginning of the 1900s there were fewer ringed seal. In the warmest period, the ice cover was less extensive. When it became colder again and the ice cover became larger, the number of ringed seal also increased, and therefore we do not know how many ringed seal were caught.

The catch statistics were not divided by individual seal species until after 1950. The catches of ringed seal in Greenland may be seen in table 1.

Table 1. Ringed seal catches in Greenland per piece:

1954/55	31,231	1967	44,947
1955/56	38,268	1968	53,483
1956/57	46,678	1969	60,434

1957/58	45,187	1970	
1958/59	48,092	1971	64,534
1959/60	51,786	1972	67,714
1960/61	49,865		
1961/62	54,520	1974	74,051
1962/63	43,281		
1963/64	63,431	1977	81,168
1964/65	72,559		
1966	67,957	1979	90,326

The article by Christian Vibe (*Arctic Animals in Relation to Climatic Fluctuations*, 1967) shows the older reports before 1950, Figure 32.

It is clear that changes in the climate during Cyklus-100 have had an influence on the size of the ringed seal population in the 1900s.

When it becomes warmer and there is therefore less ice, the number of seals falls. The opposite occurs in colder periods, where more ice is present, and populations rise.

Harp Seal *(Pagophilus Groenlandiscus)*

The harp seal is one of Greenland's most important hunt animals. The harp seal can be used year-round. The conditions before 1950 are described here:

In the first part of the 1900s, it was accepted that the first harp seals arrived in the Gothåbsfjord on the 10th of May. "We look forward to eating harp seal meat on the 10th of May for the first time." They were called *Tikeqqammit* (the newly arrived spring seals). They returned after having given birth to pups on the west ice off Newfoundland and Labrador in March/April. They were very skinny, their blubber was very thin, and they sank when they were killed with rifles. They come in order to be fattened by the riches of spring in the West Greenlandic waters. The caplins spawned in the fjords at the end May and the beginning of June. This occurs first in the more southerly areas and later in the more northerly areas. *Tikeqqammit* became fat by eating many fish, especially the caplins.

Tikeqqammit wander in large shoals and are called amisut. Some amisut consist of only about ten individuals. Amisut that consist of several hundred individuals dive at the same time and disappear from the surface in unison. Groups of harp seals, which number several thousand individuals, have been known to dive at the same time. There are also some seals that always remain on the surface called *aqqajuitsut* (those who never dive). The harp seal disappeared quickly toward the end of July and stayed for about a month near the west coast before they disappeared again.

The mature harp seal came back well-fed in September, either individually or in small groups. They did not migrate in shoals as the *tikeqqammit* do. These harp seal are called *ingerlaat* (those who migrate). *Ingerlaat* stayed near the coasts in the fall and in the winter until returning to Newfoundland to breed. In the winter, the harp seal also travels into the fjords rich in fish in order to forage, though they leave the fjords as solid ice starts to form. Noah Enoksen from Sarfannguit, Sisimiut told me what his father has told him; in 1906 the ocean waters were very cold in the fall. When Ikertooq suddenly became covered by ice in December, the harp seals at the bottom of the Ikertooq were trapped and were caught as sassat by the local inhabitants.

This was the cycle before 1950.

Useable Parts of the Harp Seal

Humans use the harp seal differently than the ringed seal; the main difference revolves around the different skins. Harp seal skin is larger and more solid. It is preferred to use harp seal skin for the coverage of kayaks and umiaqs. Skins from mature harp seal are often used as the soles of *kamiks* (boots). As harp seal skin is thinner and softer than skin from the bearded seal, straps of skin are also made to secure things. The skins were also used as tents and as wall skins in houses.

The meat is eaten fresh and dried for winter use. The skin was also used as tent skin and as wall coverings in the houses.

The Number of Harp Seal

The number of harp seals near our coast fell greatly at the beginning of the 1900s. There were two reasons for this:

Primarily, the numbers fell because of hunting on the breeding grounds.

Secondly, the seal stocks were impacted by Cyklus-100.

The number of Greenlandic seals changed in the beginning of the 1900s. The occupational issues [of hunting] were discussed. The Greenland administration began to explore possibilities of new occupations. The first fishery studies were also undertaken at this time.

According to the available information, there was no immediate decrease in the seal catches despite the fact that it was discussed. That is also true for the catches of harp seal. The numbers of catches stagnated as the population numbers quickly increased.

Right up until the start of the 1930s, the harp seal, came as amisut in the spring. During the 1930s, these seals disappeared and only a few small groups and individual seals were encountered. The shops had not yet begun to sell shoes and boots, and therefore there were only kamiks as footwear. Skin from mature harp seal used for kamik soles were difficult to come by everywhere on the coast.

The decrease in harp seal population was noticeable right into the 1970s, though towards the end of this decade, amisut started to come again.

When the harp seal came again, they had changed their behavior. This is described in the following:

After 1950:

1. Greenlandic harp seals arrive at the beginning of May. They do not disappear anymore as the caplins do, but instead, stay all summer.
2. The pups arrive as usual towards the end of July and disappear in the month of August while the mature seals stay.
3. The mature harp seals are still here in the fall, often as amisut, where some of the groups are big. The many single seals that were seen before

1950 do not appear anymore. As a result of this, there are many harp seals in some areas, while they disappear from other areas.

4. The majority of harp seals, but not all, migrate in the month of February.

Through several centuries, the harp seal has been hunted on their breeding grounds by European and American hunters. The hunt encompassed hundreds of thousands of hunters. The Greenlandic catches of harp seal cannot be separated from the total seal catches in the official catch lists. Only in 1954 were the catches divided as to species; the catch was 19,450 harp seals. Such a small number cannot have had an influence on the total population.

Short Summary

The harp seal has from olden times been one of the most important hunt animals for Greenlandic hunting populations. For a large part of the year it was possible to hunt the harp seal from the outer coast. In this way, the seal has been instrumental in developing the kayak and hunting tools.

When the Europeans and Americans discovered where the harp seal bred, they caught hundreds of thousands of them each year (J. Mathiesen, 1852). This hunt took place over a period of three to four hundred years. Our knowledge of these hunts' full impact is somewhat inadequate until the beginning of the 1900s. In the first part of the 1900s, these hunts disseminated the population of harp seals to such a great extent that Greenlanders did not have enough cover for their kayaks and umiaqs. At the present time, it is not possible to say how much Cyklus-100 has contributed to the variations in the population. As mentioned earlier, amisut became common again in the 1970s, or rather, toward the end of the 1970s.

Hooded Seal *(Cystophora cristata)*

Although, it was not nearly as important as the harp seal and the ringed seal the hooded seal represents an important Greenlandic hunting species. The hooded seal had special importance for populations inhabiting certain parts of the coasts.

The hooded seal is a large seal. A mature seal can become 2.5 meters long and can weigh up to 300-400 kilos. A female is approximately 1.5 meters.

The hooded seal has an annual migration pattern. In the spring, it migrates from the Davis Strait south along the Greenlandic coast. At this time, the hunters go to the hunting places on the outermost islands. People in Kangaamiut used to say that before 1950, the first hooded seal was caught on April 4th. The hunting places that were spread out along the outer edge of the west coast were manned at the beginning of April, as indicated in Figure 34. They were spread out from Illulissuaq near the mouth of the Isortoq near Maniitsoq to around Cape Farewell.

The hunting places were manned from the beginning of April for *kippartut,* (those who migrate towards the west). Most of these kippartut came back in the month of June before the important *ammassaetaon* [caplin] season and before the hunt on the harp seal started. Some of these seasonal settlements resulted in some families staying near the outer coast the rest of the summer. For example, in Nalli, outside Paamiut, and other islands that I do not know the name of, near Nanortalik.

The first hooded seals that came to the coastal areas were called *neriniat* (those who look for food). Later on, the hooded seal migrated further out: *ingerlat* (those who migrate). They migrate further out starting in the middle of the summer. They come again in July and molt as they lie on the pack ice and are then called *nakiisernerit* (those who are not aggressive). This has been a yearly occurance throughout the ages.

In Ammassalik

Earlier, the hooded seal (*niiniarteq,* in East Greenland) was an important hunt animal for the Ammassalik population. The pack ice is important for the presence of the seals and also for the hunt.

The hunt takes place from the outermost island where people moved in the spring. The islands on the west side of Kulusuk were summer settlements. Families from several wintering settlements met here. If there was pack ice, there were hooded seals in June.

At this time, the hunt took place from kayaks. In the middle of June, hooded seals started to lie on the pack ice in order to molt (*mamaartut*). This continued until the pack ice disappeared. The pups came at the beginning of August.

The Breeding Ground

The hooded seal breeds in the spring on the pack ice near Jan Mayen, north of Iceland. Norwegian seal hunters found this breeding ground in the 1870s. Since 1876, they have hunted in this area.

The famous Norwegian, Fritjof Nansen, participated as a young biologist in the hunt. He wrote (*Ski over Greenland,* 1890) that the Norwegians in a matter of 10 years had killed a million hooded seals in this area, of which about half sank. The Norwegian hunters continued the hunt, and continued to catch many hooded seals. In 1937 they killed 62,350 seals (*Avangnamioq,* 1939, nr. 2).

The hunt affected the hooded seal so profoundly that they changed their migratory route (Nansen, 1890). This had severe consequences for the Greenlanders. When the hooded seal avoided Greenlandic waters for several consecutive years in the 1890s, the population in Ammassalik died of famine.

In the middle of the 1930s, there were very few hooded seals. The hunters from Ammassalik found many hooded seal carcasses on the "pack ice," which the Norwegian hunters had left behind, though now, fewer and fewer living hooded seals migrate to the areas. As there were very few hooded seals in 1935, there was great poverty and fear in Ammassalik, with diseases resulting in the deaths of 66 people.

The Inhabitants Around Cape Farewell

The hooded seal was the most important seal for the inhabitants around Cape Farewell. When the hooded seal became scarce as a result of the Norwegians' continued hunt, it became necessary, in 1942, to forcefully relocate the inhabitants from the settlements around Cape Farewell.

Table 2. Even though the registration is inadequate, it is still important.

	1936	1937	1938
Norwegians	76,017	62,352	28,227
Greenlanders	3,534*	2,859*	3,713*

The North Atlantic became a war zone in during WWII at the beginning of the 1940s, which resulted in an end to Norwegians hunting for hooded seal, and they did not renew the hunt after the war. The Greenlanders' catches of hooded seal did not have a great influence on the population in Greenland, as it only included a few thousand hooded seals every year. This is seen in the extreme growth of the hooded seal population.

Greenlandic hunting statistics do not differentiate between different seal species, and therefore, the hooded seal is part of the category "big seals," which groups hooded seals, adult harp seals and bearded seals all together. We do not know what percentage the hooded seal represents in correlation to the total numbers. Usually, only a few bearded seals are caught. When the catch of the hooded seals in 1954/1955 were registered separately, the annual catch was 1,200, while in 1995/1996, only 886 were caught.

What is the use of the Hooded Seal for Greenlanders?

As hooded seal are larger than other seals, the amount of meat is also greater. Table 3 shows how much meat is derived from the different seal species on average. The skin from the hooded seal is also different from that of other seals. The roots of the hair on hooded seal go very deep into the skin. Water enters through the root of the hair when the skin is de-haired by fleecing, and as the skin quickly absorbs water, it gains elasticity. Because of these negative characteristics, there are some hunters who do not want to use skin from the hooded seal to cover their boats.

Table 3. Amount of meat on average from the seals in kilograms:

	Kg.
Ringed Seal	20
Harp Seal	40
Hooded Seal	200

In places inhabited by many harp seals, people preferred to use the skin from the harp seal rather than from the hooded seal. The hooded seal was the most important seal in the areas near Cape Farewell and Ammassalik. The population in these two areas used the skin of the hooded seal for their kayaks and umiaqs.

Short Summary of What Occurred

Since olden times, the hooded seal has been an important hunt animal in Greenland. A fair number of hooded seal that wintered in the ocean outside West Greenland were hunted. In the spring, they migrated toward their breeding grounds in the "pack ice," north of Iceland. The biggest hooded seal hunt took place during these migrations. They are also hunted in the summer while they molt. Apart from these two periods, hooded seal were only hunted occasionally. Most hooded seal were caught in April to June, and less in July and August.

Around 1880, the Greenlandic catches of the seal fell dramatically because hunters from other countries caught hundreds of thousands of hooded seals in their breeding grounds. In the last part of the 1900s, however, there was a marked increase in the population of hooded seal.

Walrus *(Odobenus rosmarus)*

The walrus is the largest seal species in Greenland. A mature male walrus can weigh up to 250 kilograms, and a female 550 kilograms.

Until the end of the 1800s, the walrus was found most places in West and East Greenland. Their use of nature changed drastically in the 1900s. Figure 34 shows the yearly migration at the start of the 1900s, which stopped in the 1930s/1940s.

There were no walrus south of the Disko Bay in the summer. They started to appear in the present Kangaatsiaq municipality toward the end of September especially in the area around Taseralik at the mouth of Nordre Strømfjord, up to Attup Uummannaa (Rifkol), where they lay on the beaches and on rocks.

They completely covered the island of Simiuttat at the mouth of the Nordre Strømfjord, and on other beaches there were also lots of walruses (told by people in Kangaatsiaq). The colony manager in Sisimiut, Rasmus Müeller, surveyed the area in the 1890s after a request from the authority (*Vildet og jagten i Sydgrønland*, 1906). When the Literary Expedition sailed through the area in September, they described the many walruses that they saw there.

People from Kangaatsiaq and the settlements told me about their hunts in these areas: How they would prevent the walruses that were lying on the land from re-entering the water and slaughtered them, and how the surfaces of the Simiuttut islands were completely covered in walruses. They also told me that they were sometimes unable to sail across the mouth of Nordre Strømfjord because many of the walruses came far too close.

The walrus used to stay in the shallow water from about the end of September to the beginning of November. In the winter they stayed in the area between Ittileq and Søndre Strømfjord where the water was low. They lay on the ice at the start of spring.

They stayed around Simiuttaq at the mouth of Søndre Strømfjord. They foraged especially in the southern side in Kangaamiut in the area with shallow water between the furthermost islands. While they stayed there, hunters from Kangaamiut hunted them.

This was the most southerly place to stay. Of course, it was possible to meet some individual walrus by chance in other places, but it did not have a great importance for the walruses' use of nature.

Previous conditions are largely unknown to us. We do know that the Norse hunted walrus within the last thousand years. It may be assumed that they used the walrus population in Kangaatsiaq municipality in the fall. An old man in the Nuuk area can just remember when the walrus in the old days used to come to the mouth of the Godthåbsfjord where they lie on the beaches. That would have been after the time of the Norse when many people started to settle in the area during the 1500s and 1600s. This period was also the coldest period during the last 1000 years.

The Walrus Left the Coast South of Disko

In 1911 and 1912, the navigator on one of the ships owned by the Greenlandic administration was given permission to hunt walruses from a motorboat in the walrus habitat near Kangaatsiaq. In his report (*Beretninger og Kundgørelser*), it can be read how the use of the motorboat scared the walrus. It was in those years that the population started to use motorboats. The walrus stayed near the coastal areas where there was no human scent. That also seems to indicate that they were not frightened by the hunters' regular visits. They continued to come back to their landing places at the mouth of Nordre Strømfjord even though they sometimes were hunted with rifles. It is still remembered that the people sailing in umiaqs who wanted to cross the mouth of Nordre Strømfjord became afraid of the many walruses that came far too close. They waited until the direction of the wind was right and the smell of their freshly brewed coffee drifted across the water and scared the walruses away.

In the 1920s and 1930s, there were fewer and fewer walrus, and at last they disappeared. It is difficult to say what the reason for this was. Year-round, more and more motorboats were used that made a lot of noise and smell. This period was also the warmest when the cod started to come. It is difficult to say which of these conditions was the real reason for the decrease.

In the month of May in 1938, the crew of a schooner on its way from Maniitsoq to Sisimiut saw walruses on the ice inside Uummannaarsussuaq, south of Itilleq (Hans Poulson, who was on the schooner, told me this). That is the last sighting near Kangaamiut. The walruses outside Kangaamiut disappeared during the 1930s.

In the 1920s and 1930s, when the Greenlandic hunters began to acquire motorboats, the hunters from Sisimiut, and later Aasiaat and Qeqertarsuaq, started to hunt walrus in the ocean ice west of the banks. Sometimes they started the walrus hunt in March and continued until May. During these hunting trips that sometimes went into Canadian territory, the hunters saw that the walruses followed the ice edge as it drifted outwards. Sometimes they were so far out that the hunters could see the mountains on Baffin Island. The walrus used the ocean and the ice between Canada and Greenland. This form of hunting stopped in the 1950s. Today, in the spring, we can still see walruses that lie on the west ice.

From the Disko Bay and Northwards

Those places where the walrus crawled up on land are still remembered. The landing places lie in the area from the west side of the Disko island northwards to the Melville Bay, Figure 35.

Most of these landing places were still used in the first part of the 1900s. The majority of landing places were deserted by the end of the 1900s. In the spring, walrus used to lay on the ice in the shallow water coast near Qinniviup Nunaa (southern coast of Svartenhuk) where huge icebergs often got stranded. The walrus stayed there until they started to move northwards. This only happened because there were never any people on the coast near Qinniviup Nunaa at that time. There is some indication that the walrus, like other animal species, used the lead of the ocean ice in their northern migration. The lead goes around the settlements of Upernavik where the hunters hunt the walrus when they pass. After conversations with the hunters there, I understood that the number of walrus has fallen drastically toward the end of the century.

One of the most important influences on the size of the population of various species, treated in the summary *All of Greenland,* is the question about how large a species' habitat ought to be. The decrease in the walrus population can not be explained by hunting alone. The main reason for the decrease must be that they were driven out of their main living places, and that a smaller habitat on the land and ocean now exists.

In East Greenland

Only limited information is available concerning the populations in East Greenland. The walrus is found along most of the coast from Ammassalik to Nordostrundingen. Individual walrus, however, sometimes come to Ammassalik, and walruses are hunted here. The walrus also comes to Ittissalik in

Kangerlussuaq.

The new settlers saw walrus areas in Scoresbysund when they arrived here in 1925, see Figure 34. At that time, Kangerlerajiva Nordostrundengen [sic] (the Walrus Bay) was an important walrus area in Scoresbysundfjord. In August of 1985, a man who now lives in the old people's home shot a walrus from the beach. The walrus was swimming in towards Kangerlerajiva along the coast close to the land. Erik Born and others (1985) indicated the walrus areas when they described the hunting animals in Scoresbysund.

Walrus Areas in Northeast Greenland

The areas lie spread out north towards the Nordostrundingen. We cannot compare the walrus population in this area where no humans live, to West Greenland where lots of humans live. The number of walruses that come to Scoresbysund has decreased from year to year but they never completely disappear.

Walrus Areas in West Greenland Towards the End of the 1900s

Figure 33 shows the walrus areas north of the Disko Bay. Only a few walrus areas in West Greenland are still used at the end of the 1900s. The landing places walrus had previously used south of the Disko Bay have now been abandoned. In the winter, however, the walrus still stay in the west ice, north of Store Hellefiske Banke. When the ice drifts outwards the walrus disappear with it. The hunters no longer go out to the walrus areas near Disko Island. The walrus also left this area when the fisheries were intensified in the area during the ice-free period.

The waters outside Qinniviup Nunaa are shallow. The large icebergs that drift out from the Karrafjorden get stranded here and freeze. The rest of the west coast walruses congregate in this area where they can lie on the ice. Sometimes they stay here until the spring. There are no human beings in this area during this period. I was told this by the inhabitants of Illorsuit. We do not know how many walruses used to be here.

The walrus in West Greenland were driven away by the increasing motorboat traffic. The catches of walrus in West Greenland were always so limited that they were unimportant to the local populations. From 1954 on, the catch of walrus was different in the list over-catches. The catch is as follows in Table 4:

Table 4. Walrus were included in the hunting list in 1954, the numbers are as follows:

1954/55	288	1962/63	267
1955/56	217	1963/64	103
1956/57	413	1964/65	42
1957/58	203	1965/66	33
1958/59	199	1966	41
1959/60	353	1967	22
1960/61	116	1968	35
1961/62*	562	1969	99

**From 1961/62 the catches from Avanersuaq are included.*

Therefore, the walruses' last landing place near West Greenland is near Avanersuaq. The bi-laws of the hunters' associations concerning the use of motorboats in the area are the reason why walrus are still in the area.

Common Seal *(Phoca Vitulina)*

Common seal live near Greenland. Earlier, it lived spread out along most of the west coast. It also came in the summer to the area around Tasiusaq, north of Upernavik (Henrik Olsen, *Upernvik oqalugtuagssartailo,* 1963). It could be found all along the entire west coast and around Cape Farewell up to the Ammassalik area. Until the start of the 1900s, they lived and bred in the archipelago on the outermost rocks and near the big rivers at the bottom of the fjords.

They started to leave their landing places at the start of the 1900s when the inhabitants in Greenland began to use motorized boats for travel and for hunts. Before the 1950s there were still common seal in parts of West Greenland on rocks out from the coast. The common seal was also severely affected by the introduction of outboard motors after 1950, causing them to disappear from most parts of the coast. There are still small populations of breeding common seals in some municipalities, but the numbers are not large.

There have been populations of common seals near the big rivers at the bottoms of the fjords. In the last part of the 1800s, there were still common seal in Majoqqaq in Maniitsoq's Isortoq (Niels Mikiassen, *Atuagagdliutit,* as well as patients in the old people's home in Maniitsoq). The common seal disappeared from Majoqqaq at the beginning of the 1900s. Perhaps, they have also left other large rivers near the coast. Today, there is a protected population of common seals in the mouth of the river near the airport in Søndre Strømfjord.

Presently, the areas that are important for common seals are found near Kap Farvel where there is limited human activity. They can also be found towards the north along the coast of East Greenland. The seal has disappeard from our coasts as a direct consequence of the hunt.

Source Material

Atuagagdliutit
Avangnamioq
Beretninger og Kundgørelser
Bent Muus et al.: Grønlands fauna, 1981
Det Grønlandske Selskabs Aarskrift, 190?
Mylius-Eriksen, Harald Moltke: Grønland, 1905
Rasmus Muller: Vildtet og jagten i Sydgrønland, 1906
Arne Nørrevang: Grønlands natur, 1981
Alwin Pedersen: Rosmarus, 1951
Christian Vibe: Arctic Animals, 1967

All of Greenland

Foreword

In this report information from various municipalities has been collected. The information from within an individual municipality deals only with conditions inside that municipality's boundaries, and therefore presents an incomplete picture of the various animal species' use of our entire land. In this report, by bringing together years of studies, the individual animal species' full use of the land is described. The descriptions in several cases are supplemented by studies from the last centuries.

Several of the species are described in the reports of the individual municipalities. In addition, several of the species have been described separately.

Descriptions are divided into two sections. In the first part, the animals' use of the land and ocean is described. In the second part, human use of land and animals is described, as well as the impact of this use.

Some of this information was collected between 1988-1990 when Helle Siegstad and I traveled to the municipalities and spoke to local people about the conditions. Some comes from my own private research. A fair amount comes from around the 1940s, when I participated in reindeer hunts in Isortoq near Maniitosoq. In the 1950s, I started traveling along the coast, going both north and south. Some information was collected during these travels. Other information is from a trip in 1987 with professor Kingo Jakobson, and then museum director, now mayor, Kristine Raahauge, of the Nanortalik municipality. In August of 1985, I collected information in Illoqqortoormiut Kommunia. I have also, during a number of years, collected information through my travels in the land between the Godthåbsfjord and the Disko Bay municipality.

Human use is also under investigation.

H.C. Petersen

Part One

It is not our intention to deal with all the earlier stories and descriptions of Greenland's climate and nature. A literature list at the end of the report is a reference to earlier descriptions. The most relevant reports will be cited here. Greenland lies in the northwestern part of the Atlantic Ocean, near the northeastern part of the American continent. We live under the same climate conditions as the other arctic and most northerly countries of the world. The most northerly point in our country, Cape Morris Jessup at 83° 40'5" north longitude, is the most northerly land area in the world. From here, the distance to the most southerly point in Greenland, Cape Farewell, is 2,670 kilometers, at 44th longitude.

At its widest distance, between Cape Brewster in Illoqqortoormiut municipality to the most westerly point in Nuussuaq in West Greenland, the land runs approximately 1000 kilometers.

From the northwest rounding in the east to Ullersuaq, the time difference is four hours and twenty minutes.

The land mass covers 2,186,000 square kilometers. The inland is covered by inland ice. Land areas that are covered by inland ice are seven times larger than the areas that are ice-free.

The land areas are high. The highest point on the inland ice is 3,000 meters. The highest mountain in East Greenland, Guunbjørn country, is 3,730 meters. In West Greenland, the Naparutaq in Maniitsoq municipality is the highest with its 2,190 meters.

The coast is very uneven, and in many places the mountains are over 1000 meters high. Large glaciers from the inland ice extend all the way to the coast. Some of them are several hundred meters high. The ice-free land areas in West Greenland are a maximum of 200 kilometers wide, while on the east coast they can reach a width of 300 kilometers. The Scoresbysundfjord in East Greenland is Greenland's longest fjord at almost 300 kilometers. It also holds the most water.

The Greenlandic Grundbjørn country is very old, and is home to the world's oldest stone mountain specimens. The oldest of mountains were created approximately 3,800 million years ago and are found in Nuuk in West Greenland.

The Surrounding Countries

Canada is our closest neighbor. At the north near Ellesmere land, the narrowest distance is 40 kilometers between Canada and Greenland. At the Davis Strait in West Greenland, the distance from Sisimiut to Canada is 300 kilometers, the distance to Iceland is 300 kilometers, and to Svalbard 570 kilometers.

Nature and Climate

Climate

In the month of July, the average temperature is about 10° Celsius. This data has been collected in southwest Greenland. These low temperatures are the main reason there is no real tree growth in Greenland. With the exception of a few trees located in the fjords of southern Greenland, no trees grow higher than 5-7 meters.

Trees

Among the tree species in Greenland is the downy birch *(Betula Pubescens)*, which is found in Qaqortoq bay, and Greenlandic mountain ash *(Sorbus groenlandica)*, which can reach more than 5 meters. In the north, the Greenlandic mountain ash has spread all the way to Allumersat fjord in Nuuk municipality. American green alder *(Alnus crispa)* does not achieve this height. It spreads as far as Kangerlussuatsiaq in Maniitsoq municipality. Also juniper *(Juniperus communis)* belongs to the bushes. In western Greenland it spreads all the way up to Kangaatsiaq municipality. In East Greenland you can find it as far as Kangerluaautsiaw in the Ammassalik municipality. There are four different species of willow *(Salix)* that grow everywhere in the country.

The bushes and trees mentioned are found in areas of fjords with lots of water.

Climate

Temperature measurements and precipitation may be seen in the book *Grønlands Nature*, 1989, page 175.

Ocean Temperature

The temperature of the ocean surface is influenced by three significant factors.

1. The very cold ocean currents from the northern Arctic Ocean move south, around the east coast as well as other southern moving ocean currents near Nares Strait.
2. Irminger current, which is on the Gulf Stream. It moves up along West Greenland and influences temperature at the ocean surface.
3. Influences from the air temperature, both the sun-warmed air, and the cold air.

Ocean Currents

The current that runs from the northern Arctic Ocean along East Greenland and further north along West Greenland, is always very cold, around 0° Celsius. It moves ice from the Arctic Ocean toward the south.

We do not know the temperature conditions in the part of the northern Arctic Ocean that moves south between northwest Greenland and Ellesmere land.

The ocean temperature in West Greenland is over 0°. The influence of warmer water from the Irminger current is apparent on the ocean surface up to Paamiut, as well as those places along the coast where the coastland has grown. If you look at Greenland's longitudinal placement in relation to northern Europe, it is easier to conceptualize climate conditions in Greenland. The northerly placement creates the climate conditions. The cold ocean current runs along the north coast of the easterly continent further east until the warm ocean current is found. Cape Farewell and Oslo in Norway lie on the same longitude but their different placements give them very different climatic conditions.

The Influence of Warm and Cold Air

During sunny summers, the average temperature of the ocean's surface on the shores outside of Kangaatsiaq can reach 6° Celsius.

When winter cools the ocean surface in Davis Strait and the Baffin Bay, these ocean areas freeze, and the cold temperatures from Canada can reach Greenland. During such winters the whole strait between Canada and Greenland may freeze over.

During such icy winters, the animals that normally live in this area migrate further south, as do some species of whale.

The Influence of Light

Light has an influence on the living conditions of animals and, therefore, also of humans. The winter darkness has a greater significance than the midnight sun. Below, the influence of the sun in summer and winter are respectively illustrated.

	Summer Solstice	Winter Solstice	Start/End
Aasiaat	13.5	31.7	28.11/13.1
Ummannaq	15.5	20.8	21.11/23.1
Upernavik	20.4	29.8	6.11/ 6.2
Dundas			20.11/16.2

Animal Land Usage

Reports from individual municipalities show where the most important game animals are found in each area. There is significant difference in the intensity of the individual species use of the land in the different municipalities. Here we examine the general animal use of the Arctic.

Some animals are arctic animals whereas others are from the Atlantic. Some animals stay in our land year-round, and some do not even leave specific breeding grounds. Some animals migrate to different parts of the country, in different parts of the year.

In examining information concerning animal migration, it is clear that the migrations are determined by the climate. The conclusion, therefore, is that different animal species prefer areas with specific climate conditions. There are three reasons for this:

- First, the animals' migration is determined by foraging, and they are constantly forced to seek out new places to feed.
- Second, climatic changes have a physical influence on the body and they look for places that are better suited to physiological needs.
- Third, physical changes in nature due to climate, for example that ice is created, or that ice is no longer there, forces the animals to migrate.

Migration Routes of the Animals

Animal migration across the coast usually takes place biannually. In the spring they migrate to the north, towards the birthing and foraging areas of the summer. In the fall, animals move to the south, towards their wintering areas.

Whales

Their use of the Greenlandic ocean is described in the chapter Whales.

Seals

The migration route of the seals is described in the chapter Seals.

Birds

Birds migrate from the most southerly point of Greenland to the most northerly areas. Some of them even reach areas of northern Canada and Siberia.

Various birds that leave Greenland and migrate further south fly across Canada. Others fly across the Atlantic Ocean to Europe or even further.

Other birds stay inside the boundaries of the country and migrate from the south to more northerly areas for example the king eider and the Atlantic guillemot.

Dangerous Migration Routes

As birds migrate up the coast, their exposure to danger varies according to their location, and is dependent on both natural conditions and threats posed by hunters.

Vaigat is one of the areas where birds are hunted along their migration route. The hunt takes place especially at the narrowing between Disko Island and the

Arveprinsens Islands. There are many boats in this area that pose a threat to birds, and therefore many avoid the Disko Islands and follow different routes. Another dangerous route befalls the narwhal. Since 1970, many boats have awaited the narwhal in the southern part of the Melville Bay during the fall when migration from the Thule area begins.

In the 1960s, there was fishing for salmon in the fall when they migrated close to the coast.

Many birds were caught as a byproduct in nets on the fishing banks. This especially affected guillemot, as they were migrating south with their young ones. Thousands of them died in the nets.

Sudden ice formation over a larger ocean area can block the route for whales and enclose them (*sassa*). A number of whales have undoubtedly died this way.

Land Mammals

The land mammals of Greenland are the polar bear, reindeer, musk ox, wolf, blue and white fox, hare, ermine, and lemmings. The last two species live only in East Greenland.

The Greenlandic Polar Bear *(Ursus maritimus)*

The two most important populations of polar bear exist in 1) East Greenland and 2) Melville Bay.

East Greenland

Some polar bears live permanently in certain places in East Greenland. Others move with the pack ice south to the Cape Farewell area. From there, most of them probably return towards the north.

Polar Bear Population

The information I have about the polar bear's use of the land in East Greenland shows that the polar bear rest in specific rest areas on their routes.

The polar bear area near Umiivik, between Isortoq and Pikiulleq: This place has a rich animal life: seals, whales, birds and polar bears. The polar bears probably use this place as a permanent living area on their migration route and sometimes breed here.

The polar bear area near Aputitooq: The innermost part of the bay near northern Aputitooq is very difficult to travel around and it is very rare for humans to appear here. It lies near Kangerlussuam. One can sail there (Figure 36). It is said that there are many polar bears in these areas and that the bears breed here (Ulrik Piivaat, Kuummiut).

The polar bear's migration routes: Polar bears migrate toward the south on the ice and walk along the coast when returning. We found a new route during our travels through an examination of our collected notes.

Oral Accounts
The hunters from Illoqqortoormiut told us that:

They have seen polar bear footprints in Gåsefjord that came down from the inland ice and others that went the other way. They wondered where the polar bear was going (Jonas Brønlund, Frederik Aaqqii and others).

A geologist told me that one summer she had worked in Rendland in Scoresbysund fjord. There they had seen polar bears migrate through the southern and northern valleys (Margrethe Watt).

A hunter who had wintered in the Itissaalik fjord told me that polar bears travel over the innermost glacier (Ulrik Piivaat, Kuummiut).

A hunter from Ammassalik said that he occasionally sees bear footprints deep inside southern Sermalik. The footprints follow the direction of the inland ice. The hunter had wondered where exactly the polar bears were going. On one beautiful spring day, he followed a bear on his dog sleigh inland. He gave up and turned around when he got as far as Mont Forrel, but the tracks continued.

People from Isortoq in Ammassalik municipality told me that earlier bears had taken a northern route through Sermalik when the place was quieter and less trafficked. Now polar bears wander west of Isortow, up and over the ice near northern Sermalik, where the ice does not close and, therefore, seals are always there.

A helicopter pilot from Greenland told me that he had flown several times to the south from Kaangerlussuaq Itissaalik and had chosen an alternative inland route over the nunataks. Here, deep inland, he saw to his great surprise something alive. It was a polar bear on its way north in the direction of Kaangerlussuaq Itissaalik (Pilot, 1992).

We must assume that inland there exists a route that the polar bears use as they move north. It stretches over approximately 1000 kilometers as shown in Figure 1.

The route starts west of Isortoq in Ammassalik municipality and goes towards Sermalik. From here it continues on to Kaangerlussuaq Itissaalik, then to Godeasefjord in Scoresbysund and further through the bottom of the fjord to the northwestern fjord. From here it moves to the north in the valleys of the Alps where the polar bear may further migrate to King Oscar's fjord.

Polar Bear Populations in West Greenland

West Greenland's largest polar bear population is at the Melville Bay, which makes it the most important polar bear hunting area. Melville Bay is also Greenland's largest breeding ground for polar bears.

Populations in the northern part of the district are convinced that the number of polar bears has risen over the last part of the 1900s. Not only have populations inside the Melville Bay increased in this time period, but polar bear populations outside the region have also increased, for example, in the Upernavik region. The southernmost boundaries of the polar bear are moving further south. During the last few years, an increasing amount of polar bear tracks have been seen in Qinnivik in Uummannaq Fjord.

The abundance of food influences the size of polar bear populations. The large increase in the stock of ringed seal after the 1960s has certainly been a decisive factor in the increase of polar bears over the last half of the century.

The description of the Greenlandic reindeer can be read in the chapter *Reindeer in Greenland.*

Musk Oxen *(Ovibos moschatus)*

Musk oxen populations are found in East Greenland. They came from Ellesmere Land after the last ice age, migrating along the West Greenlandic coast, along Pearyland and Scoresbysund Fjord. Whether or not large populations of musk oxen ever existed in West Greenland is unknown, though skeletal remains have been found in Qaarusulik north of Kullorsuaq (Nickolaj Jensen). The glacier in Evighedsfjorden in the municipality of Maniitsoq is called *Ummimak* (Musk Oxen). People in Appamiut tell a story that once there was an animal with dark long fur and legs that could be seen just beneath its fur, near Sermersuut in the municipality of Narsaq.

People hunted the musk oxen in northeast Greenland during the Independence Culture that existed in the area approximately 4,500 years ago.

The population of musk oxen in northeast Greenland has varied throughout the years. In the 1940s and 1950s, the population of musk oxen was estimated at being from 10,000 to 15,000 (*Grønlands Natur,* 1981).

The population had fallen significantly in the 1930s when there were several icy winters in Jameson Land (Finn Kristofferson).

From 1961 to 1965, the biologist Christian Vibe took the initiative to catch 27 musk oxen alive. He took them to West Greenland, in the area south of Kangerlussauq to Anqujaartorfik Land, where it is apparent that the musk oxen thrive. The population grew annually 25 to 30 percent. The musk oxen in Angujaartorfik Land make up the central population in West Greenland. In several cases, the musk oxen have survived better than the reindeer. We do not know if the large annual variation in the population of reindeer also happens among the musk oxen.

The musk oxen in Angujaartorfik Land migrate north. In the 1980s, we met an elderly female in northern Nordre Strømsfjord near the boundary between the municipalities Sisimiut and Kangaatsiaq. It is known that among hoofed animals, the younger males expel the elders.

In 1991, I found excrement even further north in Eqalummiut Land, though I saw no animals. Several times, musk oxen have been traced around the country, for example, near Ivittuut. Here, they have managed very well and have bred as in Søndre Strømfjord. There was also a group of young animals in Avanersuaq, but they have not thrived. "If there had been experienced mature animals along, maybe they would have managed better. Young animals have no experience," is the opinion of a person from the area.

In 1992, musk oxen were released in Qinnivuit Land near Svartenhuk and in 1993, musk oxen were released from Naternaq/Lersletten.

What Should Happen?

From a political standpoint, it should be decided in the future, in addition to the hunt on musk oxen, if musk oxen farms for commercial use should be established. This would allow the use of musk oxen for profit to be controlled. By controlling breeding, it will be possible to better use the entire animal, including all the meat, the cranium, and the wool. It should also be possible to start musk oxen breeding in areas with greater amounts of snow, which allows for driving with scooters and transport in the winter, while more mountainous areas can remain as hunting areas.

The Wolf *(Canis lupus)*

The wolf is widespread in far northeast Greenland, as well as in the boundary from the southern expansion in Scoresbysund Fjord.

In West Greenland, you can find wolf traps that the Norse crafted many years ago. They have been made the same way as fox traps, but slightly larger. They are around 80 cm high. I saw four out of the five in a valley between Tasermuit and Tasiusaq. Other wolf traps have been found in other Norse areas. From this we may conclude that the wolf was extensive in West Greenland when the Norse arrived in the country.

There is a mountain by the name of Amaroq, wolf, near Qerrut Assivii in Nordre Strømsfjord.

It is not unusual to see wolves in West Greenland. There is no conclusive evidence, but they have been found. During the last 150 years, there have been wolf populations in Kininland on Pspartanhok.

Information

Funck writes (1840), wolves were caught in Uummannaq Fjord in the 1830s. Every 10 years since that time, there has been data about wolves in the area. Most often it is from the area around Illorsuit. In 1869, a couple of wolves were seen in Illorsuit, the male wolf was shot, but not the female (*Atuaaniutitaat*, II).

The wolf territory lies in Qinnnivik Land in the Svartenhuk. There are no exact years indicated, although they have been seen on the island on Illorsuit. In the winter of 1946-1947, a couple of wolves wintered in Illorsuit without being caught (Elisebannguaq Johansen). The last wolf that was caught in the area was near a fishing place in Nuugaatsiaq in 1978. It was busy eating fish entrails. Every year, there are new wolf tracks in Qinnivik.

Information About Wolves

Hunts:
1835 – wolf caught near Illorsuit.
1868-69 – male wolf caught near Illorsuit.
1920s, 1930s – nothing.
1946-47 – a wolf wintered without being caught.
1950s – nothing.
1960s-1970s – nothing.
1978- the wolf that came to the fishing place near Nugaatsiaq in order to eat fish garbage was caught.
1980s – wolf tracks are seen every year in Qinniviup Nunaa.
1992 – in the summer, tracks of wolf with young ones seen in ... (Frederik Grønvold).

The many observations of wolves in Qinniviup Nunaa indicate that there are wolves in the areas. The question is, "How can we protect them?"

Sheep

Since the time of the Norse, the Greenlander has known sheep. The Greenlandic name for sheep, sava, comes from the Norse word for sheep: *sauer*.

In 1916, the state supported sheep breeding in southern Greenland. In the 1940s, they also were in Nuuk, Qooqqut and near Kapisillit.

Today, a portion of the sheep population live as wild animals on the island at the bottom of the Ameralikfjorden. This flock of sheep has adjusted itself to the area and has reached a mature size. It cannot grow further in size, because, despite the fact that they are protected, the sheep are still hunted.

If you examine sheep breeding in Greenland, the wild sheep present an interesting case. If wild sheep have genetically adapted to the climate of the land, then breeding wild sheep with domestic sheep will be useful. This possibility has not yet been explored.

What will the municipality and the Home Rule government do in order to prevent this flock from being hunted to extinction?

Sea Mammals

The sea mammals near Greenland have been described separately in the chapters Whales and Seals.

Fish

In addition to the information concerning the individual municipalities, fish have been described in separate reports (see chapter, *Cod in Greenland*). Another report deals primarily with halibut, catfish and trout.

Birds

There are many different species of birds in Greenland. Most stay during the winter in the southern part of the country, but move to other areas during the summer. Many leave for part of the year and migrate to other countries.

Eider Birds

There are two species of the eider bird *(Somateria mollissima)* and the king eider bird *(Somateria spectabilis)*.

Here we will look at the West Greenland bird, the eider. Their yearly migration covers a great distance. They winter in open water areas, especially in shallow water areas where they can find shellfish, particularly mussels. The most important foraging areas can be seen in Figure 3. If they are near winter ice, they will stay in Arfersiorfik.

Because of strong currents, groups of islands or straits do not freeze over. The birds also stay in areas with sand bars near, as well as straits and fjords with shallow water that is no deeper than 20 to 30 meters, so they can reach the sea bottom. Elders from Kangaamuit tell me that in their younger days, they competed with king eider birds, while kayaking, to see who could hold their breath the longest. This was a frequent occurence while hunting on the banks off the coast.

Both eider bird species winter in the most southerly regions, but early in the spring they migrate north to their breeding grounds. At the end of April and May you can see thousands of these birds in Kangaatsiaq and Asaiaat on their way to their breeding grounds further north.

They breed in Upernavik, near Thule, in northern Canada, and in northern Greenland. At the beginning of the fall, they return with their young to their wintering areas.

Their migration along the East Greenland coast is unknown, and will therefore not be discussed here.

The eider bird is extensive throughout West and South Greenland. Their habitats have been documented by the individual municipalities.

When the winter ice begins to break in the spring, the eider birds migrate north. Earlier, the area near Naternaq was the most important molting area. The eider birds spread near Svartenhuk for example, in Narsaq, and also molt there. The molting areas have been shown in the reports for the individual municipalities.

In the beginning of the 1800s, the KGH trading company started to purchase down from eider birds' nests. The development of this trade is apparent when examining the reports that were prepared every 20 years. The purchase of down is shown in kilos.

	1862	1882	1902	1922
All of Greenland	1,661	1,011	233	537
Kangaatsiaq	611	479	116	32
Percentage	40	47	51	6

The amount of sold down increased in 1922 in comparison to 1902, due to the fact that just before 1920 eider down started to be collected from nests in Kitisissorsuit, north of Upernavik. How the collection of down has influenced the eider bird's use of the land is unknown.

In order to avoid impacting the number of birds, the collection of down is allowed only after breeding is finished. Experience shows that these rules have not always been followed. This is likely the reason for the eider bird decrease towards the 1970s and 1980s.

The Short Beaked Guillemot (*Uria lomvia*—thick-billed murre)

Many guillemot breed in Greenland. Figure 3 shows registered breeding places with more than ten pairs of breeding birds. It is primarily the polar guillemot (the short beaked guillemot) that lives and breeds in Greenland.

There are guillemot colonies throughout Avanersuup municipality north, down to Cape Farewell south, and all the way up the Appalik to Liverpool Land.

The Greenlandic guillemot nests and winters both along the coast, as well as in the ocean off Greenland. It breeds in colonies in other countries.

The guillemot does not use the same breeding ground year after year. We suspect that human influence may cause guillemots to leave a breeding place, but climate changes may also play a role as well.

Long ago, there was a guillemot colony in Innajuattoq in the Godthåbsfjorden. Specific dates for this colony, however, remain unknown, and the reason for its retreat is unknown. Earlier there was a guillemot colony near Ivittuut. It was left for a period, but in the 1950s it was colonized again.

The registrations from the Uummannaq Fjords may be seen in Figure 4. Dr. Berthelsen carried out the first registrations in the 1920s. Subsequent registrations were carried out in cooperation with Mathias Fleischer from Uummannaq and are from around the 1940s and the 1990s.

Changes

In the last half of the 1900s, large changes have occurred regarding guillemot colonies in Greenland. There are several reasons for this. The salmon fishery in the 1960s along the coast and in the Davis Strait was the reason that thousands of guillemot and their young died. They drowned in the fishing nets during the fall migration along the coast towards the south.

Furthermore, the outboard motor has made people more mobile. Now the guillemot colonies and the birds' foraging places are disturbed more frequently. Lastly, travel activity both by water and in the air has increased, disturbing the guillemot along the coast

When we [Helle Siegstad and HC], examined the question from 1988-1990, it happened that the majority of disturbed colonies in West Greenland that were left behind fell within specific regions. These were the areas from Ritenbenk, and the guillemot colony up to the area around Tasiusaq, north of Upernavik. When we examined the matter further, we found the reason why the bird left the colonies.

The colonies lie in areas with heavy traffic, and the birds are too disturbed during breeding periods to inhabit them. It is our opinion that small boats with outboard motors and noise from rifles create the majority of the disturbances along with passenger ships that intentionally blow whistles to see the birds fly.

The birds are also disturbed when helicopters and airplanes fly too close to their habitat.

These are all reasons that contribute to the fact that guillemots have left even reasonably large colonies, for example, Salleq, in Ummannnaq Fjord.

After the 1950s, the colonies in the area from Ritenbenk to Tasiusaq north of Upernavik have been either completely deserted, or used by only a few guillemots. Until 1940, there were 8 bird mountains with guillemot in Sermilinnguaq near Ikkamiut in Maniitsoq municipality. After people acquired boats, the guillemot left. Today there is only one colony in the area.

New Colonies

People from the Cape Farewell area have told me that during the last years, new guillemot colonies have begun to appear in the area. I am not aware how many. There should be 1-2 on the island of Itilleq near Cape Farewell and also near Kangersuasik in the region of East Greenland, or a little north from there. There are possibly colonies in Kangerlussuatsiaq/Evighedsfjorden that have been established (Cape Farewell). It seems as if in the last part of the 1900s there has been a migration of guillemots to this region. As mentioned earlier, after 1950 there were guillemots in the Ivittuut area once more.

Geese

Most of the colonies in West Greenland lie inland, north off the glacier near Tassersiaq (inland of Maniitsoq). The most southern breeding ground lies near Sioraq/ Frederikshåb Isblink in the municipality of Nuuk. The colony lies near the mouth of the fjord Qunnilik north of Sioraq. The area is a humid wetland of grass and shallow water. It is one of the largest areas for geese. See Figure 5.

The geese arrive here in the spring to breed and molt. In September, they leave the area. I do not know which species of geese they are. This wetland has been protected in accordance with RAMSAR convention.

The terrain near Søndre Strømfjord is the most southerly inland area for geese. From here, and towards the north, there are a large number of breeding grounds along the coast of lakes. These are mainly Greater White-fronted geese *(Anser albifrons)*. Many young geese mature in the municipality of Sisimiut and inland from Kangaatsiaq municipality.

Naternaq is one of the larger breeding areas. Geese arrive from Canada in May in order to breed and molt before leaving the area again in the beginning of September.

They also breed in the inland area near Disko Bay, on Disko Island, on Nuussuaq, and near Ummannaq and Upernavik. Geese are among many web-footed birds that breed and molt in Narsaq on Svartenhuk peninsula.

There are also geese in the municipality of Avanersuaq. Before the military base was constructed there, several species of geese bred and molted in the wetlands in the island near Thule. There are also geese in Inglefield Land.

The white snow goose *(Branta canadensis)* arrives during the summer. It mainly stays in Avanersuaq municipality but some move towards Melville Bay. It breeds on the island outside of Kullorsuaq (told to me by Nikolaj Jensen, in Kullorsuaq). According to people from Illorsuit, a few breed are from Svartenhuk.

NOTE: The Canada goose is the *Branta Canadensis,* the white snow goose is *Chen caerulescens.*

East Greenland

There are several different species of geese from Europe which breed in large numbers in Jameson Land. I only have a very limited knowledge of the geese that come to East Greenland.

Many species of web-footed birds breed inland in East Greenland, mostly near lakes and water holes. The long-tailed duck and great northern diver breed in large numbers.

The area near Ilivillip Lake and the inland in the municipality of Sisimiut are distinguished as breeding ground for many species of birds.

Mountain ptarmigan breed mainly inland. Naternaq ought to be mentioned as a very important breeding ground. I cannot say if the increasing traffic in the area has had any influence on the breeding mountain ptarmigan. I have seen many breeding mountain ptarmigan in the area between Kangerlussuaq and the Disko Bay.

Mountain ptarmigan migrate south and return in the spring. The hunt takes place during the bird's migration period. Fishermen tell me that ptarmigan come from the west towards the land in the fall, but I do not know if they come from Canada or not.

Section II

The Destruction of Hunting Areas

The destruction of hunting areas is a subject strongly related to living resources in Greenland.

The destruction of hunting areas happens in two ways:
Natural Changes
Man-made Destruction

We will give examples of both.

The weakening of nature: It is not completely accurate for us to use the term "the weakening of nature." We experience changes that happen in nature as weakening when they have a negative impact on our use of nature. When these changes are positive or neutral for humans, then we do not experience them as weakening. Here, we are talking about the type of nature, which is the foundation for our existence.

In regard to climate change, one is tempted to say "farmer's happiness is the hunter's bad luck." Our attitudes towards change in the climate are dependent on whose interest we share.

Many examples of the erosion of nature in our country may be cited.

Living Nature

Areas with clay and sand that are difficult to use by living organisms are called desert. Only when dead organisms are turned to earth can they be used by things that grow.

The Layer of Earth

Even if the topsoil can be used, it is necessary that it stay in place in order to sustain the earth.

Topsoil "lives a dangerous life." If the topsoil lies unprotected, wind and water can remove it; the top layer must always be protected.

Topsoil is protected by extremely small plants that grow in clusters, whose roots hold the soil together as if they were hands. Despite the fact that they are very small, these plants are of great use. They protect a large part of life on earth. Their function is:

1. To protect the humidity of the earth and prevent water from evaporating. Dry earth can easily be blown away, whereas humid earth is more likely to stay in place.

2. Strong wind can blow the earth away. Small plants prevent this. They function as a protective layer, even in a fierce storm. In this way, the earth's surface remains whole and the top layer remains in place.

Wherever we are, whether it is at the equator or in the Arctic countries, these are very important factors for life on earth.

It is not possible to live without the "skin" of the earth here in Greenland and therefore, it has to be protected. Several places in Greenland, areas have become damaged. They are sandy or clay-like and without any plant growth.

Example

The layers of soil in a large land area in Vatnahverfi in Qaqortoq and Narsaq municipalities have been destroyed. The same has happened for a large area south of the Igaliko Fjord. The strong south Greenlandic easterly wind from the inland has extended the area toward the west so that now it stretches for around 15 kilometers.

Exactly how this occurred is unknown. One possibility is that domestic animals (sheep) have overgrazed the area so that the protective plant layer has disappeared and erosion has begun. Dry summers may also have destroyed protective plants.

As there is no nourishment in the sandy and clay-like soil of the exposed earth, plant growth does not remain. Areas will appear infertile and scarred for many years to come. There is a limit to the burden nature can bear.

History

About 8,000-10,000 years ago the climate changed, resulting in a warmer climate and more melted ice. It is at this point that actual plant growth appeared in Greenland. The fjords in southern parts of the country and the fjord areas with enough water were covered by a fertile lush growth of bushes. The many different plant species safeguarded the humidity.

In the period from 1000 to 1400, the Norse cleared out land areas and used them for plant and animal production. If the layers of earth in areas used by the Norse are examined, it can be seen that there were sand storms towards the end of the period. The earth had been used excessively and had been "tortured" because the protective layer was gone.

During the next 500 years, 1400 to 1920, the earth was not cultivated and it slowly returned to its "original" nature.

Sheep farming began in 1920, and in 1930 people began once again to use the land for their purposes. Here we will try to describe how this approximately 50 years of use has influenced the land.

Destruction of the Cultivated Areas

I have with great interest followed the changes in the areas that have been cultivated during my travels in southern Greenland and my visits to sheep farms. I will illustrate here what has happened.

Examples

The photos on pages 256-259 show the changes that have occurred. Pictures 1 and 2 show an area where the plant life, through the centuries, has been able to grow undisturbed. The plant growth consists of the species that have naturally survived in these areas.

Weeping willow *(Salix)* and birch *(Betula)* grow between each other on the slopes and reach a height of about 5 or 6 meters. They grow in groups or individually, always in moist and sheltered slopes that turn toward the south. The ground cover consists of annual and perennial plants, Picture 3. Weeping willows, ferns, leaf, and grass grow between each other on the ground. This is an area with natural growth.

Picture 4 shows a "tortured area" where everything is dead. In the background can be seen an area with natural growth.

Pictures 5 and 6 show cultivated earth where sheep forage during summer and winter. Sheep have eaten leaves they can reach on bushes. Sheep can reach parts of the trees in winter when snow has fallen, that they cannot reach in the summer. They can therefore reach high enough to eat the buds. The tree loses more and more leaves. At last, there are only leaves at the ends of some branches. The tree is weakened and dies because of the lack of its leaf growth.

The growth of trees is therefore overcome by lower growth, and the area becomes open.

This lower plant growth cannot hold the large amount of melted water in the spring or the summer rain. As long as there were trees in the area, their roots could bind most of the moisture in the earth. Now, when the trees are gone, the water has greater strength, and the earth erodes, Picture 7.

There are no longer trees in the area. Humans who had cultivated the areas, Pictures 7 and 8, cleared parts of the area of trees. Some sheep farmers grew a different sort of grass imported from other countries. Although the area's natural growth has gone, the land can still be used commercially.

The sheep graze outside the tilled areas. They eat new buds on the plants and weaken their growth. Some plants are weakened so much that they do not survive. This contributes to weakening the layer of earth so that many areas are unprotected.

The process continues. When the earth is dry, the wind blows the unprotected soil away, which also occurs during heavy grazing. Water also breaks the top-soil and washes it away. The natural balance that has existed during several hundred years has become destroyed during a few decades. The limits of what nature can "endure" have been overstepped. Future generations will not be able to use these areas commercially.

Picture 12 shows tree stumps that prove the existence of earlier trees growing within the area. These tree stumps are found throughout the region. These changes happen when nature's balance is disturbed by uncontrolled human use.

It may be acknowledged that climate change through the centuries has impacted nature in various ways, as increasing temperatures and precipitation have changed.

Cyklus-100 and Agriculture

The south Greenlandic sheep farmers of today and land users who farmed before the 1950s see changes in conditions between then and now. When they are asked, one often gets this answer:

"Today, the summers are so short that the species of grass that we were able to cultivate before 1950 no longer reach maturity."

In order to understand what has happened, we must look at the measurements of temperature in the spring periods.

A Comparison of the Periods 1932-1941 and 1980-1990 to 1880-1890

Several changes have taken place in comparison with the warm period. At the end of the 1980s, there was a cold period, and when heat returned, the air was very dry. This did not have a major impact on farmers, as they had the possibility of watering by man-made means. In natural habitats where domestic animals graze, however, the plants grew extremely slowly. Growth started very late and the plants lacked water. Furthermore, plant size was dwarfed and this influenced plant-eating animals.

This can be interpreted the following way: plant growth is better in the warmest period of Cyklus-100 because the summers are longer and more humid. The plant-eating animals thrive in this period. It is known that the fjords froze in the cold periods, 1880-1890. The ice in Tunulliarfik disappeared only at the beginning of June. The conditions, therefore, are very similar to present conditions.

Let us compare growth periods in the warmest period to the coldest period:

In the warmest period:
- From the start of May until the end of August, 123 days.
- From the start of June until the end of August, 92 days.

In the coldest period:
From the start of July to the end of August, 62 days.

Unfortunately I do not possess the information that can be used for more precise measurements.

Other Examples of Use that "Burdens" the Earth
Since 1950, immense changes in animal life have occurred. Some changes are the result of nature's own fluctuations, whereas others are the result of human influence.

We will mention here a few very clear examples of changes in nature because of humans:

- Trout rivers where the population of trout has disappeared because of over-fishing.
- Fjords with populations of Greenland halibut which only have

small Greenland halibut left because of over-fishing. They can no longer be used commercially.

- Guillemot colonies that have been deserted or where only a few birds are left.
- Large deserted eider bird colonies. The same holds true for the colonies of terns.
- The rapid depletion of agricultural land.

Our Evaluation of the Use

Here is an overall evaluation of the above-mentioned conditions.

Too many hunting areas are destroyed if the use of living resources is exclusively dependent on the individual's desires and needs. Greenland is not big enough for every person to freely use the land.

It takes a long time to regenerate destroyed nature. If a fjord becomes empty of halibut it will take approximately 20 years before a viable population returns. We have no information concerning the amount of time it takes before birds return to the bird mountains. For a destroyed land area it takes an even longer time.

A much better administration is needed, if the destruction of land area is to be prevented because of overuse. This should take place in cooperation between the Home Rule Government, the municipalities, and relevant organizations.

The Re-creation of Destroyed Areas

An interesting question:

> Are there any experiences with recreating the balance in destroyed areas and returning them to its original state?

There are several examples:

Nuuk municipality has during the last year observed large eider bird colonies in the area from Sioqqat and up to Nuuk. The controllers observed and inspected the actual areas during the eider birds' breeding time to make sure that people did not disturb them. They have the mandate to report any wrongdoing to the police. People from the settlement, Fiskenæsset, are convinced that birds have started to return to their breeding grounds because human influence has decreased.

It is not only in the area between Fiskenæsset and Kitsissut that this has happened. Several places along the coast, the eider birds have gradually started to return to their breeding grounds. This is an interesting development to follow.

There are several reasons why eider birds left their breeding grounds, and now have started to return. What significance has the climate had? I do not have the documentation to be able to answer this question.

However, two factors may be mentioned:
First: the changes in the attitude of the inhabitants to animals.
Secondly: the adaptation of the animals to new surroundings.

The Animals' Reaction to Modern Technology
The animals have reacted to the introduction of more modern technology and machines. This has given several people an occasion to individually observe and follow their reactions.

The Arrival of Motorboats
The first motorboats started to travel along the coast between 1910 and 1920. There is an account from 1911-1912 about walrus hunts by motorboats at the mouth of Nordre Strømfjord. It describes how the walruses became agitated when the boats arrived at the hunting place (*Beretninger og Kundgørelser,* 1912).

The kayak continued to be much used for seal hunting when motorboats were introduced in West Greenland in the 1920s and 1930s. There was much discussion concerning the motorboats and their interaction with seals. There were many letters to the editor and articles in the newspapers about this and the country council discussed it. This foreign element was both noisy and odorous and disturbed the animals. It was exactly in this period that the eider birds started to leave their colonies on the islands along the coast.

1920-1950 was the warmest period in Cyklus-100. It is difficult to say if the changes in animal life mainly were a result of the human use of nature or if the reasons could be found in climate change.

Outboard Motors

The introduction of outboard motors in the 1950s and 1960s has probably been the most noticeable change for the animals. Huge changes have taken place in animal life since then. There are two reasons for this:

a. New noises and smells in the environment. The noise from the outboard motors spread very quickly through the air and the water, even to faraway areas, where earlier slow boats did not reach.

b. The ethics and behavior of humans. Some use the boats recklessly. People who only have a limited knowledge of nature and how to care for it, now navigate through waters with sensitive natural habitats. For example, they are capable of catching up with birds and shooting them.

Some other significant changes have taken place in this period:

- Reindeer left their colonies.
- Some guillemot colonies were deserted.
- Eider bird colonies were deserted.
- Eider birds no longer use their molting area near Naternaq.
- Some trout rivers became empty, etc., etc.

In the last 50 years, the introduction of motorboats has enormously affected some Greenlandic animals. Previously, a number of areas in the country were free of noise and people. After the introduction of outboard motors, however, it is now possible for humans to travel and reach everywhere.

In some places young animals now grow up among noise and smells. If this does not present a danger, they accept it. When the first airplanes arrived in the 1940s, the reindeer fled. Today the noise from the airport in Kangerlussuaq does not affect them because they do not associate "bad experiences" with this sound.

On beautiful summer evenings with good weather the whole west coast from Cape Farewell to Siorapaluk is filled with noise from outboard motors. There is no possibility to hide from the noise but the animals have accepted the conditions. However, they are not capable of adapting to hunters. They flee when even the smallest danger signal is present.

It is necessary to fight unnecessary disturbance of the animals.

Unnecessary Shooting

A part of the change we see concerns our ethics and behavior. The relation to animals in modern society is completely different than in the old hunting society of earlier times. The modern viewpoint is that humans are the most important being because they have a soul. The animals do not possess a soul and have no significance. Our view of animals has changed completely.

With this change in beliefs, a completely limitless and useless need to shoot has appeared. If you are a passenger in a boat, you can witness that everything that could be shot as one sailed past, was indeed shot at. This urge was not in order to catch anything, but just because one wanted to shoot. Animals that were killed were not picked up, and animals that had just been struck by bullets were left behind, wounded.

Different Observations

There is a difference in how the various animal species have adapted to technology. The use of technology and the use of animals each have their own history.

Uuttoq Seals and Airplanes

Hunters that went seal hunting in the spring when the seals were sunning themselves on the ice have all told the following stories:

- At the beginning of helicopter flying, the hunters observed that seals became agitated by the sound. Little by little the seals learned that the sound was not connected to any danger, and the seals became quiet again.

- Now it is only the altitude of the helicopters that has significance. The seals are indifferent when an airplane or a helicopter flies at a great height. But they still become agitated if it is low flying.

It has therefore been important to us to indicate the most important Uuttoq areas and when they are used in our reports about the individual municipalities.

New Observations in Some of the Towns

This attitude has changed markedly in recent years. For instance, in areas near Nuuk, birds can look for food just outside the town without being disturbed by people. This attitude is worth supporting. In other towns, birds can breed and raise their young near lakes in the town. This is another indication that attitudes have changed. Again, this attitude must be strongly supported.

Many towns and settlements, unfortunately, have yet to reach this level of awareness.

Objectives

Children should be raised with an awareness and empathy towards animals. They must understand that although we use the animals commercially, we should not kill or hunt them needlessly. Young people must learn to respect life and everything living.

An old rule is still useful: You can hunt what you can use, but what you cannot use, you should let live.

This objective is not only a matter of ethics, but will also increase our natural resources.

Home Rule government and the relevant interested organizations must act in cooperation to reevaluate the use of both land and animals. In this way, surveillance and administration become the task of both partners. Today we have knowledge of both positive and negative experiences. These experiences ought to be the basis for the work of securing our future.